国家出版基金资助项目

现代数学中的著名定理纵横谈丛书

丛书主编　王梓坤

MERSENNE PRIME

Mersenne素数

刘培杰数学工作室　编

内 容 简 介

本书共有十七编,包括有关 Mersenne 素数的若干新闻报道,Dickson 论素数,与 Mersenne 素数相关的数,Mersenne 数与孤立数,Mersenne 数的素因数,Mersenne 数与数论变换等内容.

本书适合大学师生及数学爱好者参考使用.

图书在版编目(CIP)数据

Mersenne 素数/刘培杰数学工作室编. — 哈尔滨:哈尔滨工业大学出版社,2021.1
(现代数学中的著名定理纵横谈丛书)
ISBN 978-7-5603-8028-5

Ⅰ.①M… Ⅱ.①刘… Ⅲ.①素数
Ⅳ.①O156.2

中国版本图书馆 CIP 数据核字(2019)第 045684 号

策划编辑 刘培杰 张永芹
责任编辑 张永芹 穆 青
封面设计 孙茵艾
出版发行 哈尔滨工业大学出版社
社 址 哈尔滨市南岗区复华四道街 10 号 邮编 150006
传 真 0451-86414749
网 址 http://hitpress.hit.edu.cn
印 刷 黑龙江艺德印刷有限责任公司
开 本 787mm×960mm 1/16 印张 46 字数 501 千字
版 次 2021 年 1 月第 1 版 2021 年 1 月第 1 次印刷
书 号 ISBN 978-7-5603-8028-5
定 价 198.00 元

⊙ 代序

读书的乐趣

你最喜爱什么——书籍.

你经常去哪里——书店.

你最大的乐趣是什么——读书.

这是友人提出的问题和我的回答.真的,我这一辈子算是和书籍,特别是好书结下了不解之缘.有人说,读书要费那么大的劲,又发不了财,读它做什么?我却至今不悔,不仅不悔,反而情趣越来越浓.想当年,我也曾爱打球,也曾爱下棋,对操琴也有兴趣,还登台伴奏过.但后来却都一一断交,"终身不复鼓琴".那原因便是怕花费时间,玩物丧志,误了我的大事——求学.这当然过激了一些.剩下来唯有读书一事,自幼至今,无日少废,谓之书痴也可,谓之书橱也可,管它呢,人各有志,不可相强.我的一生大志,便是教书,而当教师,不多读书是不行的.

读好书是一种乐趣,一种情操;一种向全世界古往今来的伟人和名人求教的方法,一种和他们展开讨论的方式;一封出席各种活动、体验各种生活、结识各种人物的邀请信;一张迈进科学宫殿和未知世界的入场券;一股改造自己、丰富自己的强大力量.书籍是全人类有史以来共同创造的财富,是永不枯竭的智慧的源泉.失意时读书,可以使人重整旗鼓;得意时读书,可以使人头脑清醒;疑难时读书,可以得到解答或启示;年轻人读书,可明奋进之道;年老人读书,能知健神之理.浩浩乎!洋洋乎!如临大海,或波涛汹涌,或清风微拂,取之不尽,用之不竭.吾于读书,无疑义矣,三日不读,则头脑麻木,心摇摇无主.

潜能需要激发

我和书籍结缘,开始于一次非常偶然的机会.大概是八九岁吧,家里穷得揭不开锅,我每天从早到晚都要去田园里帮工.一天,偶然从旧木柜阴湿的角落里,找到一本蜡光纸的小书,自然很破了.屋内光线暗淡,又是黄昏时分,只好拿到大门外去看.封面已经脱落,扉页上写的是《薛仁贵征东》.管它呢,且往下看.第一回的标题已忘记,只是那首开卷诗不知为什么至今仍记忆犹新:

日出遥遥一点红,飘飘四海影无踪.

三岁孩童千两价,保主跨海去征东.

第一句指山东,二、三两句分别点出薛仁贵(雪、人贵).那时识字很少,半看半猜,居然引起了我极大的兴趣,同时也教我认识了许多生字.这是我有生以来独立看的第一本书.尝到甜头以后,我便千方百计去找书,向小朋友借,到亲友家找,居然断断续续看了《薛丁山征西》《彭公案》《二度梅》等,樊梨花便成了我心中的女英雄.我真入迷了.从此,放牛也罢,车水也罢,我总要带一本书,还练出了边走田间小路边读书的本领,读得津津有味,不知人间别有他事.

当我们安静下来回想往事时,往往会发现一些偶然的小事却影响了自己的一生.如果不是找到那本《薛仁贵征东》,我的好学心也许激发不起来.我这一生,也许会走另一条路.人的潜能,好比一座汽油库,星星之火,可以使它雷声隆隆、光照天地;但若少了这粒火星,它便会成为一潭死水,永归沉寂.

抄,总抄得起

好不容易上了中学,做完功课还有点时间,便常光顾图书馆.好书借了实在舍不得还,但买不到也买不起,便下决心动手抄书.抄,总抄得起.我抄过林语堂写的《高级英文法》,抄过英文的《英文典大全》,还抄过《孙子兵法》,这本书实在爱得狠了,竟一口气抄了两份.人们虽知抄书之苦,未知抄书之益,抄完毫末俱见,一览无余,胜读十遍.

始于精于一,返于精于博

关于康有为的教学法,他的弟子梁启超说:"康先生之教,专标专精、涉猎二条,无专精则不能成,无涉猎则不能通也."可见康有为强烈要求学生把专精和广博(即"涉猎")相结合.

在先后次序上,我认为要从精于一开始.首先应集中精力学好专业,并在专业的科研中做出成绩,然后逐步扩大领域,力求多方面的精.年轻时,我曾精读杜布(J. L. Doob)的《随机过程论》,哈尔莫斯(P. R. Halmos)的《测度论》等世界数学名著,使我终身受益.简言之,即"始于精于一,返于精于博".正如中国革命一样，必须先有一块根据地，站稳后再开创几块，最后连成一片.

丰富我文采，澡雪我精神

辛苦了一周，人相当疲劳了，每到星期六，我便到旧书店走走，这已成为生活中的一部分，多年如此. 一次，偶然看到一套《纲鉴易知录》，编者之一便是选编《古文观止》的吴楚材. 这部书提纲挈领地讲中国历史，上自盘古氏，直到明末，记事简明，文字古雅，又富于故事性，便把这部书从头到尾读了一遍. 从此启发了我读史书的兴趣.

我爱读中国的古典小说，例如《三国演义》和《东周列国志》. 我常对人说，这两部书简直是世界上政治阴谋诡计大全. 即以近年来极时髦的人质问题（伊朗人质、劫机人质等），这些书中早就有了，秦始皇的父亲便是受害者，堪称“人质之父”.

《庄子》超尘绝俗，不屑于名利. 其中“秋水”“解牛”诸篇，诚绝唱也.《论语》束身严谨，勇于面世，“己所不欲，勿施于人”，有长者之风. 司马迁的《报任少卿书》，读之我心两伤，既伤少卿，又伤司马；我不知道少卿是否收到这封信，希望有人做点研究. 我也爱读鲁迅的杂文，果戈理、梅里美的小说. 我非常敬重文天祥、秋瑾的人品，常记他们的诗句：“人生自古谁无死，留取丹心照汗青”“休言女子非英物，夜夜龙泉壁上鸣”. 唐诗、宋词、《西厢记》《牡丹亭》，丰富我文采，澡雪我精神，其中精粹，实是人间神品.

读了邓拓的《燕山夜话》，既叹服其广博，也使我动了写《科学发现纵横谈》的心. 不料这本小册子竟给我招来了上千封鼓励信. 以后人们便写出了许许多多的“纵横谈”.

从学生时代起,我就喜读方法论方面的论著.我想,做什么事情都要讲究方法,追求效率、效果和效益,方法好能事半而功倍.我很留心一些著名科学家、文学家写的心得体会和经验.我曾惊讶为什么巴尔扎克在51年短短的一生中能写出上百本书,并从他的传记中去寻找答案.文史哲和科学的海洋无边无际,先哲们的明智之光沐浴着人们的心灵,我衷心感谢他们的恩惠.

读书的另一面

以上我谈了读书的好处,现在要回过头来说说事情的另一面.

读书要选择.世上有各种各样的书:有的不值一看,有的只值看20分钟,有的可看5年,有的可保存一辈子,有的将永远不朽.即使是不朽的超级名著,由于我们的精力与时间有限,也必须加以选择.决不要看坏书,对一般书,要学会速读.

读书要多思考.应该想想,作者说得对吗?完全吗?适合今天的情况吗?从书本中迅速获得效果的好办法是有的放矢地读书,带着问题去读,或偏重某一方面去读.这时我们的思维处于主动寻找的地位,就像猎人追找猎物一样主动,很快就能找到答案,或者发现书中的问题.

有的书浏览即止,有的要读出声来,有的要心头记住,有的要笔头记录.对重要的专业书或名著,要勤做笔记,“不动笔墨不读书”.动脑加动手,手脑并用,既可加深理解,又可避忘备查,特别是自己的灵感,更要及时抓住.清代章学诚在《文史通义》中说:“札记之功必不可少,如不札记,则无穷妙绪如雨珠落大海矣.”

许多大事业、大作品,都是长期积累和短期突击相结合的产物.涓涓不息,将成江河;无此涓涓,何来江河?

爱好读书是许多伟人的共同特性,不仅学者专家如此,一些大政治家、大军事家也如此.曹操、康熙、拿破仑、毛泽东都是手不释卷,嗜书如命的人.他们的巨大成就与毕生刻苦自学密切相关.

王梓坤

目录

第七编　Mersenne 数的最大无平方部分

第八编　Mersenne 数的素因数

第九编　完全数与 Mersenne 数

第十编　Mersenne 数的 Smarandache 函数值

第十五编　Mersenne 素数的数字分布

第十六编　广义 Mersenne 素数

第十七编　Mersenne 数与数论变换

第一编

引言——从一道第5届“希望杯”初一试题谈起

第0章 一道有背景的试题

据报道目前用超级计算机找到的最大质数是 $2^{859\,433}-1$. 这个质数的末位数字是________.（第5届"希望杯"初一试题）

解答 $2^{859\,433}-1=2^{4\times 214\,858+1}-1$

$$末位数=2^1-1=1$$

这是笔者多年前讲过的一道试题，为了给学生介绍题目背景，笔者特地查了一点资料，这个数称为 Mersenne 素数.

16世纪，鲍威鲁斯、热契、斯蒂佛尔在其著作中将 2^9-1 和 $2^{11}-1$ 都认为是素数.

1536年，数学家热格斯指出它们都为合数，其中

$$\begin{aligned} 2^9-1 &= (2^3)^3-1 \\ &= (2^3-1)(2^6+2^3+1) \\ &= 7\times 73 \end{aligned}$$

$$2^{11}-1=23\cdot 89$$

1644年，Mersenne 出版了一本名为《思考》的书，其中写道

$$M_p=2^p-1$$

仅当 $n=2,3,5,7,13,17,19,31,67,127,257$ 时为素数.

1772 年,Euler 在双目失明的情况下证明了 M_{31} 是素数.

1964 年,美国伊利诺伊大学的 Gillies 教授证明了 $M_{11\,213}$ 是素数,为纪念这一突出成就,该校数学系在它寄出的每一封信上都印上了“$2^{11\,213}-1$”.

1978 年 10 月,美国两位年仅 18 岁的大学生 C. Noll和 L. Nikel 宣布 $M_{21\,701}$ 为素数,全美各大新闻单位都作了报道.

1979 年 2 月 23 日,美国 Slowinski 找到了第 26 个 Mersenne 素数,即 $M_{23\,209}$. 有人告诉他两星期前 Noll 已找到了该数,Slowinski 发愤努力于 1979 年 4 月 8 日找到了第 27 个 Mersenne 素数——$M_{44\,497}$.

1983 年,Slowinski 找到 $M_{86\,243}$,$M_{132\,049}$.

1985 年,Slowinski 找到 $M_{216\,091}$,共 65 050 位,可以写满本书的 100 页.

后来在一本普及读物中人们发现了较完整的介绍.

Mersenne 数

第 1 章

§1 Mersenne 数与 Mersenne 小史

所谓 Mersenne 数，是指形如 2^n-1 的数字，这里 n 是素数. 当 Mersenne 数是素数时，就称之为 Mersenne 素数. 例如，当 $n=2$时

$$2^2-1=3$$

是第一个 Mersenne 素数；当 $n=3$ 时

$$2^3-1=7$$

是第二个 Mersenne 素数，等等. 当 Mersenne 数是合数时，就称之为 Mersenne 合数. 例如，当 $n=11$（素数）时

$$2^{11}-1=2\ 047=23\cdot 89$$

是合数，因此，它就是一个 Mersenne 合数.

20 世纪初，经美国数学家布勒提议，将这类数字冠以 16 世纪法国数学家 Mersenne 的名字，但是，它的研究却远远早于 Mersenne 时代,一直可以追溯到古希腊时期.

1. 从 Euclid 定理谈起

其实,了解完全数历史的人,对于 Mersenne 数就不会感到陌生. 因为,在 Euclid 给出的关于完全数的定理中,已经阐明了它与完全数的关系,即:当 2^n-1 是素数时,$2^{n-1}(2^n-1)$ 是一个完全数. 这就是说,每找到一个形如 2^n-1 的素数(即 Mersenne 素数),就会相应的产生一个完全数. 我们知道:历代数学家都对完全数有着特殊的偏爱,它那完美的性质甚至使一些与数学不相干的人也很感兴趣. 所以,几千年来,出于寻找完全数的需要,确定 2^n-1 是不是素数的工作,一直是数论研究的一大热门.

德国数学家 Gauss 曾在《算术探索》一书中指出:"把素数与合数鉴别开来,以及将合数分解成素因数的乘积,被认为是算术中最重要、最有用的问题之一."回顾 Mersenne 数的历史,它的研究正是从"鉴别素数"和"分解合数"这两方面展开的.

16 世纪以前,人们寻找素数一般仅限于逐一试除法,即对于自然数 n,设 k 是大于 1 且小于$\sqrt{n}$的自然数,则当 k 能被 n 整除时,n 是合数;当 k 不能被 n 整除时,n 是素数. 古希腊时期,Euclid 首先指出,当 $n=2,3$ 时,2^n-1 是素数. 公元 100 年,尼可马修斯又给出了两对素数

$$2^5-1=31$$

和

$$2^7-1=127$$

这些都是 Mersenne 数研究的先声. 但是,随着指数 n 的增大,2^n-1 的增长速度很快,所以在人们还没有发现判定素数的新方法之前,这一工作的进展十分缓慢,直到 1456 年,才有人给出了第五个素数

$$2^{13}-1=8\ 191$$

16 世纪,许多人曾围绕着 2^9-1 和 $2^{11}-1$ 是素数还是合数的问题展开了激烈的争论. 鲍威鲁斯、热契和斯蒂佛尔等人,都在著作中把它们列为素数,并且几乎得到了数学界的公认. 1536 年,数学家热格斯力排众议,明确指出:这两个数都是合数,它们的因数分解是

$$2^9-1=7\cdot 73,2^{11}-1=23\cdot 89$$

今天看来,这个问题太简单了,即使是中学生也会毫不费力地解决它们. 例如

$$2^9-1=(2^3)^3-1=(2^3-1)(2^6+2^3+1)=7\cdot 73$$

多么简明的因式分解! 然而在 16 世纪,却引起数学界的众说纷纭.

1603 年,克特迪正确指出:$2^{13}-1$,$2^{17}-1$ 和 $2^{19}-1$ 都是素数. 至此,人们确定了七个 Mersenne 素数和一个 Mersenne 合数. 在这一过程中,人们还没有很好地研究 2^n-1 的数学性质,只是在一般的验证中探索. 因此,可以说:16 世纪以前是 Mersenne 数研究的初级阶段,它是与完全数研究并行的.

2. 名字的由来

1588 年 9 月 8 日,Mersenne 出生在法国奥泽附近. 早年,他就学于欧洲著名的拉 · 弗来施公学,后来,迫于社会习俗的压力,进入一座小修道院,成为终身神甫.

在 17 世纪的欧洲,Mersenne 是数学界一位独特的中心人物. 他学识广博,才华横溢,并且是 Descartes, Fermat, Huygens, Pascal 等许多大科学家的密友. 从完全数和亲和数的研究中,我们已经看到:许多科学家每获得一项科学发现,都乐于将成果寄给 Mersenne,然后由 Mersenne 转告给更多的人. 出现这一现象的原因不仅在于他们的友情,还有一个重要的历史因素,就是当时的欧洲,科学刊物和国际会议等学术活动还远远没有产生,甚至连科研机构都没有创立. 所以,科学研究的交流是十分困难的. 在这种情况下,Mersenne 凭借自己广泛的交往和热情诚挚的为人,自然起到了科学交流的桥梁作用.

后人从 Mersenne 的往来信件和科研总结中看到:他对于 2^n-1 形数字的记载翔实且丰富,并且,同 Fermat, Descartes 等人进行过多次的争论和研究,其中有许多惊人的灼见. 1640 年 6 月,Fermat 在致 Mersenne 的一封信中写道:"在艰深的数论研究中,我发现了三个非常重要的性质. 我相信:它们将成为今后解决素数问题的基础."现将这三个性质叙述如下:

定理(Fermat) (1)如果 n 是合数,则 2^n-1 是合数.

(2)如果 n 是素数,则 $2n|2^n-2$.

(3)如果 n 是素数,2^n-1 是合数,则 2^n-1 只能

被形如 $2kn+1$ 的素数整除,其中 k 是某个正整数.

证明　(1)分两种情况:

①若 n 是偶合数,不妨设 $n=2x$,其中 x 是大于 1 的正整数,则有

$$2^n-1=2^{2x}-1=(2^x-1)(2^x+1)$$

显然是合数.

②若 n 是奇合数,则它必能分解成两个或两个以上的因数之积,设 $n=pq$,其中 p,q 是大于 1 的正整数. 则有

$$\begin{aligned}2^n-1&=2^{pq}-1\\&=(2^p-1)[(2^p)^{q-1}+(2^p)^{q-2}+\cdots+(2^p)+1]\end{aligned}$$

因为 $1<p<n$,所以

$$1<2^p-1<2^n-1$$

即 2^p-1 是 2^n-1 的真因数[①]. 所以 2^n-1 是合数.

综合①②,(1)得证.

(2)这是 Fermat 小定理的一种特殊情况,此处证明略.

(3)设 $q(q>1)$ 是 2^n-1 的一个素因数,则有 $q\mid 2^n-1$. 又根据(2)可推知

$$q\mid 2^{q-1}-1$$

因为 2^n-1 与 $2^{q-1}-1$ 的最大公因数[②]等于 2^g-1,其

---

①　若 $a=bc$,而 b 既不等于 a 又不等于1,则称 b 是 a 的真因数.

②　这一结论引用了一个定理:如果 a,b 和 s 是正整数,那么当 $(a,b)=g$ 时,有

$$(s^a-1,s^b-1)=s^g-1$$

中 g 是 n 与 $q-1$ 的最大公因数①,即

$$g=(n,q-1)$$

所以可证:$g>1$. 假设不成立,即 $g=1$,则

$$(2^n-1,2^{q-1}-1)=2^1-1=1$$

但是,由上述知

$$q \mid 2^n-1$$

且

$$q \mid 2^{q-1}-1, q>1$$

矛盾,因此 $g=1$ 不成立,只有 $g>1$,从而知 n 与 $q-1$ 不互素. 又因为 n 是素数,所以只有 $n \mid q-1$,即 $q-1=mn$,其中 m 是某正整数,或表示为 $q=mn+1$. 若 m 是奇数,又知 n 是奇素数,则 $q=mn+1$ 将是偶数,因此不是素数,矛盾. 所以 m 必是偶数,设 $m=2k$,k 是某正整数,代入得

$$q=2kn+1$$

由 q 的任意性,(3)得证.

注 对于这三个性质,当时 Fermat 只是提出来了,并没有证明. 它们的证明是 1747 年由 Euler 完成的.

Fermat 的工作改变了人们盲目探索的局面,大大紧缩了确定素数的验证范围. Mersenne 正是以此作为

---

① 如果

$$c \mid a \text{ 且 } c \mid b$$

那么 c 叫作 a 和 b 的公因数;如果 c 是 a 和 b 的公因数中最大的一个,则 c 叫作 a 和 b 的最大公因数,记作 $(a,b)=c$.

思想基础展开工作的. 他在短短的四年间，检验了直至$2^{257}-1$的全部数字，并且于 1644 年，在他的《思考》一书中写道："总结前人的工作和我个人的研究，可以得到结论，在小于或等于 257 的数字中，仅当 $n=2,3,5,7,13,17,19,31,67,127$ 和 257 时，2^n-1 是素数，对于$n<257$的其他数值，2^n-1 都是合数." 对于这一论断，Mersenne 曾陆续给出一些不完善的解释. 但是，四年后他离开了人世，终止了计算.

事实上，Mersenne 的证明中包含着许多错误和不足，对此我们将在后文详述. 但是，由于他科学地总结了前人的成果，首先将 Fermat 的思想付诸实践，可以说，Mersenne 的工作是素数研究的一个转折点和里程碑. 因此，将形如 2^n-1（n 是素数）的数字冠以他的名字是毫不过分的. 另外，数论中通常将这类数字记作 M_p，其中 M 是 Mersenne 的第一个字母，p 是 2^p-1 的素指数.

§2　素数之最

为了叙述方便，我们将 Mersenne 素数与 Mersenne 合数的研究分开来介绍. 本节内容仅涉及 Mersenne 素数的有关问题.

在 Mersenne 的那段话中，前半部分，即"$p=2,3,5,7,13,17,19$ 时，2^n-1 是素数"这一结论，是他整理前人的工作得到的，它们的正确性已经被证实，而属于“猜测”内容的只有 $n=31,67,127,257$. 这几个数比较庞大，其中最小的

$$2^{31}-1=2\ 147\ 483\ 647$$

也具有 10 位数字. 可以想象，它们的证明是十分艰巨的. 正如 Mersenne 推测：“一个人，使用一般的验证方法，要检验一个 15 位或 20 位的数字是否为素数，即使用终生的时间也是不够的.”是啊，枯燥、冗长的运算会耗尽一个人的毕生精力，谁愿意让生命的风帆永远在黑暗中颠簸！看来，伟人的“猜测”只有等待后来的伟人来解决了.

1. Euler 及 $2^{31}-1$

果然，约 100 年后，这个问题落到了 Euler 的手上. 于是，素数的数学生命复活了. 1747 年，Euler 首先完成了 §1 的定理(Fermat)的证明. 接着，他又卓越地发展了 Fermat 的思想，提出了一个更有趣的定理.

定理 1(Euler)　对于素数 $p>2$，2^p-1 的每一个素因数必具有 $8k\pm1$ 的形式.

证明　设 $q=2Q+1$ 是 2^p-1 的一个素因数，则

$$q\mid 2(2^p-1)=2^{p+1}-2=N^2-2$$

其中 $N=2^{\frac{p+1}{2}}$. 因此

$$2=N^2-k_1q,k_1\text{ 是某正整数}$$

进而可推得

$$2^Q=N^{2Q}-k_Qq \tag{1}$$

其中 k_Q 是某正整数. 由于 $q\nmid 2$，知 $q\nmid N$，所以由 Fermat

小定理有 $q|N^{2Q}-1$. 再根据式(1)得 $q|2^Q-1$. 从而,根据数论中的另一个定理①可知 $q=8k\pm1$, k 是某正整数.

Euler 的这一发现进一步紧缩了 Mersenne 数的确定范围,不过,这仅仅是理论上的突破,在很长一段时间里,Euler 并没有对"Mersenne 猜测"给出任何说明. 因为这种说明单凭论证技巧是不够的,它需要大量繁重的计算. 正如一位数学家所说,数学研究具有两个重要途径:证明和计算. 它们的区别在于,计算是容易、繁杂、枯燥、刻板的,而证明却是困难、简练、美妙、灵活的. Euler 可以在理论证明中充分发挥他的才智,做出伟大的工作. 但是,在计算面前,却人人平等,即使有超人的才华,也非花费大力气不可!

应该承认,Euler 是数学领域中的强者,在他的手下,众多的数学难题都被突破了,在 Mersenne 数面前他也不会止步. 1772 年,Euler 已双目失明. 但是,他用心算再度向 Mersenne 数冲击. 有一天,他终于兴奋地转告另一位数学伟人 Bernoulli:"我已经严格地证明了,$2^{31}-1$ 确是一个素数". 回顾 Euler 的推演过程,有许多独到的见解,他那纯熟的运算技巧实在令人叹为观止,现将他的方法概述如下:

因为

---

① 这一定理是:若 $q=2Q+1$ 是素数,则:如果 $q|2^Q-1$,必有 $q=8k\pm1$,如果 $q|2^Q+1$,必有 $q=8k\pm3$.

$$\sqrt{2^{31}-1}=\sqrt{2\ 147\ 483\ 647}\approx 46\ 340$$

所以只需用小于 46 340 的素数试除 $2^{31}-1$. 又根据 Fermat 和 Euler 分别给出的定理:若 $2^{31}-1$ 有真因数,则它必具有

$$2pk+1=2\times 31\times k+1=62k+1$$

的形式,并且具有 $8k\pm 1$ 的形式. 设 $k=4j+m$,这里 $m=0,1,2,3$,则形如 $62k+1$ 的素数只有四种类型

$$248j+1=8\times(31j)+1$$

$$248j+63=8\times(31j+8)-1$$

$$248j+125=8\times(31j+16)-3$$

$$248j+187=8\times(31j+23)+3$$

显然,具有 $8k\pm1$ 形式的只有前两式,因此可将后两式排除. 总结上述证明可知,若 $2^{31}-1$ 存在真因数 q,则必满足 $q<46\ 340$,且 $q=248k+1$ 或 $q=248k+63$. 在此限定下,Euler 进行了大量的验算(一共试除了 84 个因数),最后证明,这样的真因数 q 是不存在的,所以 $2^{31}-1$ 是素数.

Euler 是在双目失明的情况下完成上述工作的,这是多么顽强的毅力! 难怪大数学家 Laplace 向他的学生们说:"读读 Euler,读读 Euler,他是我们一切人的老师."

2. Lucas **等人的工作**

Euler 的艰辛给人们提示:在伟人难以突破的困惑面前要想确定更大的 Mersenne 素数,只有另辟蹊径了.

100 年后,法国数论家 Lucas 在研究著名的 Fi-

bonacci 数列时,竟惊人地发现了它与 Mersenne 数的渊源. 所谓 Fibonacci 数列是指

$$1,1,2,3,5,8,\cdots$$

它的通项公式是

$$u_1=u_2=1,u_{n+1}=u_{n-1}+u_n,n>1$$

这个貌似平凡的数列,在数学中占有非常重要的地位. 1876 年,Lucas 发展了 Fibonacci 的递归思想,将这一数列推广,他的基本方法是:

设

$$v_1=1,v_2=3,v_{n+1}=v_{n-1}+v_n$$

则

$$v_n=\left(\frac{1+\sqrt{5}}{2}\right)^n+\left(\frac{1-\sqrt{5}}{2}\right)^n=\frac{u_{2n}}{u_n}$$

其中

$$u_n=\frac{1}{\sqrt{5}}\left[\left(\frac{1+\sqrt{5}}{2}\right)^n-\left(\frac{1-\sqrt{5}}{2}\right)^n\right]$$

这个式子是 Fibonacci 数列通项的一种表示法,即Binet 公式. 它在数学中非常著名.

Lucas 又设

$$R_n=v_2^n$$

则可以得到数列

$$3,7,47,\cdots$$

它的通项公式是

$$R_1=3,R_{n+1}=R_n^2-2$$

利用这个数列,Lucas 给出一个非常有趣的定理.

定理 2(Lucas)　如果 $4 \mid p-3$,其中 p 是素数,则当且仅当 M_p 是素数时,$M_p \mid R_{p-1}$.

例如,当 $p=7$ 时,显然 $4 \mid (7-3)$,而

$$R_1=3, R_2=7, R_3=47, R_4=2\ 207$$

$$R_5=4\ 870\ 847, R_6=23\ 725\ 150\ 497\ 407$$

可以验证

$$2^7-1 \mid R_6$$

所以

$$M_7=2^7-1$$

是素数.

Lucas 定理具有十分重要的意义,它改变了 Mersenne 数在数学中的"附属"地位,使之成为人们寻找已知的"最大素数"的热点.我们知道,Euclid 曾证明:素数是无限多的,而在无限多的素数中,寻找已知的最大素数,一直是数论研究的一项重要工作.从 Lucas 时代起,Mersenne 素数就变成了"素数之最",这一优势一直延续至今.

在给出上述定理之后,Lucas 首先证明了:

$$\begin{aligned}M_{127}&=2^{127}-1\\&=170\ 141\ 183\ 460\ 469\ 231\ 731\ 687\ 303\ 715\ 884\ 105\ 527\end{aligned}$$

是一个素数.它具有 39 位数字,早在 17 世纪,Mersenne 就认为它是素数,但无力证明,是 Lucas 的工作使它由"猜测"变成事实.M_{127} 还是电子计算机产生之前,人们用手算得到的最大素数.

不过,Lucas 定理有一个致命的弱点,就是它的约

束条件 $4p-1$ 使之仅适于验证一部分 Mersenne 数．例如，在 Mersenne 猜测中，包括

$$M_{61}=2^{61}-1, M_{257}=2^{257}-1$$

由于

$$4 \nmid (61-3)$$

并且

$$4 \nmid (257-3)$$

不符合定理条件，所以无法验证 M_{61} 和 M_{257} 是否为素数．为了消除这一弱点，Lucas 改变了定理的初值，给出了一个更为出色的定理．

定理 3（Lucas 法则）　Mersenne 数 $M_p>3$ 是素数的充分必要条件是 $M_p \mid S_{p-1}$，这里

$$S_1=4, S_2=14, S_{n+1}=S_n^2-2$$

这一定理适用于大于 3 的全部 Mersenne 数．例如

$$M_5=2^5-1=31$$

由于

$$S_1=4, S_2=14, S_3=194, S_4=37\ 634$$

而且 $M_5 \mid S_4$，所以 M_5 是一个素数．Lucas 的工作再次给 Mersenne 数的研究带来生机．1883 年，L. M. Pervushin 首先证明

$$M_{61}=2^{61}-1$$

是一个素数；1886 年，赛尔豪夫再次证明这一结论；1887 年，哈德劳特以 54 小时作为代价，又一次验证了 M_{61} 是素数．

人们大概觉得，这一工作仍然如此费力！其实与

老办法相比,它已经有了极大的改观. 如果我们使用16 世纪克特迪(他曾证明 M_{19}是一个素数)的方法,即用小于

$$\sqrt{M_{61}} \approx 1.5 \times 10^9$$

的数试除 M_{61},这样的数有 75×10^6 个,因此要试除7 000多万次! 如果我们使用 17 世纪 Fermat 的方法,即假设 M_{61}有素因数,必是

$$2 \times 61 \times k + 1 = 122k + 1$$

形式的数,其中 k 是正整数. 需要对 M_{61}进行试除的这类数字有 1.25×10^6 个,因此要试除 1 000 多万次! 如果我们根据 18 世纪 Euler 的方法,即假设 M_{61}有素因数,必是 $488k+1$ 或 $488k+367$ 的形式,其中 k 是正整数. 需要对 M_{61}进行试除的这类数字有 0.62×10^6 个,因此要试除 60 多万次! 但是,Pervushin 等人使用的 Lucas 法则验证 M_{61}的性质,仅需要乘法 60 次,减法 60 次,除法 60 次,即 180 次运算. 克特迪等人的方法与此相比,真可谓“小巫见大巫”了. 实际上用 Lucas 法则检验 M_{61}所需要的时间,仅相当于 Euler 方法检验 M_{31}或克特迪方法检验 M_{19}所需要的时间.

1911 年,R. E. Powers 等人在确定 Mersenne 合数的因数时,意外地发现

$$M_{89} = 2^{89} - 1$$

也是一个素数! 这是被 Mersenne 遗漏掉的,它提示人们:不能盲目地相信古人,只能相信事实. 果然在 1914 年,Powers 再次发现了 Mersenne 的失误:$2^{107}-1$ 也是

一个素数.

应当指出：在 Lucas 法则中，数列$\{S_n\}$的增长速度极快. 例如，$S_4 = 37\ 634$ 已是 5 位数字，要想检验 M_{61}，就要求出 S_{60}，这种运算量是惊人的. 所以，随着数字的增长，如何改进 Lucas 法则是非常重要的. 1930 年，美国加利弗尼亚大学的 D. H. Lehmer 教授修正了 Lucas 的工作，给出了一个新的判别法.

定理 4(Lucas-Lehmer) Mersenne 数 $M_p > 3$ 是素数的充分必要条件是 $S_{p-1} = 0$，其中 $S_1 = 4$，$S_{n+1} = S_n^2 - 2(\bmod M_p)$[①].

Lehmer 工作的最大效应是避免了 S_n 增长过快，但增加了运算次数. 例如，验证 $2^7 - 1$ 是素数. 考虑数列：

第一项是 4.

第二项是 $4^2 - 2 = 14$.

第三项是 $14^2 - 2 = 194$.

因为 $194 > 127$，所以用 194 除以 127，余 67，则有：

第四项是 $67^2 - 2 = 4\ 487$，用 127 除，余 42.

第五项是 $42^2 - 2 = 1\ 762$，用 127 除，余 111.

第六项是 $111^2 - 2 = 12\ 319$，用 127 除，余 0.

所以，M_7 是一个素数.

3. 计算机时代

在电子计算机产生之前的两千多年间，人们历尽艰辛，仅找到了 12 个 Mersenne 素数. 它的主要障碍就

---

① 这是同余符号，即 $a \equiv b(\bmod m)$，当且仅当 $m \mid (b-a)$.

是繁冗的数字运算. Lucas 等人的方法虽然有许多优点,但是 Lehmer 曾证明,当 p 增大时,它的计算次数大约和 p 的立方成正比. 就是说,测试 M_{2r+1} 所需要的时间,将是测试 M_r 所需时间的 8 倍! 因此,如何有效地缩短运算时间,已成为问题的症结!

1946 年,电子计算机的产生改变了人们对于自身运算能力的认识,它使许多过去"不可能"的事情成为现实. 尤其是计算机的工作原理非常适用于数字运算,所以在它诞生不久,就在"判定素数"中产生了效应,最早的突破是 1952 年初,英国剑桥大学的学者们使用 EDSAC 计算机求出了一个具有 79 位数字的素数

$$180(2^{127}-1)^2+1$$

这个数字似乎与 Lucas 确定的素数

$$M_{127}=2^{127}-1$$

有些关系,它首次达到了 Mersenne 素数在"最大素数中的领先地位".

但是,这种突破十分短暂. 同年,美国加利福尼亚大学的计算机 SWAC 开始工作. 数学家 Robinson 等人成功地将 Lucas-Lehmer 方法编译成计算机程序,输入 SWAC,在短短的几小时之内,他们检验了 42 个 Mersenne 数,其中最小的也有 80 位数字. 最后证明:在 $127<p<2\ 309$ 之间,只存在 5 个 Mersenne 素数. 它们是 M_{521},M_{607},$M_{1\ 279}$,$M_{2\ 203}$,$M_{2\ 281}$,其中最小的 M_{521} 竟是 157 位的巨数. 与手算相比,SWAC 计算机的效率是惊人的. 例如,它在检验

$$M_{1\,279}=2^{1\,279}-1$$

(具有386位数字)时,仅用了13分30秒.如果一个人用手算,则至少需要25年.

1957年,黎塞尔使用瑞士的斯韦迪士计算机BESK证明:在 $2\,300<p<3\,300$ 之间,仅有一个Mersenne素数 $M_{3\,217}$,它有969位数字,是第18个Mersenne素数.

注 顺便说明一下:对于一个巨大的Mersenne数,要想确定它的位数,用不着真正地去计算这个数,而可以利用对数方法,即对于

$$M_p=2^p-1$$

先求

$$M_p+1=2^p$$

的位数.因为

$$\lg 2^p=p\cdot\lg 2=p\times 0.301\,03$$

所以 M_p+1 的位数就等于 $p\times 0.301\,03$ 的整数部分再加1.例如

$$M_{3\,217}+1=2^{3\,217}$$

从而

$$p\times 0.301\,03=968.414\cdots$$

所以 $M_{3\,217}+1$ 的位数是969.还可以证明:M_p 与 M_p+1 有相同的位数.因为,假设 M_p+1 多一位数,那么它的末位数必为0,但这对于2的任意次幂是不可能的,2^p 的末位数只能是2,4,6,8,这一点都不难证明.

1961年,Hurwitz使用一台IBM7090电子计算机

证明:在 3 300 < p < 5 000 之间,只有两个 Mersenne 素数 $M_{4\,253}$, $M_{4\,423}$. 在检验 $M_{4\,423}$ 时,IBM7090 使用 Lucas-Lehmer 方法,花费了大约 50 分钟. 此后人们试问:在 5 000 < p < 50 000 之间,有多少个 Mersenne 素数呢?萨克斯利用素数分布理论证明:对于 $p_n \leqslant p \leqslant p_m$ 之间,Mersenne 素数 M_p 约有

$$p = \frac{1}{\lg 2}\sum_{p=p_n}^{p_m}\frac{1}{p}$$ ①(个)

由此推测:在 5 000 < p < 50 000 之间,约有 5 个 Mersenne 素数②.

1964 年,Gillies 教授证明:当 $p = 9\ 689, 9\ 941, 11\ 213$ 时,M_p 也是素数,其中 $M_{11\,213}$ 具有 3 376 位数字,该校数学系为纪念这一伟举,在它寄出的每一封信上都印了这个数字,即 $2^{11\,213}-1$. Gillies 还猜测:当 p 在 x 与 $2x$ 之间时,约给出两个 Mersenne 素数,其中 x 是大于 1 的正整数,例如,当 $x=2$ 时,$2x=4$,显然,$p=2,3$ 使 M_2, M_3 是素数. 他的猜测与现在已知的结果相符. 另一位数学家 J. Brillhart 则猜测:第 n 个 Mersenne 素数的 p 值大约是 1.5 的 n 次方. 例如,$(1.5)^{23} \approx 11\ 223$,实际上第 23 个 Mersenne 素数是 $M_{11\,213}$,p 值非常

---

① $\sum$ 是求和符号,例如

$$\sum_{i=1}^{n} i = 1 + 2 + \cdots + n$$

② 直至 1979 年才证实,在 500 < p < 5 000 之间,存在 7 个 Mersenne 素数.

接近!

Gillies 之后,人们好多年没有找到更大的 Mersenne 素数. 直至 1971 年 3 月 4 日晚上,Tuckerman 郑重宣布:又一个新的 Mersenne 素数诞生了,它是 $M_{19\,937}$,具有 6 002 位数字. 若将 $2^{19\,937}-1$ 展开写,将占满本书约整整八页! 面对如此巨数,人类的计算能力再度陷入困境. 此时,能否找到更大的 Mersenne 素数,将包括两种含义:一是在数学中提出新的检验方法,二是制造出运算速度更快的计算机. 所以,近年来对于 Mersenne 素数的研究能力如何,在某种意义上将标志着一个国家的科学水平!

1978 年 10 月,两位年仅 18 岁的美国大学生 Noll 和 Nikel 打破了人们长时间的沉默,他们宣布:找到了第 25 个 Mersenne 素数 $M_{21\,701}$. 当时,美国所有的大新闻通讯社都报道了这个消息,甚至电视台上最有名的新闻报道人克朗凯,也在哥伦比亚广播公司的晚间新闻节目中宣布了这个消息.

1979 年 2 月,美国另一位数学家 Slowinski,利用本研究所中的 Cray 一号计算机开始寻找 Mersenne 素数. 这是一种超高速计算机. 例如,1953 年,韦勒用伊利亚克一号检验 $M_{8\,191}$ 时,花费了 100 小时;若是 Hurwitz 使用的 IBM7090,则需要 5.2 小时;伊利亚克二号需要 49 分钟;IBM360/91 需要 3.17 分钟;而用 Cray 一号只需要 10 秒钟!

注　Cray 一号(原名 Cray - Ⅰ)是亿次巨型计算

机,相当于我国自行制造的亿次巨型银河计算机.

1979 年 2 月 23 日,Slowinski 克服困难,终于找到了第 26 个 Mersenne 素数 $M_{23\,209}$,正当他欢喜若狂之际,有人冷静地告诉他:"Noll 先生已在两星期之前得到了同样的结果."当时,Noll 使用塞伯 174 计算机计算它花费了 8 小时 40 分钟,而 Cray 一号只花费了不到 7 分钟! 由此,Slowinski 潜心发愤,努力向第 27 个 Mersenne 素数进攻. 但是,根据 Brillhart 的猜测,因为

$$(1.5)^{27}\approx 57\,000$$

所以第 27 个 Mersenne 素数 M_p 的指数 p 将是接近 50 000的大数. 按照已有的方法,Cray 一号要花费 2 000小时! 为了缩短时间,Slowinski 改进了计算机程序,大大简化了运算,在试了约 1 000 个数之后,终于在同年 4 月 8 日找到了第 27 个 Mersenne 素数 $M_{44\,497}$,他花费了 300 小时! 同时还证明:在 $p<50\,000$ 中,再没有其他 Mersenne 素数.

1983 年,Slowinski 等人利用 Cray 一号进一步证明:在小于 $2^{62\,982}$的范围内,只有 27 个 Mersenne 素数. 同年 10 月,他们越过 $2^{62\,982}$,从 $p=75\,000$ 一直计算到 $p=100\,000$,结果又找到一个 Mersenne 素数 $M_{86\,243}$. 年末,他们又找到 $M_{132\,049}$. 1985 年,他们再接再厉,又找到了 $M_{216\,091}$. 这最后一个数具有 65 050 位数字,展开写可以占满本书约 100 页! 但是,Slowinski 并不知道在 $2^{62\,982}$ 与 $2^{75\,000}$之间,以及在 $2^{132\,049}-1$ 与 $2^{216\,091}-1$ 之间是否还有其他的 Mersenne 素数,因此也就无法确定

这三个巨数处于 Mersenne 素数中的第几位！见 Mersenne 素数表(表 1).

表 1　Mersenne 素数表

序号	2^p-1	位数	发现时间	发现者
1	2^2-1	<1	约公元前 300 年	Euclid
2	2^3-1	<1	约公元前 300 年	Euclid
3	2^5-1	<2	公元 100 年	尼可马修斯
4	2^7-1	<3	公元 100 年	尼可马修斯
5	$2^{13}-1$	4	1456 年	无名氏
6	$2^{17}-1$	6	1603 年	克特迪
7	$2^{19}-1$	6	1603 年	克特迪
8	$2^{31}-1$	10	1772 年	Euler
9	$2^{61}-1$	19	1883 年	Pervushin
10	$2^{89}-1$	27	1911 年	Powers
11	$2^{107}-1$	33	1914 年	Powers
12	$2^{127}-1$	39	1876 年	Lucas
13	$2^{521}-1$	157	1952 年	Robinson
14	$2^{607}-1$	183	1952 年	Robinson
15	$2^{1\,279}-1$	386	1952 年	Robinson
16	$2^{2\,203}-1$	664	1952 年	Robinson
17	$2^{2\,281}-1$	687	1952 年	Robinson
18	$2^{3\,217}-1$	969	1957 年	黎塞尔
19	$2^{4\,253}-1$	1 281	1961 年	Hurwitz
20	$2^{4\,423}-1$	1 332	1961 年	Hurwitz
21	$2^{9\,689}-1$	2 917	1964 年	Gillies
22	$2^{9\,941}-1$	2 993	1964 年	Gillies
23	$2^{11\,213}-1$	3 376	1964 年	Gillies
24	$2^{19\,937}-1$	6 002	1971 年	Tuckerman
25	$2^{21\,701}-1$	6 533	1978 年	Noll, Nickel
26	$2^{23\,209}-1$	6 987	1979 年 2 月	Noll
27	$2^{44\,497}-1$	13 395	1979 年 4 月	Slowinski
28	$2^{86\,243}-1$	25 960	1983 年 10 月	Slowinski
29	$2^{132\,049}-1$	39 751	1983—1984 年初	Slowinski
30	$2^{216\,091}-1$	65 050	1985 年	Slowinski

§3 "合数之最"

一般说来,合数研究主要包括两个基本内容:一是确定它是否为合数,二是找到它的全部素因数.

基本分解定理 每一个大于 1 的正整数或者是素数,或者是若干个素数的乘积,并且,一个数的素因数分解式是唯一的.

例如,72 是一个合数,而

$$72=2^3\cdot 3^2$$

是它唯一的素因数分解式.

Mersenne 合数的历史并不久远,它始于 16 世纪.在此之前人们曾认为:只要 p 是素数,则 2^p-1 就是一个素数. 例如,当 $p=2,3,5,7$ 时,2^p-1 都是素数. 但是,1536 年,数学家热格斯发现,当 $p=11$(素数)时

$$2^{11}-1=2\ 047=23\times 89$$

是一个合数,从而否定了前人的猜想,开创了所谓"Mersenne 合数"的研究.

1. 因数分解

Mersenne 合数常常是 Mersenne 素数研究的"副产品",并且,它们大都产生于数学家的错误猜测之中.例如,1603 年,克特迪认为,当 $p=23,29$ 和 37 时,2^p-1 是素数. 但是,1640 年,Fermat 在给出关于 Mersenne 数的定理的同时,还告诉 Mersenne:$2^{37}-1$ 不是素数,

它有因数223. 同年11 月他又告诉福兰尼克:$2^{23}-1$ 也不是素数,它有因数 47. 从而部分地否定了克特迪的论断. Fermat 成功的原因是发现了"如果 2^p-1 是合数(p 是素数),则它的真因数必形如 $2pk+1$"这一定理,从而大大削减了运算量. 例如

$$2^{23}-1=8\ 388\ 607$$

为找到它的因数,只需用形如

$$2\cdot 23k+1=46k+1,\text{其中 } k \text{ 是正整数}$$

的数来验证,即取 $k=1,2,3,\cdots$,试除 $2^{23}-1$ 就可以了. 当 $k=1$ 时

$$46k+1=47$$

而

$$47\mid 2^{23}-1$$

因此找到了 $2^{23}-1$ 的一个真因数. 这显然要比盲目试除简单得多. 1732 年 Euler 证明:$2^{29}-1$ 也不是素数,它有因数 1 103. 他的成功也是利用了 Fermat 的方法.

应当指出,Fermat 方法仅是关于 Mersenne 合数的一个必要条件. 就是说:虽然 Mersenne 数 M_p 的因数必为 $2pk+1$ 的形式,但是形如 $2pk+1$ 的数不一定是 2^p-1的因数. 17 世纪,人们并没有清楚地认识到这一点,例如,1678 年庞利就认为 $2^{41}-1$ 可以被 83 整除,因为

$$83=2\times 41-1$$

这是一个错误.

1738 年,Euler 给出一个定理,现叙述如下:

定理(Euler) 如果 $4m-1$ 和 $8m-1$ 是素数,其中 m 是正整数,则 $8m-1$ 整除 $2^{4m-1}-1$. 例如:当 $m=3$ 时,$4m-1=11$ 是素数,$8m-1=23$ 也是素数,显然有

$$23\mid 2^{11}-1$$

Euler 根据这个定理证明了:当 $p=83,131,179,191,239$ 时,2^p-1 是合数,它们分别具有形如 $8m-1$ 的因数 167,263,359,383,479. 同时,Euler 还证明:当 $p=43$ 和 73 时,2^p-1 也是合数,它们分别有因数 431 和 439. 上述成果再度显示出 Euler 超人的天赋. 但是,他也有失误之处,那就是他错误地认为 $2^{41}-1$ 和 $2^{47}-1$ 也是素数.

1856 年,热斯切尔找到了 $2^{47}-1$ 的两个因数 2 351和 4 513. 他还证明:当 $p=233,79,113,179,239$ 时,2^p-1 分别有真因数 1 399,2 687,3 391,1 433,1 913. 1859 年,蒲拉那严格地得到了 M_{41} 的因数分解(它只有两个素因数)

$$2^{41}-1=13\ 367\times 164\ 511\ 353$$

他还指出:$2^{53}-1$ 也是合数,并且错误地预测它没有小于 50 033 的因数. 1869 年,兰德给出下面四个数完整的因数分解

$$2^{43}-1=431\times 9\ 719\times 2\ 099\ 863$$

$$2^{47}-1=2\ 351\times 4\ 513\times 13\ 264\ 529$$

$$2^{53}-1=6\ 361\times 69\ 431\times 20\ 394\ 401$$

$$2^{59}-1=179\ 951\times 3\ 203\ 431\ 780\ 337$$

显然，他否定了蒲拉那关于 M_{53} 因数位数的猜测，并且，给出一个新的 Mersenne 合数 M_{59}.

1877 年，Lucas 运用 Fermat 小定理证明了上述 Euler 给出的定理. 他的基本方法是：因为 $8m-1$ 是素数，且

$$(2,8m-1)=1$$

所以由 Fermat 小定理有

$$8m-1\mid 2^{8m-2}-1=(2^{4m-1}-1)(2^{4m-1}+1)$$

又根据 $4m-1$ 是素数可证

$$8m-1\mid 2^{4m-1}-1$$

利用这一定理，Lucas 进一步证明：当 $p=251,359,419,431,443,491$ 时，2^p-1 也是合数. 其中 $2^{251}-1$ 是“Mersenne 猜测”中的最后一个合数，人们已找到它的两个因数 503 和 54 217，但是其他的素因数还没有找到.

1878—1882 年，勒拉舍证明：当 $p=97,211,151,223$ 时，2^p-1 分别有因数 11 447，15 193，18 121，18 287. 他还认为：当 $p=61,67,71,89,101,103,107,109,127,137,139,149,157,163,167,173,181,193,197,199,227,229,241,257$ 时，2^p-1 不存在小于 30 000的因数. 这个论点包含了一些错误，例如，1894 年库尼佛姆找到了 $2^{197}-1$ 的一个因数 7 487，它显然小于 30 000. 库尼佛姆还进一步指出：在勒拉舍的数表中，除了 $p=61$ 和 197，其他的 2^p-1 不存在小于 50 000的因数. 其实他的论点也不准确，1910 年伍德

奥尔证明 $2^{181}-1$ 有因数 43 441,它小于 50 000!

回顾 Mersenne 数因数分解的历史,读者可能觉得平淡无奇,实际上这里面蕴含着历代数学家无比艰苦的工作,有些结果甚至经过数年的努力才产生. 一个有趣的故事足以说明这一点. 1903 年,在美国的一次数学会议上,一位名叫 F. N. Cole 的数学教授默默地走上讲台,他在黑板上写出两个大素数:193 707 721 和 761 838 257 287,将它们相乘,得到积数;然后,他又将 $2^{67}-1$ 展开,其结果与上面两个大素数的乘积完全相同. 这时,Cole 放下粉笔,又默默地走回了座位. 会场沉默片刻之后,顿时爆发出热烈的掌声. 原来,这场"无声的讲演"告诉人们:Cole 已完成了 $2^{67}-1$ 的因数分解! 这是 300 年前"Mersenne 猜测"中的一个难题,当时 Mersenne 曾认为它是素数;1876 年 Lucas 证明了它是合数,但无力找出它的因数,是 Cole 教授完成了这项艰巨的工作. 当人们询问他花费了多少时间时,Cole 静静地说:"三年内的全部星期天!"

2. Mersenne 合数表

到目前为止,人们已经确定了许多 Mersenne 合数. 它们大体上可以分为三类:第一类是已经找到了完整的因数分解式;第二类是找到了它们的部分因数;第三类是仅知道它们是合数,却找不到它们的因数. 限于篇幅,本书不能一一列出每个 Mersenne 数的研究过程. 为了便于查阅,现列出一个指数 p 小于 257 的 Mersenne 合数表(表 2),以期达到"管中窥豹"的效

果.需要说明一下,我们之所以取257作为列表的上限,是因为300多年前"Mersenne猜测"就以此作为上限.

还有一个值得提及的大合数 $M_{8\ 191}$. 1876年,卡特兰根据已知的结果推测:当 p 是 Mersenne 素数时,M_p 也一定是 Mersenne 素数.例如

$$M_2=3, M_3=7, M_5=31, M_7=127$$

是素数,而以它们作为指数 p,得到的 M_3, M_7, M_{31} 和 M_{127} 也是素数.下一个 Mersenne 素数是 $M_{31}=8\ 191$,所以人们推测 $M_{8\ 191}$ 也是素数,直至1953年,韦勒使用 ILLIAC 计算机花费100小时证明了它.

表2 $p<257$ 的 Mersenne 合数(M_p)表

指数 p	$M_p=2^p-1$	发现时间	发现者
11	23 · 89C	1536年	热格斯
23	47 · 178 481C	1640年	Fermat
29	233 · 1 103 · 2 089C	1732年	Euler
37	223 · 616 318 177C	1640年	Fermat
41	13 367 · 164 511 353C	1859年	蒲拉那
43	431 · 9 719 · 2 099 863C	1869年	兰德
47	2 351 · 4 513 · 13 264 529C	1869年	兰德
53	6 361 · 69 431 · 2 094 401C	1869年	兰德
59	179 951 · 3 203 431 780 337C	1869年	兰德
67	193 707 721 · 761 838 257 287C	1903年	Cole
71	228 479 · 48 544 121 · 212 885 C 833C	1912年	热莫山姆
73	439 · 2 298 041 · 9 361 973 132 609C	1738年	Euler
79	2 687 · 202 029 703 · 1 113 491 139 767C	1856年	热斯切尔
83	167 · 57 912 614 113 275 649 087 721C	1738年	Euler
97	11 447 ·		

续表 2

指数 p	$M_p=2^p-1$	发现时间	发现者
	13 842 607 235 828 485 645	1878 年	勒拉舍
	766 393C	1916 年	
101	素数 · 素数 C		房克姆勃格
103	?	1913 年	Powers
109	745 983 807 · ?	1916 年	Powers
113	3391 · 23 279 · 65 993 · 1 868 569	1856 年	热斯切尔
	1 066 818 132 868 207C		
131	263 · ?	1738 年	Euler
137	?	不详	
139	?	不详	
149	?	不详	
151	18 121 · 55 871 · 165 799 · 2 332 951 ·	1912 年	库尼佛姆
	7 289 088 383 388 253 664 437 433C		
157	852 133 201 · ?	20 世纪初	尤勒
163	150 287 · 704 161 · 110 211 473 · ?	1908 年	库尼佛姆
167	2 349 023 · ?	20 世纪初	尤勒
173	730 753 · 1 505 447 · ?	1912 年	库尼佛姆
179	359 · 1 433 · ?	1738 年	Euler
181	43 441 · 1 164 193 · 7 648 337?	1910 年	伍德奥尔
191	383 · ?	1738 年	Euler
193	13 821 503 · ?	20 世纪初	尤勒
197	7 487 · ?	1894 年	库尼佛姆
199	?	20 世纪初	尤勒
211	15 193 · ?	1878 年	勒拉舍
223	18 287 · 196 687 · 14 664		
	492 916 841 · ?	1978 年	勒拉舍
227	?	20 世纪初	尤勒
229	1 504 073 · 20 492 753 · ?	20 世纪末	尤勒
233	1 399 · 135 607 · 622 577 · ?	1856 年	热斯切尔
239	479 · 1 913 · 5 737 · 176 383 ·		
	134 000 609 · ?	1738 年	Euler
241	22 000 409 · ?	1895 年	毕克默
251	503 · 54 217?	1876 年	Lucas

注　(1)此表中的数据大多是在电子计算机产生之前得到的,近几年的结果没有列入.

(2)末尾有“C”的数字表示已得到完整的因数分解式.

(3)表中发现时间不详的数字,一般是在电子计算机寻找 Mersenne 素数时被筛出的合数.

(4)一些数字的因式分解是几位数学家陆续完成的,这里仅给出第一位发现者.

(5)对于 $2^{101}-1$,是一个非常有趣的结果,人们仅证明了它必是两个素数之积,并且其中较小的一个至少有 11 位,但是,大概至今也没有找到这两个素数.

$M_{8\,191}$是一个合数,从而否定了“卡特兰猜想”. 1957 年,又有人证明 $M_{M_{17}}$和 $M_{M_{19}}$分别可被 $1\,768(2^{17}-1)+1$ 和 $120(2^{19}-1)+1$ 整除.

3. $2^{257}-1$ **与非构造性证明**

在 Mersenne 数中,最受人们关注的数字莫过于 $2^{257}-1$. 它具有 78 位数字,是“Mersenne 猜测”中最大的一个数. 17 世纪 Mersenne 曾认为它是素数,但直至 20 世纪初,数学家们仍然难以证实这一点,早年,也曾引用美国联合通讯社和纽约时报失实的报道,因此就更有“名气”了. 当代数学家贝尔曾评论说:“一些人对于 $2^{257}-1$ 的喜爱,正如探险者喜爱北极或登山者喜爱珠穆朗玛峰一样.”

1922 年,科瑞特切克曾证明 M_{257} 是一个合数. 但是,大概人们不愿意打破尊崇前人的迷梦,或者对科瑞特切克的证明不理解（他没有给出 M_{257} 的任何因数），所以这一证明并未得到足够的重视，此后的许多数学书中仍认为 M_{257} 是素数或作为“猜测”处理.

20 世纪初美国出现两位出色的数论大师：D. N. Lehmer 和 D. H. Lehmer. 父子两人曾为数论研究做出许多贡献. 例如，他们曾建立一个高达 100 000 000 的所有数的因数表，还制造了一台因数分解机，证明出许多大数的性质. 他们的著作《在数论中捕获“大猎物”》很有影响，尤其是对 Mersenne 数，由于 D. H. Lehmer 改进了 Lucas 的算法，才使这一法则在确定 Mersenne 数中直至今日仍发挥巨大的效应. 当然，与世人一样，D. H. Lehmer 也十分关注 M_{257} 的研究，并为此倾注了大量精力. 在 1931 年间，他使用一架台式计算机花费了 700 多个小时，最终证明了 M_{257} 是一个合数. 但是，Lehmer 也没能找到它的因数. 1952 年，SWAC 计算机也证明了 M_{257} 是一个合数. 它仅用了 48 秒！但也没有给出因数.

类似于 Lehmer 等人的证明方法，在数学上一般称为“非构造性证明”. 这种方法在数学界是有争议的. 它的大意是：对于某事物，即使无法直接找到它，只要利用间接推理确定它的存在，就是有效的证明. 我们知道，人类在认识事物的过程中，一般可采取两种认识手段，一是验证，这对于小数量的认识对象是十分有效的. 但是，当认识对象的数量非常庞大，甚至无限多时（这在数学中是屡见不鲜的），就需要借助间接的

逻辑推理. 例如,一个球场有 10 万个观众座位,并且恰好已坐满而又无站立者. 有人问:其中是否有无票者? 回答此问题有两种方法,一是逐一检查(这恐怕在球赛结束之后也查不完);再就是看售出了多少票. 从而推算出是否有无票者混入. 这后一种方法就是间接推理. Lehmer 等人的工作也是如此,他们虽然找不到 $2^{257}-1$ 的因数,却证明了它们存在,这正是"非构造性证明". 对此,数学家 Weyl 曾形象地描述道:"这种方法的奥妙在于,它仅对人类宣布有某一个珍宝存在,但没有泄露它在什么地方".

但是,19 世纪以来一些数学家(所谓直观主义者)却怀疑非构造性证明在无限意义上的可靠性,因为许多非构造性证明的结果都是很难或者根本无法彻底验证的. 无法验证的结果怎能承认其价值呢? 人们对于 Lehmer 等人证明的冷遇正是这种思想的体现.

当代数学家里查兹针对这种"冷遇",在 1978 年出版的《今日数学》一书中风趣地写道:

波兰大数学家 H. D. Steinhaus 著的《数学一瞥》一书中,有句挑战性的话:78 位数的 $2^{251}-1$ 是合数,可以证明它有因数,但这些因数还不知道. 我父亲是位富有实践精神的生物学者,他对 Steinhaus 的话斥为无稽之谈——你还不知道数的因数,何以知其有因数? 当时我也莫名其妙,但总觉得它相当妙! ……事实上,如果所含的数目很大(譬如有 78 位数字),那么所谓“彻底搜查”就是“愚不可及”的了,数学家的“一览无余”不是“逐一枚举”,而是“巧运新思”.

1984 年,有人宣称已经完成了 $2^{257}-1$ 的因数分解,但是,笔者至今还没有见到这个结果.

4. 公开密码

一般地说,在数学领域中数论是最远离自然界的一个分支. 素数以及合数的研究一直被看作最纯粹的数学,并由此赢得“数学皇后”的美誉. 但是,20 世纪 70 年代末,事情发生了惊人的逆转,确定素数与大数分解工作突然异常活跃起来,并且,它不再是数学家的孤芳自赏或智力游戏,反而得到许多国家安全部门的极大关注. 这是为什么?

原来在 1978 年,科学家 Rivest,Shomir 和 Adleman 三人发明了一种密码系统,也称 RSA 系统(这是三位发明者 Rivest, Shomir 和 Adleman 的首字母). 由于这一系统无法破译,所以在短短的几年间就得到了一些国家安全部门的广泛应用,最令人惊异的是这种密码的原理竟建立在数学家的无知之上.

我们知道,用现代计算机进行两个大数相乘是件极容易的事. 比如,两个 101 位的素数相乘,使用计算机只需几秒钟. 但是反过来,如果不知道这两个素因数,要想完成这个乘积的因数分解,即使用最快的计算机也要几十万亿年的时间. Rivest 等人正是利用了人们在因数分解方面的困难,发明了一种公开密码.

他们的基本思想是:取两个充分大的素数,求出它们的乘积,如果需要发送秘密文电,只需公开告诉发电人这两个素数的乘积,并说明如何用它进行编码,但不必告诉他这两个素数,则任何一个发电人都可以按照编码进行发送秘密文电了. 而收电人只要对这两个素因数严守秘密,他就是唯一能破译这一密电的人. 当然,这两个素数需要足够大,以使数学家们无力分解它们. Rivest 等人建议:应使用 80 位以上的数字才足以扼制因数分解.

RSA 密码系统的出现,迅速引起数学界的骚动. 其原因有二:一是"数学皇后"——数论的尊严受到了严重的损伤. 数学领域中再也不存在"世外桃源"了,几千年来始终"一尘不染"的素数,如今也屈尊在国家安全部门的名下. 二是历来"自命清高"的数学家真有些"无地自容"了. 一门素称最严整的学科竟让人钻了这么大的空子,该怎样解释呢? 正如佐治亚大学的波梅兰斯教授所说:"这种密码系统是由于无知而成功的一项应用. 它的产生,使更多的人热衷于研究数论了. 可以说,对分解因数束手无策的数学家越多,这种密码就越好".

密码工作人员的言行极大地刺伤了数学家们的自尊心,他们是不会轻易认输的. 数学大师 Hilbert 早已向世界宣称:"在数学之中没有不可知!"从公开密码产生之日起,人们进行因数分解的位数迅速增大,并由此形成了一个新学科——计算数论. 1984 年 2 月

13日,美国《时代》周刊以"32 小时解开 3 世纪之久未解决的难题——数学家将 69 位的数字进行因数分解"为题,介绍了美国科学家西蒙斯、戴维斯和霍尔德里奇等人利用 Cray 计算机进行因数分解的工作. 他们从 1982 年开始,结合 Cray 计算机的特点编写了一种因数分解程序,并用它连续分解了 50 位、60 位、63 位和 67 位的数字. 此刻,Cray 计算机的能力似乎已达到极限. 但是西蒙斯等人又向一个具有 69 位数字的 Mersenne 合数进军. 他们在一个月里抓住零星时间总共计算 32 小时 12 分钟,最后找到了这个 Mersenne 合数的全部三个因数

$$178\ 230\ 287\ 214\ 063\ 289\ 511$$

$$61\ 676\ 882\ 198\ 695\ 257\ 501\ 367$$

和

$$12\ 070\ 396\ 178\ 249\ 893\ 039\ 969\ 681$$

令人疑惑的是,文中称这个 Mersenne 合数是 Mersenne 合数表(即素指数 $p<257$)中的最后一个,即 $2^{251}-1$. 这就错了. 因为 $2^{251}-1$ 不是 69 位,而是 76 位数字,并且,早在 1876 年 Lucas 就已经找到 $2^{251}-1$ 的一个因数 503;1911 年克尼佛姆又找到第二个因数 54 217. 但是至今还没有找到其他因数. 这些显然都与西蒙斯等人的结果不同,原因何在呢? 笔者根据 Mersenne 合数的历史推断,69 位的 Mersenne 合数应该是 $2^{227}-1$,它是 20 世纪初尤勒用一架台式计算机确定的合数,但是一直没有找到它的任何因数.

数学家们的因数分解能力确实是在突飞猛进，根据1986年末的消息，一些国家已有可能在一天之内分解一个85位以上的数. 因此，现在感到不安的不再是数学家了，而是那些得逞一时的国家谍报部门. 按照这样的形势发展可以预测，不久之后，RSA 密码系统必将被密码破译人员一一侦破，这大概是嘲弄数学家所得到的"报应"吧！不过，无论如何，RSA 的产生总算结束了"数论无用"的历史.

后来有一篇新闻报道称：

以色列设计出可破译密码电脑

据《科技日报》报道　以色列魏茨曼科学研究院电脑加密和密码破译专家沙弥尔日前宣称，他已设计出一种只需数天就可打开经过普通数据加密处理文件的新型电脑. 一旦这种新型电脑问世，势必会对目前大多数电子商务中的保密信息构成威胁.

沙弥尔把自己设计的这种新型电脑命名为"Twinkle"，即"魏茨曼科学研究院密钥定位引擎". 他所设计的实际是一台高速光学计算机，可在两三天内破译512位 RSA 加密密钥. 今年初，有人为解一个465位的密钥，曾动用数百台计算机同时工作了几个月.

这种新型电脑尚不能破译军事、金融领域所使用的用以保存敏感文件的功能更强的密码. 电脑专家认为，沙弥尔的设计再次提醒用户注意，目前电子商务中通常使用的512位 RSA 短密钥并不是可以绝对信赖的.

第二编

有关 Mersenne 素数的若干新闻报道

最新的 Mersenne 素数[①]

第 2 章

它们会停止到来吗? Cray 研究所的 David Slowinski 和 Paul Gage 最近宣布发现了最新(也是最大)的 Mersenne 素数,这第 32 个已知的 Mersenne 素数是 $2^{756\,839}-1$,一个有 227 831 位的数,Slowinski 和 Gage 用他们自己编写的程序在位于英国 Didcot 的 Harwell 实验室的 Cray－2 型计算机上证明了这个数是素数.

证明如此大的一个随机数为素数是不可能的(例如,试除法是没有用的,因为大约有 $10^{113\,910}$ 个素数需要试),但对于 Mersenne 素数有著名的 Lucas-Lehmer 检验:$M_p=2^p-1$ 是素数当且仅当 M_p 整除 U_p,其中$\{U_p\}$是由 $U_2=4$ 及 $U_n=U_{n-1}-2$ 递推定义的数列,数的升幂运算(即使是极大的幂)用某些巧妙的方法是可能的,

① 原题:The Latest Mersenne Prime, 译自:The American Mathematical Monthly, 99:4(1992),360.

然而对一个位数超过 20 万的数，就是作平方也不容易. Slowinski 和 Gage 利用了 Schonhage 和 Strassen 创设的一个使用快速 Fourier 变换的算法（由 Cray 研究所的 Dennis Kuba 巧妙地实现了），但是，第一次检验 $M_{756\,839}$ 的素数性仍花费了许多小时的计算机机时，后来在一台有 16 个处理器的计算机上再次检验时花了 20 分钟.

在此之前，已知的最大 Mersenne 素数是 $M_{216\,091}$，再前一个是 $M_{110\,503}$（由 Colquitt 和 Welsh 发现）. 在它们之间有其他 Mersenne 素数吗？没有人能肯定. Harwell 实验室的计算机只检验了 85 个指数就发现了上述新素数，寻找 Mersenne 素数的 Slowinski 说："我们碰到了难以置信的好运气！"他得到的似乎比他应得的更多.

2017 年的 12 月，第 50 个素数被发现. 美国一位普通的电气工程师 Jonathan Pace，在他成为 GIMPS 计划志愿者的第 14 年，找到第 50 个 Mersenne 素数，即 $2^{77\,232\,917}-1$，共计 23 249 425 位.

2018 年 12 月，一名来自美国佛罗里达州的程序员 Patrick Laroche，利用互联网的 Mersenne 素数大搜索项目（GIMPS），发现了迄今为止人类发现的最大素数 $2^{82\,589\,933}-1$！它一共有 24 862 048 位数字，作为人类发现的第 51 个 Mersenne 素数，它被命名为 $M_{82\,589\,933}$. 因此 Patrick Laroche 也获得了 3 000 美元的奖金.

第3章 数海明珠——漫话 Mersenne 素数[①]

Mersenne 数是指形如 2^p-1(其中 p 为素数)的数,通常记为 M_p;而 Mersenne 数中的素数就是 Mersenne 素数. Mersenne 素数是否有无穷多个、Mersenne 素数有什么样的分布规律等问题都是强烈吸引着一代又一代研究者的世界著名难题.

§1 Mersenne 素数的由来

说起 Mersenne 素数的由来,一直可以追溯到古希腊时期. 古希腊人对"完全数"有着非常浓厚的兴趣,所谓完全数是这样一种自然数——其所有因子(不包括自身)之和恰等于自身,如 6 和 28 就是最

① 本章摘自《科学中国》,1998 年第 12 期.

小的两个完全数. 古希腊人认为这类数是尽善尽美的象征,所以将其称作"完全数". Euclid 对完全数证明了一个重要定理:如果 2^p-1 是素数,则 $2^{p-1}(2^p-1)$ 是完全数. 这就将完全数与 Mersenne 素数联系了起来,尽管那时还没有 Mersenne 素数这一名称. Euclid 给出了最初的两个 Mersenne 数,即 M_2 与 M_3,其时大约是公元前 300 年. 约两百年后,尼可马修斯又得到 M_5 与 M_7 也是 Mersenne 素数. 其后经过漫长的一千多年,人们仅仅再发现了 3 个 Mersenne 素数:M_{13}(1456 年)、M_{17}(1603)年、M_{19}(1603 年). 直到 17 世纪中叶以前,人们关注的主要是完全数,M_p 只是作为寻找完全数的一种手段.

法国数学家 Mersenne 的工作使情况从根本上得到改观. Mersenne 是 17 世纪欧洲科学界一位独特的中心人物. 他是一位修道士,在教会中为了保卫科学事业做了很多工作. 他捍卫 Descartes 的哲学思想,反对来自教会的批评,他还翻译过 Galilei 的部分著作并捍卫了他的理论. 而他对科学的独特的重要贡献主要体现在他起了一个平常的思想通道作用. 17 世纪时,科学刊物和国际会议等还远远没有出现,甚至连科学研究机构都没有创立. 学识广博、热情诚挚、交往广泛的 Mersenne,经常在当时的科学家之间传递、报道各人的研究工作,并提出自己的建议. Mersenne 和巴黎数学家 Fermat, G. P. Roberval, C. Mydorge, Descartes 等曾每周一次在 Mersenne 的住所聚会,轮流讨论数学、物理等问题,这种民间学术组织被誉为"Mersenne 学院". 它就是法国科学院的

前身.

Mersenne 在 Fermat 等人有关研究的基础上对形如 2^p-1 的数做了大量的计算、验证工作. 他在 1644 年断言,不大于 257 的各素数,只有 $p=2,3,5,7,13,17,19,31,67,127,257$ 使 2^p-1 是素数. 这一结论轰动了当时整个数学界. 尽管 Mersenne 本人实际上只验算了前面的 7 个数,但人们对其断言仍深信不疑.

虽然 Mersenne 的断言中包含着若干错误(后文详述),但他的工作极大地激发了人们对 2^p-1 型素数的研究的热情,使其摆脱作为"完全数"的附庸的地位. 可以说,Mersenne 的工作是素数研究的一个转折点和里程碑. 20 世纪初,经美国数学家布勒提议,将 2^p-1 型的数冠以 Mersenne 的名字,通用记号 M_p 中的 M 就是 Mersenne 的第一个字母. 另外,值得一提的是,Mersenne 所"猜"到的 M_{127} 也是电脑出现以前人们所确认的最大 Mersenne 素数.

§2　充满艰辛与乐趣的"数海探珠"历程

Mersenne 素数就像茫茫数学海洋中一颗璀璨的明珠,吸引着一代又一代的研究者去探寻这些珍宝.

自 Mersenne 提出其断言后,人们发现的已知最大素数几乎都是 Mersenne 素数. 寻找新的 Mersenne 素数的历程也就几乎等同于寻找已知最大素数的历程. 而

Mersenne 断言为素数却未被证实的几个 M_p 当然首先成为人们研究的对象.

1772 年,大数学家 Euler 在双目失明的情况下,靠心算证明了 M_{31}是一个素数,它共有 10 位数字,堪称当时世界上已知的最大素数. Euler 的毅力与技巧都令人赞叹不已. 这是寻找已知最大素数的先声. Euler 还证明了 Euclid 关于完全数的定理的逆定理,即:每个偶完全数都具有形式 $2^{p-1}(2^p-1)$,其中 2^p-1 是素数. 这就使得偶完全数完全成了 Mersenne 素数的“副产品”了.

一百年后,法国数论专家 Lucas 在研究著名的 Fibonacci 数列时,竟惊人地发现了它与 Mersenne 数的联系,他由此提出了一个用以判别 M_p 是否是素数的重要定理——Lucas 定理. Lucas 的工作为 Mersenne 素数的研究提供了有力工具,1883 年,Pervushin 证明了 M_{61} 也是素数——这是 Mersenne 漏掉的. Mersenne 还漏掉了另外两个素数:M_{89} 与 M_{107},这两个素数分别到 1911 年与 1914 年才被 Powers 发现.

1903 年,在美国数学学会的大会上,数学家 Cole 作了一个一言不发的学术报告,他在黑板上先算出$2^{67}-1$,接着又算出 193 707 721 ×761 838 257 287,两个结果相同. 这时台下热烈鼓掌,并响起了喝彩声. 据说这还是该学会成立以来的第一次喝彩. 他第一个否定了“M_{67} 为素数”这一自 Mersenne 断言以来一直被人们相信的结论. 这短短几分钟的报告,花去了 Cole 三年的全部星期天.

而澄清 Mersenne 断言的最后一个素数 M_{257} 的工作

是由 D. H. Lehmer 在 1922—1923 年花了近 700 个小时才完成的——M_{257} 不是素数. Lehmer 在 1930 年还大大改进了 Lucas 的工作,给出了一个针对 M_p 的新的判别法,即 Lucas-Lehmer 素性测试法:Mersenne 数 $M_p>3$ 是素数的充分必要条件是 $L_{p-2}=0$,其中

$$L_0=4,L_{n+1}\equiv(L_n^2-2)(\bmod M_p)$$

这一方法直到“电脑时代”仍发挥重要作用.

在“手算笔录时代”,人们历尽艰辛,仅找到了 12 个 Mersenne 素数. 电脑的产生使寻找 Mersenne 素数的研究者如虎添翼. 然而,有趣的是,电脑首先给了非 M_p 形式的素数一次机会,1952 年初,英国剑桥大学的学者们使用 EDSAC 电脑,求出了一个具有 79 位数字的素数:$180(2^{127}-1)^2+1$. 它是几百年来唯一一次得到“已知最大素数”桂冠的非 Mersenne 素数. 但可看到它仍与 Mersenne 素数有密切关联. 同一年,数学家 Robinson 等人将 Lucas-Lehmer 方法编译成电脑程序,使用 SWAC 电脑在短短几小时之内,就找到了 5 个 Mersenne 素数,且证明在 $127<p<2\ 309$ 范围内只有这 5 个 Mersenne 数,它们是:M_{521},M_{607},$M_{1\ 279}$,$M_{2\ 203}$ 和 $M_{2\ 281}$.

其后,$M_{3\ 217}$ 在 1957 年、$M_{4\ 253}$ 和 $M_{4\ 423}$ 在 1961 年被证明是素数. 1964 年,美国伊利诺伊大学的数学教授 Gillies 证明了 $M_{9\ 689}$,$M_{9\ 941}$ 和 $M_{11\ 213}$ 是素数. 该校数学系为纪念这一突出成就,在它寄出的每一封信上都印上了“$2^{11\ 213}-1$”.

1971 年 3 月 4 日晚,美国电视台中断了正常的节目的播放,发布了 Tuckerman 用IBM360/91电脑找到新的 Mersenne 素数 $M_{19\,937}$的消息. 而到 1978 年 10 月,美国几乎所有大新闻机构都报道了以下消息:两名年仅 18 岁的美国高中生 Noll 和 Nickel 使用 Cyber174 电脑找到了第 25 个 Mersenne 素数:$M_{21\,701}$.

随着 p 值的增大,每一个新的 Mersenne 素数的产生都艰辛无比,而各国科学家及业余研究者们仍乐此不疲、激烈竞争. 1979 年 2 月 23 日,当美国 Cray 研究公司的电脑专家 Slowinski 宣布他找到第 26 个 Mersenne 素数 $M_{23\,209}$时,人们告诉他:在两星期前 Noll 已得出这一结果. 为此,Slowinski 潜心发愤,花了一个半月时间,使用 Cray 一号电脑终于找到了 $M_{44\,497}$这一新的素数. 之后,这位电脑专家使用不断改进的 Cray 系列电脑在 1983—1985 年间再连下三城——$M_{86\,243}$, $M_{132\,049}$ 和 $M_{216\,091}$. 但他未能确定 $M_{86\,243}$与 $M_{216\,091}$之间还有没有异于 $M_{132\,049}$的 Mersenne 素数. 而到了 1988 年,Kolquitt 和 Welsh 使用超高速并行电脑 NEC FX－2 果然抓到了一条“漏网之鱼”——$M_{110\,503}$.

沉寂 7 年之后,1992 年 3 月 25 日,英国原子能技术权威机构 Harwell 实验室的一个研究小组宣布他们找到了新的 Mersenne 素数 $M_{756\,839}$. 1994 年 1 月 14 日,Cray 研究公司再夺回发现“已知最大素数”的桂冠——这一素数是 $M_{859\,433}$. 而下一个 Mersenne 素数 $M_{1\,257\,787}$仍是 Cray 公司的成果,它是由 Slowinski 与 Gage 合作用 Cray T94 巨型机在 1996 年取得的. 这个数是到目前为止已确

定位次的 Mersenne 素数的最后一位，即第 34 位. 最新的三个 Mersenne 素数 $M_{1\,398\,269}$，$M_{2\,976\,221}$ 和 $M_{3\,021\,377}$（尚未确定位次）分别在 1996，1997 和 1998 年被发现. 这三个素数都是在与一个寻找大素数的因特网项目联网的个人电脑上发现的. 看来，因特网要与巨型机在计算技术上一较高低了. 目前最大的 Mersenne 素数（也是已知最大素数）$M_{3\,021\,377}$ 是美国加利福尼亚州立大学 19 岁的学生罗兰·克拉克森在 1998 年 1 月 27 日证明的. 这是一个具有 909 526 位的数. 这个目前人类所能证明为素数的最大数到底有多大？我们假定全世界有 50 亿人能够看书，而且每人每天看一本书，每本书有 100 万个印刷符号，那么全世界的人在一整年中所看过的书的印刷符号的总数仅仅是一个 19 位数. 对比之下，就可想象一个 909 526 位的数是怎样一个巨数了！

§3　Mersenne 素数分布规律的探索

从上文已可看到，Mersenne 素数的分布极不规则. 我们甚至可以看到，连找到新的 Mersenne 素数的时间的分布都极不规则，有时许多年未能找到一个，而有时则一下找到了好几个. 探索 Mersenne 素数的分布规律似乎比寻找 Mersenne 素数更为困难. 科学家们在长期的摸索中，提出了一些猜想，但还没有出现已证明的分布规律.

在 1961 年 Hurwitz 证明在 $3\ 300 < p < 5\ 000$ 范围内只有两个 Mersenne 素数 $M_{4\ 253}$ 和 $M_{4\ 423}$ 之后，D. Shanks提出在 $p_n \leqslant p \leqslant p_m$ 范围内，Mersenne 素数 M_p 约有 $\frac{1}{\lg 2}\sum_{p=p_n}^{p_m}\frac{1}{p}$ 个. 并据此推测在 $5\ 000 < p < 50\ 000$ 范围内，约有 5 个 Mersenne 素数 M_p. 而到 1979 年，人们在上述范围内实际找到了 7 个 Mersenne 素数.

Gillies（他曾在 1964 年找出了 3 个 Mersenne 素数，见上文）也提出了一个猜测：当 p 在 x 与 $2x$ 之间时约给出两个 Mersenne 素数 M_p，其中 x 是大于 1 的正整数. 但这一猜测与 Mersenne 素数的实际分布仍有较大距离. 有时将上述范围扩大到 x 与 $3x$、甚至 x 与 $4x$ 之间，也找不到一个 Mersenne 素数，更不用说两个了. 如当$x = 22\ 000$时 x 与 $3x$ 之间不存在使 M_p 为素数的 p. 当$x = 128$时，x 与 $4x$ 之间也不存在使 M_p 为素数的 p.

另一位提出猜测的数学家是 Brillhart，他猜测第 n 个 Mersenne 素数 M_p 的 p 值（下面记为 p_n）大约是 $(1.5)^n$. 如果从回归分析的角度来看，$p_n = (1.5)^n$ 可以说是一个拟合得较好的回归方程（拟合得更好的方程是 $p_n = (1.512\ 5)^n$）. 但是如果一个个地对比实际的 p_n 与 $(1.5)^n$，则两者在不少的 n 值上都有较大距离，如 $p_{10} = 89$，而 $(1.5)^{10} \approx 58$；$p_{15} = 1\ 289$，而 $(1.5)^{15} \approx 438$；$p_{21} = 9\ 689$，而 $(1.5)^{21} \approx 4\ 988$；$p_{30} = 132\ 049$，而 $(1.5)^{30} \approx 191\ 751$；$p_{32} = 756\ 839$，而 $(1.5)^{32} \approx 431\ 440$，等等.

上面的几个猜测有一个共同特点，就是都以近似表达式给出. 而它们与实际情况的接近程度都未尽如人意.

中国学者在 Mersenne 素数分布规律的探索中做出了突出贡献. 1992 年，我国语言学家、数学家周海中教授提出一个猜想：当 $2^{2^n}<p<2^{2^{n+1}}(n=0,1,2,3,\cdots)$ 时，M_p 有 $2^{n+1}-1$ 个是素数. 并据此做出了 p 小于 $2^{2^{n+1}}$ 的 Mersenne 素数 M_p 的个数为 $2^{n+2}-n-2$ 的推论. 这是一个精确表达式. 而这一具有形式美感的猜想对目前已知的所有 Mersenne 素数都是成立的. 1995 年，这一猜想被国际数学界正式承认，并被命名为“周氏猜测”，收录进《数学中的著名难题》一书. 该书主编肯帕博士特地给周海中发来了贺信. 美国数论专家巴拉德博士和加拿大数论专家里本伯恩教授等也纷纷发来贺信，认为这是“Mersenne 素数研究中的一项重大突破”，高度评价周海中“对素数研究做出了显著贡献”. 按“周氏猜测”，在 $2^{2^4}<p<2^{2^5}$ 的范围内，M_p 有 31 个素数，到目前为止在此范围内已找出的仅 10 个；“周氏猜测”激励着人们再接再厉，找出更大的 Mersenne 素数.

§4　Mersenne 素数的意义

自古希腊直至 17 世纪，人们寻找 Mersenne 素数的意义似乎只是为了寻找完全数.但自 Mersenne 提出其著名断言以来,特别是 Euler 证明了 Euclid 关于完全数的定理的逆定理以来,完全数已仅仅是 Mersenne 素数的一种“副产品”了.

寻找 Mersenne 素数在现代已有了十分丰富的意义.寻找 Mersenne 素数是发现已知最大素数的最有效的途径,自 Euler 证明 M_{31} 为当时最大的素数以来,在发现已知最大素数的世界性竞赛中,Mersenne 素数几乎囊括了全部冠军.

寻找 Mersenne 素数是测试电脑运算速度及其他功能的有力手段.如 $M_{1\,257\,787}$ 就是 1996 年 9 月美国 Cray 公司在测试其最新超级电脑的运算速度时得到的.Mersenne 素数在推动电脑功能改进方面发挥了独特作用.发现 Mersenne 素数不仅仅需要高功能的电脑,它还需要素数判别的理论与方法、数值计算的理论与方法、高超巧妙的程序设计技术等,因而它还推动了数学皇后——数论的发展,促进了计算数学、程序设计技术的发展.

由于寻找 Mersenne 素数需要多种学科的支持,也由于发现新的“最大素数”所引起的国际影响使得对于 Mersenne 素数的研究能力已在某种意义上标志着一个国家的科学技术水平,而不仅仅是代表数论的研究水平.从各国各种传媒(而不仅仅是学术刊物)争相报道新的 Mersenne 素数的发现,我们也可清楚地看到这一点.

Mersenne 素数在实用领域也有用武之地. 现在人们已将大素数用于现代密码设计领域. 其原理是:将一个很大的数分解成若干素数的乘积非常困难,但将几个素数相乘却相对容易得多. 在这种密码设计中,需要使用较大的素数,素数越大,密码被破译的可能性就越小.

寻找 Mersenne 素数最新的意义是:它促进了分布式计算技术的发展. 从最新的 3 个 Mersenne 素数是在因特网项目中发现这一事实,我们已可以想象到网络的威力. 分布式计算技术使得使用大量个人电脑去做本来要用超级电脑才能完成的项目成为可能,这是一个前景非常广阔的领域.

Mersenne 素数的研究尚有很多未知领域等待着有志者去开垦. 让我们以数学大师 Hilbert 的名言来结束本章:

“我们必须知道,我们必将知道.”

寻找最大素数的猜想——由 Mersenne 素数启发而来的新发现[①]

第4章

人们都知道,素数是大于1,并除了它本身和1以外,不能被其他正整数整除的整数,如2,3,5,7,….

Mersenne 素数通常记作 $M_p=2^p-1$(其中 p 为素数). Mersenne 素数是否有无穷个,是否有分布规律,一直是众多研究者试图攻克的世界著名难题.

法国数学家 Marin Mersenne 在1644年断言,不大于257的各素数,只有 $p=2$,3,5,7,13,17,19,31,67,127,257,使 2^p-1 是素数,尽管 Mersenne 本人实际只验算了前面的7个数,但人们对其断言仍深信不疑.

虽然 Mersenne 的断言中包含着若干错误,但却极大地激发了人们对 2^p-1 型

---

① 本章摘自《科技探索》,1999年第6期.

素数的研究热情. 而当时 Mersenne 所猜想到 M_{127} 也是电脑出现以前人们所确认的最大 Mersenne 素数.

自 Mersenne 提出其断言后,人们发现的已知最大素数几乎都是 Mersenne 素数. 所以,寻找新的 Mersenne 素数的历程就几乎等同于寻找欲知最大素数的历程.

在“手算笔录时代”,人们历尽艰辛,仅找到 12 个 Mersenne 素数. 到了电脑时代,寻找 Mersenne 素数的研究明显加快,且其数值也在逐渐加大,目前最新的三个 Mersenne 素数是 $M_{1\,398\,269}$,$M_{2\,976\,221}$,$M_{3\,021\,377}$(尚未确定位次)分别是在 1996、1997 和 1998 年发现的. 而最大的 Mersenne 素数(也是已知最大素数)$M_{302\,137}$,是美国加州州立大学 19 岁的学生罗兰 · 克拉森在 1998 年 1 月 27 日证明的. 这是一个具有 909 526 位的数,展开写可以占满对开报纸的 36 个版面.

Mersenne 素数到底有多大? 尽管它的分布极不规则,是否还能寻找出一些规律呢?

在这个问题上,我国语言学家、数学家周海中教授在 1992 年提出了一个猜想:当 $2^{2^n} < p < 2^{2^{n+1}}$ 时($n = 0,1,2,3,\cdots$),M_p 有 $2^{n+1}-1$ 个是素数. 并据此得出了 p 小于 $2^{2^{n+1}}$ 的 Mersenne 素数 M_p 的个数为 $2^{n+2}-n-2$ 的推论. 1995 年,这一猜想被国际数学界正式承认,并被命名为“周氏猜想”. 这是一个精确的表达式,其对目前已知的所有 Mersenne 素数都是成立的. 按“周氏猜想”,在 $2^{2^4} < p < 2^{2^5}$ 的范围内,M_p 有 31 个,而到目前

为止,在此范围内已找出 10 个.

笔者对 Mersenne 素数有极大的兴趣,为了能找出 Mersenne 素数的一个大致规律,也曾做了许多尝试.现根据前人的经验,总结推论猜想得出了一个公式.如此公式成立的话,以此来寻找 Mersenne 素数,比一个个找要快得多,而且找最大素数也很简单,并可从中找出无穷个 Mersenne 素数.可以说是等于有了寻找任意最大素数的阶梯,此公式对已知的 Mersenne 素数都成立.

公式为

$$\begin{cases} p_0 = 2 \\ p_{n+1} = 2^{p_n - 1}, X_p \text{ 为素数}; n = 0, 1, 2, 3, \cdots \\ X_p = p_{n+1} \end{cases}$$

如此公式成立的话,公式中的素数排列是不同于 Mersenne 素数的,故认为这种素数排列可记作 X_p.笔者认为它既有规律,又富有哲理.

如果 $\{X_p\} = X$(表示 X_p 素数集),$\{M_p\} = M$(表示 Mersenne 素数集),$\{P\} = P$(表示素数集),那么,$X \subset M \subset P$.

在这里,我们应该清楚的一点是,素数不一定全是 Mersenne 素数,而 Mersenne 素数却又不一定都属于 $\{X_p\}$.

由于按此项公式寻找素数,可以说是一种跳跃式的 Mersenne 素数,所以在这个规律中肯定有遗漏的 Mersenne 素数.但在求大数值的素数时,却比较便捷,

不用绕弯路.

如果按前面所讲目前已知的最大 Mersenne 素数 $M_{3\,021\,377}$是一个具有 909 526 位的数，那么第 5 个 X_p，即

$$X_2^{127}-1=2^{2^{127}-1}-1$$

其中

$$2^{127}-1\approx 1.701\,411\,834\times 10^{38}$$

所以 $M_{3\,021\,377}$对于它来说是微乎其微的.

由于验证这些数据不仅需要高功能的电脑，还需要素数判别和数值计算的理论与方法，以及高超巧妙的程序设计技术等，更需要有足够的时间，只好待以后去做.

在当代，发现新的最大素数不仅标志着一个国家在数论方面的研究水平，而且在某种意义上标志着一个国家的科学技术水平. 同时，在推动计算机运算速度和功能的发展，以及其他一些应用领域也有广阔的前景. 如在现代密码设计上，就需要用较大的素数，素数越大，密码破译的可能性就越小.

发现第 40 个 Mersenne 素数震动数学界

第5章

§1 已知最大的素数

“互联网 Mersenne 素数大搜索”计划再创纪录，美国密歇根州立大学一位 26 岁的学生用它发现了一个新的 Mersenne 素数：$2^{20\,996\,011}-1$. 它有 6 320 430 位数，是新的已知最大素数，人类发现的第 40 个 Mersenne 素数.

这位名叫迈克尔·谢弗的化学工程学研究生花了两年时间，于 2003 年 11 月 17 日发现了这个素数.

素数也叫质数，是只能被它本身和 1 整除的数. 例如 2,3,5,7,11 等. 2 500 年前，希腊数学家 Euclid 证明了素数是无限的，并提出少量素数可写成 2^n-1 的形式，

这里 n 也是一个素数. 此后许多数学家曾对这种素数进行研究,17 世纪法国教士 Mersenne 是其中成果较为卓著的一位,因此后人将 2^n-1 形式的素数称为 Mersenne 素数. Mersenne 素数十分稀有,在两千多年的时间里,人类总共只找到过 40 个 Mersenne 素数.

1995 年,美国的程序设计师 Wolfman 整理有关 Mersenne 素数的资料,编制了一个 Mersenne 素数计算程序,并将其放置在网上供数学爱好者使用,这就是"互联网 Mersenne 素数大搜索"计划(GIMPS). 目前有 6 万多名志愿者,超过 20 万台计算机参与这项计划,第 37,38 和 39 个 Mersenne 素数都是用这种方法找到的.

第 38 个 Mersenne 素数有 200 多万位数,是人类所知的第一个位数超过百万的素数,于 2000 年初被发现,2002 年问世的第 39 个 Mersenne 素数有 400 多万位数. 美国一家基金会曾专门设立 10 万美元的奖金,鼓励第一个找到超过千万位素数的人. 不过由于 GIMPS 的运算任务是分散的,下一个被发现的 Mersenne 素数并不一定比本次发现的更大. 是不是有无穷多个 Mersenne 素数呢? 数学家们目前还无法回答这个问题.

§2　10 万美元的悬赏

2000 年 4 月 6 日,住在美国密歇根州普利矛茨的

N. Hajratwala 先生得到了一笔 5 万美元的数学奖金，因为他找到了当时已知的最大素数，这是一个 Mersenne 素数：$2^{6\,972\,593}-1$. 这也是找到的第一个位数超过 100 万位的素数. 精确地讲，如果把这个素数写成我们熟悉的十进制形式的话，它共有 2 098 960 位数字.

可是 N. Hajratwala 并不是一位数学家，他所做的一切，就是从互联网上下载了一个程序. 这个程序在他不使用他的奔腾 11350 型计算机时悄悄地运行. 在经过 111 天的计算后，上面所说的这个素数被发现了.

在“互联网 Mersenne 素数大搜索”计划中，十几位数学专家和几千名数学爱好者正在寻找下一个最大的 Mersenne 素数，并且检查以前 Mersenne 素数记录之间未被探索的空隙.

1997 年 S. Kurowski 和其他人建立了“素数网”，使分配搜索区间和向 GIMPS 发送报告自动化. 现在只要你去 GIMPS 的主页下载那个免费程序，你就可以立刻参加 GIMPS 计划搜寻 Mersenne 素数. 程序以最低的优先度在你的计算机上运行，所以对你平时正常使用计算机几乎没有影响. 程序也可以随时被停止，下一次启动时它将从停止的地方继续进行计算.

从 1996 年到 1998 年，GIMPS 计划发现了三个 Mersenne 素数，都是使用奔腾型计算机得到的结果.

1999 年 3 月，在互联网上活动的一个协会“电子边界基金”宣布了由一位匿名者资助的为寻找巨大素

数而设立的奖金. 它规定向第一个找到超过 100 万位的素数的个人或机构颁发 5 万美元的奖金. 后面的奖金依次为:超过 1 000 万位,10 万美元;超过 1 亿位,15 万美元;超过 10 亿位,25 万美元.

当然,通过参加 GIMPS 计划来获得奖金的希望相当小. Hajratwala 使用的计算机是当时 21 000 台计算机中的一台. 每一个参与者都在验证分配给他们的不同 Mersenne 数,当然其中绝大多数都不是素数——他们只有大约三万分之一的可能性碰到一个素数.

下一个 10 万美元的奖金将被颁发给第一个找到超过 1 000 万位的素数的个人或机构. 这一次的计算量将大约相当于上一次的 125 倍. 现在 GIMPS 得到的计算能力为每秒 7 000 亿次浮点运算,和一台当今最先进的超级矢量计算机的运行能力相当. 但是如果 GIMPS要使用这样的超级计算机,一天就需要支付大约 20 万美元. 而现在他们需要的费用,只不过是支持网站运行的费用和总共几十万美元的奖金罢了.

§3　分布式计算的威力

GIMPS 只不过是互联网上众多的分布式计算计划中的一个罢了,在非典期间,为了寻找治疗的药物,全世界也曾开展相应的分布式计算计划. 分布式计算是一门计算机学科,它研究如何把一个需要非常巨大的计算能力才能解决的问题分成许多小的部分，然后把这些部分分配给许多计算机进行处理，最后把这些计算结果综合起来得到最终的结果. 有时候计算量是如此之大，需要全世界成千上万甚至更多台计算机一起工作，才能在合乎情理的时间内得到结果. GIMPS 计划就是在进行这样的分布式计算.

但 GIMPS 计划并不是最著名的分布式计算计划. 致力于寻找宇宙中智慧生命的“搜寻地外文明计划”(SETI)中的 SETI @ HOME 工程，已在全世界招募了 290 万名志愿者，利用屏幕保护程序来处理射电望远镜接收到的大量的宇宙间传来的无线电信号. 如果你参加这个计划，也许有一天会在你的计算机上破译出外星人发来的问候呢!

§4 寻找的意义

那么，为什么要寻找 Mersenne 素数? 为什么要打破已知最大素数的记录? 这有什么用处呢?

如果用处只是指能够直接创造物质财富，那么 Mersenne 素数没有什么用处，即使我们知道了一个无比巨大的 Mersenne 素数，似乎也没什么用处. 那么，为什么有人愿意用至少 10 万美元的奖金来寻找它呢?

那是因为人类并不只需要物质财富. 博物馆里的钻石摆在那里有什么用场呢? 为什么人类要收集它

们？因为它们美丽而稀少. 两千多年来，经过无数代人的辛勤工作，人们一共只收集到 38 个 Mersenne 素数. 对于数学家来说，搜集素数是和收集钻石一样富有乐趣的事情. 寻找更大的素数，是一项对人类智慧的挑战. 1963 年，当第 23 个 Mersenne 素数被找到时，发现它的美国伊利诺伊大学数学系是如此骄傲，以至于把所有从系里发出的信件都敲上了“$2^{11213}-1$ 是个素数”的邮戳. 历史上，发现已知最大素数的科学家也都为此非常骄傲.

那么，随着越来越多的人参与 GIMPS，下一个如中奖般获得巨额奖金的会是哪个电脑的主人呢？

Mersenne 素数与周氏猜测[①]

第6章

众所周知,素数也叫质数,是只能被1和自身整除的正整数,如2,3,5,7,11等.2300年前,古希腊数学家Euclid就已证明素数是无穷多个,并提出一些素数可写成"2^p-1"(其中指数p也是素数)的形式.这种特殊形式的素数具有独特的性质和无穷的魅力,千百年来一直吸引着众多的数学家(包括数学大师Fermat、Descartes、Goldbach、Euler、Gauss、Hardy、Turing等)和无数的业余数学爱好者对它进行探究.

17世纪法国数学家Mersenne曾对"2^p-1"型素数作过较为系统而深入地探究,并作出著名的断言(现称"Mersenne猜想").由于他是当时欧洲科学界的中心人物和法兰西科学院的奠基人,数学界就把2^p-1型的数称为"Mersenne数",并以M_p记之.如果M_p为素数,则称之为"Mersenne素数".

① 本章摘自《科技导报》,2013年.

迄今为止,人类仅发现 47 个 Mersenne 素数;另外,人们已确定前 41 个 Mersenne 素数的位次,而后 6 个 Mersenne 素数的位次尚未确定. 这种素数历来是数论研究的一项重要内容,也是当今科学探索的热点和难点之一. 由于 Mersenne 素数珍奇而迷人,因此它被人们誉为“数论中的钻石”.

Mersenne 素数貌似简单,但研究难度却很大. 它不仅需要高深的理论和纯熟的技巧,而且还需要进行艰辛的计算. 1876 年法国数学家 Lucas 提出了一个用来判别 M_p 素性的重要定理——Lucas 定理. 后来,这一定理被美国数学家 Lehmer 于 1930 年进行了简化,给出一个针对 M_p 的新的素性检测方法,即 Lucas-Lehmer 方法:对于所有大于 1 的奇数 p,M_p 是素数,当且仅当 M_p 整除 $S(p-1)$,其中 $S(n)$ 由

$$S(n+1)=S(n)^2-2,S(1)=4$$

递归定义. 这一检测法的优点是计算可以依次进行.

当 p 值很大时,用 Lucas-Lehmer 方法判别 M_p 的素性就需要巨大的计算量. 因此,美国数学家、程序设计师 Wolfman 于 1995 年编制了一个 Mersenne 素数计算程序,并把它放在网页上供数学家和业余数学爱好者免费使用,这就是著名的“互联网 Mersenne 素数大搜索”(GIMPS)项目. 该项目采取网格计算的方式,利用大量普通计算机的闲置处理能力来获得相当于超级计算机的运算能力. 1997 年,美国数学家、程序设计师 Kurowski 建立了“素数网”,使分配搜索区间和向 GIMPS 发送报告自动化. 现在只要人们去 GIMPS 的主

页下载那个免费程序,就可以立即参加 GIMPS 项目了. 伴随数学理论的改善,为了寻找 Mersenne 素数而使用的计算机也越来越强大,包括著名的 IBM360 型计算机和超级计算机 Cray 系列. 目前,世界上有 180 多个国家和地区超过 27 万人参加了这一项目,并动用了 68 万多台计算机联网来寻找新的 Mersenne 素数.

2008 年 8 月 23 日,美国加利福尼亚州立大学洛杉矶分校的计算机专家埃德森·史密斯发现迄今已知的最大 Mersenne 素数 $2^{43\,112\,609}-1$,该数也是目前已知的最大素数. 这个素数有 12 978 189 位;如果用普通字号将它连续打印下来,其长度可超过 50 km! 该校华裔数学家、菲尔兹奖得主陶哲轩对这一成就予以高度评价,称赞史密斯创造了大素数发现史上的奇迹;世界各大主流媒体纷纷予以报道并积极评价,认为这是一项了不起的成就. 另外,这项成就被著名的《时代》杂志评为"2008 年度 50 项最佳发明"之一.

人们在寻找 Mersenne 素数的同时,对其重要性质——分布规律的研究也一直在进行着. 从已发现的 Mersenne 素数来看,它们在正整数中的分布时疏时密、极不规则,因此研究 Mersenne 素数的分布规律似乎比寻找新的 Mersenne 素数更为困难. 英国数学家 Shanks、法国数学家托洛塔、德国数学家伯利哈特、印度数学家拉曼纽杨和美国数学家 Gillies 等曾分别提出过猜测,但他们的猜测有一个共同点,就是都以渐近表达式提出,而且与实际情况的接近程度均难如人意.

中国数学家、语言学家周海中是这方面研究的领先者——他经过多年潜心研究,运用联系观察法和不完全归纳法于 1992 年首次给出了 Mersenne 素数分布的精确表达式:当 $2^{2^n} < p < 2^{2^{n+1}}$ $(n = 0, 1, 2, 3, \cdots)$ 时,Mersenne 素数的个数为 $2^{n+1} - 1$. 他还据此作出了推论:当 $p < 2^{2^{n+1}}$ 时,Mersenne 素数的个数为 $2^{n+2} - n - 2$. 其研究成果为人们寻找这一素数提供了方便,被国际上命名为“周氏猜测”. 美籍挪威数论大师、菲尔兹奖和沃尔夫奖得主阿特勒 · 塞尔伯格认为周氏猜测具有创新性,开创了富于启发性的新方法;其创新性还表现在揭示新的规律上. 中国数学家、计算机科学家张景中也对这一成果给予好评,认为周氏猜测颇具数学美.

周氏猜测已成为著名的数学难题,至今尚未被证明或证否,目前人们需要做的就是破解这一难题.

Mersenne 素数在当代具有重大的理论意义和丰富的实用价值,它是发现已知最大素数的最有效途径,其探究推动了“数学皇后”——数论的研究,促进了计算技术、密码技术、网格技术、程序设计技术的发展以及快速 Fourier 变换的应用. 同时由于 Mersenne 素数的探究需要多种学科和技术的支持,所以许多科学家认为:Mersenne 素数的研究成果,在一定程度上反映了一个国家的科技水平. 英国顶尖科学家马科斯 · 索托伊甚至认为 Mersenne 素数的研究进展标志着科学发展的里程碑.

参考资料

[1] 张四保,张家辉. Mersenne 素数与网格技术[J]. 科学,2012,64(3):52-55.

[2] 周海中. Mersenne 素数的分布规律[J]. 中山大学学报,1992,31(4):121-122.

[3] 张景中."周氏猜测"揭示数学之美[C]. 30 年科技成就 100 例. 武汉:湖北长江出版集团,2008:8-9.

第7章

人类发现史上最大 Mersenne 素数:Intel i5－6600 连跑六天

素数(质数)的概念大家应该还都记得,那么你是否知道 Mersenne 素数?

这是法国数学家 Mersenne 在 1644 年提出的,是指可表达为 2^n-1 形式的素数,最小的一个是 3,然后是 7,31,127,…,关于 Mersenne 素数是否有无穷多个,如何分布,一直都是数学史上的超级谜题.

在此之前,人们总共发现了 49 个 Mersenne 素数,而从 1997 年至今,所有新的 Mersenne 素数都是由互联网 Mersenne 素数大搜索(GIMPS)分布式计算项目发现的,此前已陆续发现 15 个.

经过确认,2017 年 12 月 26 日,美国田纳西州的 51 岁联邦快递员,曾经干过电气工程师的 Jonathan Pace 发现了第 50 个 Mersenne 素数,数值为 $2^{77\,232\,917}-1$,也就是2 的77 232 917 次方减1. 它是一个23 249 425 位数,比2016 年1 月份发现的第49 个 Mersenne 素数多了接近100 万位,可以写满9 000 页纸,1 秒钟写1 inch(2. 54 cm)长也要连写54 天,整个数字长达37 mile(59. 5 km),比第49 个长了3 mile(4. 8 km).

Jonathan Pace 已经加入 GIMPS 项目寻找 Mersenne 素数超过14 年,这次利用自己的一台 Core i5 –6600 电脑,连续运行了六天,才得到这个重大发现,并由四个人在五个不同平台上使用四种不同算法进行了验证:

(1)Aaron blosser, Intel Xeon 服务器, Prime95,37 小时.

(2) David Stanfill, AMD RX Vega 64 显卡, gpuOwL,34 小时.

(3)Andreas Hoglund, NVIDIA Titan Black 显卡, CUDALucas,73 小时;亚马逊 AWS, Mlucas,65 小时.

(4) Ernst Mayer, 32 核心 Xeon 服务器, Mlucas,82 小时.

Jonathan Pace 为此获得了3 万美元奖金. 接下来如果谁第一个发现首个超过1 亿位数的 Mersenne 素数,将获得15 万美元奖金! 10 亿位数的会奖励25 万美元!

第8章 一本只有 23 249 425 位数字的书,竟然 4 天就卖了 1 500 本

2017 年末,迄今为止史上最大的素数被找到了,共 23 249 425 位!嗯,这个代号为“$M_{77\,232\,917}$”的素数用公式表示是 $2^{77\,232\,917}-1$.

然而神奇的是,日本一家叫“虹色社”的出版社将这个素数印成一本 719 页的书,含税价格 1 944 日元(约 113 元人民币).

虽然整本书除了密密麻麻的数字外没有其他内容,但意外地在亚马逊脱销了,4 天就卖出 1 500 本.

出版社工作人员山口和男称:“没想到会卖出去这么多,现在正在加印,真是悲喜交加……”

会不会有人不知道素数是什么……

素数又称质数,有无穷个. 质数定义为大于 1 的自然数中,除了 1 和它本身以外不再有其他因数.

之前,赫芬顿邮报日本版的一位记者得知这个素数要被出版成书后,还特意跑去采访了山口和男.

记者:为什么想把史上最大的素数做成书?

山口:在网络上看到了这个新闻,于是就想做成书是不是很有趣呢?

记者:虹色社本来就有出版计划,还是有宣传目的?

山口:不,我完全没有考虑过宣传.我只是想做一本书而已.以前就对将数位多的数字书籍化感兴趣,曾考虑过将圆周率书籍化.但是,圆周率在小数点后的位数是无限的,不会完结.而这次23 249 425位的素数是有完结点的,出现在最后一页上的数字就代表结束了,所以能呈现出一本书的形式.果然很美吧!

记者:在制作成书之前要花多少时间准备呢?

山口:大约一星期.GIMPS项目公布的数据文件是按照一定的文字数换行输入的,所以把它重新排列装订非常花工夫.不过,现在可以量产了,一个小时能做5本.

GIMPS项目,即"Great Internet Mersenne Prime Search"(互联网Mersenne素数大搜索),是全世界第一个基于互联网的分布式计算项目.

该项目希望联合全球所有的乐于奉献的数学爱好者们的计算机,使用Prime 95或MPrime软件来寻

找 Mersenne 素数.

此前被发现的最大素数是，2016 年 1 月，美国密苏里中央大学数学家 Curtis Cooper 发现的第 49 个"Mersenne 素数"——$2^{74\,207\,281}-1$；共 22 338 618 位数，如果用普通字号将它打印出来，长度将超过 65 km.

而如今被出版成书的素数，比它多了近 100 万位.

GIMPS 官方网站上也公布了这个数字的打包文件，有兴趣的可以去看看.

这里就只给大家看一下这个数字的 0.04%吧，大概也就最初的 10 000 位而已.

46733318335923109998833558556111552125132110281

77144957985823385935679234805211772074843110997

40208849621368090038049317248367442513519144365

24922028678749922492363963303861930595117077052

28503560117796386440509541282741095485197432735

51014325753249976993808191641040774990607027085

13178085443148271928792705157476005918250112242

64939011775241470201122113881802463571203852569

71031180861489618892584067750976814954567907442

15925392808604345151310705231857280062253517330

50439315450492769468962852688696749443421129857

92233732337801754241421827174125670264416644353

31389044267225618110762806264155051099238420399

12255378570492258674504781998501869851883957199

63008038717965906943698446227245769048442624077

0404565169263900086517264629905937605954294867916546335621392167445576727464978844343535204565567970524509804814389313497959388771053506144966934894092551559533068728147334900455650828565781908689333271410463787949726552668938875959796413163310288065921775297698341521241159133233652681667066444731433109745208235139748856362537193019504066057220957180791734677842123239412257084922761626788485042401756195750429586333870700671624488530748078881260125089824549619209919961134580250514604063519606634978181198613503051581163463555633566319896615827604388690329796011984096270537383579630874681056843649818067678103424096859574594387122476571828072557344394780380024201783548667495179746696190843622986643959450031252516686566594252074345358101581042723707992427571828820948849065861590065859074391377828173034683701925114789618787309101887004289046129873028746416386957443644028588809312429908860884297613860386816910586542216739001402734982971907272987483662107236827512472738409809578930670626153249685719278922751692157130896802807496462527584643633045876649970923366331569812027362273631245871521356011614860439988085178768763757860732625585115457092087848043258257876286

870645808813503894882224735180713088840316464577
944463192437179132599334770012209944588157956637
301022850101418146632655371509238946006503860955
997146916585180447609432284852931038500394957
879045947663077096432491395187144359123613861061
41359015789488893140142052513122486651646114701
666701676143140750087224603889234655205528086110
973730635187042131130393016253362794058251836
128055518549678930658366455272915511811952058888
392595313861166137697724678782720586680474567342
842176857469092018559835324800004598444782456
084485904576297338813661199170205858652099033435
737405594286587479579072034591348880491778480562
894857788046177321792968258171597503720079791566
992083055824866579012557180722751078462924794248
439652077467237403658550061799279956704411031254
567465451105499362798947781210188466981867175415
780089815289984924792655784203471522023573618649
847743212240495339397953595778060553510296261735
673554034489108685389266344608133903535814448582
274184496823988891485433908407138755118440965780
608756502239030483891349117815030583034147983474
364473410786162232983781676844315610390028354503
758000566280031377558992067117024880997033717503
400673301922738074511864300037419

911602711339184034355819927937019521413721001355954575994852546741216186906826744136457742371690492554247286653579961039970697762439680108767764758304435766357399720279534384248431036740542454318244101734400253753787653702352209166643675099961573987156731808048535495650986676078713033080449444052838485327694559548811642663228650685618461821860792787262121010789498039323415904379774362168394060445428087142680300637688576754120604949350328586143724770024634782785233990306868987687985132961840495797189107892313208995157971617387888467853118851938867611102089288594969572320827894145129733289906382456243680285209396595612312525464356962608456268063816100426528080411643896739436453400255041223851662633232226168222827729955628360297654256571594692470308676425544869996972655568942309011083411493144986858214357859775618228826805464134953908832407078932714797934830096934826576685105144687062563532472975031887701896296984800587249032870486537147110142617652971889239403021039600175439716603442377080514364591121340685518232578458819726005798214432173230826258923166734660042915970100922079805049368311210507812753027221812929184183072115802000113528549631993275020272356064

5351954450558575024304982756602691737098834444 7
2434514579430831142207694269067815667032569004 7
4915675872024827352663098824329569510379003241 0
0554086977807316863568514349304112034085464026 7
4370846173664950410342789789712394983000205121 6
0798005473396794066102850990948127534156805900 5
5163803368677886851539136841999145624903535543 1
4410212009804399950814319245727820490973281189 3
8956060011462926788848882745583683953945900727 3
6015613326464299609763756513747110334580888954 2
5611877619471408907742041649723860564136068393 8
5702084163711016008918718273096076611657043244 5
5451605527700800248788702494948646402243055553 8
9110561524479559976331209390422355335201271263 4
2483368739553974923135451245168943881886605668 6
6747967105786912625834627256383089988964491729 3
5726211648925108037930024994151196387990971553 2
8764998176332040084905644227450684353857040565 4
8419087393433446818373717407354561551900589524 2
7056412871487790846845496893917467515121168065 4
5697230798779346855236217874045615495745984561 1
3716930733885039803643396061316769500554731546 5
7026368759443711453145262470472574394689952295 0
5150195784089531332815137123690216146479498895 5
6187707751255203904724414890296509017603937870 7

1366703888116917940016396623400016910364497192
1705719046572009336055919952416747002005665082543
329668873564199359179659212243693057545095756618
266408181774717974695110783273723615542032007031
838506035332675637478971483322619198702748987491
429232670617989363723093207311636305471452111454
175468712192327368498011743445820746033052492175
97765837972101444074500159039474684931433647106
248105372275341069190366789407031250570912784885
883651016490784231324213950684038833661132389193
855070018192861181711018174472572934243164259385
852759178707458824768468736334892164603786949486
611109970106871945101928552010870207437321249897
565725375987555595241042708501918201962004475046
3260473440183873857816621871973857634825762747781
363042106066596477364203865242309104646824580840
446790890985318669698355358408084065749657466500
208883835856120174915085836397769959042055913847
568472118050115679226622429425849949836917348371
072975364615677977464251022035125645599597442393
248521974599655190693591418463613302201779830523
008970051857271461666011955858277027492132252992
726277929603423644698130673310502318730838244384
394366510780065973461452451328376555106146974640
5928562381054735118500049

22606057547211027586325837159187265114951776650
48895637677895953666887372716341558753780198955
36374868865853400066385199557459361521777661050
68753870558026846198028679367609933876536135528
00541538981108083052892428460913904805619287090
96247010215224687548611965946872265465057668049
35872478889265466487543901302570459664074969027
44779928117554078282592923785824130742522389623
97025662635253563893444216076657403474257783125
35378116516454418856665285715994710445334874426
98128539116389149449157199418763000934023353111
31582264222791959320920705361775806826502843609
42135117922478982384776349771593548851869561770
91589146854680599151343931441292727387222743879
58731867004581124605836283479657989199040725065
77593310366533823210352090424926299365089157008
45689707682482183597938802875389318361472955063
19554362035328230027745282685997934863010662495
91557114625530522536713311150726954704486460721
03515396282174461293278935223861336128642299547
78533977216198417282047319976263605186564392875
68845617416056659365716963848181926063100418559
60332406046678456346051633582101469725806544421
08965016064965184973014331106523984293739343692
67408992482083950253655326180057830851516342339

26500588923568229676050614826232595223000114761860764913651113047862810658651631740177772346579019952017567945725538612627547578019398350945443081678989865137249141610082911370140173630345351901078477265093508771760501365022466076241039964604856204726110336934243862206567494918435157359724840549977930519325366328283939869475636654094802575419230872881294258929212961077943782106824048774894258941390698663937591905815533704575192588438072768443345747215174830909156407081778296548271719522587644597728102240392336703669486274720646910378524966610350963958858094957993003097656754175951365685792344012931424499407238520797883221568561440509117330464015393329094290729620123087397470952550171511273251581560041998344763612390571888133793691074625942945272790837005862036827694904877254148733538184105250258677112638525691143808907106120445189330612190859159369047044896390810806643085850419040999608044955169801493008797840992418436254604322823643438002050691962006079588664712496895528422801993672075667348633505712298899967626395494051110251361607671009601995907275049772640752731471253042364907463424747272071011865017181772002758051318233631175183061061993497973718707785

041259502253744993385022988693568028218624831042996199699647908123142338074994618120728442149611025694884080343004582452450944547469250659490410790250426808637410083080573486762320574500455070615000941569112342861156862437745255329472179668758184344736796988585763704612642817533451895875300242105438583591246271502111804880340131661288291511144976514634575552249321020153512618682894015182794116724412953872234880445036249673738581117238970804484771835074786598177469476993562355201563550624124533734460879076775027607432691161718251912068988316121605957118016040616815596165859070539280181264856949338664368439775812930894586558002600386248870513569881555372481400203501704996036332636771345066673653952522505701630522864671809662746562499003315227828254565598094286794087113685566519724922540243025356055011632980284166063383773610968082402957520326846934587962999128636476318557716415239681612345915263785945588920821488148421825593790034806372893930319107387681164443216975817869249348326708068235961216691538896698259992240841245907468808039665808667361872360670 57⋯.

第三编

Dickson 论素数

Dickson 论素数

第9章

§1 无穷素数的存在性

Euclid 发现：如果 p 为最大素数，且 $M=2\cdot 3\cdot 5\cdot \cdots \cdot p$ 是所有小于或等于 p 的素数积，则 $M+1$ 不能被一些素数除尽，因此存在一个大于 p 的素因子，这与前面矛盾.

Euler 从无解方程

$$\sum_{n=1}^{\infty}\frac{1}{n}=\prod\left(1-\frac{1}{p}\right)^{-1}$$

得到了定理：如果存在唯一有限素数，则方程的左边是无限的，而右边是有限的. Euler 总结了同样的方程"素数大于平方数".

Euler 稍微对 Euclid 的结论作了一点修改，小于 M 的素数满足

$$\phi(M)=2\cdot 4\cdot \cdots \cdot (p-1)$$

有大于 p 的素数或者是大于 p 的素因子.

这个定理来自于 Bertrand 的公设的

Tschebyscheff 证明.

L. Kronecker 注意到我们可以通过利用

$$\sum_{n=1}^{\infty} \frac{1}{n^s} = \prod \left(1 - \frac{1}{p^s}\right)^{-1}, s > 1$$

纠正 Euler 的证明,这里 p 是大于 1 的素数. 如果只存在有限数 p,则当 s 是近似单位元时,乘积仍是有限的,和也会无限增大. 他也给出在区间 $[m,n]$ 内无论 m 有多大,都存在一个新素数的证明.

R. Jaensch 复述了 Euler 的结论,也忽视了其收敛性.

Kummer 从本质上支持 Euler 的理论.

J. Perott 注意到,如果 $p_1,\cdots,p_n$ 是小于或等于 N 的素数,则存在 2^n 个小于或等于 N 的整数不能被平方数除尽,且

$$2^n > N - \sum_{k=1}^{n} \left[\frac{N}{p_k^2}\right] > N\left(1 - \sum \frac{1}{p_k^2}\right)$$

$$> N\left(2 - \frac{\pi^2}{6}\right) > \frac{N}{3}$$

因此存在无限个素数.

L. Gegenbauer 用 $\sum_{n=1}^{\infty} n^{-s}$ 证明定理.

J. Perott 提出了交换群的定理,即如果 $q_1,\cdots,q_n$ 是素数,则在 q_n 与 $M = q_1\cdots q_n$ 之间至少存在 $n-1$ 个素数.

T. J. Stieltjes 把素数 $2,3,\cdots,p$ 的积 P 看作两个因子的积 AB. 所以存在一个大于 p 的素数,使 $A+B$ 不能

被2,…,p除尽.

J. Hacks证明了存在无限个素数小于或等于m且不能被平方数除尽.

C. O. Boije af Gennäs指出如何找到一个大于p_n的素数,且$p_n>2$. 设$p=2^{\nu_1}3^{\nu_2}\cdots p_n^{\nu_n}$,任一$\nu_i\geqslant 1$. 把$P$表示成一些素因子$\delta$和$\frac{P}{\delta}$的积. 这里$Q=\frac{P}{\delta}-\delta>1$. 所以$Q$可以被大于$p_n$的素数除尽,它可写成素数$q_i\geqslant p_n+2$幂的乘积. 设有$\delta$使$Q<(p_n+2)^2$,则$Q$是素数.

Axel Thue证明,如果

$$(1+n)^k<2^n$$

则至少存在$k+1$个素数小于2^n.

J. Braun注意到小于或等于p的素数倒置和是大于1的没约分的分数,这里$p\geqslant 5$. 因此分子至少包含一个大于p的素数. 他用

$$\prod\left(1-\frac{1}{p^2}\right)^{-1}=\sum s^{-2}=\frac{\pi^2}{6}$$

给出Hacks的证明 ,如果存在有限素数,则乘积是有理数,这里π是无理数.

E. Cahen证明了L. Kronecker提出的"Euler恒等式".

Stömer给出了证明.

A. Lévy设P是k个积且前n个素数为$p_1,\cdots,p_n$,Q是剩余$n-k$项的积,则$P+Q$或者是素数或者有一个大于p_n的素因子. 如果p_n是素数使p_n+2是复合的,则至少存在n个大于p_n的素数且小于或等于1+

$p_1p_2\cdots p_n$. 当

$$\pm\frac{1}{p_1}\pm\cdots\pm\frac{1}{p_n}$$

约成最简分式时,分子与 $p_1\cdots p_n$ 无公共因子,故存在大于 p_n 的素数. 他考虑把定义为 $x(x-1)^{-1}$ 的素数看成相邻整数 x.

A. Auric 推出 $p_1,\cdots,p_k$ 给出全部素数,那么小于 $n=\prod p_i^{\alpha_i}$ 的整数是 $<\prod(\alpha_i+1)<\left(\frac{\log np_k}{\log p_1}\right)^k$,它比 n 小,k 无限比 n 大.

G. Métrod 认为前 n 项大于 1 的素数积的 $n-1$ 项和要么是素数,要么可被比第 n 项大的素数除尽. 他也重复了 Euler 的证明.

§2　等差级数的无限素数

Euler 研究第一项包含无限素数的等差级数.

Legendre 证明如果 $2m$ 和 μ 都是素数,则存在无限素数 $2mx+\mu$.

Legendre 得到了一个定理来自于下面的引理:已知两个素整数 A,C,k 集含有奇素数 $\theta,\lambda,\cdots,\omega$(不是 A 的除数),定义 $\pi^{(z)}$ 为第 z 个奇素数,则在连续 $\pi^{(k-1)}$ 项级数 $A-C,2A-C,3A-C,\cdots$ 中,至少会有一个在 $\theta,\cdots,\omega$ 中不被除尽,尽管 Legendre 认为他已经证明了这个引理,但它是错误的.

Dirichlet 给出了第一个证明,即如果 m 和 n 是相对素数,则 $mz+n$ 表示无限素数,在证明过程中难点在于

$$\sum_{n=1}^{\infty} \cdot \frac{\chi(n)}{n} \neq 0$$

其中 $\chi(n)=0$,n,k 是大于 1 的公共因子. 相反,$\chi(n)$ 是不同于群中模 k 同余 k 的剩余类特征. 在这个问题上 Dirichlet 利用二元二次型类证出了.

Dirichlet 把这个定理扩展到复整数上.

E. Heine 证明"没有高次微积分"即 Dirichlet 的结果

$$\lim_{\rho=0} \rho\left\{\frac{1}{(b+a)^{1+\rho}}+\frac{1}{(b+2a)^{1+\rho}}+\cdots\right\}=\frac{1}{a}$$

A. Desboves 讨论了 Legendre 证明中的错误.

L. Durand 给出了一个错误的证明.

A. Dupré 也指出 Legendre 的引理是错误的并用下面的定理代替:

含在连续项级数 $\pi^{(k-1)}$ 中的 $\theta,\lambda,\cdots,\omega$ 的平均数大于或等于 $P^{-1}Q\pi^{(k-1)}-2$,这里 $P=3\cdot5\cdot7\cdot11\cdot\cdots$,$Q=(3-1)\cdot(5-1)\cdot\cdots$.

Sylvester 给出证明.

V. I. Berton 找到 h 使得在 x 与 xh 之间出现 $2g$ 个素数中 $2g$ 个线性型 $2py+r_i$ 的每一个,其中 $r_1,\cdots,r_{2g}$ 是小于 $2p$ 的整数且与 $2p$ 互素.

C. Moreau 发现了 Legendre 证明中的错误.

L. Kronecker 在他的讲义 1886 ~ 1887 中给出

Dirichlet 的定理外延(讲义 1875 ~ 1876,m 为素数):如果 μ 是任意整数,我们可以找到更大的整数 ν 使得,如果 m,r 是任意两个相对素整数,则至少存在 μ 和 ν 之间的 $hm+r$ 的一个素数. 然而 $\phi(m)$ 级数 $mh+r_i$ 的每一个级数都有相同的平均密度的素数,这里 $r_i<m$,$r_i\in\mathbf{Z}$,且 r_i 与 m 互素.

I. Zignago 给出一个初等证明.

H. Scheffler 修改了 Legendre 不充分的证明,且给出极限下判别全部素数的级数.

G. Speckmann 没有成功地证明此定理.

P. Bachmann 给了 Dirichlet 证明的一个说明.

Ch. de la Vallée-Poussin 没有计算,只是通过复变函数理论证明了 Dirichlet 证明中的难点. 他证明了素数 $hk+l\leqslant x$ 的对数和接近于 $\frac{x}{\phi(k)}$,并很容易地推断小于或等于 x 的素数 $hk+1$ 接近于 $\frac{1}{\phi(x)}\cdot\frac{x}{\log x}$.

F. Mertens 用初等方法而不是用二次型定理或简单的二元二次型类数,证明了等差级数无限素数的存在性. 他又补充该定理表示如何找到常数 C 使在 x 与 cx 之间至少有一个级数的素数.

F. Mertens 又给了比他早期 Dirichlet 证明难点问题更简单的证明,该证明非常初等基础,涉及有限和的计算.

F. Mertens 给出推广到复素数的 Dirichlet 证明简化方法.

H. Teege 也证明了 Dirichlet 证明中的难点.

E. Landau 证明了代数域上范数小于或等于 x 的素理想渐近等于整数的对数 $Li(x)$. 特别是在域上定义 $\sqrt{-1}$ 或 $\sqrt{-3}$，我们得到关于素数 $4k \pm 1$ 或 $6k \pm 1 \leqslant x$ 的定理.

L. E. Dickson 提出疑问 $a_i n + b_i (i = 1, \cdots, m)$ 表示 m 素数无限集是必要条件.

H. Weber 证明了关于复素数的 Dirichlet 定理.

E. Landau 简化了 de la Vallée-Poussin 和 Mertens 的证明.

E. Landau 简化了 Dirichlet 的证明. E. Landau 证明了如果 k, l 是相对素数，则素数 $ky + l \leqslant x$ 是

$$\frac{1}{\phi(k)}\int_2^x \frac{\mathrm{d}u}{\log u} + O(xe^t), t \equiv -\sqrt[\gamma]{\log x}$$

其中 γ 是关于 k 的常量.

A. Cunningham 注意到在不大于 R 的 N 个素数中，近似值 $\frac{N}{\phi(n)}$ 出现在级数 $nx + \alpha$ 中，$\alpha < n$，且与 n 互素，当 $R = 10^5$ 或 $5 \cdot 10^5$，n 为小于 1 928 的偶数，就会给出一个近似值次数表，在这些极限内素数 $nx + 1$ 比 $nx + \alpha$ 小，$\alpha > 1$.

§3　二次型素数表示的无限性

G. L. Dirichlet 粗略地证明了任一基本二次型(a,

b,c) 都表示无限维素数,这里 $a,2b,c$ 没有公因子.

Dirichlet 认为由(a,b,c) 表示的无限素数是由线性型 $Mx+N$ 表示,且 M,N 是素数,a,b,c,M,N 是线性的,二次型可以表示相同的数.

H. Weber 和 E. Schering 完善了 Dirichlet 第一个定理的证明. A. Meyer 完善了 Dirichlet 外延定理的证明.

F. Mertens 给出了 Dirichlet 外延定理的基本证明.

Ch. de la Vallée-Poussin 证明了小于或等于 x 的素数接近于 $\frac{gx}{\log x}$,其中 x 是本原确定的正数或不确定的不可约的二元二次型,g 是常数,且属于相容线性型的素数与二次型特征相同.

L. Kronecker 叙述了关于在一些无限素数表示变量的因子分解定理.

§4　无限素数 $mz+1$ 存在性的基本证明

V. A. Lebesgue 给出 m 是一个素数的证明,并且 $x^{m-1}-x^{m-2}y+\cdots+y^{m-1}$ 除了有因子 m,还有素因子 $2km+1$. 类似的方法同样适用于 $2mz-1$.

施雷尔对于任意 m 给出一个不完全的证明.

F. Landry 给出类似 Lebesgue 的证明. 如果 θ 是最大素数 $2km+1$,x 是它们所有的乘积,则 x^m+1 不被它们任意数除尽. 因为 $\frac{x^m+1}{x+1}$ 有 $2km+1$ 形式的素除数,

则至少存在大于 θ 的数.

A. Genocchi 证明了素数 $mz \pm 1$ 和 $n^i z \pm 1$ 无限度的存在性,且 n 与 $(a+\sqrt{b})^k$ 的有理和无理部分互素.

L. Kronecker 在讲义 1875 ~ 1876 中给出 m 是素数的证明,对于任意 m,Hensel 作出简单的扩展.

E. Lucas 用他的 u_n 作出了证明.

A. Lefébure 陈述了他的定理.

L. Kraus 也给出了证明.

A. S. Bang 和 Sylvester 用割圆函数证明.

K. Zsigmondy 给过证明. E. Wendt, Birkhoff 和 Vandiver 也给过证明.

N. V. Bervi 证明了当 $n = \infty$ 时,不大于 n 的整数 $cm+1$ 与不大于 n 的所有素数中两个数的积的比有极限.

H. C. Pocklington 证明,若 n 为任意整数,则素数 $mn+1$ 存在无穷大;若 $n>2$,则不是无穷形式;若 $n=5$ 或 $n>6$,则 $mn \pm 1$ 不是无穷形式.

E. Cahen 证明了当 m 为奇素数时的定理.

J. G. van der Corput 证明了此定理.

§5　特殊算术级数中素数的无穷存在性的初等证明

施雷尔研究 $10x+9$ 中 8 或 12 的分差.

V. A. Lebesgue 考虑 $4n \pm 1, 8n+k(k=1,3,5,7)$.

Lebesgue 同样考虑$2^m n+1, 6n-1$. 利用无穷级数考虑8 或 12 的分差.

E. Lucas 考虑$5n+2, 8n+7$.

Sylvester 研究 8 或 12 的分差和$p^k x-1, p$为素数.

A. S. Bang 计算 4,6,8,10,12,14,18,20,24,30,42,60 的分差.

E. Lucas 研究$4n\pm1, 6n-1, 8n+5$.

R. D. von Sterneck 讨论$an-1$.

K. Th. Vahlen 利用 Gauss 的单位周期根讨论$mz+1$. 如果m是任意整数,p为素数,使$p-1$可被比$\phi(m)$高 2 阶幂整除,当k是

$$km+1\equiv-1(\bmod p)$$

的一个根,则线性型$mpx+km+1$表示素数无穷,特别是$mx+1$和$2px-1$.

J. J. Iwanow 考虑 8 或 12 的分差.

E. Cahen 研究$4x\pm1, 6x\pm1, 8x+5$. K. Hensel 有同样的形式,M. Bauer 考虑$an-1$.

E. Landau 讨论$kn\pm1$.

I. Schur 证明如果$l^2\equiv1(\bmod k)$,还有一个已知素数大于形如$kz+l$的$\frac{\phi(k)}{2}$,则存在素数$kz+l$的无穷,例如

$$2^n z+2^{n-1}\pm1, 8mz+2m+1$$

$$8mz+4m+1, 8mz+6m+1$$

其中m是任意不被平方除尽的奇数.

K. Hensel 讨论$4n\pm1, 6n\pm1, 8n-1, 8n\pm3$,

$12n-1,10n-1$.

R. D. Carmichael 考虑$p^k n-1$(p为奇素数)和$2^k\cdot 3n-1$.

M. Bauer 的论文没有在市场上发售.

§6　多项式表示的大量素数

Goldbach 发现多项式$f(x)$不能独占地表示素数,因为常数项是单位,而$f(p)$含在$f(x+p)$中.

Euler 证明如果$f(a)=A$,则$f(nA+a)$可被A除尽.

Euler 注意到当$x=1,\cdots,40$时,x^2-x+41是素数.

Euler 注意到对于$x=0,1,\cdots,15$和16(错误)时,x^2+x+17是素数,对于$x=0,1,\cdots,15$,x^2+x+41是素数.

Legendre 注意到对于$x=0,1,\cdots,39$时,x^2+x+41是素数,且x^2+29也是素数,此时$x=0,1,\cdots,28$,并给出找到这样函数的方法.(在 Euler 的函数里用$x+1$代替x,我们得到x^2+x+41.)如果$\beta^2+2(\alpha+\beta)x-13x^2$是一个平方当且仅当$x=0$,$\alpha$和$\beta$是相对素数,那么$\alpha^2+2\alpha\beta+14\beta^2$是素数或者二重素数,他给出许多这样的结果.

Chabert 说明$3n^2+3n+1$可表示许多素数,对于

任意小的 n.

G. Oltramare 注意到如果 a^2-4b 是一个素数 2，3，…，μ 的非剩余二次式，则 x^2+ax+b 没有不大于 μ 的素除数，且当小于 μ^2 时为一个素数. 函数 $x^2+ax+\frac{a^2+163}{4}$ 很适合表示素数级数. 设 $x=0, a=\frac{u}{v}$，他表示 u^2+163v^2 或被 4 除的商比 40 和 1 763 之间 100 个素数还多.

H. LeLasseur 证明，对于 41 和 54 000 之间的素数 A，除了 $x=0,1,\cdots,A-2$，x^2+x+A 不能表示素数.

E. B. Escott 注意到不仅 $x=0,1,\cdots,39$，而且对于 $x=-1,-2,\cdots,-40$，x^2+x+41 都是素数. 因此，用 $x-40$ 代替 x，我们得到 $x^2-79x+1\ 601$ 是素数，对于 $x=0,1,\cdots,79$，也给出了一些这样的函数.

Escott 在 x^2+x+A 中检验了 A 大于 54 000 的值，并没有找到合适的 $A>41$. Legendre 的前 7 个素数公式给出了对于 $\alpha=2$ 的合成数，第 8 个公式是对于 $\alpha=3$，等等. Escott 发现对于 $x=-14,-13,\cdots,10$ 时，x^3+x^2+17 是素数，在 x^3-x^2-17 中，用 $x-10$ 代替 x，我们得到三次式的素数，对于 $x=0,1,\cdots,24$.

E. Miot 陈述 $x^2-2\ 999x+2\ 248\ 541$ 是素数，对于 $1\ 460\leqslant x\leqslant 1\ 539$.

弗洛贝纽斯证明了，若小于 p^2，则 $x^2+xy+py^2$ 是素数；若小于 $p(2p+1)$，则 $2x^2+py^2$（y 为奇数）是素数；若小于 $p(p+2)$，则 x^2+2py^2（x 为奇数）是素数，且

无限型 $x^2+xy-qy^2$ 是素数.

Lévy 检验了 x^2-x-1. 他考虑

$$f(x)=ax^2+abx+c$$

其中 a,b,c 是整数,$0\leqslant a<4$. 当 x 为 $0,1,2,\cdots$ 时,我们得到整数集,使 $f(n)$ 是素数或有可除以 $f(p)$ 的素因子,这里 $p<n$,n 大于任一值. 例如,如果对于

$$f(x)=x^2-x+41$$

我们承认 $f(0)$,$f(1)$,$f(2)$,$f(3)$ 和 $f(4)$ 是素数,则我们可得到对于 $x\leqslant 40$,$f(x)$ 是素数. 类似地可用 11 或 17 代替 41. 并且 $2x^2-2x+19$ 和 $3x^2-3x+23$ 各自给出 18 和 22 个素数. Bouniakowsky 认为多项式可表示素数的无穷性.

Braun 证明不存在两个多项式的商使最大整数是素数,对于所有的整数大于 k.

§7　Goldbach 的经验定理:任意偶整数都是两个素数之和

Goldbach 猜想每两个素数之和 N 是含有单位元的许多素数之和(直到 N),且大于 2 的任意数是三个素数之和.

Euler 评论 Goldbach 从观测值得到的第一个猜想为任意偶数是两个素数之和. Euler 表示他很有信心对于最后的说明,尽管他不能证明它. 从它可得到如果 n 是偶数,则 $n,n-2,n-4,\cdots$ 是两个素数之和,因此 n

是 3,4,5… 个素数之和.

R. Descartes 说明每一个偶数是 1,2 或 3 个素数之和.

华林陈述 Goldbach 的定理,并增加说明,即每个奇数是一个素数或者 3 个素数之和.

Euler 说没有人证明形如 $4n+2$ 的数是形如 $4k+1$ 的两个素数之和,但证明了 $4n+2\leqslant 110$.

A. Desboves 证明了在 2 和 10 000 之间的任一偶数都是两个素数之和;而且若偶数是奇数的两倍,则这个数同时是 $4n+1$ 的两个素数之和,与 $4n-1$ 的两个素数之和.

Sylvester 表明把一个非常大的偶数 n 写成两个素数和的数近似小于 n 的素数的平方与 n 的比值,因此也是 n 的自然对数的平方与 n 的有限比.

F. J. E. Lionnet 特指 x 时,$2a$ 可以被表示成两个奇素数的和;特指 y 时,$2a$ 可被表示成两个相异奇复合数的和;特指 z 时,奇素数小于 $2a$;特指 q 时,最大的整数不大于$\frac{a}{2}$. 他证明了

$$q+x=y+z$$

且称存在 n 使 $q=y+z$,且 $x=0$.

N. V. Bougaief 注意到,如果 $M(n)$ 表示 n 能写成两个素数的和,θ_i 表示第 i 个素数大于 1,则

$$\sum_i (n-3\theta_i)M(n-\theta_i)=0$$

Cantor 证明了 Goldbach 的定理达到 1 000. 他的表

格给出每个小于1 000的偶数可分解为两个素数的和且给出比较小的素数表格.

V. Aubry证明了从1 002到2 000的定理.

R. Haussner证明达到10 000的定律,并表示他研究的表达到5 000了. 他给出每个偶数 n 直到3 000可分解为两个素数 $x+y$ 和 $x(x\leqslant y)$ 的和,在Cantor表格中出现. 他给定 ν 对于 $2<n<5\ 000$,这让他能表述Goldbach的定理是正确的,对于 $n<10\ 000$. 设 $P(2\rho+1)$ 是全部奇素数1,3,5,…,且这些素数都是不大于 $2\rho+1$ 的,令

$$\xi(2\rho+1)=P(2\rho+1)-2P(2\rho-1)+P(2\rho-3)$$
$$P(-1)=P(-3)=0$$

则 $2n$ 可分解为两个素数 $x,y(x\leqslant y)$ 的和是

$$\sum_{\rho=0}^{n-1}P(2n-2\rho-1)\xi(2\rho+1)$$

若 $\varepsilon=1$ 或 -1 是素数或者不是,根据 n,则

$$\nu=\frac{1}{2}\sum_{\rho=1}^{n-1}P(2n-2\rho-1)\xi(2\rho+1)+\frac{\varepsilon}{2}$$

P. Stäckel注意到Lionnet的论证不是最后的,特指 G_{2n} 时,$2n$ 可全部分解为两个素数的和(计数 $p+q$ 和 $q+p$ 为两个不同的分解),若 P_k 是所有奇素数从1到 k 的数,则

$$\sum_{n=1}^{\infty}G_{2n}x^{2n}=\left(\sum x^{p}\right)^{2}=(1-x^{2})^{2}\left(\sum_{\nu=0}^{\infty}P_{2\nu+1}x^{2\nu+1}\right)^{2}$$

其中 p 为全部奇素数. 在Euler的 ϕ - 函数各项中 n 很大,近似于 G_{2n} 的数是

$$\frac{P_{2n}^2}{\phi(2n)}, \frac{[P(2n-\sqrt{2n})-P(\sqrt{2n})]^2}{n-\sqrt{2n}} \cdot \frac{n}{\phi(2n)}$$

这里$P(k)$被写成P_k,为了打印方便. E. Landau不同意Sylvester. Goldbach 的定理是很有可能的(但是没有被证明).

Sylvester 认为任意偶整数 $2n$ 都是两个素数的和,一个大于$\frac{n}{2}$,另一个小于$\frac{3n}{2}$,因此有可能找到两个素数,它们的分差比任意给定的数小,它们的和是那个数的二倍.

F. J. Studnicka 讨论了 Sylvester 的意见.

Sylvester说,如果N是偶数,$\lambda,\cdots,\omega$是大于$\frac{1}{4}N$且小于$\frac{3}{4}N$的素数(除了$\frac{1}{2}N$,如果它为素数),构成N的数和两个素数是x^N的系数有

$$\frac{\left(\frac{1}{1-x^{\lambda}}+\cdots+\frac{1}{1-x^{\omega}}\right)^r}{r(r-1)\theta^{r-2}}, r \geqslant 2$$

E. Landau 注意到 Stäckel 的与 G_n 近似值是

$$\mathfrak{G}_n = \frac{n^2}{\log^2 n\phi(n)}$$

且表示$\sum_{n=1}^{x} G_n$有真的近似值$\frac{\frac{1}{2}x^2}{\log^2 x}$. 从长远分析,他证明如果我们用 Stäckel 的 $\mathfrak{G}_n$ 得到和,我们不能获得数的正确次序的结果.

L. Ripert 检验了一些大的偶数.

E. Maillet 证明每个小于或等于350 000(或10^6或$9\cdot 10^6$)的偶数都是两个素数的和,最高数6(或8或14)不成立.

A. Cunningham 证明 Goldbach 的定理,对于所有的数直到2亿,它们是

$$(4\cdot 3)^n,(4\cdot 5)^n,2\cdot 10^n$$

$$2^n(2^n\mp 1),a\cdot 2^n,2a^n,(2a)^n,2(2^n\mp a).$$

这里$a=1,3,5,7,9,11$. 他把关于ν的 Haussner 的公式化简为更简便的计算.

J. Merlin考虑了$A(b,a)$的运算除了整数$ax+b$的自然级数. 实现运算$A(r_1,p_1),A(r_i,p_i)A(r'_i,p_i),i=2,\cdots,n$,这里$p_n$是第$n$个大于1的素数,两个集合的作用等价于抄袭厄拉多塞到p_n. 若ν与n无关,则长度为νp_n的每个区间$\log p_n$至少有一个数存在. 据记载,存在两个素数之和为$2a$,a可以充分大. 在特殊假定下,存在n的无穷性使

$$p_{n+1}-p_n=2$$

M. Vecchi把p_n写成第n个奇素数,若$p_h^2>p_{h+a}$,则称p_h和p_{h+a}为同样的阶,那么在$\left[\frac{1}{2}(\phi+1)\right]$中,$2n>132$是两个相同阶素数的和当且仅当存在$\phi$不大于$n-p_{m+1}+1$,也不会表示成

$$a_i+3x,b_i+5x,\cdots,l_i+p_mx,i=1,2$$

其中p_{m+1}是最小素数p使$p^2+p>2n,a_i,\cdots$是x的系

数中关于奇素数的余数.

§8　类似于 Goldbach 的定理

Goldbach 根据以往的经验表明每个奇数都形如 $p+2a^2$，这里 p 是素数，a 是大于或等于 0 的整数. Euler 证明直到 2 500. Euler 证明对于 $m=8N+3\leqslant 187$，m 是奇数的平方与素数 $4n+1$ 二倍之和.

Lagrange 认为这个经验定理是每个素数 $4n-1$ 是素数 $4m+1$ 与素数 $4h+1$ 的二倍之和.

A. de Polignac 猜测每个偶数都是两个相邻素数的分差.

M. A. Stern 和他的学生发现 $53\cdot 109=5\ 777$ 和 $13\cdot 461=5\ 993$ 都不是形如 $p+2a^2$ 的数，并证明达到 9 000 时没有排除 Goldbach 的主张意见. 且 17，137，227，977，1 187 和 1 493 都是小于 9 000 的素数，但不是型 $p+2b^2$，$b>0$. 这样所有小于 9 000 的奇数，但不是型 $6n+5$ 都是型 $p+2b^2$.

E. Lemoine 以经验谈到每个大于 3 的奇数都是素数 p 和素数 π 的 2 倍之和，也是型 $p-2\pi$ 和 $2\pi'-p'$ 之和.

H. Brocard 指出 Bertrand 的公设中不正确的观点，即在任意两个相邻三角数之间都存在一个素数.

G. de. Rocquigny 谈论到任意 6 的倍数都是型

$6n+1$ 中两个素数的分差.

Brocard 证明了这个性质对于数值更广的范围.

L. Kronecker 评论说一个不知名的作者已经经验地谈到每个偶数可无限度地表示成两个素数的分差. 比如说 2,我们可知存在被 2 分差无数对素数.

L. Ripert 证明每个小于 1 000 的偶数都是一个素数和一个幂的和, 每个奇数除了 1 549 也是这样一个和.

E. Maillet 对 de Polignac 的猜测作了注解,即每个偶数都是两个素数的分差.

E. Maillet 证明了每个小于 60 000(或 $9\cdot 10^6$) 的奇数; 最多是 8(或 14), 都是一个素数和素数两倍之和.

§9　算术级数中的素数

华林认为如果三个素数(第一个数不是3) 属于算术级数,则公共分差 d 可被 6 除尽,除了级数 1,2,3 和 1,3,5. 对于5 个素数,第一个不是5,则 d 可被30 除尽;若7 个素数中的第一个不是7,则 d 可被 $2\cdot 3\cdot 5\cdot 7$ 除尽;11 个素数的第一个不是 11,则 d 可被 $2\cdot 3\cdot 5\cdot 7\cdot 11$ 除尽;类似地,在算术级数中任意素数,性质很容易被证明. 因此,不断地把 d 加到一个素数上,我们得到此数可被 3,5,… 除尽,除非 d 可被 3,5,… 除尽.

Lagrange 证明了如果 3 个素数不包括 3 是算术级数，则分差 d 可被 6 除尽；5 个素数若不包括 5，则 d 可被 30 除尽. 他还说 7 个素数中，d 可被 $2 \cdot 3 \cdot 5 \cdot 7$ 除尽，除非第一个数是 7，且在分差不被 $2 \cdot 3 \cdot 5 \cdot 7$ 除尽的级数中，存在不到 7 个连续素数项.

§10　马提厄证明了华林的理论

M. Cantor 证明如果 $P = 2 \cdot 3 \cdot \cdots \cdot p$ 是所有素数直到素数 p 的积，则不存在 p 个素数的算术级数，也没有 p，除非公共分差可被 P 除尽. 他猜测三个逐次素数不是算术级数，除非有一个数是 3.

A. Guibert 给出了定理的简短证明：设 $p_1, \cdots, p_n$ 是不小于 1 的算术级数中的素数，其中 n 是奇数且大于 3，则没有素数大于 1 且不大于 n 的就是 p_i. 如果 n 是素数，p_i 也是，则 $i = 1$.

公共分差可被每个小于或等于 n 的素数除尽，若 n 不是级数中的素数，则可被 n 本身除尽.

G. Lemaire 注意到 $7 + 30n$ 和 $107 + 30n$（$n = 0, 1, \cdots, 5$）都是素数；$7 + 150n$ 和 $47 + 210n$（$n = 0, \cdots, 6$）也是素数.

E. B. Escott 发现条件 $a + 210n$（$n = 0, 1, \cdots, 9$）是素数，并注意到若 $a = 199$，则满足条件.

Devignot 研究素数 $47 + 210n$，$71 + 2\,310n$（$n = 0$，

$1,\cdots,6)$.

A. Martin 给出算术级数中的无数素数集.

§11　原始测验

Leibniz, Lagrange, Genty, Lebesgue 和卡塔兰提出 n 是素数当且仅当 n 除尽 $1+(n-1)!$,且引用并讨论了在提供原始测验中 Fermat 定理的逆.

Euler 给出原始检验数 $N=4m+1$,末尾是 3 或 7. 设 R 为尾数是 5 的比 $(5n)^2$ 小的数减去 $2N$ 的余数. 把 R 加上 $100(n-1)$, $100(n-3)$, $100(n-5)$, $\cdots$,若在 R 和这些和之中出现了单独的平方,则 N 是素数或可被这个平方除尽. 但是若没有平方出现或者两个或更多的平方出现,则 N 是合成的. 例如,若 $N=637$, $(5n)^2=1\ 225$, $R=49$,则在 49,649,1 049,1 249 之中只出现平方数 49;因此 N 是素数或可被 49 除尽($N=49\cdot 13$).

克拉弗特注意到若 m 可能是形 $6xy\pm(x+y)$,则 $6m+1$ 是素数;若 $m\neq 6xy+x-y$,则 $6m-1$ 是素数.

A. S. de Montferrier 注意到奇数 A 是素数当且仅当对于 $k=1,2,\cdots,\frac{A-3}{2}$, $A+k^2$ 不是平方数.

M. A. Stern 注意到 n 是素数当且仅当在第 $n-1$ 个集合中出现 $n-1$ 倍,这里第一个集是 1,2,1;插入第一个集的求和的任意两项形成的第二个集是 1,3,2,3,

1,等等.

格根鲍尔注意到 $4n+1$ 是素数,如果

$$\left[\frac{4n+1-y^2}{4y}\right]=\left[\frac{4n-3-y^2}{4y}\right]$$

对任一奇数 y,有 $1<y\leqslant\sqrt{4n+1}$,并给出两个对于 $4n+3$ 类似的测验.

D. Gambioli 和 O. Meissner 讨论了 Wilson 定理的逆定理是行不通的.

J. Hacks 给出素数 p 的特征关系

$$\sum_{y=1}^{p-1}\sum_{s=1}^{p-1}\left[\frac{ys}{p}\right]=\left(\frac{p-1}{2}\right)^2(p-2)$$

$$\sum_{y=1}^{p-1}\left\{\sum_{s=1}^{\frac{p-1}{2}}\left[\frac{ys}{p}\right]+\sum_{s=1}^{\left[\frac{y}{2}\right]}\left[\frac{ps}{y}\right]\right\}=\left(\frac{p-1}{2}\right)^3$$

K. Zsigmondy 注意到一个数是素数当且仅当这个数不能表示成形式 $\alpha_1\alpha_2+\beta_1\beta_2$,这里 α_1,α_2 和 β_1,β_2 都是正整数,满足

$$\alpha_1+\alpha_2=\beta_1-\beta_2$$

一个奇数 C 是素数当且仅当对于 $k=0,1,\cdots,\left[\frac{C-9}{6}\right]$,$C+k^2$ 不是一个平方数.

R. D. von Sterneck 通过用分类的方法形成前 5 个素数元素,给出第 $s+1$ 个素数的一些准则.

劳伦注意到

$$\frac{\mathrm{e}^{\frac{2\pi\mathrm{i}\Gamma(z)}{z}}-1}{\mathrm{e}^{\frac{-2\pi\mathrm{i}}{z}}-1}=0 \text{ 或 } 1$$

这里 z 是复数或是素数.

Fontebasso注意到如果 N 不能被素数 $2,3,\cdots,p$ 之一除尽,这里 $\frac{N}{p}<p+4$,则 N 是一个素数.

劳伦证明如果我们用 $\frac{x^n-1}{x-1}$ 除以

$$F_n(x)=\prod_{j=1}^{n-1}(1-x^j)(1-x^{2j})\cdots(1-x^{(n-1)j})$$

则余数是0或 n^{n-1},这里 n 是复数或素数. 如果我们把 x 看作 $x^n=1$ 的虚根,则 $F_n(x)$ 在各自的式子中为0或 n^{n-1}.

冯·科赫利用无限级数测验是否一个数是一个素数的幂.

Ph. Jolivald注意到既然每一奇复数都是两个三角数的分差,那么一个奇数 N 是素数当且仅当没有奇平方数,其根不大于 $\frac{2N-9}{3}$,增加 $8N$ 得到一个平方数.

S. Minetola注意到,如果 $k-n$ 可被 $2n+1$ 除尽,则 $2k+1$ 是复数. 我们可以停止检验. 当我们达到素数 $2n+1$ 时,这里 $\frac{k-n}{2n+1}\leqslant n$.

A. Bindoni又称,我们可以停止到素数关于

$$\frac{k-n}{2n+1}\leqslant n+2a-1$$

这里 a 是 $2n+1$ 与下一个比较大的素数之间的分差.

F. Stasi注意到如果 N 不能被素数 $2,3,\cdots,p$ 之一

除尽,这里$\frac{N}{p}<p+2\alpha$,α是p和大于p的素数之间的分差,则N是素数.

E. Zondadari 注意到

$$\frac{\sin^2\pi x}{(\pi x)^2(1-x^2)^2}\prod_{n=2}^{\infty}\frac{\pi x}{n\sin\frac{\pi x}{n}}$$

为0,当$x=\pm p$(p是素数),否则相反.

A. Chiari引用了著名的素数测验作为Wilson定理的逆定理.

H. C. Pocklington 考虑单值函数$\phi(x)$,$\psi(x)$,所有正整数x变为0($\phi=\psi=\sin\pi x$),对所有其他正数x不为0. 那么对于r函数Γ

$$\phi^2(x)+\psi^2\left(\frac{1+\Gamma(x)}{x}\right)$$

为0当且仅当x是素数.

E. B. Escott 表示如果我们选择$a_1,\cdots,a_n,b$,使得展开式

$$(x^n+a_1x^{n-1}+\cdots+a_n)^2(x+b)$$

中$x^{2n},x^{2n-2},\cdots,x^2$的系数全部是0,则所有剩余系数不是第一个就是最后一个,可被$2n+1$除尽当且仅当$2n+1$是素数.

J. de Barinaga 从 Wilson 的定理中总结出如果$(P-1)!$可被

$$1+2+\cdots+(P-1)=\frac{P(P-1)}{2}$$

除尽,则当P是素数时,余项是$P-1$,但是当P为复数

(不包括Wilson定理的逆中$P=4$)时,剩余项为0.因此$1+2+\cdots+x$除以$1\cdot2\cdot\cdots\cdot x$的最小正剩余数不等于0,对于$x=1,2,3,\cdots$,我们得到连续奇素数$3,5,\cdots$.

M. Vecchi注意到,如果$x\geqslant1$,$N>2$是素数当且仅当它是形如$2^x\pi'-\pi$的数,这里π是所有不大于p的奇素数的乘积,p是不大于$[\sqrt{N}]$的最大奇素数,π'是大于p的素数幂的积,且指数不小于0. $N>121$是素数当且仅当有型$\pi-2^y\pi'$,这里$y\geqslant1$.

Vecchi给出简单的测验:$N>5$是素数当且仅当$\alpha-\beta=N,\alpha+\beta=\pi,\alpha,\beta$为相关素数,π是所有不大于$[\sqrt{N}]$的奇素数乘积.

拉多什注意到p是素数当且仅当

$$\{2!3!\cdots(p-2)!(p-1)!\}^4\equiv1(\bmod p)$$

卡迈查尔给出一些类似Lucas的测验.

Legendre的公式表明如果$\theta,\lambda,\cdots$是不大于$\sqrt{n}$的素数,则大于$\sqrt{n}$且小于或等于n的素数比

$$n-\sum\left[\frac{n}{\theta}\right]+\sum\left[\frac{n}{\theta\lambda}\right]-\cdots$$

小(如果单位元是素数).

C. J. Hargreave,E. de Jonquières,R. Lipschitz, Sylvester,卡塔兰,F. Rogel,J. Hammond给出这个结果的证明. H. W. Curjel,S. Johnsen和L. Kronecker作了修改.

E. Meissel证明,如果$\theta(m)$是小于或等于m的素数(包括单位元),且

$$\Phi(p_1^{n_1}\cdots p_m^{n_m}) = (-1)^{n_1+\cdots+n_m}\frac{(n_1+n_2+\cdots+n_m)!}{n_1!\cdots n_m!}$$

$$1 = \Phi(1)\theta\left[\frac{m}{1}\right]+\Phi(2)\theta\left[\frac{m}{2}\right]+\cdots+\Phi(m)\theta\left[\frac{m}{m}\right]$$

E. Meissel 把 Legendre 的公式 $\Phi(m,n)$ 写成不大于 m 的整数，且不能被前 n 个素数 $p_1=2,\cdots,p_n$ 除尽，则

$$\Phi(mn) = \Phi(m,n-1)-\Phi\left(\left[\frac{m}{p_n}\right],n-1\right)$$

设 $\theta(m)$ 是不大于 m 的素数，令 $n+\mu=\theta(\sqrt{m})$，$n=\theta(\sqrt[3]{m})$，则

$$\theta(m) = \Phi(m,n)+n(\mu+1)+\frac{\mu(\mu-1)}{2}-1-\sum_{s=1}^{\mu}\theta\left(\frac{m}{p_{n+s}}\right)$$

是用来计算 $\theta(m)$ 的，且 $m=k\cdot 10^6$，$k=\frac{1}{2},1,10$.

Meissel 应用他的最后公式找到 $\theta(10^8)$.

Lionnet 表示在 A 与 $2A$ 之间的素数是小于 $\theta(A)$ 的.

N. V. Bougaief 从式

$$\theta(n)+\theta\left(\frac{n}{2}\right)+\theta\left(\frac{n}{3}\right)+\cdots = \sum\left[\frac{n}{p}\right]$$

得到转换

$$\theta(x) = \sum\left[\frac{n}{a}\right]-2\sum\left[\frac{n}{ab}\right]+3\sum\left[\frac{n}{abc}\right]-\cdots-\sum\left[\frac{n}{a^2}\right]+\sum\left[\frac{n}{a^2b}\right]-\sum\left[\frac{n}{a^2bc}\right]+\cdots$$

这里 $a,b,\cdots$ 是素数.

P. de Mondésir把 N_p 写成素数 p 的乘积,这些乘积是小于 $2N$,但不能被小于 p 的素数除尽,则小于 $2N$ 的素数是 $N-\sum N_p+n+1$,其中 n 是小于 $\sqrt{2N}$ 的素数.而且

$$N_p=\left[\frac{N}{p}\right]-\sum\left[\frac{N}{ap}\right]+\sum\left[\frac{N}{abp}\right]-\cdots$$

其中 $a,b,\cdots$ 是小于 p 的素数. Legendre 的公式被作了修改.

L. Lorenz 讨论了限制下的素数.

Paolo Paci 证明了小于或等于 n 且可被小于 $\sqrt{n}$ 的素数除尽的数是

$$N=\sum\left[\frac{n}{r}\right]-\sum\left[\frac{n}{rs}\right]+\cdots\pm\left[\frac{n}{2\cdot3\cdot5\cdot\cdots\cdot p}\right]$$

其中 $r,s,\cdots$ 小于 $\sqrt{n}$ 的素数 $2,3,\cdots,p$. 因此从1到 n 之间有 $n-1-N+H$ 个素数. N 的近似值是

$$n\left\{\sum\frac{1}{r}-\sum\frac{1}{rs}+\cdots\right\}=n\left\{1-\frac{\phi(2\cdot3\cdot\cdots\cdot p)}{2\cdot3\cdot\cdots\cdot p}\right\}$$

K. E. Hoffmann 定义 N 是小于 m 的素数,λ 是 m 的不等素因子,μ 是小于 m 的复数,并与 m 互素. 显然

$$N=\phi(M)-\mu+\lambda$$

要想找到 N 必须确定 μ. 他用两个、三个等小于 m 的积(可以重复),但不能被 m 除的素数.

格拉姆证明小于或等于 n 的素数的幂是

$$P(n)=\sum\left[\frac{n}{a}\right]-2\sum\left[\frac{n}{ab}\right]+3\sum\left[\frac{n}{abc}\right]-\cdots$$

两个证明之一来自

$$P(n)+P\left(\frac{n}{2}\right)+P\left(\frac{n}{3}\right)+\cdots$$

$$=\sum\left[\frac{n}{p}\right]+\sum\left[\frac{n}{p^2}\right]+\sum\left[\frac{n}{p^3}\right]+\cdots$$

塞萨罗考虑大于 n 且小于或等于 qn 的素数 x，其中 q 是不变的数. 设 $\omega_1,\cdots,\omega_\nu$ 是大于 1 和 q 且小于或等于 n 的素数. 令 $q^k\leqslant n<q^{k+1}$，则

$$k+2+x=qn-\sum\left[\frac{qn}{\omega_1}\right]+\sum\left[\frac{qn}{\omega_1\omega_2}\right]-\cdots$$

设 $l_{r,s}$ 是$\left[\frac{qn}{(\omega_1\cdots\omega_s)}\right]$中的数，当除以 q 时余数为 r. 令 $t_s=\sum jl_{j,s}$，则

$$x=(k+1)q-(k+2)-t_1+t_2-t_3+\cdots$$

对于 $q=2$ 时，卡塔兰得到前面的结论，则 t_1 是奇数商$\left[\frac{2n}{\beta}\right]$，$t_2$ 是奇数商$\left[\frac{2n}{\beta\gamma}\right]$，……，其中$\beta,\gamma,\cdots$ 是大于 2 且小于或等于 n 的素数.

格根鲍尔给出八个公式，Legendre 的特例是

$$\sum_x S_k\left(\left[\frac{n}{x}\right]\right)\mu(x)=1+L_k(n),S_k(n)\equiv\sum_{t=1}^{n}t^k$$

其中 x 是不被大于$\sqrt{n}$ 的素数除尽的整数，而 $\mu(x)$ 是 Merten 函数；$L_k(n)$ 是所有大于$\sqrt{n}$ 且小于或等于 n 的第 k 次方的和. $k=0$ 是 Legendre 公式. $k=1$ 是 Sylvester 公式.

E. Meissel 计算了小于 10^9 的素数.

格根鲍尔给出 $\theta(n)$ 复杂的表达式，有一个是 Bougaief 的推广.

A. Lugli 把 $\phi(n,i)$ 写成小于或等于 n 的整数，且不能被前 i 个素数 $p_1=2,p_2=3,\cdots$ 除尽，如果 i 是小于或等于 $\sqrt{n}$ 的素数，s 是最小整数使得

$$s-1=\psi\left(\sqrt{\frac{n}{p_s}}\right)$$

则小于或等于 n 的素数 $\psi(n)$，除了1，被证明满足

$$\psi(n)=\left[\frac{n}{2}\right]-\sum_{j=2}^{s-1}\phi\left(\left[\frac{n}{p_j}\right],j-1\right)-\sum_{j=s}^{i}\psi\left[\frac{n}{p_j}\right]+\frac{1}{2}(i^2-s^2-i+5s+6)$$

这种计算 $\psi(n)$ 的方法被认为是比 Legendre 或 Meissel 的方法更简单.

J. J. van Laar 利用小于 1 760 的素数找到了小于 30 030 的素数.

C. Hossfeld 给出了下式的直接证明

$$\begin{aligned}&\Phi(gp_1\cdots p_n\pm r,n)\\&=g(p_1-1)\cdots(p_n-1)\pm\Phi(r,n)\end{aligned}$$

上面符号由 Meissel 给出.

F. Rogel 给出 Meissel 的公式的修改和扩展.

H. Scheffler 讨论了 p 和 q 之间的素数.

Sylvester 认为大于 n 且小于 $2n$ 的数是

$$n-\sum H\frac{n}{a}+\sum H\frac{n}{ab}-\sum H\frac{n}{abc}+\cdots$$

如果 $a,b,\cdots$ 是小于或等于 $\sqrt{2n}$ 的素数，Hx 定义 x 当它

的分式部分是$\frac{1}{2}$,但是相反,它就是离 x 最近的整数.

格根鲍尔给出一个证明和推广.

Sylvester 注意到,如果 $\theta(u)$ 是小于或等于 u 的素数,$p_1,\cdots,p_i$ 是小于或等于$\sqrt{x}$ 的素数,$q_1,\cdots,q_j$ 在$\sqrt{x}$ 与 x 之间,则

$$\sum\theta\left(\frac{x}{p}\right)-\sum\theta\left(\frac{x}{q}\right)=\{\theta(\sqrt{x})\}^2$$

格根鲍尔认为当 $n\geqslant m\geqslant\sqrt{2n}$ 时,整数 x 不能被平方数或小于或等于 m 的奇素数除尽. $\left[\frac{2n}{x}\right]$是型 $4s+1$ 和 $4s+2$ 之一,计算一些 x 是由偶素数形成或 x 由奇数形成. 定义由 α 计算的分差. 他表示从区间 $m+1$ 到 n(包括极限) 比区间 $n+1$ 到 $2n$ 多 $\alpha-1$ 个素数. 他给出任意函数 $g(x)$ 的表达式的和,这里 x 是算术级数前 n 项素数中的元素,特别地,他枚举了型是 $4s+1$ 或 $4s-1$ 且小于或等于 n 的素数.

F. Graefe 找到了小于 $m=10\ 000$ 的素数,对每个素数 p,$5\leqslant p\leqslant\sqrt{m}$,关于 n 的值 $6n+1$ 或 $6n+5$ 可被 p 除尽.

P. Bachmann 引用了 de Jonquières,Lipschitz,Sylvester 和塞萨罗的文章.

冯·科赫写出

$$f(x)=(x-1)(x-2)\cdots(x-n)$$

$$\theta(x)=\prod_{\lambda=2}^{n}\left\{1-\frac{\rho(x)}{\lambda}\right\}$$

$$\rho(x) = \sum_{\substack{\mu,\nu=2 \\ \mu\nu \leqslant n}} \frac{f(x)}{(x,\mu\nu)f'(\mu\nu)}$$

并证明,对于正整数 $x \leqslant n$,$\theta(x) = 1$ 或 0,根据 x 是素数或复数. 小于或等于 m 且小于或等于 n 的素数是 $\theta(1) + \cdots + \theta(m)$.

A. Baranowski 注意到下面的公式比 Meissel 的简单些

$$\psi(n) = \phi[n,\psi(\sqrt{n})] + \psi(\sqrt{n}) - 1$$

这用来计算素数小于或等于 n 的 $\psi(n)$.

S. Wigert 注意到小于 n 的素数是 $\frac{1}{2\pi \mathrm{i}}\int\frac{f'(x)\mathrm{d}x}{f(x)}$,其中

$$f(x) = \sin^2\pi x + \sin^2\pi\left(\frac{1+\Gamma(x)}{x}\right)$$

所以 $f(x)$ 的唯一实零数是素数. 积分扩展在一个从 1 到 n 的闭围线围起的 x 轴的一部分,且足够窄,不包括 $f(x)$ 的复形零.

莱维 – 齐维他给出一个解析公式,涉及确定的积分和无穷级数,对于 α 和 β 之间的素数.

格根鲍尔给出类似于冯 · 科赫的公式,这里讨论的是小于或等于 n 的 $4s \pm 1$ 或 $6s \pm 1$ 的素数.

A. P. Minin 根据 y 是复数或素数写成 $\psi(y) = 0$ 或 1,则

$$\theta(n-1) = [n-2] + [n-5] + [n-7] + \cdots - \sum \psi(x-1)[n-x]$$

求出所有复整数 x 的和.

格根鲍尔证明了 Sylvester 的表达式，对于等于 $\sum\mu(x)\left[\frac{m}{x}+\frac{1}{2}\right]$的大于 n 且小于 $2n$ 的素数，这里 x 是小于或等于$2n$的整数值，且是小于或等于 $\sqrt{2n}$ 的素数的积.

F. Rogel 给出小于或等于 m 的素数的递推公式.

T. Hayashi 把$\frac{Rf}{q}$看作f被 q 除的余数. 利用劳伦的结果，根据 n 是复数或素数有

$$\frac{-RF_n(x)}{(x^n-1)n^{n-2}}=0 \text{ 或 } 1$$

因此在 s 与 t 之间素数的第 j 次方的和是 $-R\cdot\sum_{n=s}^{t}\frac{F_n(x)}{(x^n-1)n^{n-j-2}}$，这里$j=0$时，它就变成素数. 如果 a 是第 n 个单位根，则 Wilson 的定理表明

$$\sum_{j=0}^{n-1}\alpha^{jm}=n \text{ 或 } 0(m=(n-1)!+1)$$

这里根据 n 是素数或复数. 因此

$$\frac{Rx^{(n-1)!}}{x^n-1}=1 \text{ 或 } 0$$

这里n也是素数或复数. 这样$R\sum_{n=s}^{t}\frac{x^{(n-1)!}}{(x^n-1)}$是$s$与$t$之间的素数.

林桂一重新验证他的前两个结果中的第二个并给出形式

$$\int_0^{2\pi} r^{n-m}\frac{\{\cos(m-n)\theta - r^n\cos m\theta\}\,\mathrm{d}\theta}{1-2r^n\cos n\theta + r^{2n}} = 2\pi \text{ 或 } 0$$

这里根据 n 是否为素数,给出直接证明.

J. V. Pexider研究小于或等于 x 的素数 $\psi(x)$,则有

$$\Delta\left[\frac{n}{\mu}\right] = \left[\frac{n}{\mu}\right] - \left[\frac{n-1}{\mu}\right], \delta_\mu = \Delta\left[\frac{\alpha k}{\mu}\right]$$

因此可被 α 除尽,但不能被 $\alpha-1,\alpha-2,\cdots,2$ 除尽的小于或等于 x 的整数是

$$\sigma_\alpha = \sum_{k=1}^{\left[\frac{x}{a}\right]}\prod_{\mu=2}^{\alpha-1}(1-\delta_\mu)$$

大于 $v=[\sqrt{x}]$ 且小于或等于 x 的素数 $\Psi(x)$ 是 $[x]-1-\sum\limits_{\alpha=2}^{r}\sigma_\alpha$. 设 $p_1,\cdots,p_\alpha$ 是小于或等于 $\sqrt{\alpha}$ 的素数. 令 p_ω 是小于或等于 v 的最大素数,则

$$\Psi(x)+1 = [x] - \left[\frac{x}{2}\right] - \sum_{a=3}^{\omega}\sum_{k=1}^{\left[\frac{x}{p\alpha}\right]}\prod_{\mu=2}^{a-1}\left\{1-\Delta\left[\frac{p_a k}{p_\mu}\right]\right\}$$

来自于 Legendre 的公式.

S. Minetola 得到一个公式去计算小于或等于 $K=2k+1$ 的素数,而不是以大于2的素数为条件,考虑正整数 $n,n',\cdots$,有

$$(2n+1)(2n'+1)\leqslant K$$
$$(2n+1)(2n'+1)(2n''+1)\leqslant K$$
$$\vdots$$

F. Roget 用小于或等于 z 的素数 $A(z)$ 的 Legendre 公式开头,介绍了余项 $t-|t|$,把 $R_n(z)$ 看作一些部分

余数的和. 他得到了对于许多辐角 z,A 和 R 之间的关系,并求出这些值的和. 对任意 x,有

$$\sum_{\nu=1}^{p_{n+1}-1}(x_{\nu+1}-x_{\nu})A(\nu)=-\sum x_{p}+x_{p_{n+1}}A(p_{n})$$

是 1 和第 n 个素数 p_n 之间的素数 p 的和. 对于特别的 x,我们得到关于 Euler ϕ - 函数的公式,以及一个整数的除数的和.

G. Andreoli 注意到,如果 x 是实数,Γ 是 r - 函数,则

$$\Phi(x)=\sin^{2}\frac{(\Gamma(x)+1)\pi}{x}+\sin^{2}\pi x$$

是 0 当且仅当 x 是素数. 因此小于 n 的素数是 $\frac{1}{2\pi i}\int_{1}^{n}\frac{\Phi'(x)\mathrm{d}x}{\Phi(x)}$, 小于 n 的第 k 次方素数的和被渐近给出.

M. Petrovitch 用了一个实函数 $\theta(x,\mu)$, 类似 $a\cos 2\pi x+b\cos 2\pi u-a-b$,对于每一整数对 x,u 都为 0,如果 x 或 u 是分式,则不为 0. 令 $\phi(x)$ 是由 $\theta(x,u)$ 确定的函数,满足

$$u=\frac{\{1+\Gamma(x)\}}{x}$$

所以 $y=\Phi(x)$ 用横坐标是素数的点分割了 x 轴.

E. Landau 指出一些数学家关于近似素数 $ax+b<N$ 的错误.

M. Kössler 讨论了 Wilson 定理和两极限间素数之间的关系.

§12　Bertrand 的公设

J. Bertrand 证明,对于小于6 000 000的数,任何整数 n 大于6,在 $n-2$ 和 $\frac{n}{2}$ 之间至少存在一个素数.

Tschebyscheff 得到了所有小于或等于 z 的素数的自然对数的和 $\theta(z)$ 的极限,并推导出 Bertrand 的公设,即对 $x>3$,在 x 与 $2x-2$ 之间存在一个素数.他的研究表明,对每一 $\varepsilon>\frac{1}{5}$,存在一个数 ξ 使对每个 x 大于或等于 ξ;在 x 与 $(1+\varepsilon)x$ 之间至少存在一个素数.

A. Desboves 假定 Legendre 的一个未证明的定理成立,推出在任何大于6和它的两倍之间至少存在两个素数,同样存在于两个连续素数的平方数之间;已知 p 和 k,在 $2n$ 与 $2n-k$ 之间至少有 p 个素数,当 n 充分大时,在充分大的数和它的平方数之间也存在至少 p 个素数.

F. Proth 想要证明 Bertrand 的公设.

Sylvester 把 Tschebyscheff 的 ε 减少到0.166 88.

L. Oppermann 陈述了未证明的定理:如果 $n>1$,则至少存在一个素数在 $n(n-1)$ 与 n^2 之间,同样存在于 n^2 与 $n(n+1)$ 之间,并给出关于素数分布的报告.

卡塔兰证明,Bertrand 的公设等价于

$$\frac{(2n)!}{n!n!}>\alpha^a\beta^b\cdots\pi^p$$

其中 $\alpha,\cdots,\pi$ 定义为大于或等于 n 的素数，而 a 是在 $\left[\frac{2n}{\alpha}\right],\left[\frac{2n}{\alpha^2}\right],\cdots$ 之中的奇整数，b 是在 $\left[\frac{2n}{\beta}\right],\left[\frac{2n}{\beta^2}\right],\cdots$ 之中的数. 他注意到如果公设应用在 $b-1$ 和 $b+1$，我们得到在 $2b$ 与 $4b$ 之间至少存在一个偶数等于两个素数的和.

T. J. Stieltjes 提出且 E. Cahen 证明，我们可以把 ε 看作任意正数，可以任意小，则 $\theta(z)$ 接近于 z.

H. Brocard 表示在两个相邻素数之间且第一个数大于 3 至少有四个素数. 他评论这个和 Desboves 类似的定理显然能从 Bertrand 的公设推导出来，但是这个条件却被 E. Landau 否定了.

E. Maillet 证明在两个连续小于 $9\cdot10^6$ 的数或两个连续不大于 $9\cdot10^6$ 的三角数之间至少存在一个素数.

E. Landau 证明了 Bertrand 的公设，因此对任一 $x\geqslant1$，在 x(excl.) 和 $2x$(incl.) 之间存在一个素数.

A. Bonolis 证明，如果 $x>13$ 是关于 p 的数，α 是大于 $\frac{x}{\{10(p+1)\}}$ 的最小整数，则在 x 与 $\left[\frac{3}{2}x-2\right]$ 之间至少存在一个素数，这恰好暗示了 Bertrand 的公设. 如果 $x>13$ 是关于 p 的数，β 是小于 $\frac{x}{3p-3}$ 的最大整数，则从 x 到 $\left[\frac{3}{2}x-2\right]$ 存在少于 β 个素数.

§13　关于素数不同性质的结论

H. F. Scherk 陈述了一些经验定理：每个奇数秩（秩是n的第n个素数1,2,3,5,…）的素数可由比它小的素数的加法和减法构成

$$13=1+2-3-5+7+11$$
$$=-1+2+3+5-7+11$$

偶秩的素数也可类似地组成，除了比较早的素数是双倍的；因此

$$17=1+2-3-5+7-11+2\cdot 13$$
$$=-1-2+3-5+7-11+2\cdot 13$$

Märcker 注意到，如果$a,b,\cdots,m$是1与A之间的素数，p是它们的积，则所有从A到A^2的素数可由

$$p\left(\frac{\alpha}{a}+\frac{\beta}{b}+\cdots+\frac{\mu}{m}+n\right)$$

表示，但是每个分子是正数或小于其分母.

O. Terquem 注意到小于n^2的素数或是奇数但不包括算术级数$q^2,q^2+2q,q^2+4q,\cdots$直到n^2，这里$q=3,5,\cdots,n-1$.

史密斯在第x个素数p_x和p_{x+1}^2之间给出找素数的理论方法，此时特指前x个素数.

C. de Polignac 认为在级数$Km+h$中存在小于或等于x的素数.

E. Dormoy 注意到，如果$2,3,\cdots,r,s,t,u$是自然数

序的素数,则所有小于 u^2 的素数由下式决定

$$2 \cdot 3 \cdots stm + D_t a_t + tC_t D_s a_s + tsC_t C_s D_r a_r + \cdots +$$
$$tsr \cdots 7 \cdot 5C_t C_s C_r \cdots C_5 D_3 a_3 + ts \cdots 5 \cdot 3C_t C_s \cdots C_3$$

其中 C_t 是找到 t 的 g. c. d 和 $2 \cdot 3 \cdots rs$ 的商,四个商 a, b,c,d 组成了 $p = dc + 1$,$pb + d$,$(pb + d)a + p = C_t$. 根据 g. c. d 过程中奇数或偶数的运算,有

$$D_t = tC_t \pm 1$$

C. de Polignac 把 p_n 写成第 n 个素数并讨论了所有数的表达式. 此时在特定极限下且不能被 $p_1, \cdots, p_{n-1}$ 之一除尽, 有型 $(p_2, p_3, \cdots, p_{n-1}, p_n) + (p_3, p_4, \cdots, p_n, p_{n+1}) + \cdots + (p_1, \cdots, p_{n-1})$,这里 $(a, b, \cdots) \pm a^\alpha b^\beta \cdots$. 例如,每个小于 53 且既不能被 2 也不能被 3 除的数是 $\pm 3^\alpha \pm 2^\beta$.

Sylvester 证明,如果 m 与 i 互素且比 n 小,则乘积 $(m + i)(m + 2i) \cdots (m + ni)$ 可被一些大于 n 的素数除尽.

A. A. Markov 发现 Tschebyscheff 手抄本的一段帮助他证明了后面的结果, 即如果 μ 是 $(1 + 2^2)(1 + 4^2) \cdots (1 + 4N^2)$ 的最大素除数,则 $\frac{\mu}{N}$ 增大且 N 没有限制.

J. Iwanow 归纳总结了前面的定理如下:如果 μ 是 $(A + 1)^2 \cdots (A + L^2)$ 的最大的素因子,则 $\frac{\mu}{L}$ 随着 L 的无限增大而增大.

C. Störmer 从 Tschebyscheff 的结论中推断出存在

素数无穷性，用后者去证明 $i(i-1)(i-2)\cdots(i-n)$ 既不是实数也不是纯虚数，如果 n 是任意不等于3的整数，且 $i=\sqrt{-1}$.

Braun 证明了第 $n+1$ 个素数是下式的唯一根 $x\neq 1$，有

$$x\cdot\prod_{i=1}^{n}a_i^{\left[\frac{x}{a_i}\right]+\left[\frac{x}{a_i^2}\right]+\cdots}=x!$$

其中 $a_1=2,a_2,\cdots,a_n$ 是前 n 个素数.

C. Isenkrahe 在前面素数项中表达了一个素数.

R. Le Vavasseur 注意到在 p_n 与 p_{n+1}^2 之间的所有素数，这里 p_n 是第 n 个素数，都由 $\sum\limits_{i=1}^{n}\frac{q_i\omega_iP_n}{p_i}(\bmod P_n)$ 表示，其中

$$P_n=p_1p_2\cdots p_n,\frac{\omega_iP_n}{p_i}\equiv 1(\bmod p_i)$$

O. Meissner 表示，如果给定 $n+1$ 个连续整数 $m,\cdots,m+n$，则一般来说我们不能找到另一个包含与第一个集合的每个素数 $m+\nu$ 相对应的素数 $m_1+\nu$ 的集合 $m_1,\cdots,m_1+n$. 但是当 $n=2$ 时，存在无限素数对.

G. H. Hardy 注意到除以正整数 x 的最大素数是

$$\lim_{r=\infty}\lim_{m=\infty}\lim_{n=\infty}\sum_{\nu=0}^{m}\left[1-\left(\cos\left\{\frac{(\nu!)^r\pi}{x}\right\}\right)^{2n}\right]$$

Gauss 在1796年的手抄本中，以经验为根据表示，两个相邻素数的积小于或等于 x 的整数 $\pi_2(x)$ 近似于 $\frac{x\log\log x}{\log x}$.

E. Landau 证明了这个结果并概括

Mersenne 素数

$$\pi_\nu(x) = \frac{1}{(\nu-1)!}\cdot\frac{x(\log\log x)^{\nu-1}}{\log x} + O\left\{\frac{x(\log\log x)^{\nu-2}}{\log x}\right\}$$

其中 $\pi_\nu(x)$ 是关于 ν 的相异素数的积且小于或等于 x 的整数,与 $\pi_\nu(x)$ 相关的公式.

一些作者给出无数例子关于连续素数之和等于正合乘方.

E. Landau 证明 n 可能是一个素数且近似等于 $\frac{1}{n\log 10}$,当 n 无限增大时.

J. Barinaga 求出了前 n 个素数中相异素数积的和,且 $n=3,7,9,11,12,16,22,27,28$,并提出疑问是否有一般定律.

Coblyn 注意到素数时,当 $4(6p-2)!$ 被 $36p^2-1$ 除时. 如果 $6p-1$ 和 $6p+1$ 都是素数时,则余数为 $-6p-3$;如果它们都为复数时,则余数为 0;如果只有 $6p-1$ 为素数时,则余数为 $-2(6p+1)$;如果只有 $6p+1$ 为素数时,则余数为 $6p-1$.

J. Hammond 给出关于小于 $2n$ 的奇素数的公式和把 $2n$ 分成两个相异素数或两个相关复素数.

V. Brun 证明,无论 a 多大,都存在形如 $1+u^2$ 的 a 个连续复数. 所以存在 a 个连续素数. 他确定了小于 x 的素数的超极限.

A. de. Polignac 删除了自然数级数中 2 和 3 的倍数并得到"表 a_2"

(0)　1　(2)　(3)　(4)　5　(6)

7　(8)　(9)　(10)　11…

相邻删除数的逐次集合中的项是1,3,1,3,1,…,它形成了3的“二元级数”.类似地,删除掉前n个素数的倍数,我们得到表a_n和第n个素数的二元级数.这个级数是周期的且1后面的周期项是分布对称的(来自末端的等距两项是相等的),而中间项是3.设π_n定义为素数$2,3,\cdots,P_n$的乘积,则周期中的项数是$\phi(\pi_n)$.周期项数的和是$\pi_n-\phi(\pi_n)$,因此小于π_n的整数可被一个或更多的小于或等于P_n的素数除尽,他表示在P_n与P_n^2之间存在一个素数,同样存在于a^n与a^{n+1}之间.他表示一个二元级数中间项少于3项且n增长变成$1,3,7,15,\cdots,2^m-1,\cdots$.

J. Deschamps注意到,从自然级数抑制了连续素数$2,3,\cdots,p$的倍数,数的左边形成了周期为$2\cdot 3\cdot\cdots\cdot p$的周期级数并有类似的定理成立.史密斯已经作出了评论.

§14　素数的渐近分布

Tschebyscheff的研究表明对于x充分大时,小于或等于x的素数$\pi(x)$是$0.921Q$和$1.106Q$之间,这里$Q=\frac{x}{\log x}$.他证明如果极限存在,则当$x=\infty$时,$\frac{\pi(x)}{Q}$是单位元.Sylvester用同样的方法得到了极限$0.95Q$

和 1.05Q.

利用 Riemann 函数

$$\zeta(s) = \sum_{n=1}^{\infty} n^{-s}$$

Hadamard 和 Ch. de la Vallée-Poussin 各自独立地证明了所有小于或等于 x 的素数的自然对数之和近似等于 x. 因此得到基本定理,即 $\pi(x)$ 近似于 Q,且

$$\lim_{x=\infty} \pi(x) \cdot \frac{\log x}{x} = 1$$

现在 Q 渐近等于"x 的整数对数"

$$\mathrm{Li}\, x = \lim_{\delta=0}\left(\int_0^{1-} \frac{\mathrm{d}u}{\log u} + \int_{1+\delta}^{x} \frac{\mathrm{d}u}{\log u}\right)$$

故后者近似于 $\pi(x)$. De la Vallée-Poussin 证明 Lix 表示 $\pi(x)$ 比 $\frac{x}{\log x}$ 更精确,且它的余项近似为

$$\frac{x}{\log x} + \frac{x}{\log^2 x} + \cdots + \frac{(m-1)!x}{\log^m x}$$

这种展开主项的发展充分体现在 E. Landau 的证明中. 读者可以参考 Hadamard 的文章,G. Torelli 的扩展文章,E. Landau, G. H. Hardy 和 J. E. Littlewood 的摘要.

第四编

与 Mersenne 素数相关的数

第10章 再论 Mersenne 数[①]

如果 2^m-1 为素数，则 $m=q$ 必为素数. 并且还不难证明：若 2^m-1 是一个素数的方幂，则 2^m-1 必为素数，从而 m 为素数（如果你不能证明这件事，请看 Ligh 和 Neal（1974 年）的文章）.

数 $M_q=2^q-1$（q 为素数）叫作 Mersenne 数，考虑这种数是源于对于完全数的研究.

在 Mersenne 那个时代就已经知道某些 Mersenne 数为素数，另一些为合数. 例如，$M_2=3$，$M_3=7$，$M_5=31$，$M_7=127$ 为素数，而 $M_{11}=23\times 89$. 1640 年，Mersenne 说对于 $q=13,17,19,31,67,127$ 和 257，M_q 均是素数. 但是对于 $q=67$ 和 257，他说得不对，并且在 $q\leqslant 257$ 时，$q=61,89$ 和 107 时，M_q 也是素数. 即使如此，由于这些数都

① 本章摘自《博大精深的素数》，P. 里本伯姆著，孙淑玲，冯克勤译，科学出版社，2007.

很大,他的论断还是令人惊讶的.

要判别一个 Mersenne 数是否为素数,显然需要有办法决定它的因子. 在这方面,Euler 在 1750 年叙述了一个古典结果,它由 Lagrange(1775 年)和 Lucas(1878 年)所证明.

若 $q\equiv 3\pmod 4$ 为素数,则 $2q+1\mid M_q$ 当且仅当 $2q+1$ 为素数. 并且在 $2q+1$ 为素数时,若 $q>3$,则 M_q 为合数.

证明 令

$$n=2q+1\mid M_q$$

由于

$$2^2\not\equiv 1\pmod n$$

可知

$$2^q\not\equiv 1\pmod n, 2^{2q}-1=(2^q+1)M_q\equiv 0\pmod n$$

可知 n 是素数. 反之若 $p=2q+1$ 为素数. 由于

$$p\equiv 7\pmod 8, (2\mid p)=1$$

所以有整数 m,使得

$$2\equiv m^2\pmod p$$

于是

$$2^q\equiv 2^{\frac{p-1}{2}}\equiv m^{p-1}\equiv 1\pmod p$$

即 $p\mid M_q$.

又若 $q>3$,则

$$M_q=2^q-1>2q+1=p$$

从而 M_q 是合数.

这表明对于 $q=11,23,83,131,179,191,239$ 和

251, M_q 分别有因子 23, 47, 167, 263, 359, 383, 479 和 503.

大约在 1825 年, Sophie Germain 考虑 q 和 $2q+1$ 同为素数这件事和 Fermat 猜想之间的联系. 这样的素数 q 现在叫作 Sophie Germain 素数.

容易决定 Mersenne 素数的因子所具有的形式.

若 $n \mid M_q$ $(q>2)$, 则 $n \equiv \pm 1 \pmod 8$ 并且 $n \equiv 1 \pmod q$.

证明　只需对 M_q 的每个素因子 p 证明所述性质. 若

$$p \mid M_p = 2^q - 1$$

则

$$2^q \equiv 1 \pmod q$$

由 Fermat 小定理知 $q \mid p-1$, 即 $p-1=2kq$ (由于 $p \neq 2$). 于是

$$\left(\frac{2}{p}\right) \equiv 2^{\frac{p-1}{2}} \equiv 2^{qk} \equiv 1 \pmod p$$

由 Legendre 符号性质, 可知

$$p \equiv \pm 1 \pmod 8$$

Cataldi 用试除法证明了 M_{13} 和 M_{17} 为素数, Euler 也是用试除法证明了 M_{31} 为素数, 但是前面所述关于 Mersenne 数因子的形式, 可知 Euler 作了许多计算. 对此可见 Williams 和 Shallit(1994 年)的文章.

就目前所知, 判别 M_q 是否为素数的最好方法, 是由 Lucas(1878 年)和 Lehmer(1930 年, 1935 年)指明

的基于一种递归序列的计算. 还可见 Western(1932 年),Hardy 和 Wright(1938 年)和 Kaplansky(1945 年)的文章. 但是用此法不能明显地得到 M_q 的因子.

如果 $2\nmid n\geqslant 3$,则

$$M_n=2^n-1\equiv 7\pmod{12}$$

又若

$$N\equiv 7\pmod{12}$$

则 Jacobi 符号

$$\left(\frac{3}{N}\right)=\left(\frac{N}{3}\right)(-1)^{\frac{N-1}{2}}=-1$$

1. 关于 Mersenne 数的素性检测

令 $P=2,Q=-2$,考虑它对应的 Lucas 序列 $(U_m)_{m\geqslant 0}$ 和 $(V_m)_{m\geqslant 0}$. 它们的判别式为 $D=12$,则 $N=M_n$ 为素数当且仅当 $N\mid V_{\frac{N+1}{2}}$.

证明 若 N 为素数,有

$$V_{\frac{N+1}{2}}^2=V_{N+1}+2Q^{\frac{N+1}{2}}=V_{N+1}-4(-2)^{\frac{N-1}{2}}$$

$$\equiv V_{N+1}-4\left(\frac{-2}{N}\right)\equiv V_{N+1}+4\pmod N$$

这是因为

$$N\equiv 3\pmod 4\text{ 和 }N\equiv 7\pmod 8$$

可知

$$\left(\frac{-2}{N}\right)=\left(\frac{-1}{N}\right)\left(\frac{2}{N}\right)=-1$$

只需再证

$$V_{N+1}\equiv -4\pmod N$$

所以

$$2V_{N+1}=V_NV_1+DU_NU_1=2V_N+12U_n$$

因此

$$V_{N+1}=V_N+6U_N\equiv 2+6(12|N)$$
$$\equiv 2-6\equiv -4(\bmod N)$$

反之设 $N|V_{\frac{N+1}{2}}$,可知 $N|V_{N+1}$. 又

$$V_{\frac{N+1}{2}}^2-12U_{\frac{N+1}{2}}^2=4(-1)^{\frac{N+1}{2}}$$

从而

$$\gcd(N,U_{\frac{N+1}{2}})=1$$

又有

$$\gcd(N,2)=1$$

可知 N 为素数.

为了计算简单,更方便的是将序列 $(V_m)_{m\geqslant 0}$ 改用由

$$S_0=4,S_{k+1}=S_k^2-2$$

递归定义的序列 $(S_k)_{k\geqslant 0}$. 此序列为 4,14,194,…. 而检测为 $M_n=2^n-1$ 是素数当且仅当 $M_n|S_{n-2}$.

证明　$S_0=4=\frac{V_2}{2}$. 设

$$S_{k+1}=\frac{V_{2^k}}{2^{2^{k-1}}}$$

则

$$S_k=S_{k-1}^2-2=\frac{V_{2^k}^2}{2^{2^k}}-2=\frac{V_{2^{k+1}}+2^{2^{k+1}}}{2^{2^k}}-2=\frac{V_{2^{k+1}}}{2^{2^k}}$$

由上述检测即知

Mersenne 素数

$$M_n \text{ 为素数} \Leftrightarrow M_n \mid V_{\frac{M_n+1}{2}} = V_{2^{n-1}} = 2^{2^{n-2}} S_{n-2}$$
$$\Leftrightarrow M_n \mid S_{n-2}$$

这个检测的优点是计算可以依次进行. 所有大的 Mersenne 素数都是用这种方法发现的. Lucas 本人在 1876 年证明了 M_{127} 是素数，而 M_{67} 为合数. 不久以后 Pervushin 证明了 M_{61} 也是素数. 最后 Lehmer 于 1927 年证明了 M_{257} 为合数(发表于 1932 年). 注意 M_{127} 是 39 位数，是计算机时代之前所发现的最大素数. 它作为世界纪录保持了很长一段时间.

$q \leqslant 127$ 的 Mersenne 素数都是在计算机时代之前发现的. A. Turing 在 1951 年第一个试图用电子计算机寻找 Mersenne 素数，但他没有成功. Robinson 用一个 SWAC 计算机在洛杉矶美国国家标准局进行 Lehmer 检测方法. 在 D. H. Lehmer 和 E. Lehmer 协助之下，于 1952 年 1 月 30 日第一次用计算机发现了 M_{521} 和 M_{607} 为素数. 在同一年后又找到素数 $M_{1\,279}$，$M_{2\,203}$ 和 $M_{2\,281}$.

当 q 很大时，用 Lucas-Lehmer 试验法判别 M_q 的素性需要很大的计算量，一定要由一个团队在高速计算机上工作，而且采用专门设计的程序，在做乘法运算时，Schönhage 和 Strassen 于 1971 年发明的快速 Fourier 变换起了重要作用. 在寻找大素数时出现了 Crandall 和 Woltman 的研究计划.

由 Woltman 组织的"寻找 Mersenne 素数的互联网计划"(Great Internet Mersenne Prime Search，GIMPS)，

目的是寻找大的 Mersenne 素数. 任何人只要愿意,都可带上个人电脑参加这个计划,他将会收到软件和一些素指数,这是他的工作领域. 现在这项计划已登记了几千位参加者.

距现在不算太久远,那些淘金者们离开家庭和朋友,闯过蟒蛇遍布的丛林和疾病蔓延的沼泽,走向无人居住的荒野或悬崖峭壁的雪山,去寻找财富. 寻找 Mersenne 素数的现代探索者们做着类似的探险. 他们不能预见自己所猎取目标的位置,首先找到信息的人靠的是运气好,但不能使他致富. 现实情况和这个比喻没有多大差别,读者可以参看 Woltman(1999 年)描述他自己发现第 38 个 Mersenne 素数的历程.

2. 记录

表 1 中列出前 38 个 Mersenne 素数. 目前所知的最大的 Mersenne 素数为 M_q, $q = 13\ 466\ 917$. 这个素数有 4 053 946 位. 它是由 M. Cameron, G. F. Woltman 和 S. Kurowski 根据 GIMPS 研究项目于 2001 年 11 月 14 日发现的. 这是目前所知的最大素数. 一百万位以上的"超级素数"现在只知道两个.

素数 $M_{110\ 503}$ 是在 $M_{132\ 049}$ 和 $M_{216\ 091}$ 之后发现的. 下一个 Mersenne 素数可能会在 $q < 13\ 466\ 917$ 范围内找到,因为对这个范围以内的素数 q,还有许多 M_q 没有确定它们的素性.

另一方面,我们已经说过,若 $q = k \cdot 2^N - 1$ 为 Sophie Germain 素数(即 q 和 $2q+1$ 均为素数),则 M_q 是合数.

表 1　Mersenne 素数 M_q，$q < 7\ 000\ 000$

q	发现时间/年	发现者
2	–	–
3	–	–
5	–	–
7	–	–
13	1461	未知
17	1588	P. A. Cataldi
19	1588	P. A. Cataldi
31	1750	L. Euler
61	1883	I. M. Pervushin
89	1911	R. E. Powers
107	1913	E. Fauquenmbergue
127	1876	E. Lucas
521	1952	R. M. Robinson
607	1952	R. M. Robinson
1 279	1952	R. M. Robinson
2 203	1952	R. M. Robinson
2 281	1952	R. M. Robinson
3 217	1957	H. Riesel
4 253	1961	A. Hurwitz
4 423	1961	A. Hurwitz
9 689	1963	D. B. Gillies
9 941	1963	D. B. Gillies
11 213	1963	D. B. Gillies
19 937	1971	B. Tuckerman
21 701	1978	L. C. Noll，L. Nickel
23 209	1979	L. C. Noll
44 497	1979	H. Nelson，D. Slowinski
86 243	1982	D. Slowinski
110 503	1988	W. N. Colquitt，L. Welsh，Jr.
132 049	1983	D. Slowinski
216 091	1985	D. Slowinski
756 839	1992	D. Slowinski，P. Gage
859 433	1993	D. Slowinski，P. Gage
1 257 787	1996	D. Slowinski，P. Gage
1 398 269	1996	J. Armengaud，G. F. Woltman，GIMPS
2 976 221	1997	G. Spence，G. F. Woltman，GIMPS
3 021 377	1998	R. Clarkson，G. F. Woltman， S. Kurowski，GIMPS
6 972 593	1999	N. Hajratwala，G. F. Woltman S. Kurowski，GIMPS

3. 记录

目前已知最大的合数 M_q 为

$$q=2\ 540\ 041\ 185\cdot 2^{114\ 729}-1$$

由 D. Underbakke，G. F. Woltman 和 Y. Gallot 于 2003 年 1 月发现. 这个 q 是目前所知最大的 Sophie Germain 素数.

Riesel 的书(1985 年)中有

$$M_n=2^n-1,2\nmid n\leqslant 257$$

的完全分解表. 更大的表请见 Brillhart 等人于 1983 年、1988 年和 2002 年(第 3 版)出版的著作.

像 Fermat 数一样，对于 Mersenne 数也有许多问题.

(1)是否存在无穷多 Mersenne 素数?

(2)是否存在无穷多 Mersenne 数为合数?

这两个问题的答案应当都是肯定的.

(3)是否每个 Mersenne 数都无平方因子?

Rotkiewicz 在 1965 年证明了：若 p 为素数而 p^2 除尽某个 Mersenne 数，则

$$2^{p-1}\equiv 1(\bmod p^2)$$

当 Fermat 数被 p^2 除尽时，已经得到过类似的同余式.

关于 Mersenne 数还想再提两个问题，其中一个已经解决，另一个则至今未解决.

如果 M_q 为素数，那么 M_{M_q} 是否一定也是素数?

答案是否定的：$M_{13}=8\ 191$ 为素数，而 $M_{8\ 191}$ 为合数，这是由 Wheeler 证明的，见 Robinson(1954 年)的论文. 注意 $M_{8\ 191}$ 是多于 2 400 位的数字. 1976 年，Keller

找到了 $M_{8\,191}$ 的一个素因子

$$p=2\times 20\,644\,229\times M_{13}+1=338\,193\,759\,479$$

由此给出 $M_{8\,191}$ 是合成数的一个简单证明：为了验证

$$2^{2^{13}}\equiv 2(\bmod p)$$

只需计算 13 个模 p 的平方运算.

第二个问题是 Catalan 在 1876 年建议的，可见 Dickson 的《数论史》第 1 卷. 考虑数列

$$C_1=2^2-1=3=M_2$$

$$C_2=2^{C_1}-1=7=M_3$$

$$C_3=2^{C_2}-1=127=M_7$$

$$C_4=2^{C_3}-1=2^{127}-1=M_{127}$$

$$\vdots$$

$$C_{n+1}=2^{C_n}-1$$

$$\vdots$$

是否 C_n 这些数都是素数？其中是否有无穷多个素数？目前连 C_5 都无法试验，因为它有 10^{37} 位！

最后介绍 Bateman，Selfridge 和 Wagstsff（1989 年）关于 Mersenne 素数的一个有趣的猜想.

猜想 设 p 为正奇数（不必为素数）. 若下面条件中有两个成立，则第三个条件也成立.

(a) $p=2^k\pm 1$ 或者 $4^k\pm 3$（对某个 $k\geqslant 1$）.

(b) M_p 为素数.

(c) $\dfrac{2^p+1}{3}$ 为素数.

H. Lifchitz 和 R. Lifchitz 在私人通信中告诉笔者这

个猜想对于 $p<720\ 000$ 均成立. 在这个范围内，满足这三个条件的素数只有 $p=3,5,7,13,17,19,31,61,127$. 人们相信也只有它们是满足这三个条件的素数.

4. 附录：关于完全数

现在介绍完全数，讲述它们与 Mersenne 数的关系.

自然数 $n>1$ 叫作完全数，是指它等于所有小于它的正因子之和，例如，在 10 000 以内的完全数有 $n=6,28,496,8\ 128$.

Euclid 在他的《几何原本》第九章命题 36 中证明了：若 q 为素数而 $M_q=2^q-1$ 为素数，则

$$N=2^{q-1}(2^q-1)$$

是完全数. Euler 后来又证明了它的逆命题：每个偶完全数均有 Euclid 给出的形式. 于是，偶完全数和 Mersenne 素数是相互对应的.

是否存在奇完全数? 至今还没有找到一个奇完全数! 这个问题已有很多研究，但仍不知道答案. 关于这个问题的过去进展可见 Guy 的著作(新版 1994 年)，那里附有一般性参考文献. 下面介绍近来的工作.

试图解决奇完全数问题的方法已有一些固定的模式. 讲述这些方法是有益的，可使读者感受到这个问题为何那么困难. 主要思想是：如果存在奇完全数 N，对于 N 的不同素因子个数 $\omega(N)$，N 的大小、N 的积性和加性表达式等可以有什么推论. 现在对于 N 的每种性质作一个综述.

(1)不同素因子个数 $\omega(N)$.

Hagis(1980 年,宣布于 1975 年)证明了 $\omega(N)\geqslant 8$. Chein(1979 年)在博士论文中也给出同样结果. 1983 年,Hagis 和 Kishore 各自独立地证明了:若 $3\nmid N$,则 $\omega(N)\geqslant 11$.

Dickson 于 1913 年在这个方向得到另一个结果:对于每个 $k\geqslant 1$,至多有有限个奇完全数 N 使得 $\omega(N)=k$. 1949 年 Shapiro 给出一个更简单的证明.

Kanold 在 1956 年将 Dickson 定理推广为研究哪些 N 满足 $\frac{\sigma(N)}{N}=\alpha$,其中 α 是固定的有理数,而 $\sigma(N)$ 表示 N 的所有正因子之和. 证明需要利用以下事实:方程

$$aX^3-bY^3=c$$

至多有有限多个整数解 (X,Y). 利用 Baker 著名的线性型对数方法,Pomerance 在 1977 年对上面不定方程的解数可以得到有效的估计. 取 $\alpha=2$,对每个 $k\geqslant 1$ 他证明了:若奇完全数 N 有 k 个不同的素因子,则

$$N<(4k)^{(4k)^{2k^2}}$$

1994 年 Heath-Brown 将此结果作了重大改进,若奇完全数 N 有 k 个不同的素因子,则

$$N<4^{4^k}$$

Cook(1999 年)又把此结果最下面的 4 改进成 $195^{\frac{1}{7}}=2.123\cdots$.

(2)N 的下界.

Brent,Cohen 和 te Riele(1991 年)证明了:对每个

奇完全数 $N, N>10^{300}$. 在此之前 Brent，Cohen(1989 年)和 Hagis(1973 年)分别证明了 $N>10^{160}$ 和 $N>10^{50}$. Buxton 和 Elmore 在 1976 年宣布 $N>10^{200}$，但是证明细节不够清楚，未被接受. Grytczuk 和 Wojtowicz 在 1999 年对 N 给出更大的下界，但是 F. Saidak 发现了证明中的一个问题，作者在 2000 年已知道此事.

(3) N 和乘性结构.

Euler 给出第一个结果：$N=p^e k^2$，其中 p 为素数，$p\nmid k$，并且 $p\equiv e\equiv 1 \pmod 4$. 关于 k 的类型也有许多研究结果. 例如，Hagis 和 McDaniel 于 1971 年证明了 k 不是立方数.

(4) N 的最大素因子.

Hagis 和 Cohen 于 1998 年证明了 N 一定有大于 10^6 的素因子. Hagis 和 McDaniel 在早些时候(1975 年)证明了 N 的最大素因子一定大于 100 110. Muskat 在 1966 年证明了 N 必有大于 10^{12} 的素数方幂的因子.

(5) N 的其他素因子.

1975 年 Pomerance 证明了 N 的第二个最大素因子至少为 139. Hagis(1981 年)和 Iannucci(1991 年)分别又改进为 10^3 和 10^4. Iannucci 于 2000 年证明了第三个最大素因子超过 100.

Grün 于 1952 年证明了 N 的最小素因子 p_1 满足

$$p_1<\frac{2}{3}\omega(N)+2$$

Kishore(1977 年)在博士学位论文中对于 $i=2,3,4,5,6$，证明了 N 的第 i 个最小素因子小于 $2^{2^{i-1}}(\omega(N)-$

$i+1$). 1958 年,Perisastri 证明了

$$\frac{1}{2} < \sum_{p|N} \frac{1}{p} < 2\lg \frac{\pi}{2}$$

这个结果又被 Suryanarayana(1963 年),Suryanarayana,Hagis(1970 年)以及 Cohen(1978 年)加以改进.

(6)N 的加性结构.

Touchard 于 1953 年证明了

$$N \equiv 1 \pmod{12} \text{或} N \equiv 9 \pmod{36}$$

Saryanarayana(1959 年)对此给了一个简化的证明.

(7)Ore 猜想.

1948 年,Ore 考虑 N 的诸因子的调和均值

$$H(N) = \frac{\tau(N)}{\sum\limits_{d|N} \frac{1}{d}}$$

其中 $\tau(N)$ 为 N 的正因子个数. 如果 N 是完全数,则 $H(N)$ 为整数,不论 N 是偶完全数还是奇完全数,这件事都可由 Euler 的结果得出. 事实上,Laborde 在 1955 年发现:N 为偶完全数当且仅当

$$N = 2^{H(N)-1}(2^{H(N)}-1)$$

其中 $H(N)$ 不仅为整数,而且事实上为素数.

Ore 猜想是说:若 N 为奇数,则 $H(N)$ 不能为整数. 所以这个猜想若成立,将推出不存在奇完全数.

当 N 为素数幂或 $N<10^4$ 时,Ore 证明了他的猜想是正确的. Mills 在 1954 年对于 $N<10^7$ 和一些特别类型的 N(如 N 的所有素数幂因子都小于 $65\,551^2$),Ore 猜想均正确. 这个结果发表于 1972 年.

Pomerance 在一项未发表的工作中证明,当

$\omega(N)\leqslant 2$时 Ore 猜想正确. 方法是:若 $\omega(N)\leqslant 2$ 并且 $H(N)$为整数,则 N 必为偶完全数.

下面一些结果不区别奇完全数和偶完全数,研究完全数的分布问题. 对每个 $x\geqslant 1$,定义 $V(x)$为超过 x 的完全数的个数,即

$$V(x)=\#\{\text{完全数 } N \mid N\leqslant x\}$$

极限$\lim\limits_{x\to\infty}\frac{V(x)}{x}$表示完全数集合的自然密度. 1954 年, Kanold 证明了

$$\lim_{x\to\infty}\frac{V(x)}{x}=0$$

所以当 $x\to\infty$ 时,$V(x)$的增长速度比 x 慢.

Wirsing(1959 年)给出更精细的结果:存在 x_0 和 $C>0$,使得当 $x\geqslant x_0$ 时

$$V(x)\leqslant \mathrm{e}^{\frac{C\lg x}{\lg\lg x}}$$

更早些时候, Hornfeck (1955 年, 1956 年), Kanold (1957 年),Hornfeck 和 Wirsing(1957 年)证明了:对每个 $\varepsilon>0$ 均存在常数 C,使得

$$V(x)<Cx^{\varepsilon}$$

关于奇完全数存在性的上述这些结果是许多人的努力,其中一些工作相当困难和精细. 这个问题是一个不可征服的堡垒. 如果某人发现了一个奇完全数,那多半是因为有好的运气. 另一方面,说奇完全数不存在,现在也没有任何根据,需要产生新的思想.

现在用 Sinha(1974 年)的一些结果来结束对完全数的介绍,这些结果很初等,可看成是轻松的习题:形

为 $a^n+b^n(n\geqslant 2)$ 并且 $\gcd(a,b)=1$ 的偶完全数只有 28 这一个数. 它也是形为 $a^n+1(n\geqslant 1)$ 的唯一偶完全数. 最后,不存在 $n\geqslant 2$,使得

$$a^{n^{n^{\cdot^{\cdot^{\cdot^{n}}}}}}+1,\text{指数上至少有 2 个 } n$$

是偶完全数.

我们曾经将 N 和 $\sigma(N)$ 相比较来刻画完全数. 这里 $\sigma(N)$ 是 N 的所有正因子之和. 如果只要求 $N\mid\sigma(N)$,N 叫作倍完全数. 当 $2N<\sigma(N)$ 时,N 叫作多余的,而当 $2N\geqslant\sigma(N)$ 时,N 叫作缺欠的. 令

$$s(N)=\sigma(N)-N$$

是 N 的小于 N 正因子之和,我们可以得到一个迭代数列 $s(N),s^2(N),s^3(N),\cdots$,其中

$$s^k(N)=s(s^{k-1}(N))$$

Guy 的书中叙述了这个数列的许多有趣的问题. 由于篇幅所限,这里不再讨论这些事情.

第11章 拟素数①

本章考虑一些合数,它们具有素数应当具有的每个性质.

§1 以 2 为基的拟素数(psp)

有一个问题通常认为源于古代.这个问题是说:如果自然数 n 满足同余式

$$2^{n} \equiv 2 (\bmod n)$$

那么 n 是否为素数?关于这个问题有一些传说和推测,但是抢先发言之前应当谨慎.从人们所相信的古代关于数的知识,似乎很难想象这样一个问题居然会提出来.研究数学史的肖文强说:

这个神话起源于 J. H. Jeans 在 *Messenger of Mathematics*(1897 年~1898 年,第

① 本章摘自《博大精深的素数》,P. 里本伯姆著,孙淑玲,冯克勤译,科学出版社,2007.

27 期)中的一篇文章,他写到"在 Thomas Wade 爵士所发现的一篇孔子时代的文章中"包含一个定理:$2^n \equiv 2 \pmod n$ 当且仅当 n 为素数. 但是在 J. Needham 的巨著《中国的科学与文明》第三卷第 9 章(数学)中驳斥 Jean 的说法,这是把《九章算术》中的一段翻译错了.

这个错误后来又被一些西方学者不断重复,在 Dickson《数学史》第一卷中说,Leibniz 相信,由这个同余式推出 n 为素数是被证明了的,在 Honsberger *Mathematical Gems* 一书第一卷(1973 年)题为《一个古老的中国定理和 Fermat》的一章仍在重复这个故事.

这件事现在又找到另一个版本. 肖文强于 1992 年来信说:

我刚刚看到一位叫韩其的博士论文,题目为《康熙年间西方数学的传入和它对中国数学的影响》(1991 年),论文研究清代的数学发展. 作者对于所谓"古老的中国定理"指出新的证据. 根据韩其的观点,这个"定理"源于著名数学家李善兰(1811—1882)(所以论述并不古老). 李善兰把他的这个素数判别法讲给跟他一起翻译西方教科书的合作者 Alexander Wylie. 而 Wylie 可能不懂数学便把李善兰的这个判别法写成短文"一个中国定理",1869 年发表在杂志 *Note and Queries on China* 上.

在后来几个月中,至少有四个读者对李善兰的工作发表了评论. 其中一个读者指出李善兰的判别法是

错的;其中一位读者是德国人 J. von Gumpach,他后来成为李善兰在北京的同事. 有可能 Gumpach 把这个错误告诉给李善兰,因为李善兰后来在关于数论发表的工作目录(1872 年)中删去了关于他的判别法的所有文献. 但是在 1882 年,清代另一个著名数学家华蘅芳,在关于数的著作中又把李善兰的判别法写了进去,似乎认为它还是对的. 这或许能解释为什么西方学者把这个判别法看成是一个古老的中国定理. 韩其说,还会发表文章,更仔细论述这个问题.

关于李善兰的工作,读者可参看李岩和杜石然的英译文(1987 年).

在作了上述历史的评述之后,现在回到同余式

$$2^n \equiv 2 \pmod{n}$$

它可以称作是"关于拟素数的拟同余式".

这个猜想的第一个反例是 1819 年得到的,Sarrus 证明了

$$2^{341} \equiv 2 \pmod{341}$$

但是

$$341 = 11 \times 31$$

为合数. 特别地,Fermat 小定理的逆命题是不对的. 具有同样性质的合数还有 561,645,1 105,1 387,1 729,1 905等.

满足同余式

$$2^{n-1} \equiv 1 \pmod{n}$$

的合数 n 叫作拟素数,也叫作 Poulet 数,因此 Poulet 对

这个问题花了不少精力. 特别地,他早在 1926 年就计算了 5×10^7 以内的拟素数,而 1938 年又计算到 10^8.

每个拟素数 n 都是奇数,并且满足同余式 $2^n\equiv 2(\mathrm{mod}\ n)$. 反之,满足 $2^n\equiv 2(\mathrm{mod}\ n)$ 的每个奇合数 n 也必为拟素数.

每个奇素数 n 也满足上述同余式. 所以若 $2^{n-1}\not\equiv 1(\mathrm{mod}\ n)$,则 n 一定是合数. 这可以用来作为素性判定的第一步. 为了对于素数有更多的了解,自然要研究满足

$$2^{n-1}\equiv 1(\mathrm{mod}\ n)$$

的那些整数 n.

假如我们想为《吉尼斯纪录大全》写一章关于拟素数的记录,如何组织材料? 一些自然的问题基本上和素数情形是一样的. 例如,拟素数是多少? 能否告诉我们一个给定的数是否是拟素数? 是否有产生拟素数的方法? 拟素数是如何分布的?

答案不会令人奇怪:拟素数有无穷多个,并且存在许多方法来构作拟素数的无限序列.

Malo 于 1903 年对此给出最简单的证明. 他证明了:若 n 是拟素数,则

$$n'=2^n-1$$

也是拟素数. 证明是:n'显然为合数. 进而若 $n=ab$,其中 $1<a,b<n$,则

$$2^n-1=(2^a-1)(2^{a(b-1)}+2^{a(b-2)}+\cdots+2^a+1)$$

由于 $n|2^{n-1}-1$,可知

$$n|2^n-2=n'-1$$

于是

$$n' = 2^n - 1 \mid 2^{n'-1} - 1$$

Cipolla 于 1904 年用 Fermat 数给出另一个证明：

若 $m > n > \cdots > s > 1$ 为整数，$N = F_m F_n \cdots F_s$ 为 Fermat 数乘积，则 N 是拟素数当且仅当 $2^s > m$.

证明 2 模 N 的阶为 2^{m+1}，而 2 模 $F_m, F_n, \cdots, F_s$ 的阶分别为 $2^{m+1}, 2^{n+1}, \cdots, 2^{s+1}$，它们的最小公倍数为 2^{m+1}. 所以

$$2^{N-1} \equiv 1 \pmod{N}$$

当且仅当

$$2^{m+1} \mid N - 1 = F_m F_n \cdots F_s - 1 = 2^{2^s} Q$$

其中 $2 \nmid Q$. 从而给出所需条件 $2^s > m$.

因为 Fermat 数彼此互素，所以上面的方法得到彼此互素的拟素数. 由此还可以得到拟素数，它们具有任意多个素因子.

以后还将介绍 Cipolla 给出的生成拟素数的另一个方法.

Lehmer 于 1936 年发现了生成无限多拟素数的一个十分简单的方法，其中每个拟素数都是两个不同素数之积. 方法是：对每个奇数 $k \geqslant 5$，令 p 是 $2^k - 1$ 的一个本原素因子，而 q 是 $2^k + 1$ 的一个本原素因子，则 pq 为拟素数. 于是对每个 $m \geqslant 1$，存在至少 m 个拟素数 $n = pq$，使得

$$n \leqslant (2^{2m+3} - 1)\left(\frac{2^{2m+3} + 1}{3}\right) = \frac{4^{2m+3} - 1}{3}$$

存在着满足同余式

$$2^n \equiv 2 (\bmod n)$$

的偶合数,这可以叫作是偶拟素数. 最小的这种数

$$m = 2 \times 73 \times 1\ 103 = 161\ 038$$

是 Lehmer 于 1950 年发现的. Beeger 在 1951 年证明了存在无穷多个偶拟素数,每个偶拟素数至少有两个奇素因子.

拟素数与素数的差别有多大? 由 Cipolla 的结果可知,存在拟素数有任意多素因子. 事实上,Erdös 于 1949 年证明了:对每个 $k \geqslant 2$,存在无穷多拟素数,每个都是 k 个不同素数的乘积.

Lehmer 在 1936 年对于两个或三个不同素因子乘积的情形给出为拟素数的判别法:p_1p_2 为拟素数当且仅当 2 模 p_2 的阶除尽 $p_1 - 1$,并且 2 模 p_1 的阶除尽 $p_2 - 1$. 如果 $p_1p_2p_3$ 为拟素数,则 2 模 p_1 的阶和 2 模 p_2 的阶这两个数的最小公倍数除尽 $p_3(p_1 + p_2 - 1) - 1$.

是否存在无穷多整数 $n > 1$,使得 $2^{n-1} \equiv 1 (\bmod n^2)$? 这是尚未解决的问题,它等价于下列诸问题当中任何一个(Rotkiewicz (1965 年)):

是否存在无穷多个拟素数为完全平方数?

是否存在无穷多个素数 p,使得 $2^{p-1} \equiv 1 (\bmod p^2)$?

这个同余式在研究 Fermat 数和 Mersenne 数平方因子时已经见到过.

另一方面,拟素数可以有平方因子. 最小的例子为

$$1\ 194\ 649 = 1\ 093^2, 12\ 327\ 121 = 3\ 511^2$$

和

$$3\ 914\ 864\ 773 = 29 \times 113 \times 1\ 093^2$$

§2　以 a 为基的拟素数(psp(a))

对每个 $a>2$ 都可以考虑同余式

$$a^{n-1}\equiv 1(\bmod n)$$

若 n 为素数,则对每个 $1<a<n$,上面同余式均成立. 所以若 $n\geqslant 4$,有

$$2^{n-1}\equiv 1(\bmod n)$$

但是

$$3^{n-1}\not\equiv 1(\bmod n)$$

则 n 不是素数.

这使得人们研究以 a 为基的拟素数(或叫作 a - 拟素数),即满足 $n>a$ 和 $a^{n-1}\equiv 1(\bmod n)$ 的合数 n.

1904 年,Cipolla 给出构作 a - 拟素数的方法. 设 $a\geqslant 2$,p 为奇素数并且 $p\nmid a(a^2-1)$. 令

$$n_1=\frac{a^p-1}{a-1},n_2=\frac{a^p+1}{a+1},n=n_1n_2$$

则 n_1 和 n_2 是奇数,而 n 为合数. 由

$$n_1\equiv n_2\equiv 1(\bmod 2p)$$

可知

$$n\equiv 1(\bmod 2p)$$

由

$$a^{2p}\equiv 1(\bmod n)$$

得到

$$a^{n-1}\equiv 1(\bmod n)$$

于是 n 为 a - 拟素数.

由于存在无穷多素数,可知对每个 $a\geqslant 2$,均有无穷多个 a - 拟素数.

文献中有其他办法,可以很快给出 a - 拟素数的递增序列. 例如 Crocker 在 1962 年给出的方法:设 a 为偶数,但是 $a\neq 2^{2^r}(r\geqslant 0)$. 则对每个 $n\geqslant 1$,$a^{a^n}+1$ 都是 a - 拟素数. Steuerwald 在 1948 年给出如下方法:设 n 是 a - 拟素数,并且

$$\gcd(n,a-1)=1$$

例如,对素数 q,令 $a=q+1$,而 p 是素数并且 $p>a^2-1$. 像 Cipolla 的构作方法那样,令

$$n_1=\frac{a^p-1}{a-1}\equiv a^{p-1}+a^{p-2}+\cdots+a+1\equiv p\pmod q$$

$$n_2=\frac{a^p+1}{a+1}\equiv a^{p-1}-a^{p-2}+\cdots+a^2-a+1\equiv 1\pmod q$$

从而

$$n=n_1n_2\equiv p\pmod q$$

于是 n 为 a - 拟素数并且

$$\gcd(n,a-1)=1$$

现在令

$$f(n)=\frac{a^n-1}{a-1}>0$$

则 $f(n)$ 也是 a - 拟素数. 首先

$$f(n)=\frac{a^{n_1n_2}-1}{a^{n_2}-1}\cdot\frac{a^{n_2}-1}{a-1}$$

为合数. 进而,由于 n 和 $a-1$ 互素,并且

$$a^{n-1}\equiv 1\pmod n$$

可知

$$n \mid \frac{a^n - a}{a-1} = f(n) - 1$$

即

$$f(n) \mid a^n - 1 \mid a^{f(n)-1} - 1$$

这证明了$f(n)$是a-拟素数. 将这个过程迭代下去,由$f(n)$和$a-1$互素可知

$$\begin{aligned} f(n) &= \frac{[(a-1)+1]^n - 1}{a-1} \\ &= (a-1)^{n-1} + \binom{n}{1}(a-1)^{n-2} + \cdots + \\ &\quad \binom{n}{n-2}(a-1) + n \\ &\equiv n \pmod{a-1} \end{aligned}$$

于是$f(n)$为a-拟素数,并且$f(n)$和$a-1$互素. 这个过程给出a-拟素数的无限递增序列

$$n < f(n) < f(f(n)) < \cdots$$

其增长情形类似于

$$n < a^n < a^{a^n} < \cdots$$

将前面所述的 Lehmer 方法用于a^k-1和a^k+1,可得到一批a-拟素数,每个都是两个不同素数之积.

由这些考虑可知,想找到最大的a-拟素数是一个没有意义的问题.

Lieuwens 在 1971 年的论文中把 Schinzel 和 Erdös 的关于 2-拟素数的结果一起加以推广,对每个$k \geqslant 2$和$a>1$,都存在无穷多a-拟素数. 每个都恰好是k个不同素数的乘积. Rotkiewicz 在 1972 年证明了:对每个

素数 p,如果 $p\nmid a$,$a\geqslant 2$,则存在无穷多 a - 拟素数,使得它们均被 p 整除. 对 $p=2$ 的情形,Rotkiewicz 在 1959 年已经证明了这个结果.

有些数可以是对于不同基的拟素数. 例如,561 是以 2,5,7 为基的拟素数. Baillie 和 Wagstaff, Monier 独立地在 1980 年证明了如下结果:

设 n 是合数,令

$$B_{\mathrm{psp}}(n)=\#\{a\mid 1<a<n,\gcd(a,n)=1,n\text{ 为 }a-\text{拟素数}\}$$

则

$$B_{\mathrm{psp}}(n)=\{\prod_{p\mid n}\gcd(n-1,p-1)\}-1$$

所以若 n 为奇合数,并且 n 不是 3 的方幂,则至少对两个 a,$1<a\leqslant n-1$,n 是 a - 拟素数.

存在合成数 n,使得对每个 a,$1<a<n$,$\gcd(n,a)=1$,n 都是 a 拟素数.

表 1 取自 Pomerance, Selfridge 和 Wagstaff(1980 年)的文章,表中对不同的基(或同时几种基)给出最小拟素数.

若存在 a,$1<a<n$,使得

$$a^{n-1}\not\equiv 1(\bmod n)$$

则 n 为合数,但反过来不成立. 这个方法用来判别某个数为合数是很有效的. 还有一些类似的同余式,可用来判别某个数为合数. 我们将介绍其中的一些同余式. 这些研究和素性判定问题有密切联系. 在下面将介绍如何由同余式

$$a^m\equiv 1(\bmod n)$$

得到 Euler a - 拟素数和强 a - 拟素数.

表 1　对于一些基的最小拟素数

基	最小拟素数
2	$341=11\times31$
3	$91=7\times13$
5	$217=7\times31$
7	$25=5\times5$
2,3	$1\ 105=5\times13\times17$
2,5	$561=3\times11\times17$
2,7	$561=3\times11\times17$
3,5	$1\ 541=23\times67$
3,7	$703=19\times37$
5,7	$561=3\times11\times17$
2,3,5	$1\ 729=7\times13\times19$
2,3,7	$1\ 105=5\times13\times17$
2,5,7	$561=3\times11\times17$
3,5,7	$29\ 341=13\times37\times61$
2,3,5,7	$29\ 341=13\times37\times61$

§3　以 a 为基的 Euler 拟素数(epsp(a))

关于 Legendre 符号的 Euler 同余式是说:若 $a\geqslant2$,p 为奇素数并且 $p\nmid a$,则

$$\left(\frac{a}{p}\right)\equiv a^{\frac{p-1}{2}}\pmod p$$

Shanks 于 1962 年由此给出关于以 a 为基的 Euler 拟素数的概念. 它们是奇合数 n,$\gcd(a,n)=1$,并且 Jacobi 符号满足同余式

$$\left(\frac{a}{n}\right)\equiv a^{\frac{p-1}{2}}(\bmod n)$$

每个 epsp(a)显然都是 a - 拟素数.

关于 epsp(a)自然会提出许多问题,现在列举如下:

(e1)对每个 a,是否存在无穷多 epsp(a)?

(e2)对每个 a,是否存在 epsp(a),使得它具有任意多个不同素因子?

(e3)对每个 $k\geqslant 2$ 和 $a\geqslant 2$,是否存在无限多 epsp(a),使得它们都恰好是 k 个不同素因子的乘积?

(e4)是否存在奇合数 n,使得对每个 a,$1<a<n$,$\gcd(a,n)=1$,n 都是 epsp(a)?

(e5)对每个 n,有多少 a,$1<a<n$,$\gcd(a,n)=1$,使得 n 是 epsp(a)?

Kiss,Phong 和 Lieuwens 于 1986 年证明了:对给定的 $a,k,d\geqslant 2$,存在无穷多 epsp(a),它们都是 k 个不同素数之乘积,并且模 d 同余于 1. 这给出比(e3)(从而比(e2),(e1))要强的肯定性答案.

Lehmer 于 1976 年证明了:若 n 是奇合数,则不能对每个 a,$1<a<n$,$\gcd(n,a)=1$,n 都是 epsp(a). 所以给出(e4)否定的答案. 事实上,Solovay 和 Strassen 在 1977 年证明的更多:对每个合数 n,至多有 $\frac{1}{2}\varphi(n)$ 个 a,$1<a<n$,$\gcd(a,n)=1$,使 n 是以 a 为基的 Euler 拟素数. 这给出(e5)的一个解答. 证明是容易的:满足

$$\left(\frac{a}{n}\right)\equiv a^{\frac{p-1}{2}}(\bmod n)$$

的 a 模 n 同余类全体形成 $\left(\frac{\mathbb{Z}}{n\mathbb{Z}}\right)^{\times}$（模 n 可逆同余类群）的一个子群. 再由 Legendre 定理即知此子群至多有 $\frac{1}{2}\varphi(n)$ 个元素.

设 n 为奇合数. 定义集合

$$B_{\text{epsp}}(n)=\#\{a \mid 1<a<n,\gcd(a,n)=1,\ n\text{ 为 epsp}(a)\}$$

Monier 于 1980 年证明了

$$B_{\text{epsp}}(n)=\delta(n)\prod_{p\mid n}\gcd\left(\frac{n-1}{2},p-1\right)-1$$

其中

$$\delta(n)=\begin{cases}2, v_2(n)-1=\min_{p\mid n}\{v_2(p-1)\}\\ \frac{1}{2},\text{有素数 } p\mid n,\text{使得 } 2\nmid v_p(n)\\ \text{并且 } v_2(p-1)<v_2(n-1)\\ 1,\text{其他}\end{cases}$$

而对每个整数 m 和素数 p，$v_p(m)$ 表示 m 的 p - adic 赋值，即满足 $p^{v_p(m)}\mid m$，但是 $p^{v_p(m)+1}\nmid m$.

§4　以 a 为基的强拟素数（spsp(a)）

设 n 是奇合数，$n-1=2^s d$，$2\nmid d$，$s\geqslant 1$. 令 $1<a<n$，$\gcd(n,a)=1$. n 叫作以 a 为基的强拟素数（spsp(a)），是指或者 $a^d\equiv 1\pmod n$，或者对某个 r，$0\leqslant r<s$，$a^{2^r d}\equiv -1\pmod n$.

注意:若 n 为素数,则上述条件对每个 $a(1<a<n,\gcd(a,n)=1)$ 都满足.

Selfridge 证明了(见 Williams 1978 年的证明):每个 spsp(a)都是 epsp(a). 反过来则有以下的部分结果:

Malm(1977 年)证明:若 $n\equiv 3(\bmod 4)$ 并且 n 为 epsp(a),则 n 为 spsp(a).

Pomerance, Selfridge 和 Wagstaff(1980 年)证明:若 n 为奇数,$(a|n)=-1$ 并且 n 为 epsp(a),则 n 为 spsp(a),特别若 $n\equiv 5(\bmod 8)$,n 为 epsp(2),则 n 为 spsp(2).

关于强拟素数,则有和前面中 Euler 拟素数类似的问题. 1980 年,Pomerance, Selfridge 和 Wagstaff 证明了:对每个 $a>1$,都有无穷多个 spsp(a).

现在说明对于基为 2 的情形,可以明显地给出无穷多个 spsp(2).

若 n 为 psp(2),则 2^n-1 也是 spsp(2). 由于有无穷多个 psp(2),从而明显地给出无穷多个 spsp(2). 这些合数都是 Mersenne 数. 这容易看出,若一个 Fermat 数是合数,则它为 spsp(2).

若 $p_1,p_2,\cdots,p_k$ 均除尽拟素数 n,则 $2^{p_i}-1(1\leqslant i\leqslant k)$ 除尽 spsp(2)2^n-1.

由于 Selfridge 结果和 Lehmer 关于(e4)的否定答案,下面是 Rabin 的一个很重要的定理,它对应于 Euler 拟素数的 Solovay 和 Strassen 结果. 我们在后面要指出,这个结果和 Monte Carlo 素性试验方法有关系. 利

用一点技巧可以证明：

若 $n>4$ 是合数，则至少有 $\frac{3(n-1)}{4}$ 个 a，$1<a<n$，使得 n 不是 spsp(a). 所以对每个奇合数 n，集合 $\{a \mid 1<a<n, \gcd(a,n)=1, n$ 为 spsp$(a)\}$ 至多有 $\frac{n-1}{4}$ 个元素.

对于奇合数 n，Monier（1980 年）对于函数

$$B_{\text{spsp}}(n)=\#\{a \mid 1<a<n, \gcd(a,n)=1, n \text{ 为 spsp}(a)\}$$

给出如下的公式

$$B_{\text{spsp}}(n)=\left(1+\frac{2^{\omega(n)\nu(n)}-1}{2^{\omega(n)}-1}\right)\left(\prod_{p\mid n}\gcd(n^{*},p^{*})\right)-1$$

其中 $\omega(n)$ 为 n 的不同素因子个数，$\nu(n)=\min\limits_{p\mid n}\{v_2(p-1)\}$，$v_p(m)$ 为 m 的 p-adic 指数赋值，m^{*} 为 $m-1$ 的最大奇因子.

最小的 spsp(2) 是

$$2\ 047=23\times 89$$

关于对多个基的最小强拟素数是一个有趣和有用的问题，它可用于强素性试验之中.

给了 $k\geqslant 1$，以 t_k 表示最小整数，使得 t_k 同时是以 $p_1=2, p_2=3, \cdots, p_k$ 为基的强拟素数. Pomerance，Selfridge 和 Wagstaff（1980 年）和 Jaeschke（1993 年）计算出以下数值

$$t_2=1\ 373\ 653=829\times 1\ 657$$

$$t_3=25\ 326\ 001=2\ 251\times 11\ 251$$

$$t_4=3\ 215\ 031\ 751=151\times 751\times 28\ 351$$

$$t_5 = 2\ 152\ 302\ 898\ 747 = 6\ 763 \times 10\ 627 \times 29\ 947$$

$$t_6 = 3\ 474\ 749\ 660\ 383 = 1\ 303 \times 16\ 927 \times 157\ 543$$

$$t_7 = t_8 = 341\ 550\ 071\ 728\ 321 = 10\ 670\ 053 \times 32\ 010\ 157$$

Jaeschke 还算出:在 10^{12} 以内共有 101 个数同时是以 2,3,5 为基的强拟素数. 我们再补充上 25×10^9 以内具有平方因子的那些拟素数

$$1\ 194\ 649 = 1\ 093^2$$

$$12\ 327\ 121 = 3\ 511^2$$

$$3\ 914\ 864\ 773 = 29 \times 113 \times 1\ 093^2$$

$$5\ 654\ 273\ 717 = 1\ 093^2 \times 4\ 733$$

$$6\ 523\ 978\ 189 = 43 \times 127 \times 1\ 093^2$$

$$22\ 178\ 658\ 685 = 5 \times 47 \times 79 \times 1\ 093^2$$

除了后两个数之外,其余均是强拟素数. 注意上面数中平方因子都是 1 093 或 3 511 的平方.

第12章 形如 $k\times 2^m+1$ 的素数

一些人研究了 Cullen 数 $n\times 2^n+1$,发现除了 $n=141$ 外,对 $2\leqslant n\leqslant 1\ 000$,它均是合数. 那么 Cullen 数中到底有多少素数?有限的还是无限的?很容易证明,有无限多个 Cullen 数是合数,例如当 $n\equiv 1(\bmod 6)$ 时,Cullen 数均被 3 整除. 根据 Fermat 小定理,当 p 是奇素数时,$(p-1)2^{p-1}+1$ 和 $(p-2)\cdot 2^{p-2}+1$ 均能被 p 除尽. 所以 Cullen 数非常可能是合数.

Riesel 得到,相应的数 $n\times 2^n-1$ 在 $n\leqslant 110$ 时仅当 $n=2,3,6,30,75$ 和 81 时是素数.

设正奇数 k 使 $k\cdot 2^n+1$ 对于某些正整数 n 为素数,$N(x)$ 是这些正奇数 $k\leqslant x$ 的个数,Sierpinski 用覆盖同余证明,$N(x)$ 随 x 趋向无穷,例如,如果

$$k\equiv 1(\bmod 641\times(2^{32}-1))$$

和

$$k\equiv -1(\bmod 6\ 700\ 417)$$

那么,序列 $k \cdot 2^n + 1 (n = 0, 1, 2, \cdots)$ 的每一个数均至少能被素数 3,5,17,257,641,65 537 和 6 700 417 中的一个整除. 他注意到,对于 k 的特定的其他值,均有 3,5,7,13,17,241 中的一个整除 $k \cdot 2^n + 1$.

Erdös 和 Odlyzko 已证明

$$\left(\frac{1}{2} - c_1\right)x \geqslant N(x) \geqslant c_2 x$$

使 $k \cdot 2^n + 1$ 对所有 n 均为合数的最小 k 是什么? Selfridge 发现 3,5,7,13,19,37,73 总能整除 $78\ 557 \times 2^n + 1$. 他又注意到,对 $k < 383$,存在形如 $k \cdot 2^n + 1$ 的素数,且 $383 \times 2^n + 1$ 对所有 $n < 2\ 313$ 为合数. N. S. Mendelsohn 和 B. Wolk 改进这一结果到 $n \leqslant 4\ 017$,但是,最近,Hugh Williams 找到了素数 $383 \times 2^{6\ 393} + 1$.

似乎最小 k 值的确定能用计算机来完成. Baillie, Cormack 和 Williams 作了大范围的计算,发现了若干个形如 $k \cdot 2^n + 1$ 的素数,其中包括

$$k = 2\ 897, 6\ 313, 7\ 493, 7\ 957, 8\ 543, 9\ 323$$

和

$$n = 9\ 715, 4\ 606, 5\ 249, 5\ 064, 5\ 793, 3\ 013.$$

但是仍剩下 118 个小于 78 557 的未作考察. 这些数中的前 8 个是

$$k = 3\ 061, 4\ 847, 5\ 297, 5\ 359, 5\ 897, 7\ 013, 7\ 651 \text{ 和 } 8\ 423$$

对于这些 k,已知各自当

$$n \leqslant 16\ 000, 8\ 102, 8\ 070, 8\ 109, 8\ 170, 8\ 105, 8\ 080 \text{ 和 } 8\ 000$$

时没有素数存在.

参考资料

[1] G. V. Cormack, H. C. Williams. Some very large primes of the form $k\cdot 2^n+1$, Math. Comp., 1980(35):1419-1421.

[2] P. Erdös, A. M. Odlyzko. On the density of odd integers of the form $(p-1)2^{-n}$ and related questions, J. Number Theory, 1979(11):257-263.

[3] J. L. Selfridge. Solution to problem 4995, Amer. Math. Monthly, 1963(70):101.

[4] W. Sierpinski. Sur un probléme concernant les nombres $k\cdot 2^n+1$, Elem. Math. 1960(15):73-74.

[5] W. Sierpinski. 250 Problems in Elementary Number Theory, Elsevier, New York, 1970,10.64.

第五编

Mersenne 数与孤立数

Mersenne 数 M_p 都是孤立数①

第13章

对于正整数 a,设 $\sigma(a)$ 是 a 的所有不同正约数之和. 如果两个正整数 a 和 b 满足

$$\sigma(a)=\sigma(b)=a+b \tag{1}$$

则称 (a,b) 是一对亲和数. 相反,如果对于给定的 a,不存在任何正整数 b 适合式(1),则称 a 是一个孤立数. 由于当一对亲和数 (a,b) 适合 $a=b$ 时,a 就是著名的完全数,所以亲和数与孤立数一直是数论中的一个引人关注的课题[1-2]. 2000 年,Luca[3]证明了:Fermat 数都是孤立数. 茂名学院数学系的李伟勋教授 2007 年证明了另一类重要的正整数也是孤立数.

设 p 是奇素数,又设

$$M_p=2^p-1 \tag{2}$$

如此的 M_p 称为 Mersenne 数,它在数论的

① 本章摘自《数学研究与评论》,2007 年,第 27 卷,第 4 期.

经典问题和现代应用中有着重要地位. 本章给出了 Mersenne 数的以下性质:

定理 Mersenne 数 M_p 都是孤立数.

上述定理的证明要用到下列引理.

引理 1 当 $a = p_1^{\gamma_1} p_2^{\gamma_2} \cdots p_k^{\gamma_k}$ 是 a 的标准分解式时

$$\sigma(a) = \prod_{i=1}^{k} \frac{p_i^{\gamma_{i+1}} - 1}{p_i - 1}$$

证明 参见文献[4].

引理 2 当 $a > 2$ 时

$$\frac{\sigma(a)}{a} < 1.8\log\log a + \frac{2.6}{\log\log a}$$

证明 参见文献[5].

引理 3 对于奇素数 p, Mersenne 数 M_p 的素因数 q 都满足

$$q \equiv 1 \pmod{2p}$$

证明 参见文献[6].

引理 4 当 x 是小于 1 的正数时, 必有

$$\frac{2}{3}x < \log(1+x) < x$$

证明 如果

$$\log(1+x) \geqslant x$$

则有

$$1 + x \geqslant \mathrm{e}^x = 1 + x + \frac{x^2}{2!} + \cdots$$

$$= \sum_{n=0}^{\infty} \frac{x^n}{n!} > 1 + x, x > 0$$

这一矛盾,故必有

$$\log(1+x)<x$$

如果

$$\frac{2x}{3}\geqslant\log(1+x)$$

则有

$$\frac{2}{3}x\geqslant\log(1+x)=\frac{2x}{2+x}\sum_{n=0}^{\infty}\frac{1}{2n+1}\left(\frac{x}{2+x}\right)^{2n}$$

$$>\frac{2x}{2+x}\tag{3}$$

从式(3)可得 $x>1$ 这一矛盾,故必有

$$\frac{2x}{3}<\log(1+x)$$

证毕.

引理 5　对于正整数 a,必有

$$\sum_{m=1}^{a}\frac{1}{m}\leqslant 1+\log a$$

证明　设

$$S(a)=\sum_{m=1}^{a}\frac{1}{m}$$

当 $a=1$ 时,本引理显然成立.

当 $a>1$ 时,假设本引理对 $a-1$ 成立,则有

$$S(a-1)\leqslant 1+\log(a-1)\tag{4}$$

如果

$$S(a-1)>1+\log a$$

则有

$$S(a)=S(a-1)+\frac{1}{a}>1+\log a \tag{5}$$

结合式(4)和(5)可得

$$\frac{1}{a}>\log\left(1+\frac{1}{a-1}\right)=\sum_{n=1}^{\infty}\frac{(-1)^{n+1}}{n(a-1)^n}$$

$$>\frac{1}{a-1}-\frac{1}{2(a-1)^2} \tag{6}$$

从式(6)可得 $a<2$ 这一矛盾,因此

$$S(a)\leqslant 1+\log a$$

由归纳法可知本引理成立. 证毕.

引理 6 素数都是孤立数.

证明 设 p 是素数,如果 p 不是孤立数,则有正整数 b 可使

$$\sigma(p)=\sigma(b)=p+b \tag{7}$$

由于

$$\sigma(p)=p+1$$

故从式(7)可知 $b=1$. 然而,因为 $\sigma(1)=1$,所以从式(7)可知这是不可能的. 因此 p 必为孤立数. 证毕.

定理的证明 设

$$M_p=p_1^{\gamma_1}p_2^{\gamma_2}\cdots p_k^{\gamma_k} \tag{8}$$

是 Mersenne 数 M_p 的标准分解式,其中 $p_1,p_2,\cdots,p_k$ 是适合

$$p_1<p_2<\cdots<p_k \tag{9}$$

的素数,$\gamma_1,\gamma_2,\cdots,\gamma_k$ 是适当的正整数. 根据引理 3 可知

$$p_i \equiv 1 \pmod{2p}, i=1,2,\cdots,k \tag{10}$$

由式(9)和(10)可得

$$p_i \geqslant 2ip+1, i=1,2,\cdots,k \tag{11}$$

$$2^p > M_p \geqslant p_1 p_2 \cdots p_k \geqslant (2p+1)^k > (2p)^k \tag{12}$$

由式(12)得

$$k < \frac{p\log 2}{\log 2p} \tag{13}$$

由于已知当 $p<11$ 时，M_p 都是素数，所以根据引理 6 可知此时 M_p 都是孤立数. 因此，假如 M_p 不是孤立数，则有

$$p \geqslant 11 \tag{14}$$

此时，从式(1)可知存在正整数 b 适合

$$\sigma(M_p) = \sigma(b) = M_p + b \tag{15}$$

根据引理 1，从式(8)和(15)可知

$$\begin{aligned} 1 + \frac{b}{M_p} &= \frac{\sigma(M_p)}{M_p} = \prod_{i=1}^{k}\left(1 + \frac{1}{p_i} + \cdots + \frac{1}{p_i^{\gamma_i}}\right) \\ &< \prod_{i=1}^{k}\left(\sum_{j=0}^{\infty} \frac{1}{p_i^j}\right) = \prod_{i=1}^{k}\left(1 + \frac{1}{p_i - 1}\right) \end{aligned} \tag{16}$$

再根据引理 4 和引理 5，从式(11)(13)和(16)可得

$$\begin{aligned} \log\left(1 + \frac{b}{M_p}\right) &< \log\prod_{i=1}^{k}\left(1 + \frac{1}{p_i - 1}\right) \\ &= \sum_{i=1}^{k}\log\left(1 + \frac{1}{p_i - 1}\right) \\ &< \sum_{i=1}^{k}\frac{1}{p_i - 1} \leqslant \sum_{i=1}^{k}\frac{1}{2ip} \end{aligned}$$

$$= \frac{1}{2p}\left(1 + \frac{1}{2} + \cdots + \frac{1}{k}\right)$$

$$\leqslant \frac{1}{2p}(1 + \log k)$$

$$< \frac{1}{2p}(1 + \log p + \log \log 2 - \log \log 2p) \quad (17)$$

结合式(14)和(17)可知

$$M_p > b \quad (18)$$

并且根据引理4,从式(17)可得

$$\frac{2b}{3M_p} < \frac{1}{2p}(1 + \log p + \log \log 2 - \log \log 2p) \quad (19)$$

另一方面,根据引理2,从式(14)(15)和(18)可知

$$1 + \frac{M_p}{b} = \frac{\sigma(b)}{b} < 1.8\log \log b + \frac{2.6}{\log \log g}$$

$$< 1.8\log \log M_p + \frac{2.6}{\log \log M_p}$$

$$< 1.8\log \log M_p + 1$$

$$< 1.8(\log p + \log \log 2) + 1 \quad (20)$$

由式(20)得

$$\frac{M_p}{b} < 1.8(\log p + \log \log 2) \quad (21)$$

结合式(19)和(21)可知

$$p < 1.35(\log p + \log \log 2) \cdot (1 + \log p + \log \log 2 - \log \log 2p)$$

$$<1.35(\log p)^2 \tag{22}$$

然而,从式(22)可得 $p=2$,这与式(14)矛盾.由此可知 Mersenne 数 M_p 都是孤立数.定理证毕.

参考资料

[1] GUY R K. Unsolved Problems in Number Theory [M]. Springer-Verlag, New York/Berlin,1981.

[2] YAN Songyuan. 2500 years in the search for amicable numbers[J]. Adv. Math. (China),2004, 33(4):385-400.

[3] LUCA F. The anti-social Fermat numbers[J]. Amer. Math. Monthly, 2000,107(2):171-173.

[4] 华罗庚.数论导引[M].北京:科学出版社,1979.

[5] ROSSER J B, SCHOENFELD L. Approximate formulas for some functions of prime numbers[J]. Illinois J. Math., 1962,6:64-94.

[6] 乐茂华.初等数论[M].广州:广东高等教育出版社,1999.

第 14 章 形如$\frac{1}{3}(2^p+1)$的孤立数[①]

§1 引言及主要结论

对于正整数n,设$\sigma(n)$是n的所有不同的正因数之和. 如果两个正整数a和b满足

$$\sigma(a)=\sigma(b)=a+b \tag{1}$$

则称(a,b)是一对亲和数. 相反,如果对于给定的a,不存在任何正整数b适合式(1),则称a是一个孤立数. 由于当一对亲和数(a,b)适合$a=b$时,a就是著名的完全数,所以亲和数与孤立数一直是数论中的一个引人关注的课题. 2000 年,Luca 证明了 Fermat 数都是孤立数. 2005 年,乐茂华证明了 2 的方幂是孤立数;同年,赵易

① 本章摘自《数学的实践与认识》,2012 年,第 42 卷,第 13 期.

和沈忠华证明了 $6^{2^n}+1$ 都是孤立数. 2006 年,乐茂华证明了 p^{2^r} 都是孤立数;同年,沈忠华证明了$\frac{1}{2}(2^{2^n}+1)$都是孤立数. 2007 年,李伟勋证明了 Mersenne 数 M_p 都是孤立数;同年,蒋自国和曹型兵证明了$\frac{1}{2}(3^{2^n}+1)$都是孤立数.

设 p 为奇素数,并记

$$X_p=\frac{1}{3}(2^p+1) \qquad (2)$$

泰州师范高等专科学校的管训贵教授 2012 年给出了 X_p 的以下性质.

定理 所有 X_p 都是孤立数.

§2 关键性引理

引理 1 对任意正整数 y,有 $\sigma(y)\geqslant y^2$.

证明 参见文献[7].

引理 2 当 $a=p_1^{k_1}p_2^{k_2}\cdots p_s^{k_s}$ 是 a 的标准分解式时,有

$$\sigma(a)=\prod_{i=1}^{s}\frac{p_i^{k_i+1}-1}{p_i-1}$$

证明 参见文献[10].

引理 3 若 q 是大于 3 的素数,且 $q\mid X_p$,则 $q\equiv 1\pmod{2p}$.

证明 由 $q \mid X_p$ 知

$$2^p \equiv -1 \pmod q$$

故

$$2^{2p} \equiv 1 \pmod q$$

于是

$$2p \mid (q-1)$$

即

$$q \equiv 1 \pmod{2p}$$

证毕.

引理 4 素数都是孤立数.

证明 设 p 是素数. 如果 p 不是孤立数,则有正整数 b 可使

$$\sigma(p)=\sigma(b)=p+b$$

由于

$$\sigma(p)=p+1$$

故由上式可知 $b=1$. 然而$\sigma(1)=1\neq p+1$,矛盾,故 p 是孤立数. 证毕.

引理 5 当 $a>2$ 时,有

$$\frac{\sigma(a)}{a}<1.8\log\log a+\frac{2.6}{\log\log a}$$

证明 参见文献[11].

引理 6 当 $x>-1$ 时,有

$$\log(1+x)=\frac{2x}{2+x}\sum_{i=0}^{\infty}\frac{1}{2i+1}\left(\frac{x}{2+x}\right)^{2i}$$

证明

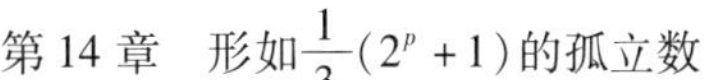

$$\log(1+x) = \log\frac{1+\dfrac{x}{2+x}}{1-\dfrac{x}{2+x}}$$

$$= \log\left(1+\frac{x}{2+x}\right) - \log\left(1-\frac{x}{2+x}\right)$$

$$= \sum_{n=1}^{\infty}\frac{(-1)^{n-1}}{n}\left(\frac{x}{2+x}\right)^n - \sum_{n=1}^{\infty}\frac{(-1)^{n-1}}{n}\left(-\frac{x}{2+x}\right)^n$$

$$= 2\sum_{i=0}^{\infty}\frac{1}{2i+1}\left(\frac{x}{2+x}\right)^{2i+1}$$

$$= \frac{2x}{2+x}\sum_{i=0}^{\infty}\frac{1}{2i+1}\left(\frac{x}{2+x}\right)^{2i}$$

由$\left|\frac{x}{2+x}\right| < 1$知$x > -1$. 证毕.

引理 7　当$0 < x < 1$时,有

$$\frac{2}{3}x < \log(1+x) < x$$

证明　若$x > 0$,则由

$$e^x = \sum_{n=0}^{\infty}\frac{x^n}{n!} > 1 + x$$

知

$$\log(1+x) < x$$

假设

$$\log(1+x) \leqslant \frac{2}{3}x$$

由引理 6 知

$$\log(1+x) > \frac{2x}{2+x}$$

即

$$\frac{2x}{2+x} < \frac{2}{3}x$$

推得 $x > 1$. 然而 $0 < x < 1$,矛盾,故有

$$\log(1+x) > \frac{2}{3}x$$

证毕.

引理 8 对于任意正整数 s,有

$$\sum_{i=1}^{s} \frac{1}{i} \leqslant 1 + \log s$$

证明 当 $s = 1$ 时,结论显然成立. 假设 $s = r$ 时,有

$$\sum_{i=1}^{r} \frac{1}{i} \leqslant 1 + \log r$$

则当 $s = r + 1$ 时,设 $x = \frac{1}{r}$,则 $0 < x < 1$. 于是有

$$\frac{x}{x+1} = \sum_{i=1}^{\infty} (-1)^{i-1} x^{i}$$

$$\log(1+x) = \sum_{i=1}^{\infty} (-1)^{i-1} \frac{x^{i}}{i}$$

显然

$$\frac{x}{x+1} \leqslant \log(1+x)$$

故

$$\frac{1}{r+1} < \log\left(1+\frac{1}{r}\right)$$

因此

$$\begin{aligned}\sum_{i=1}^{r+1}\frac{1}{i} &= \sum_{i=1}^{r}\frac{1}{i}+\frac{1}{r+1}\\ &< 1+\log r+\log\left(1+\frac{1}{r}\right)\\ &= 1+\log(r+1)\end{aligned}$$

证毕.

§3　定理的证明

设

$$X_p = p_1^{k_1}p_2^{k_2}\cdots p^{k_s}s$$

是 X_p 的标准分解式，其中 $p_1,p_2,\cdots,p_s$ 是适合 $p_1 < p_2 < \cdots < p_s$ 的素数. 由引理 3 知

$$p_i \equiv 1(\bmod 2p), i = 1,2,\cdots,s$$

故有

$$p_i \geqslant 2ip + 1, i = 1,2,\cdots,s \tag{3}$$

由式(3) 可得

$$\begin{aligned}2^{p-1} > X_p &= p_1^{k_1}p_2^{k_2}\cdots p_s^{k_s} \geqslant p_1p_2\cdots p_s\\ &\geqslant (2p+1)^s > (2p)^s\end{aligned} \tag{4}$$

再由式(4) 得

$$s < \frac{(p-1)\log 2}{\log 2p} \tag{5}$$

由于已知当 $p = 3,5,7,11,13,17,19,23$ 时，$X_p = 3,11,43,683,2\ 731,43\ 691,174\ 763,2\ 796\ 203$ 都是素数，所以根据引理 4 可知这些 X_p 都是孤立数. 因此，假

设 X_p 不是孤立数，必有

$$p \geqslant 29 \tag{6}$$

此时，由式(1)可知存在正整数 b 适合

$$\sigma(X_p) = \sigma(b) = X_p + b \tag{7}$$

根据引理 2，式(7)成为

$$1 + \frac{b}{X_p} = \frac{\sigma(X_p)}{X_p} = \prod_{i=1}^{s}\left(1 + \frac{1}{p_i} + \cdots + \frac{1}{p_i^{k_i}}\right)$$

$$< \prod_{i=1}^{s}\left(\sum_{j=0}^{\infty}\frac{1}{p_i^j}\right) = \prod_{i=1}^{s}\left(1 + \frac{1}{p_i - 1}\right) \tag{8}$$

再根据引理 7，引理 8，结合式(3)(5)和(8)，得

$$\begin{aligned}&\log\left(1 + \frac{b}{X_p}\right)\\&< \log\prod_{i=1}^{s}\left(1 + \frac{1}{p_i - 1}\right)\\&= \sum_{i=1}^{s}\log\left(1 + \frac{1}{p_i - 1}\right) < \sum_{i=1}^{s}\left(1 + \frac{1}{p_i - 1}\right)\\&\leqslant \sum_{i=1}^{s}\frac{1}{2ip} = \frac{1}{2p}\sum_{i=1}^{s}\frac{1}{i} \leqslant \frac{1}{2p}(1 + \log s)\\&< \frac{1}{2p}(1 + \log(p-1) + \log\log 2 - \log\log 2p)\end{aligned} \tag{9}$$

若 $b \geqslant X_p$，则由式(9)可得

$$\begin{aligned}\log 2 &\leqslant \log\left(1 + \frac{b}{X_p}\right)\\&< \frac{1}{2p}(1 + \log(p-1) + \log\log 2 - \log\log 2p)\end{aligned}$$

即

$$2p < \frac{1}{\log 2}(1 + \log(p-1) + \log\log 2 - \log\log 2p)$$

于是

$$2^{2p} < \frac{e(p-1)\log 2}{\log 2p} < e(p-1) \qquad (10)$$

式(10)显然不能成立,因此

$$X_p > b \qquad (11)$$

另一方面,根据引理 7,由式(9)可得

$$\frac{2b}{3X_p} < \frac{1}{2p}(1 + \log(p-1) + \log\log 2 - \log\log 2p) \qquad (12)$$

由引理 1,我们知道

$$b^2 \geqslant \sigma(b) > X_p = \frac{1}{3}(2^p + 1) > \frac{1}{8} \times 2^p \geqslant 2^{26}$$

即

$$b > 2^{13} \qquad (13)$$

再根据引理 5,结合式(6)(7)(11)和(13)可知

$$\begin{aligned} 1 + \frac{X_p}{b} = \frac{\sigma(b)}{b} &< 1.8\log\log b + \frac{2.6}{\log\log b} \\ &< 1.8\log\log X_p + \frac{2.6}{\log\log 2^{13}} \\ &< 1.8(\log(p-1) + \log\log 2) + 1.2 \end{aligned}$$

即

$$\frac{X_p}{b} < 1.8\log(p-1) + 1.8\log\log 2 + 0.2 \qquad (14)$$

结合式(12)和(14)得

$$p < (1.35\log(p-1) + 1.35\log\log 2 + 0.15) \cdot$$

$$(1+\log(p-1)+\log\log 2-\log\log 2p)$$
$$<1.35\log^2(p-1) \qquad (15)$$

通过简单计算知,式(15)不能成立.故 X_p 都是孤立数.定理证毕.

参考资料

[1] GUY R K. Unsolved Problems in Number Theory[M]. Springer-Verlag, New York, Berlin, 1981.

[2] YAN Songyuan. 2500 years in the search for amicable numbers[J]. Adv Math(China), 2004,33(4):385- 400.

[3] LUCA F. The anti-sociable Fermat numbers[J]. Amer Math Monthly, 2000,107(2):171-173.

[4] 乐茂华. 2 的方幂是孤立数[J]. 四川理工学院学报,自然科学版,2005,8(3):1-2.

[5] 赵易,沈忠华. 关于函数 $\sigma(n)$ 的一个问题[J]. 浙江师范大学学报, 自然科学版,2005,28(3):254-257.

[6] 乐茂华. 形如 p^{2r} 孤立数[J]. 商丘师范学院学报,2006,22(5):25-26.

[7] 沈忠华. 关于亲和数和完全数的一个注记[J]. 黑龙江大学自然科学学报,2006,

23(2):250-252.

[8] 李伟勋. Mersenne数M_p都是孤立数[J]. 数学研究与评论,2007,27(4):693-969.

[9] 蒋自国,曹型兵. 形如$\frac{1}{2}(3^{2^n}+1)$的孤立数[J]. 四川理工学院学报, 自然科学版,2007,20(3):1-3.

[10] 华罗庚. 数论导引[M]. 北京:科学出版社,1979:13.

[11] ROSSER J B, Schoenfeld L. Approximate formulas for some functions of prime numbers[J]. Illinois J Math, 1962,6(1):64-94.

第15章 有关 Mersenne 数 M_p 的一个注记[①]

设 $\mathbf{Z}_+$ 为正整数集合，$a\in\mathbf{Z}_+$，定义 $\sigma(a)$ 是 a 的全部正因数的和. 如果正整数 a,b 满足

$$\sigma(a)=\sigma(b)=a+b$$

则称数组 (a,b) 为一组亲和数[1]. 如果正整数 a,b,c 满足

$$\sigma(a)=\sigma(b)=\sigma(c)=a+b+c$$

则称数组 (a,b,c) 为亲和三数组[2].

Mersenne 数是形如 2^p-1 的数，其中 p 为素数，它是以 17 世纪法国数学家 M. Mersenne 的名字命名的[3]，记为 M_p，即

$$M_p=2^p-1$$

Mersenne 数 M_p 在数论经典问题和现代应用中有着重要的地位[4]，并且其中的素数是当今科学探索的热点问题之一[5]. 2007 年，李伟勋证明了 Mersenne 数 M_p 不与任

① 本章摘自《江西师范大学学报（自然科学版）》，2012 年，第 36 卷，第 3 期.

何正整数构成亲和数. 喀什师范学院数学系的张四保教授 2012 年给出了有关 Mersenne 数 M_p 的如下性质.

定理　Mersenne 数 M_p 不与任何正整数构成亲和三数组.

§1　有关引理

为了证明定理需要以下几个引理.

引理 1[6]　设

$$a=p_1^{\alpha_1}p_2^{\alpha_2}\cdots p_s^{\alpha_s}$$

是正整数 a 的标准分解式,其中 $p_i(i=1,2,\cdots,s)$ 是素数,且满足 $p_1<p_2<\cdots<p_s$,α_i 是正整数,则有

$$\sigma(a)=\frac{p_1^{\alpha_1+1}-1}{p_1-1}\cdots\frac{p_s^{\alpha_s+1}-1}{p_s-1}=\prod_{i=1}^{s}\frac{p_i^{\alpha_i+1}-1}{p_i-1}$$

引理 2[7]　对于奇素数 p,Mersenne 数 M_p 的素因数 q 满足

$$q\equiv 1(\bmod 2p)$$

引理 3　如果 $y\geqslant z>\mathrm{e}$,那么

$$\frac{\ln(y+1)}{\ln(z+1)}\leqslant\frac{\ln y}{\ln z}$$

证明　构造函数

$$f(y)=\ln(y+1)\ln z-\ln(z+1)\ln y$$

则有

$$f'(y)=\frac{1}{y+1}\ln z-\frac{1}{y}\ln(z+1)$$

如果 $y > e > 0$,那么

$$f'(y) = \frac{1}{y+1}\ln z - \frac{1}{y}\ln(z+1)$$
$$< \frac{1}{y+1}(\ln z - \ln(z+1))$$
$$= \frac{1}{y+1}\ln\frac{z}{z+1}$$

当 $z > e$ 时,有

$$0 < \frac{z}{z+1} < 1, 且 \ln\frac{z}{z+1} < 0$$

所以

$$f'(y) = \frac{1}{y+1}\ln z - \frac{1}{y}\ln(z+1) < 0$$

因此当 $y \geqslant z > e$ 时,函数

$$f(y) = \ln(y+1)\ln z - \ln(z+1)\ln y$$

是单调递减的,那么就有

$$\frac{\ln(y+1)}{\ln(z+1)} \leqslant \frac{\ln y}{\ln z}$$

引理 4[8] 若自然数 $y \geqslant 3$,则

$$\sigma(y) < \left(1.8\ln\ln y + \frac{2.6}{\ln\ln y}\right)y$$

引理 5 当 $0 < x < 1$ 时,有

$$\frac{2}{3}x < \ln(1+x) < x$$

§2 定理的证明

由于 Mersenne 数 M_p 有素数与合数之类,那么将

M_p 分素数与合数两种情况分别进行考虑.

第 1 种情况. 当 M_p 为素数时,即

$$M_p = 2^p - 1$$

为素数

$$\sigma(M_p) = 2^p - 1 + 1 = 2^p$$

设存在正整数 x,y 与 M_p 构成一对拟亲和数,则有

$$\sigma(M_p) = \sigma(x) = \sigma(y) = (2^p - 1) + x + y = 2^p$$

那么有

$$x + y = 1$$

由于 $x,y \in \mathbf{Z}_+$,$x + y = 1$ 无解. 因而当 M_p 为素数时,Mersenne 数 M_p 不与任何正整数构成亲和三数组.

第 2 种情况. 当 M_p 为合数时,由于 Mersenne 数

$$M_p = 2^p - 1$$

中的 p 为素数,当 $p=2$,$p=3$,$p=5$ 与 $p=7$ 时,M_2,M_3,M_5 与 M_7 都是素数,所以由第 1 种情况可得,当考虑 M_p 为合数时,只需考虑 $p \geqslant 11$.

设

$$M_p = p_1^{\alpha_1} p_2^{\alpha_2} \cdots p_s^{\alpha_s}$$

是正整数 M_p 的标准分解式,其中 $p_i(i=1,2,\cdots,s)$ 是素数,且满足 $p_1 < p_2 < \cdots < p_s$,α_i 是正整数. 由引理 2 可知,$p_i(i=1,2,\cdots,s)$ 满足

$$p_i \equiv 1 \pmod{2p}, i=1,2,\cdots,s$$

进而有

$$p_i \geqslant 2ip + 1, i=1,2,\cdots,s$$

$$2^p > M_p \geqslant p_1 p_2 \cdots p_s \geqslant (2p+1)^s > (2p)^s$$

对上式两边取自然对数，有

$$s<\frac{p\ln 2}{\ln(2p)}$$

假定当 $p\geqslant 11$ 时，存在正整数 $x,y\in\mathbf{Z}_+$，使得 Mersenne 数 M_p 与 x,y 构成亲和三数组，即

$$\sigma(M_p)=\sigma(x)=\sigma(y)=M_p+x+y$$

由引理 1 知

$$1+\frac{x+y}{M_p}=\frac{\sigma(M_p)}{M_p}=\prod_{i=1}^{s}\left(1+\frac{1}{p_i}+\cdots+\frac{1}{p_i^{\alpha_i}}\right)$$
$$<\prod_{i=1}^{s}\left(\sum_{l=0}^{\infty}\frac{1}{p_i^l}\right)=\prod_{i=1}^{s}\left(1+\frac{1}{p_i-1}\right)\qquad(1)$$

对式(1)两边取自然对数有

$$\ln\left(1+\frac{x+y}{M_p}\right)<\ln\prod_{i=1}^{s}\left(1+\frac{1}{p_i-1}\right)$$

而

$$\begin{aligned}&\ln\prod_{i=1}^{s}\left(1+\frac{1}{p_i-1}\right)\\&=\ln\left(\left(1+\frac{1}{p_1-1}\right)\left(1+\frac{1}{p_2-1}\right)\cdots\left(1+\frac{1}{p_s-1}\right)\right)\\&=\ln\left(1+\frac{1}{p_1-1}\right)+\ln\left(1+\frac{1}{p_2-1}\right)+\cdots+\\&\quad\ln\left(1+\frac{1}{p_s-1}\right)\\&=\sum_{i=1}^{s}\ln\left(1+\frac{1}{p_i-1}\right)\end{aligned}$$

那么根据引理 5 以及

$$p_i\geqslant 2ip+1$$

有

$$\ln\left(1+\frac{x+y}{M_p}\right)<\ln\prod_{i=1}^{s}\left(1+\frac{1}{p_i-1}\right)$$
$$=\sum_{i=1}^{s}\ln\left(1+\frac{1}{p_i-1}\right)$$
$$<\sum_{i=1}^{s}\frac{1}{p_i-1}\leqslant\sum_{i=1}^{s}\frac{1}{2ip}$$
$$=\frac{1}{2p}\left(1+\frac{1}{2}+\frac{1}{3}+\cdots+\frac{1}{s}\right)$$
$$\leqslant\frac{1}{2p}(1+\ln s) \tag{2}$$

由于$s<\frac{p\ln 2}{\ln 2p}$,那么有

$$1+\ln s<1+\ln\frac{p\ln 2}{\ln 2p}=1+\ln(p\ln 2)-\ln\ln(2p)$$
$$=1+\ln p+\ln\ln 2-\ln\ln(2p)$$

从而将式(2)化简为

$$\ln\left(1+\frac{x+y}{M_p}\right)<\frac{1+\ln s}{2p}$$
$$<\frac{1}{2p}(1+\ln p+\ln\ln 2-\ln\ln(2p)) \tag{3}$$

若$x+y\geqslant M_p$,则由式(3)有

$$\ln 2\leqslant\ln\left(1+\frac{x+y}{M_p}\right)$$
$$<\frac{1}{2p}(1+\ln p+\ln\ln 2-\ln\ln(2p))$$

构造函数

$$f(p)=2p\ln 2-(1+\ln p+\ln\ln 2-\ln\ln(2p))$$

则有

$$f'(p)=2\ln 2-\frac{1}{p}+\frac{1}{p\ln(2p)}$$

当 $p\geqslant 11$ 时,有

$$f'(p)=2\ln 2-\frac{1}{p}+\frac{1}{p\ln(2p)}>0$$

则有

$$\ln 2>\frac{1+\ln p+\ln\ln 2-\ln\ln(2p)}{2p}$$

进而有

$$\ln\left(1+\frac{x+y}{M_p}\right)>\frac{1}{2p}(1+\ln p+\ln\ln 2-\ln\ln(2p))$$

这与式(3)相矛盾. 故 $x+y\geqslant M_p$ 不成立,则一定有

$$x+y<M_p$$

由引理 5 可得

$$\frac{2(x+y)}{3M_p}<\ln\left(1+\frac{x+y}{M_p}\right)$$
$$<\frac{1}{2p}(1+\ln p+\ln\ln 2-\ln\ln(2p)) \qquad (4)$$

根据引理 4,有

$$\frac{M_p}{y}+\frac{x+y}{y}=\frac{\sigma(y)}{y}<1.8\ln\ln y+\frac{2.6}{\ln\ln y}$$
$$<1.8\ln\ln M_p+\frac{2.6}{\ln\ln M_p}$$

当 $p\geqslant 11$ 时,$M_{11}=2\ 047$ 是最小的一个,那么有

$$\frac{M_p}{y}+\frac{x+y}{y}=\frac{\sigma(y)}{y}<1.8\ln\ln M_p+\frac{2.6}{\ln\ln M_p}$$
$$<1.8\ln\ln M_p+1.28 \qquad (5)$$

而

$$\ln\ln(2^p-1)<\ln\ln 2^p=\ln(p\ln 2)=\ln p+\ln\ln 2$$

那么由式(5)知

$$\begin{aligned}\frac{M_p}{y}+\frac{x+y}{y}=\frac{\sigma(y)}{y}&<1.8\ln\ln M_p+1.28\\&<1.8(\ln p+\ln\ln 2)+1.28\end{aligned}$$

进而有

$$\frac{y}{M_p}>\frac{1}{1.8(\ln p+\ln\ln 2)+1.28}$$

再由式(4)得

$$\begin{aligned}p&<(1.35(\ln p+\ln\ln 2)+0.96)\cdot\\&\quad(1+\ln p+\ln\ln 2-\ln\ln(2p))\\&<1.35(\ln p)^2\end{aligned}\tag{6}$$

构造函数

$$f(p)=1.35(\ln p)^2-p$$

则当 $p\geqslant 11$ 时

$$f'(p)=\frac{2.7\ln p-p}{p}<0$$

因而,当 $p\geqslant 11$ 时,式(6)不成立. 所以,Mersenne 数 M_p 不与任何正整数构成亲和三数组. 定理得证.

参考资料

[1]　盖伊 R K. 数论中未解决的问题[M]. 张明尧,译. 3 版. 北京:科学出版社,2006.

[2] 沈忠华. 关于亲和三数组的一个注记[J]. 杭州师范学院学报：自然科学版，2005，4(2):102-104.

[3] 张四保. Mersenne 素数研究综述[J]. 科技导报，2009,26(18):88-92.

[4] 李伟勋. Mersenne 数 M_p 都是孤立数[J]. 数学研究与评论,2007,27(4):693- 696.

[5] 石永进,成启明. Mersenne 素数的一些注记[J]. 科技导报,2010,28(6):25-28.

[6] 华罗庚. 数论导引[M]. 北京:科学出版社,1979.

[7] 乐茂华. 初等数论[M]. 广州:广东高等教育出版社,1995.

[8] Rosser J B, Schoenfeld L. Approximate formulas for some functions of prime numbers[J]. Illinois of Math,1962,6(2):64-94.

[9] 刘志伟. 广义 Fermat 数中的孤立数[J]. 河南师范大学学报：自然科学版，2006，34(2):133-134.

第六编

Mersenne 素数的分布及其预测

Mersenne 素数的分布规律[①]

第 16 章

中山大学外语学院的周海中教授1992年从已知的Mersenne素数出发,探讨Mersenne素数在自然数中的分布规律,提出了在2^{2^n}与$2^{2^{n+1}}$之间Mersenne素数的个数为$2^{n+1}-1$的猜想,并据此做出了小于$2^{2^{n+1}}$的Mersenne素数的个数为$2^{n+2}-n-2$的推论.

Mersenne素数是指形如

$$M_p=2^p-1$$

的素数,其中p为素数.从Euclid时代起,它一直是数论研究中的一个重要内容.

至今,人们已经发现了32个Mersenne素数,即:M_2, M_3, M_5, M_7, M_{13}, M_{17}, M_{19}, M_{31}, M_{61}, M_{89}, M_{107}, M_{127}, M_{521}, M_{607}, $M_{1\,279}$, $M_{2\,203}$, $M_{2\,281}$, $M_{3\,217}$, $M_{4\,253}$, $M_{4\,423}$, $M_{9\,689}$, $M_{9\,941}$, $M_{11\,213}$, $M_{19\,937}$, $M_{21\,701}$, $M_{23\,209}$, $M_{44\,497}$,

① 本章摘自《中山大学学报(自然科学版)》,1992年,第31卷,第4期.

$M_{88\,243}$，$M_{110\,503}$，$M_{132\,049}$，$M_{216\,091}$ 和 $M_{756\,839}$，同时还证明：在 $p<70\,000$ 中，没有其他 Mersenne 素数[1]，因此，$M_{44\,497}$ 位于 Mersenne 素数序列中的第 27 位.

从已知的 Mersenne 素数 M_p 可见，素数 p 在自然数中的分布极不规则，时疏时密，且越到后面 p 越稀少. 100 多年来所发现的“最大素数”几乎都是 Mersenne 素数，所以科学家们都把精力放在寻找 Mersenne 素数上，很少有人探讨它的分布问题. 然而，研究 Mersenne 素数的分布规律确实是一个很有意义的难题；这对于在一定的范围内确定 Mersenne 素数的个数以及寻找大素数和大完全数都是颇有帮助的.

我们通过观察、分析和研究，发现 Mersenne 素数 M_p 的分布规律与素数 p 的取值范围有一定的联系：

当 $p=2$ 时，M_p 是一个素数（即 M_2）.

当 $2^{2^0}<p<2^{2^1}$ 时，M_p 有 $2^1-1=1$（个）是素数（即 M_3）.

当 $2^{2^1}<p<2^{2^2}$ 时，M_p 有 $2^2-1=3$（个）是素数（即 M_5，M_7 和 M_{13}）.

当 $2^{2^2}<p<2^{2^3}$ 时，M_p 有 $2^3-1=7$（个）是素数（即 M_{17}，M_{19}，M_{31}，M_{61}，M_{89}，M_{107} 和 M_{127}）.

当 $2^{2^3}<p<2^{2^4}$ 时，M_p 有 $2^4-1=15$（个）是素数（即 M_{521}，M_{607}，$M_{1\,279}$，$M_{2\,203}$，$M_{2\,281}$，$M_{3\,217}$，$M_{4\,253}$，$M_{4\,423}$，$M_{9\,889}$，$M_{9\,941}$，$M_{11\,213}$，$M_{19\,937}$，$M_{2\,1701}$，$M_{23\,209}$ 和 $M_{44\,497}$）.

由此猜想：当 $2^{2^n}<p<2^{2^{n+1}}$ 时（$n=0,1,2,3,\cdots$），M_p 有 $2^{n+1}-1$ 个是素数.

据此推论：以 $\pi_M(2^{2^{n+1}})$ 表示当 $p<2^{2^{n+1}}$ 时梅林素数 M_p 的个数，则

$$\begin{aligned}\pi_M(2^{2^{n+1}}) &= [1+(2^1-1)+(2^2-1)+\cdots+(2^{n+1}-1)]\\ &= [1+2(2^{n+1}-1)-(n+1)]\\ &= 2^{n+2}-n-2\end{aligned}$$

参考资料

[1] Spencer D. Invitation to Number Theory with Pascal, Ormond Beach, Camelot Publishing Company, 1989:49.

第17章 关于 Mersenne 素数分布规律的猜想[①]

Mersenne 素数是指形如

$$M_p = 2^p - 1$$

的素数，其中 p 为素数.

研究 Mersenne 素数的分布规律是一个很有意义的难题. 1992 年我国周海中教授提出了在 2^{2^n} 与 $2^{2^{n+1}}$ 之间的 Mersenne 素数的个数为 $2^{n+1}-1$ 个的猜想[1]. 本章在周海中的研究基础上，对 Mersenne 素数的分布规律作进一步的探讨.

为探讨方便，首先定义如下 3 个序列：

(1) P 序列是指使 $2^p - 1$ 为素数的素数 p 按由小至大顺序排列的序列. P 序列的第 n 项记为 $P(n)$.

人们已经找到了在 $P < 139\ 268$ 范围内的所有 Mersenne 素数，共有 30 个[2]. 即 $P(1) \sim P(30)$ 是已经确定的，其中 $P(1) = 2$，$P(30) = 132\ 049$.

(2) Q 序列是指形如

① 本章摘自《黄淮学刊》，1995 年，第 11 卷，第 4 期.

$$Q(n)=2^{2^n}, n=0,1,2,3,\cdots$$

的数排列成的序列. Q 序列的前 5 项是:2,4,16,256,65 536.

(3)R 序列是指由 P 序列及 Q 序列的各项按由小至大顺序排列的序列. R 序列的第 n 项记为 $R(n)$.

根据定义,我们可以确定 R 序列的前 35 项. 即:2,2,3,4,5,7,13,16,17,19,31,61,89,107,127,256,521,607,1 279,2 203,2 281,3 217,4 53,4 423,9 689,9 941,11 213,19 937,21 701,23 209,44 497,65 536,86 243,110 503,132 049.

江门市江星电子有限公司的陈潄文先生 1995 年通过对 R 序列前 35 项的分析,发现 $R(n)$ 与 n 之间有着非常直接的关系,见表 1.

由表 1 可看出:当 $n\leqslant 35$ 时,$\log_2 R(n)$ 与 $\frac{n}{2}$ 近似相等,其比值接近于 1,两者的差异基本上在 ± 1.0 以内(仅当 $n=20$时差异为 $+1.105$,为了简洁,不妨亦视为 1).

从表 1 也可看出,Q 序列的前 5 项依次是 R 序列的第 2,4,8,16,32 项.

由此我们提出如下猜想:

(1)$R(2^{n+1})=Q(n)=2^{2^n}$;

(2)$\frac{n}{2}-1<\log_2 R(n)<\frac{n}{2}+1$;

(3)$\lim\limits_{n\to\infty}\frac{\log_2 R(n)}{n}=\frac{1}{2}$.

表 1　$R(n)$ 与 n 之间的关系

n	$R(n)$	P 序列	Q 序列	$\log_2 R(n)$	$\frac{n}{2}$	$\frac{\log_2 R(n)}{\frac{n}{2}}$	$\log_2 R(n) - \frac{n}{2}$
1	2	$P(1)$		1. 000 00	0. 500 00	2. 000 00	0. 500 00
2	2		$Q(0)$	1. 000 00	1. 000 00	1. 000 00	0. 000 00
3	3	$P(2)$		1. 584 96	1. 500 00	1. 056 64	0. 084 96
4	4		$Q(1)$	2. 000 00	2. 000 00	1. 000 00	0. 000 00
5	5	$P(3)$		2. 321 93	2. 500 00	0. 928 77	-0. 178 07
6	7	$P(4)$		2. 807 35	3. 000 00	0. 935 78	-0. 192 65
7	13	$P(5)$		3. 700 44	3. 500 00	1. 057 27	0. 200 44
8	16		$Q(2)$	4. 000 00	4. 000 00	1. 000 00	0. 000 00
9	17	$P(6)$		4. 087 46	4. 500 00	0. 908 33	-0. 412 54
10	19	$P(7)$		4. 247 3	5. 000 00	0. 849 59	-0. 752 07
11	31	$P(8)$		4. 954 20	5. 500 00	0. 900 76	-0. 545 80
12	61	$P(9)$		5. 930 74	6. 000 00	0. 988 46	-0. 069 62
13	89	$P(10)$		6. 475 73	6. 500 00	0. 996 27	-0. 024 27
14	107	$P(11)$		6. 741 47	7. 000 00	0. 963 07	-0. 258 53

续表 1

n	$R(n)$	P 序列	Q 序列	$\log_2 R(n)$	$\frac{n}{2}$	$\frac{\log_2 R(n)}{\frac{n}{2}}$	$\log_2 R(n)-\frac{n}{2}$
15	127	$P(12)$		6. 988 68	7. 500 00	0. 931 82	−0. 511 32
16	256		$Q(3)$	8. 000 00	8. 000 00	1. 000 00	0. 000 00
17	521	$P(13)$		9. 025 14	8. 500 00	1. 061 78	0. 525 14
18	607	$P(14)$		9. 245 55	9. 000 00	1. 027 28	0. 245 55
19	1 279	$P(15)$		10. 320 80	9. 500 00	1. 086 40	0. 820 80
20	2 203	$P(16)$		11. 105 25	10. 000 00	1. 110 53	1. 105 25
21	2 281	$P(17)$		11. 155 45	10. 500 00	1. 062 42	0. 655 45
22	3 217	$P(18)$		11. 651 50	11. 000 00	1. 059 23	0. 651 50
23	4253	$P(19)$		12. 054 27	11. 500 00	1. 048 20	0. 554 27
24	4 423	$P(20)$		12. 110 81	12. 000 00	1. 009 23	0. 110 81
25	9 689	$P(21)$		13. 242 13	12. 500 00	1. 059 37	0. 742 13
26	9 941	$P(22)$		13. 279 18	13. 000 00	1. 021 48	0. 279 18
27	11 213	$P(23)$		13. 452 88	13. 500 00	0. 996 51	−0. 047 12
28	19 937	$P(24)$		14. 283 16	14. 000 00	1. 020 23	0. 283 16

续表 1

n	$R(n)$	P 序列	Q 序列	$\log_2 R(n)$	$\frac{n}{2}$	$\frac{\log_2 R(n)}{\frac{n}{2}}$	$\log_2 R(n) - \frac{n}{2}$
29	21 701	$P(25)$		14. 405 47	14. 500 00	0. 993 48	-0. 094 53
30	23 209	$P(26)$		14. 502 40	15. 000 00	0. 966 83	-0. 497 60
31	44 497	$P(27)$		15. 441 42	15. 500 00	0. 996 22	-0. 058 58
32	65 536		$Q(4)$	16. 000 00	16. 000 00	1. 000 00	0. 000 00
33	86 243	$P(28)$		16. 396 12	16. 500 00	0. 993 70	-0. 103 88
34	110 503	$P(29)$		16. 753 73	17. 000 00	0. 985 51	-0. 246 27
35	132 049	$P(30)$		17. 010 71	17. 500 00	0. 972 04	-0. 489 29

猜想(1)与周海中的猜想实质上是完全一致的:由猜想(1)可知,当

$$Q(n) < R(k) \leqslant Q(n+1)$$

即

$$2^{2^n} < R(k) \leqslant 2^{2^{n+1}}$$

时,R 序列有 $2^{n+2}-2^{n+1}=2^{n+1}$项,只有其中最后一项是 Q 序列项,故有 $2^{n+1}-1$ 项是 P 序列项,即有 $2^{n+1}-1$ 个 Mersenne 素数,这正是周海中的猜想. 由猜想(1)可得出:

推论 1　$R(n)=P(n-[\log_2 n])$,其中 $n \neq 2^k\ (k=1,2,3,\cdots)$.

即当 $n \neq 2^k$ 时,R 序列的第 n 项为第 $n-[\log_2 n]$个 Mersenne 素数所相应的素数 p.

由推论 1 有:当 $36 \leqslant n \leqslant 63$ 时

$$R(n)=P(n-5)$$

即当 $31 \leqslant n \leqslant 58$ 时

$$P(n)=R(n+5)$$

上式代入猜想(2)有

$$\frac{n+5}{2}-1 < \log_2 P(n) < \frac{n+5}{2}+1, 31 \leqslant n \leqslant 58$$

于是得到:

推论 2　$2^{\frac{n+3}{2}} < P(n) < 2^{\frac{n+7}{2}}, 31 \leqslant n \leqslant 58$

这就是本章推测的第 31 至第 58 个 Mersenne 素数 M_p 相应的素数 p 存在的区域.

本章的猜想(3)可以由猜想(2)推得,值得注意的是其形式与素数定理有相似之处.

参考资料

[1] 周海中. Mersenne 素数的分布规律. 中山大学学报(自然科学版). 1992,31(4):121-122.

[2] W N Colquitt, L Welsh. Jr A New Mersenne Prime, Mathematics of Computation, 1991, 56 (194): 867- 870.

关于 Mersenne 素数分布性质的猜想[①]

第 18 章

形如 2^p-1(p 为素数)的数称为 Mersenne 数,记为 M_p;M_p 中的素数称为 Mersenne 素数,近半世纪以来,人们所发现的已知最大素数都是 Mersenne 素数.研究 Mersenne 素数的分布规律,无疑对寻找新的 Mersenne 素数及探索是否存在无穷多的 Mersenne 素数都具有十分重要的意义[1],而 Mersenne 素数的分布极不规则,使得寻找其分布规律成为一个难题.

中山大学管理学系的岑成德教授 1999 年通过大量的观察、分析及试验,对 Mersenne 素数的分布规律提出了一种猜想.

表 1 列出了迄今已发现的所有 Mersenne 素数的指数 p 及其一阶差分 Δp 与二阶差分 $\Delta^2 p$.

由表 1 可看到,将二阶差分数列 $\{\Delta^2 p_n\}$

---

① 本章摘自《中山大学学报(自然科学版)》,1999 年,第 38 卷,第 3 期.

从首项开始依次划分为 5 项一组,则每组中都有 3 项为非负值,2 项为负值. 因此,提出如下猜想:

猜想 Mersenne 素数的指数 p 所形成数列的二阶差分数列 $\{\Delta^2 p_n\}$ 具有如下性质:如果从首项开始按 5 项一组来划分,则每组中恰有 3 项非负值和 2 项负值.

奇妙的是本猜想中涉及的 3 个数字——2(负值项数),3(非负值项数)和 5(每组项数)恰好是最初的 3 个素数,也恰是 Mersenne 素数的指数 p 的最初 3 个.

注意到表 1 中未确定位次的最后 2 个 p 值所在组的 5 项二阶差分中有 3 项为负值. 所以,如果猜想成立,则可以作如下推论.

推论 1 在

$$1\ 398\ 269 < p < 3\ 021\ 377$$

范围内,至少存在 1 个异于 2 976 221 的 p 值使 M_p 为 Mersenne 素数.

推论 2 在

$$1\ 398\ 269 < p < 2\ 976\ 221$$

范围内,至少存在 1 个 p 值使 M_p 为 Mersenne 素数.

实际上,如果推论 2 不成立,则按推论 1 可知在

$$2\ 976\ 221 < p < 3\ 021\ 377$$

中至少有 1 个 p 值使 M_p 为梅森素数. 但易看出,这样的 p 值中的第 1 个无论取何值,其对应的二阶差分都是负值(因为 $3\ 021\ 377 - 2\ 976\ 221 = 45\ 156$ 小于上一个一阶差分 1 577 952);在此情形下形成的 5 项一组的二阶差分中就有 3 项负值,这与猜想矛盾.

最后要说明的是,猜想对已确定位次的 Mersenne

素数都成立这一事实，我们不能完全排除存在巧合的可能性. 但我们经计算得到这种巧合发生的概率不足0.1%. 计算的方式是，假设每一个二阶差分取负值或非负值是随机的. 其概率均为$\frac{1}{2}$. 按二项分布则可算出已知 6 组均含 2 项负值与 3 项非负值的概率为0.000 93.

表 1 Mersenne 素数的指数及其一、二阶差分

位次	p	Δp	$\Delta^2 p$	位次	p	Δp	$\Delta^2 p$
1	2	–	–	18	3 217	936	858
2	3	1	–	19	4 253	1 036	100
				20	4 423	170	−866
				21	9 689	5 266	5 096
				22	9 941	252	−5 014
3	5	2	1	23	11 213	1 272	1 020
4	7	2	0	24	19 937	8 724	7 452
5	13	6	4	25	21 701	1 764	−6 960
6	17	4	−2	26	23 209	1 508	−256
7	19	2	−2	27	44 497	21 288	19 780
8	31	12	10	28	86 243	41 746	20 458

续表1

位次	p	Δp	$\Delta^2 p$	位次	p	Δp	$\Delta^2 p$
9	61	30	18	29	110 503	24 260	−17 486
10	89	28	−2	30	132 049	21 546	−2 714
11	107	18	−10	31	216 091	84 042	62 496
12	127	20	2	32	756 839	540 748	456 706
13	521	394	374	33	859 433	102 594	−438 154
14	607	86	−308	34	1 257 787	398 354	295 760
15	1 279	672	586	35	1 398 269	140 482	−257 872
16	2 203	924	252	?	2 976 221	1 577 952	1 437 470
17	2 281	78	−846	?	3 021 377	45 156	−1 532 796

参考资料

[1] 周海中. 关于 M_p 素数[J]. 科技导报(粤版), 1991(1,2):8-11.

第19章 对 Mersenne 素数分布规律的一种猜想[①]

中山大学管理学院的岑成德教授 1999 年通过大量的观察、分析及试验，对 Mersenne 素数的分布规律提出了一种思想.

表 1 列出了迄今已发现的所有 Mersenne 素数的指数 p 及其一阶差分 Δp 与二阶差分 $\Delta^2 p$，其中前 35 个 p 值所对应的 M_p 已被证明依次位于 Mersenne 素数的第 1 至第 35 位，由于第一、第二个 p 值不存在相应的二阶差分，故二阶差分的首项对应于 p 值的第三项.

由表 1 可看出，将二阶差分数列 $\{\Delta^2 p_n\}$ 从首项开始依次划分为 10 项一组，则每组中都有 6 项为非负值，4 项为负值，这一结论对已确认 Mersenne 素数位次的相应项都正确. 因此，提出如下猜想.

猜想 Mersenne 素数的指数 p 所形成数列的二阶差分数列 $\{\Delta^2 p_n\}$ 具有如下性质：如果从首项开始按 10 项一组来划分，则每组中恰有 6 项非负值和 4 项负值.

---

① 本章摘自《商丘师专学报》，1999 年，第 15 卷，第 4 期.

表 1　已发现 Mersenne 素数的指数 p 及一阶差分 Δp 与二阶差分 Δp^2

位次	p	Δp	Δp^2	位次	p	Δp	$\Delta^2 p$
1	2	–	–	20	4 423	170	–866
2	3	1	–	21	9 689	5 266	5 096
3	5	2	1	22	9 941	252	–5 014
4	7	2	0	23	11 213	1 272	1 020
5	13	6	4	24	19 937	8 724	7 452
6	17	4	–2	25	21 701	1 764	–6 960
7	19	2	–2	26	23 209	1 508	–256
8	31	12	10	27	44 497	21 288	19 780
9	61	30	18	28	86 243	41 746	20 458
10	89	28	–2	29	110 503	24 260	–17 486
11	107	18	–10	30	132 049	21 546	–2 714
12	127	20	2	31	216 091	84 042	62 496
13	521	394	374	32	756 839	540 748	456 706
14	607	86	–308	33	859 433	102 594	–438 154
15	1 279	672	586	34	1257 787	398 354	295 760
16	2 203	924	252	35	1 398 269	140 482	–257 872
17	2 281	78	–846	36*	2 976 221	1 577 952	1 437 470
18	3 217	936	858	37*	3 021 377	45 156	–1 532 796
19	4 253	1 036	100				

二阶差分反映“加速度”. 由猜想可见，Mersenne 素数并非“步伐”越来越快地向上，而是以“每十步中快六步慢四步”的方式进行.

奇妙的是本猜想中涉及的 3 个数字——4(负值项数)、6(非负值项数)和 10(每组项数)各除以 2(Mersenne 素数的底数)之后，恰好是最初的 3 个素数，也恰是 Mersenne 素数的指数 p 的最初 3 个:2,3 和 5.

如果表 1 中最后两个 Mersenne 素数的位次得到证实，则我们可根据猜想得到第 38 ~ 42 位 Mersenne 素数的分布状况，由于第 33 ~ 37 位 Mersenne 素数所对应的二阶差分已有 3 个负值，故第 38 ~ 42 位所对应的二阶差分仅有一个负值，即这 5 个 Mersenne 素数的指数 p 中仅有一个与前一个 p 的差小于前两个 p 值之差，就是说，5 个 p 中有 4 个是“加速”向上的.

最后要说明的是，根据猜想对已确定位次的 Mersenne 素数都成立这一事实，我们不能完全排除存在巧合的可能性. 但经计算得到这种巧合发生的概率仅为 0. 86%.

参考资料

[1]　周海中. 关于 M_p 素数[J]. 科技导报(粤版)，1991(1,2):8-11.

[2]　王元. 谈谈素数[M]. 上海:上海教育出版社,1978.

[3]　孙琦，旷京华. 素数判定与大数分解[M]. 沈阳:辽宁教育出版社,1987.

第 20 章 对一个 Mersenne 素数分布猜想的质疑

Mersenne 素数分布研究是数学中的一大难题. 从目前已知的 Mersenne 素数出发,喀什师范学院数学系的张四保教授 2008 年通过数据分析指出:猜想"Mersenne 素数的指数 p 所形成的二阶差分序列按 5 项一组来划分,每组中都有 3 项非负值与 2 项负值"是错误的.

从已知的 Mersenne 素数来看,这种特殊的素数在正整数中的分布时疏时密、极不规则. 数学家们在长期的摸索中,提出了一些猜想. 例如,英国数学家 Shanks、法国数学家伯特兰和托洛塔、印度数学家 Ramanujan、美国数学家 Gillies 和德国数学家 Brillhart 等都曾分别给出过关于 Mersenne 素数分布规律的猜测. 但他们的猜测有一个共同点,就是都以渐近表达式给出;而它们与实际情况的接近程度均难如人意.

1992 年,中国数学家及语言学家周海

中[2]运用联系观察法和不完全归纳法，首次给出了 Mersenne 素数分布的准确表达式：当 $2^{2^n}<p<2^{2^{n+1}}$（$n=0,1,2,\cdots$）时，Mersenne 素数有 $2^{n+1}-1$ 个；并且给出推论：当 $p<2^{2^{n+1}}$ 时，Mersenne 素数有 $2^{n+2}-n-2$ 个．这一形式优美的表达式加深了人们对 Mersenne 素数重要性质的了解，为人们探寻新的 Mersenne 素数提供了方便；后来这一重要成果被国际上称为"周氏猜测"．有关专家认为，"这一成果是 Mersenne 素数研究中的一项重大突破"[3]．

研究 Mersenne 素数的分布规律，对于了解 Mersenne 素数的重要性质以及探究新的 Mersenne 素数都具有十分重要的意义．

§1　数据分析

在文献[4]中，岑成德对 Mersenne 素数的分布提出了以下猜想．

猜想　Mersenne 素数的指数 p 所形成的二阶差分序列具有如下性质：如果从首项开始按 5 项一组来划分，则每组中都有 3 项非负值与 2 项负值（注：文中的一阶差分 Δp 指的是 Mersenne 素数序列中的第 i 个梅林素数的指数 p 与第 $i-1$ 个 Mersenne 素数的指数 p 的差值，而二阶差分 $\Delta^2 p$ 指的是 Mersenne 素数的指数 p 所形成的一阶差分序列中的第 j 个与第 $j-1$ 个的差值）．

为了探讨方便，现将已被发现的 44 个 Mersenne 素数的指数 p 及其一阶差分 Δp 与二阶差分 $\Delta^2 p$ 列表如表 1.

表 1　Mersenne 素数的指数 p 及一、二阶差分

位次	p	Δp	Δp^2	位次	p	Δp	$\Delta^2 p$
1	2	–	–	23	11 213	1 272	1 020
2	3	1	–	24	19 937	8 724	7 452
3	5	2	1	25	21 701	1 764	−6 960
4	7	2	0	26	23 209	1 508	−256
5	13	6	4	27	44 497	21 288	19 780
6	17	4	−2	28	86 243	41 746	20 458
7	19	2	−2	29	110 503	24 260	−17 486
8	31	12	10	30	132 049	21 546	−2 714
9	61	30	18	31	216 091	84 042	62 496
10	89	28	−2	32	756 839	540 748	456 706
11	107	18	−10	33	859 433	102 594	−438 154
12	127	20	2	34	1 257 787	398 354	295 760
13	521	394	374	35	1 398 269	140 482	−257 872

续表 1

位次	p	Δp	Δp^2	位次	p	Δp	$\Delta^2 p$
14	607	86	−308	36	2 976 221	1 577 952	1 437 470
15	1 279	672	586	37	3 021 377	451 56	−1 532 796
16	2 203	924	252	38	6 972 593	3 951 216	3 906 060
17	2 281	78	−846	39	13 466 917	6 494 324	2 543 108
18	3 217	936	858	40?	20 996 011	7 529 094	1 034 770
19	4 253	1 036	100	41?	24 036 583	3 040 572	−4 488 522
20	4 423	170	−866	42?	25 964 951	1 928 368	−1 112 204
21	9 689	5 266	5 096	43?	30 402 457	4 437 506	2 509 138
22	9 941	252	−5 014	44?	32 582 657	2 180 200	−2 257 306

目前,人们已知 $2^{13\,466\,917}-1$ 位于 Mersenne 素数序列中的第 39 位. 由于第一、第二个 p 值不存在相应的二阶差分,故二阶差分序列的首项对应于 p 值的第 3 项. 目前实际数据表明在已被发现的 44 个 Mersenne 素数中,指数 p 所形成的二阶差分序列若按每 5 项一组来划分,划分中的第 7 组中,有 2 项为非负值,3 项为负值. 因此,文献[4]中的猜想与该事实相矛盾,故得出结论:猜想"Mersenne 素数的指数 p 所形成的二阶差分序列,如果从首项开始按 5 项一组来划分,则每组中都有 3 项非负值与 2 项负值"是错误的.

§2 结论

本章从目前已知的 Mersenne 素数出发,通过数据分析指出:猜想"Mersenne 素数的指数 p 所形成的二阶差分序列按 5 项一组来划分,每组中都有 3 项非负值与 2 项负值"是错误的.

参考资料

[1] Mersenne P. Http://mathworld wolfman. com/MersennePrime. html.

[2] 周海中. Mersenne 素数的分布规律[J]. 中山大学学报(自然科学版),1992,31(4):121-122.

[3] 李明达. Mersenne 素数:数学宝库中的明珠[J]. 科学(中文版),2000,262(6):62-63.

[4] 岑成德. 对 Mersenne 素数分布性质的猜想[J]. 中山大学学报(自然科学版),1998,38(3):107-108.

第 45 和 46 个 Mersenne 素数的预测[①]

第21章

内江师范学院数学与信息科学学院的汪金兰，石勇国两位教授根据已发现的第 44 个 Mersenne 素数，运用非线性拟合，给出了 Mersenne 素数分布的猜想，由此得到第 45 和 46 个 Mersenne 素数的范围和可能值，即 M_p 中 p 取自然对数的范围是[0.396 283 124 964 472n − 0.251 065 835 613 184，0.396 283 124 964 472n + 1.357 045 347 307 9].

§1 引言

Mersenne 素数是指形如

$$M_p = 2^p - 1$$

① 本章摘自《内江师范学院学报》，2008.

的素数,其中 p 是素数. Mersenne 素数的寻找在当代具有十分丰富的理论意义和实用价值[1-8]. 它是寻找大素数的有效途径[9],它推动了数论的发展,也促进了计算数学、程序设计技术、分布式计算技术、因特网技术以及密码技术的发展,寻找 Mersenne 素数的方法还可用来测试计算机硬件运算是否正确.

1992 年中国学者周海中首先探讨了 Mersenne 素数在自然数中的分布规律,提出了著名的"周氏猜想"[10]. 后来,陈潄文在此基础上猜想并得出第 n 个 Mersenne 素数 M_p 中 p 的范围为$\left[2^{\frac{n+3}{2}},2^{\frac{n+7}{2}}\right]$的结论[1]. 目前,已知的最大 Mersenne 素数为第 44 个 Mersenne 素数[3],这也是目前已知的最大素数.

本章根据已发现的 44 个 Mersenne 素数,运用 Matlab 进行拟合,给出了 Mersenne 素数分布的猜想,由此还得到第 45 和 46 个 Mersenne 素数可能的数值,利于程序检验.

§2 第 45 个和 46 个 Mersenne 素数预测

根据已发现的 44 个 Mersenne 素数,运用 Matlab 程序进行拟合. 根据离散点所形成的图形,选择

$$n=c_1+c_2\ln p$$

进行拟合,其中,n 表示发现的 Mersenne 素数 M_p 的序号,p 表示第 n 个 Mersenne 素数 M_p 中的素数 p,令 $y=$

ln p,进行线性化,发现这些散点基本上在拟合直线的附近.

程序如下:

```
function main
n=[1 2 3 4 5 6 7 8 9 10 11 12 13 14 15 16 17 18
19 20 21 22 23 24 25 26 27 28 29 30 31 32 33 34 35 36
37 38 39 40 41 42 43 44];
p=[2 3 5 7 13 17 19 31 61 89 107 127 521 607
1279 2203 2281 3217 4253 4423 9689 9941 11213
19937 21701 23209 44497 86293 110503 132049
216091 756839 859433 1257787 1398269 2976221
3021377 6972593 13466917 20996011 24036583
25964951 30402457 32582657];
y=log(p);for mat long
c=lsqcurvefit(@(c,p)myfun(c,p),
    [-1.218 6785,2.523448],p,n)
n45=[45];
p45=exp((n45-c(1))./c(2));
tt=-50:80;
p45=round(p45)+tt;
p45(isprime(p45));
function n=myfun(c,p)
n=c(1)+c(2)*log p;
```

得到拟合方程为

$$\ln p=0.396\,283\,124\,964\,472n+0.482\,941\,725\,962\,326 \tag{1}$$

根据拟合直线和在其左右的两个最远点得到一个带形区域,其上边界为

$$\ln p = 0.396\ 283\ 125n + 1.357\ 045\ 35$$

下边界为

$$\ln p = 0.396\ 283\ 125n - 0.251\ 065\ 836$$

所有 44 个 Mersenne 素数所对应的点都在此带形区域内,因此猜想所有 Mersenne 素数也在此带形区域内.

猜想　第 n 个 Mersenne 素数 $M_p = 2^p - 1$ 中的 p 满足下列式子

$$\begin{aligned}&0.396\ 283\ 124\ 964\ 472n - 0.251\ 065\ 835\ 613\ 184 \\ &\leqslant \ln p \leqslant 0.396\ 283\ 124\ 964\ 472n + \\ &1.357\ 045\ 347\ 370\ 79\end{aligned} \tag{2}$$

进而得出:

推论 1　第 45 个 Mersenne 素数 M_p 中 p 的范围是[43 213 988,215 783 462];第 46 个 Mersenne 素数 M_p 中的 p 的范围是[64 228 521,320 716 816].

证明　将 $n=45$ 和 $n=46$ 直接代入(2),得到第 45 个和第 46 个 Mersenne 素数 M_p 中 p 的范围.

由于这两个范围较大,因而可在拟合直线的附近进行寻找,从而得到下面的结果.

推论 2　第 45 个 Mersenne 素数 M_p 中的 p 可能值的集合为:

{90 032 549,90 032 563,90 032 567,90 032 611,90 032 623,90 032 627,90 032 639,90 032 653,90 032 671};

第 46 个 Mersenne 素数 M_p 中的 p 可能值的集合为：

{133 814 467，133 814 479，133 814 501，133 814 557，133 814 561，133 814 617}.

证明 将 $n=45$ 直接代入(1)，得到第 45 个 Mersenne 素数 M_p 可能的 p 值，然后在此值附近连续取整数，为了便于计算机验证，上取 80 个整数，下取 50 个整数，得到素数 p 可能值的集合为：

{90 032 549，90 032 563，90 032 567，90 032 611，90 032 623，90 032 627，90 032 639，90 032 653，90 032 671}；

同理可得到第 46 个 Mersenne 素数 M_p 中的 p 可能值的集合.

得到的这些数据对于快速寻找第 45 个和第 46 个 Mersenne 素数有一定的作用.

参考资料

[1] CALDWELL C. Mersenne Primes：History，Theorems and Lists[EB/OL]. http：//www. utm. edu/research/primes/mersenne/.

[2] LEHMER D H. On Lucas's Test for the Primality of Mersenne's Numbers[J]. J. London Math. So，1935，10：162-165.

[3] KRAVITZ S, BERG M. Lucas' Test for Mersenne Numbers 6 000 < p < 7 000[J]. Math. Comput., 1964,18:148-149.

[4] SLOWINSKI D. Searching for the 27th Mersenne Prime[J]. J. Recreat. Math., 1978 – 1979,11:258-261.

[5] NOLL C, NICKEL L. The 25th and 26th Mersenne Primes[J]. Math. Comput, 1980,35:1387-1390.

[6] BATEMAN P T, SELFRIDGE J L, WAGSTAFF S S. The New Mersenne Conjecture[J]. Amer. Math. Monthly, 1989,96:125-128.

[7] COLQUITT W N, WELSH L Jr. A New Mersenne Prime[J]. Math. Comput, 1991,56:867-870.

[8] HAGHIGHI M. Computation of Mersenne Primes Using a Cray X-MP[J]. Intl. J. Comput. Math, 1992,41:251-259.

[9] 游新娥. RSA 算法中安全大素数生成方法研究与改进[J]. 北京电子科技学院学报, 2007, 5(2):14-16.

[10] 周海中. Mersenne 素数的分布规律[J]. 中山大学学报,1992,31(4):121-122.

[11] 陈漱文. 关于 Mersenne 素数分布规律的猜想[J]. 黄淮学刊,1995,11(4):44- 46.

有关 Mersenne 素数的预测[①]

第 22 章

Mersenne 素数是一种特殊的素数，探究 Mersenne 素数的分布规律历来是数论研究的热点与难点，喀什师范学院数学系的张四保教授 2009 年对 Mersenne 素数的分布规律作了简略研究. 同时也对 Mersenne 素数研究的前景进行了展望.

人们一直都在探寻 Mersenne 素数的分布规律. 但是，要想找到一个较为理想、满意的分布规律可能要比发现单个的梅林素数更为困难. 因为从目前已知的 Mersenne 素数来看，这种特殊的素数在正整数中的分布是时疏时密、极不规则的. 数学家们在长期的摸索中，提出了一些猜想. 英国数学家 Shanks，法国数学家 Bertrand，印度数学家 Ramanujan，美国数学家 Gillies 和德国数学家 Brillhart 等都曾分别

① 本章摘自《重庆工商大学学报(自然科学版)》，2009 年，第 26 卷，第 5 期.

给出过关于 Mersenne 素数分布的猜测,但他们的猜测有一个共同点,就是都以近似表达式给出,与实际情况的接近程度均难如人意[1].

中国数学家及语言学家周海中[2]对 Mersenne 素数研究多年,他运用联系观察法和不完全归纳法,于 1992 年首次给出了 Mersenne 素数分布的精确表达式:当 $2^{2^n}<p<2^{2^{n+1}}$ $(n=0,1,2,\cdots)$ 时,Mersenne 素数的个数为 $2^{n+1}-1$;并且据此给出了推论:当 $p<2^{2^{n+1}}$ 时,Mersenne 素数的个数为 $2^{n+2}-n-2$. 这一形式优美的表达式加深了人们对 Mersenne 素数重要性质的了解,为人们探寻新的 Mersenne 素数提供了方便. 后来,这一科学猜测被国际数学界命名为"周氏猜测". 有关专家认为,这一成果是 Mersenne 素数研究中的一项重大突破.

下一个 Mersenne 素数在哪,这是数学家及数学爱好者所关注的问题. 为了回答这一问题,先假定 M_n 为第 n 个 Mersenne 素数,下面给出了 $\log_2(\log_2 M_n)$ 对应于 n 的图(图 1).

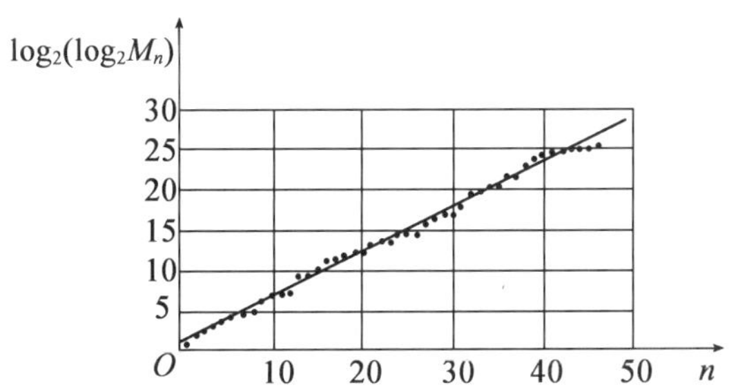

图 1　对应于第 n 个 Mersenne 素数的 $\log_2(\log_2 M_n)$ 的值

图 1 中的直线是线性回归线方程

$$y = 0.5623x + 0.8255$$

其相关系数为 $R^2 = 0.9936$，这是一个令人惊讶的线性图表. 1964 年，Gillies[3] 针对当时的 Mersenne 素数数据，提出了一个猜想，暗示图 1 的直线斜率为 $\frac{1}{2}$，但很不幸的是他的启发式违背了素数定理. 1980 年，Lenstra 和 Pomerance[4] 各自独立地推测出在小于 x 的范围内 Mersenne 素数的个数为 $\left(\frac{e^{\gamma}}{\log 2}\right)\log\log x$ 其中 γ 是 Euler 常数. 几年后 Wagstaff[5] 针对该猜想，从三个方面加以说明：

（1）小于或等于 x 的范围内 Mersenne 素数的个数为 $\left(\frac{e^{\gamma}}{\log 2}\right)\log\log x$，其中 γ 是 Euler 常数；

（2）在 x 与 2^x 之间 Mersenne 素数的个数预计为 e^{γ}；

（3）$2^p - 1$ 是素数的概率大约为 $\frac{e^{\gamma}\log ap}{p\log 2}$.

这就意味着连续两个 Mersenne 素数的指数 p 的几何平均比例从 2 提升到 $\frac{1}{e^{\gamma}}$ 或 1.47576. 而 Eberhart 和他之后的许多人根据有限的数据都认为基值为 $\frac{3}{2}$，但很少有其他论据支持这一观点.

将 Lenstra 和 Pomerance 的推测与图 1 对照：如果推测是正确的. 那么 $\log_2(\log_2 M_n)$ 的分布就是一个 Poisson 过程，那得到直线的斜率大概为 $\frac{1}{e^{\gamma}} = 0.561\cdots$. 通过现在已知的 46 个 Mersenne 素数，可以得到回归线的斜率为 0.562 3，相关系数 $R^3 = 0.993\ 6$.

Poisson 过程的间隔值累积分布是一个指数分布，尤其是间隔的概率密度函数 $f(t)$ 的间隔长度概率 $p(t)$，有

$$f(t) = \lambda e^{-\lambda t} \frac{(\lambda t)^{n-1}}{(n-1)!};p(t) = 1 - e^{-\lambda t}\sum_{j=0}^{n-1}\frac{(\lambda t)^j}{j}$$

其中参数 $t = \log_2(\log_2 M_n)$.

下面来检验预测的 Poisson 分布的间隔与已知的 Mersenne 素数的实际间隔，这里将以图 2 的形式给出.

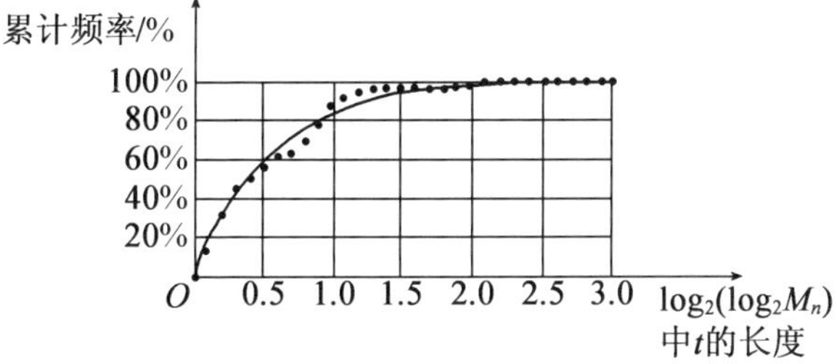

图 2　$\log_2(\log_2 M_n)$ 中间隔的累积频率

要找到下一个 Mersenne 素数，首先要给出 Mersenne 素数的指数 p. 由于一个 Mersenne 素数的指

数 p_i 与其下一个 Mersenne 素数的指数 p_{i+1} 之间的关系大致是：$p_{i+1}=1.47576p$[6]. 但它们之间的这种关系并非稳定，其间隔有时很大，有时很小. 目前只知道 46 个 Mersenne 素数，假设已被发现的 46 个 Mersenne 素数已确定其位次，即在 $2 \leqslant p \leqslant 43\ 112\ 609$ 范围内，没有其他的 Mersenne 素数存在，则只需考虑 p 的预计间隔，如图 3 所示.

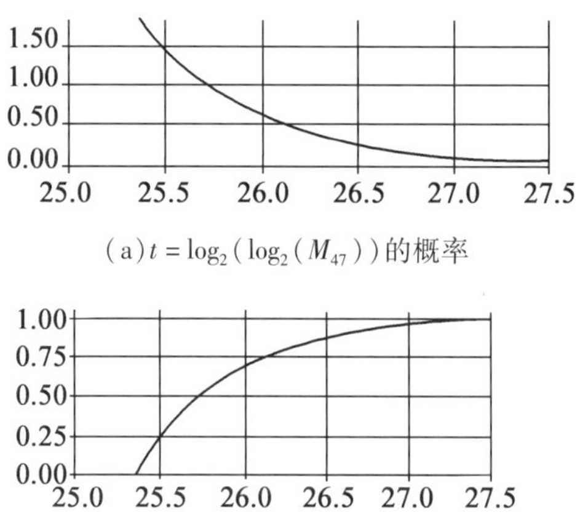

(a) $t=\log_2(\log_2(M_{47}))$ 的概率

(b) 第 47 个 Mersenne 素数发生的累计概率

图 3　在第 39～46 个 Mersenne 素数之间没有 Mersenne 素数的情况下 $t=\log_2(\log_2 M_{47})$ 的预测值

假定不知道前 46 个 Mersenne 素数的情况，以图 4 的形式给出预测到第 50 个 Mersenne 素数的概率密度图和 $t=\log_2(\log_2 M_n)$ 图，其中 $n=50$.

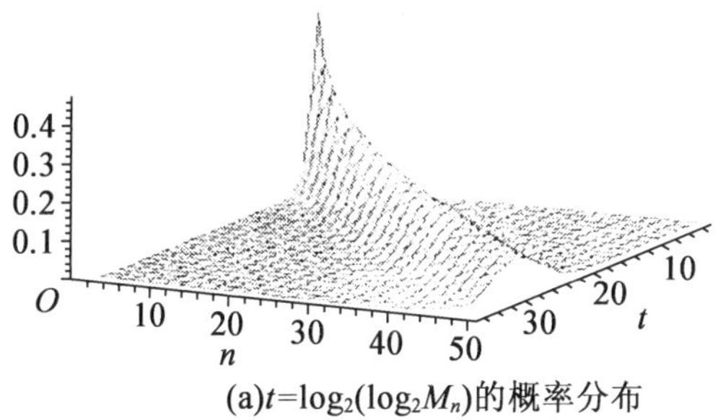

(a)$t=\log_2(\log_2 M_n)$的概率分布

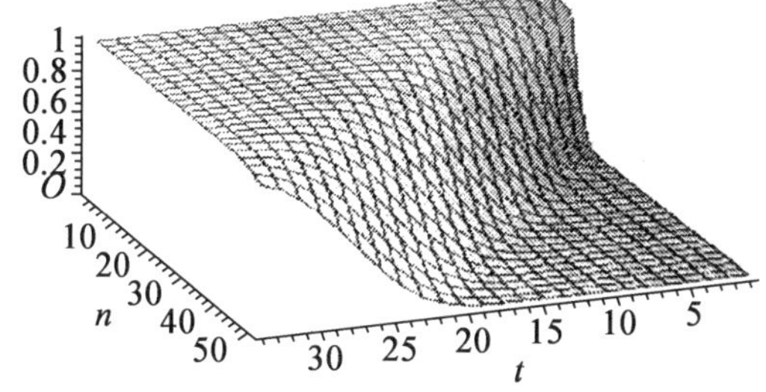

(b)在t之前$\log_2(\log_2 M_n)$发生的概率

图4　直到第50个 Mersenne 素数的预测图

探究 Mersenne 素数在当代具有十分丰富的理论意义和实用价值,它是发现已知最大素数的最有效途径. 它推动了数学皇后——数论的研究,也促进了计算数学、程序设计技术、网格技术以及密码技术的发展. 探究 Mersenne 素数的方法还可用来测试计算机硬件运算是否正确. 因此,科学家们认为,对于 Mersenne 素数的探究能力如何,已在某种意义上标志着一个国家的科技水平. 英国顶尖科学家 M. Sautoy 甚至认为它是标志科学发展的里程碑,而 Mersenne 素数分布的研究对 Mersenne 素数的研究至关重要.

参考资料

[1] 李明达. Mersenne 素数:数学宝库中的明珠[J]. 科学(中文版),2000,262(6):62- 63.

[2] 周海中. Mersenne 素数的分布规律[J]. 中山大学学报(自然科学版),1992,31(4):121-122.

[3] GILLIES D B. Three new Mersenne primes and a statistical theory [J]. Math, Comp, 1964 (18):93-95.

[4] POMERANCE C. Recent developments in primality testing[J]. Math Intelligencer,1980/81,3(3):97-105.

[5] WAGSTAFF S. Divisors of Mersenne numbers[J]. Math. Comp. ,1983,40:385-397.

[6] 张四保. Mersenne 素数研究综述[J]. 科技导报,2008,26(18):88-92.

对第 47 个 Mersenne 素数的预测[①]

第 23 章

喀什师范学院数学系的张四保，古丽扎尔·艾尼瓦尔两位教授 2009 年根据现已知的 46 个 Mersenne 素数，运用非线性拟合，给出了第 47 个 Mersenne 素数指数 p 分布的大致范围和可能值．即 M_p 中的指数 p 取自然对数的范围为[0.388 889 252 649 67n－0.309 601 282 808 17，0.388 889 252 649 67n＋1.475 344 104 407 62]；第 47 个 Mersenne 素数 M_p 的指数 p 的可能值为 63 605 023.

§1　引言

Mersenne 素数是指形如 2^p-1 的素数，其中的 p 为素数. 因 17 世纪法国数学家、法兰西科学院奠基人 Mersenne 最早深

① 本章摘自《长春大学学报》，2009 年，第 19 卷，第 8 期.

入而系统地研究 2^p-1 形的数，为了纪念他，数学界就把这种 2^p-1 形的素数称为“Mersenne 素数”；并以 M_p 记之. Mersenne 素数是数论研究的一项重要内容，它已成为当今科学研究的热点与难点. 2300 多年来，人类仅仅找到 46 个 Mersenne 素数. 第 46 个 Mersenne 素数为 $2^{43\,112\,609}-1$，这是人类迄今为止所知的最大素数.

根据已发现的 46 个 Mersenne 素数，运用 Matlab 进行拟合，对第 47 个 Mersenne 素数指数 p 的分布进行了探索，给出了其分布的大致范围和可能值.

§2 第 47 个 Mersenne 素数指数 p 的大致分布范围

迄今为止，人们共发现 46 个 Mersenne 素数，并且只确定了 $M_{13\,466\,917}$ 位于第 39 位[3]，而在它之后的 7 个 Mersenne 素数并未确定位次，即还未确定从 $M_{13\,466\,917}$ 到 $M_{43\,112\,609}$ 是否有其他 Mersenne 素数存在. 根据已发现的 46 个 Mersenne 素数，假定在这 46 个素数之间没有其他的 Mersenne 素数存在，运用 Matlab 进行拟合. 根据离散点所形成的图形，选择

$$n=C_1+C_2\ln p$$

进行拟合，其中，n 表示第 n 个 Mersenne 素数的序号，p 表示第 n 个 Mersenne 素数的指数，p 运用 Matlab 进行拟合. 我们可得到

$C_1=0.612\,830\,678\,747\,05$，$C_2=0.388\,889\,452\,649\,67$

在得到拟合方程之后，就可以确定一个带形区域，由此来推断 Mersenne 素数的指数 p 的范围. 其中带形区域的上界是由 $n=16$ 来确定，而带形区域的下界是由 $n=46$ 来确定，这样我们就可以得到图 1. 其代码如下：

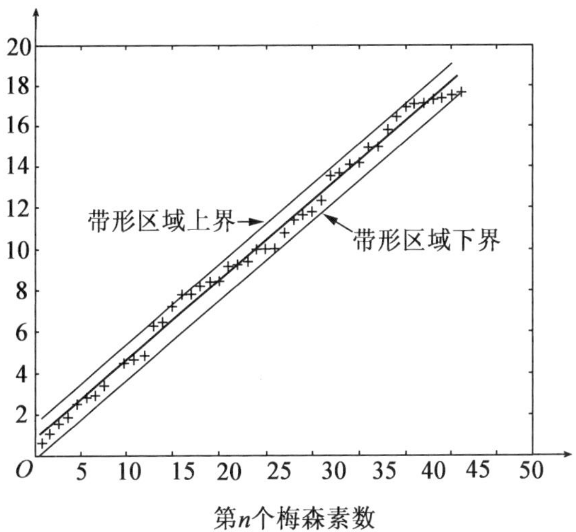

图 1　Mersenne 素数拟合图

n =[1 2 3 4 5 6 7 8 9 10 11 12 13 14 15 16 17 18 19 20 21 22 23 24 25 26 27 28 29 30 31 32 33 34 35 36 37 38 39 40 41 42 43 44 45 46];

p =[2 3 5 7 13 17 19 31 61 89 107 127 521 607 1279 2203 2281 3217 4253 4423 9689 9941 11213 19937 21701 23209 44497 86293 110503 132049 216091 756839 859433 1257787 1398269 2976221 3021377 6972593 13466917 20996011 24036583 25964951 30402457 32582657 37156667 43112609];

```
p1 = ln p;
%p2 = polyfit(n,p1,1);
p3 = 0.38888945264967 * n + 0.61283067874705;
b1 = ln2203 - 0.38888945264967 * 16
b2 = ln43112069 - 0.38888945264967 * 46
p4 = 0.38888945264967 * n + b1;
p5 = 0.38888945264967 * n + b2;
plot(n,p1,'r',n,p3',b',n,p4,'g ',n,p5',g')
```

得到拟合方程为

$$\ln p = 0.388\ 889\ 452\ 649\ 67 \times n + 0.612\ 830\ 678\ 747\ 05 \tag{1}$$

根据拟合直线和在其左右的两个最远点得到一个带形区域，其上边界为

$$\ln p = 0.388\ 889\ 252\ 649\ 67n + 1.475\ 344\ 1\ 04\ 407\ 62$$

下边界为

$$\ln p = 0.388\ 889\ 252\ 649\ 67n - 1.475\ 344\ 104\ 407\ 62$$

在假定的情况下所有的 Mersenne 素数所对应的点都在此带形区域内，因此所有的 Mersenne 素数也大致在此带形区域内. 由此，可以给出第 n 个 Mersenne 素数

$$M_p = 2^p - 1$$

中的指数 p 满足下列不等式

$$0.388\ 889\ 252\ 649\ 67n - 0.309\ 601\ 282\ 808\ 17 \leqslant \ln p \leqslant 0.388\ 889\ 252\ 649\ 67n + 1.475\ 344\ 104\ 407\ 62$$

如果第 47 个 Mersenne 素数也在此带形区域内，则其指数 p 的大致范围是[63 605 022,379 038 514].

§3　下一个Mersenne素数的可能值

要找到下一个Mersenne素数M_p,首先要给出Mersenne素数M_p的指数p. 由于一个Mersenne素数的指数p_i与下一个Mersenne素数的指数p_{i+1}之间的关系大致为

$$p_i = 1.475\ 76 p_{i+1}$$

但是这种关系并非稳定,其有时很大,有时也很小,在上述范围[636 050 22,379 038 514]内,第一个素数为63 605 023,根据上述关系

$$p_i = 1.475\ 76 p_{i+1}, p_{46} = 43\ 112\ 609$$

而

$$63\ 605\ 023 \approx 1.475\ 323 \times p_{46}$$

因此,第47个Mersenne素数M_p的指数p的可能值为63 605 023.

以上得到的这些数据对于快速寻找第47个Mersenne素数具有一定的作用.

参考资料

[1]　李明达. Mersenne素数:数学宝库中的明珠[J]. 科学,2000,262(6):62-63.

[2] 周海中. Mersenne 素数的分布规律[J]. 中山大学学报,1992,31(4):121-122.

[3] 张四保. Mersenne 素数研究综述[J]. 科技导报,2008,26(18):88-92.

Mersenne 素数的一些注记[①]

第 24 章

Mersenne 素数历来是数论研究的重要内容,也是当今科学探索的热点和难点之一;而 Lucas-Lehmer 测试是迄今为止判断 Mersenne 数素性最快、最有效的工具;周氏猜测是关于 Mersenne 素数分布的著名难题. 中国地质大学资源学院的石永进和新加坡国立大学理学院的成启明两位教授 2010 年介绍与 Mersenne 素数研究有关的 3 个重要问题:然后通过对 Lucas-Lehmer 测试递归数列的研究,揭示了其衍生数列的一个特殊性质,提出相关的猜想;得出 Lucas-Lehmer 测试的一个关联等式,由该等式与周氏猜测的密切关系,提出相关的猜想;提出了广义 Lucas-Lehmer 测试的存在性问题,并提出了相关的猜想. 结果表明,采用不同的方法对解决 Mersenne

① 本章摘自《科技导报》,2010 年,第 28 卷,第 6 期.

素数的有关问题会有所启发和帮助.

§1 引言

2009 年 4 月,挪威计算机专家 O. Strindmo 通过参加一个名为“因特网 Mersenne 素数大搜索(GIMPS)”的国际合作项目,发现了第 47 个 Mersenne 素数 $2^{42\,643\,801}-1$,它有 12 837 064 位数,如果用五号字将这个巨数连续写下来,其长度超过 50km. 专家认为这一重大发现是数论研究和计算技术中最重要的成果之一. 目前,世界上有 170 多个国家和地区超过 18 万人参加了 GIMPS 项目,并动用近 40 万台计算机联网来进行大规模的网格计算,以探寻新的 Mersenne 素数.

公元前 300 多年,古希腊数学家 Euclid 用反证法证明了素数有无穷多个,并提出了少量素数可写成 2^p-1(指数 p 为素数)的形式. 此后许多数学家,包括 Fermat、Descartes、Leibniz、Goldbach、Euler、Gauss、Turing 等都研究过这种特殊形式的素数,而 17 世纪的法国数学家 Mersenne 是其中成果最为卓著的一位. 由于 Mersenne 学识渊博、贡献良多,并是法兰西科学院的奠基人和当时欧洲科学界的中心人物,为了纪念他,数学界将 2^p-1 形式的数称为“Mersenne 数”,并以 M_p 记之;如果 M_p 为素数,则称之为“Mersenne 素数”[1]. 2300 多年来,人类仅发现 47 个 Mersenne 素数,由于这

种素数珍奇而迷人，因此被人们称为“数海明珠”. Mersenne 素数是数论研究中的重要内容，也是当今科学探索的热点和难点之一[2]. 本章对 Mersenne 素数的3个相关问题进行探究.

§2 与 Mersenne 素数研究有关的3个重要问题

1. Lucas-Lehmer 测试

法国数学家 Lucas 在研究著名的 Fibonacci 数列时，发现它与 Mersenne 素数的惊人联系，并于1877年提出了一个用以判别 M_p 是否为素数的重要定理——Lucas 定理[1]. 这一定理为 Mersenne 素数的研究提供了强有力的工具.

1930年，美国数学家 Lehmer 改进了 Lucas 的工作，给出一个针对 M_p 的新素性测试方法，即 Lucas-Lehmer 测试[1]：对于所有大于1的奇数 p，M_p 是素数，当且仅当 M_p 整除 S_{p-2}，其中 S_k 由

$$S_{k+1}=S_k^2-2, S_0=4$$

递归定义. 例如，取 $p=5$，有数列 S_k：4，14，194，37 634，因为 $M_5=31$ 整除 $S_3=37\ 634$，所以 $M_5=31$ 是一个素数. 此方法尤其适合于计算机运算，因为 $M_p=2^p-1$ 的运算在二进制下可以简单地用计算机特别擅长的移位和加法操作来实现.

2. 周氏猜测

人们在寻找 Mersenne 素数的同时，也进行着

Mersenne 素数分布规律的研究. 由于 Mersenne 素数在正整数中的分布是时疏时密、极不规则的，加上人们尚未知 Mersenne 素数是否有无穷个，因此研究 Mersenne 素数的分布规律似乎比寻找新的 Mersenne 素数更为困难. 英、法、德、美等国的数学家都曾分别给出过关于 Mersenne 素数分布规律的猜测，但这些猜测都以近似表达式给出，与实际情况的接近程度均难如人意.

中国数学家及语言学家周海中运用联系观察法和不完全归纳法，于 1992 年首次给出了 Mersenne 素数分布的精确表达式：当 $2^{2^n} < p < 2^{2^{n+1}}$ $(n = 0, 1, 2, \cdots)$ 时，Mersenne 数 M_p 中有 $2^{n+1} - 1$ 个是素数[3]；并且给出推论：当 $p < 2^{2^{n+1}}$ $(n = 0, 1, 2, \cdots)$ 时，Mersenne 素数的个数为 $2^{n+2} - n - 2$. 这一形式优美简洁的表达式加深了人们对 Mersenne 素数重要性质的了解，为探寻新的 Mersenne 素数提供了方便[4]，被国际上命名为"周氏猜测". 有关专家认为，这一成果是 Mersenne 素数研究中的一项重大突破[5]. 值得一提的是，周氏猜测至今尚未被解决，已成为著名的数学难题.

3. Newton **迭代法**

Newton 迭代法[6]是一种近似求解方程的方法，用函数 $f(x)$ 的 Taylor 级数的前几项来寻找方程 $f(x) = 0$ 的根. 该方法是求方程根的重要方法之一，其最大优点是在方程 $f(x) = 0$ 的单根附近具有平方收敛，也广泛用于计算机编程中. 具体地，对于 $\sqrt{n}$ 的 Newton 迭代，

x_k 表示$\sqrt{n}$第 k 次迭代的近似值(k 充分大),由

$$x_{k+1}=\frac{1}{2}\left(x_k+\frac{n}{x_k}\right),x_0=1$$

递归定义:k 越大,所得$\sqrt{n}$的近似值就越精确;当 $k\to+\infty$时,x_k 就趋向其真实值.

§3　问题与讨论

1. Lucas-Lehmer 测试衍生数列的一个性质

若以 $S_1=4$,由

$$S_{k+1}=S_k^2-2$$

得[7]

$$S_k=3(2S_1S_2\cdots S_{k-2})^2+2,k=3,4,\cdots$$

以 $S_0=4$,则上式应调整为

$$S_k=3(2S_0S_1\cdots S_{k-2})^2+2,k=2,3,\cdots$$

即

$$S_k=12(S_0S_1\cdots S_{k-2})^2+2,k=2,3,\cdots$$

设 $S_i(i=0,1,2,\cdots,k-2)$的任意大于2的约数为 d,显然 $12(S_0S_1S_2\cdots S_{k-2})^2$ 能被 d 整除,由于2不能被 d 整除,因此 S_k 不能被 d 整除,则 S_k 与 $S_i(i=0,1,2,\cdots,k-2)$除1和2外没有其他的公约数,同理,由

$$S_k=S_{k-1}^2-2$$

可证得 S_k 与 S_{k-1}除1和2外没有其他的公约数.

由上可知,S_k 与 $S_i(i=0,1,2,\cdots,k-1)$除1和2

外没有其他的公约数,反过来也就是说,S_k 与 S_i($i=k+1,k+2,\cdots$)除 1 和 2 外没有其他的公约数,则 Lucas-Lehmer 测试递归数列 $S_0,S_1,S_2,\cdots$任意两项除 1 和 2 外没有其他的公约数. 又因为

$$\frac{S_k}{2}=6(S_0S_1S_2\cdots S_{k-2})^2+1,k=2,3,\cdots$$

所以$\frac{S_k}{2}$($k=2,3,\cdots$)为奇数,$\frac{S_1}{2}=7$ 为奇数,$\frac{S_0}{2}=2$ 与所有奇数互质,因此有如下结论:$\frac{S_0}{2},\frac{S_1}{2},\frac{S_2}{2},\cdots$两两互质.

由以上结论及 Lucas-Lehmer 测试递归数列的衍生数列$\frac{S_0}{2},\frac{S_1}{2},\frac{S_2}{2},\cdots$前面若干项,本章猜想:$\frac{S_k}{2}$($k=0,1,2,\cdots$)没有平方因数. 如果此猜想成立,就揭示了该衍生数列的特殊性质,对 Mersenne 素数的研究具有启发意义.

2. Lucas-Lehmer **测试的一个关联等式与周氏猜测的关系**

以 $x_0=1$,由 Newton 迭代法的递归公式

$$x_{k+1}=\frac{1}{2}\left(x_k+\frac{n}{x_k}\right),k=0,1,2,\cdots$$

得到等式

$$x_k=\sqrt{n}\left[1+\frac{2}{\left(\frac{1+\sqrt{n}}{1-\sqrt{n}}\right)^2-1}\right]$$

$$=\frac{\dfrac{(1+\sqrt{n})^{2^k}+(1-\sqrt{n})^{2^k}}{2}}{\dfrac{(1+\sqrt{n})^{2^k}-(1-\sqrt{n})^{2^k}}{2\sqrt{n}}}$$

当 $n=3$ 时,有

$$x_k=\frac{\dfrac{(1+\sqrt{3})^{2^k}+(1-\sqrt{3})^{2^k}}{2}}{\dfrac{(1+\sqrt{3})^{2^k}-(1-\sqrt{3})^{2^k}}{2\sqrt{3}}} \tag{1}$$

若以 $x_1=1,S_1=4$,由

$$x_{k+1}=\frac{1}{2}\left(x_k+\frac{3}{x_k}\right)$$

$$S_{k+1}=S_k^2-2$$

得

$$x_k=\frac{\left(\dfrac{S_{k-1}}{2}\right)\cdot 2^{2^{k-2}}}{(S_1S_2\cdots S_{k-2})\cdot 2^{2^{k-2}}},k=3,4,\cdots \tag{2}$$

以

$$x_0=1,S_0=4$$

则式(2)调整为

$$x_k=\frac{\left(\dfrac{S_{k-1}}{2}\right)\cdot 2^{2^{k-1}}}{(S_0S_1S_2\cdots S_{k-2})\cdot 2^{2^{k-1}}},k=2,3,\cdots \tag{3}$$

观察式(1)和式(3),本章猜想以下等式成立

$$\frac{(1+\sqrt{3})^{2^k}+(1-\sqrt{3})^{2^k}}{2}=\frac{S_{k-1}}{2}\cdot 2^{2^{k-1}}$$

$$k=2,3,\cdots \tag{4}$$

证明　当 $k=2$ 时,式(4)显然成立.

假设当 $k=n$ 时,式(4)成立,即

$$\frac{(1+\sqrt{3})^{2^n}+(1-\sqrt{3})^{2^n}}{2}=\frac{S_{n-1}}{2}\cdot 2^{2^{n-1}}$$

又

$$x_0=\frac{\dfrac{(1+\sqrt{3})^{2^n}+(1-\sqrt{3})^{2^n}}{2}}{\dfrac{(1+\sqrt{3})^{2^n}-(1-\sqrt{3})^{2^n}}{2\sqrt{3}}}$$

$$x_n=\frac{\dfrac{S_{n-1}}{2}\cdot 2^{2^{n-1}}}{(S_0S_1S_2\cdots S_{n-2})\cdot 2^{2^{n-1}}}$$

则有

$$\frac{(1+\sqrt{3})^{2^n}-(1-\sqrt{3})^{2^n}}{2\sqrt{3}}=(S_0S_1S_2\cdots S_{n-2})\cdot 2^{2^{n-1}}$$

令

$$\frac{(1+\sqrt{3})^{2^n}+(1-\sqrt{3})^{2^n}}{2}=\frac{S_{n-1}}{2}\cdot 2^{2^{n-1}}=a_n$$

$$\frac{(1+\sqrt{3})^{2^n}-(1-\sqrt{3})^{2^n}}{2\sqrt{3}}=(S_0S_1S_2\cdots S_{n-2})\cdot 2^{2^{n-1}}=b_n$$

则有

$$x_n=\frac{a_n}{b_n}$$

由

$$x_{k+1}=\frac{1}{2}\left(x_k+\frac{3}{x_k}\right)$$

得

$$x_{n+1}=\frac{a_n^2+3b_n^2}{2a_nb_n}$$

$$\begin{aligned}2a_nb_n&=2\,\frac{S_{n-1}}{2}\cdot 2^{2^{n-1}}\cdot(S_0S_1S_2\cdots S_{n-2})\cdot 2^{2^{n-1}}\\&=(S_0S_2S_2\cdots S_{n-1})\cdot 2^{2^n}\end{aligned}$$

又

$$x_{n+1}=\frac{\dfrac{S_n}{2}\cdot 2^{2^n}}{(S_0S_1S_2\cdots S_{n-1})\cdot 2^{2^n}}$$

则有

$$\begin{aligned}\frac{S_n}{2}\cdot 2^{2^n}&=a_n^2+3b_n^2\\&=\left[\frac{(1+\sqrt{3})^{2^n}+(1-\sqrt{3})^{2^n}}{2}\right]^2+\\&\quad 3\left[\frac{(1+\sqrt{3})^{2^n}-(1-\sqrt{3})^{2^n}}{2\sqrt{3}}\right]^2\\&=\frac{(1+\sqrt{3})^{2^{n+1}}+(1-\sqrt{3})^{2^{n+1}}}{2}\end{aligned}$$

即当 $k=n+1$ 时,式(4)也成立.

因此,当 $k=2,3,\cdots$ 时,式(4)成立.

证毕.

根据等式(4),有

$$(1+\sqrt{3})^{2^k}+(1-\sqrt{3})^{2^k}=S_{k-1}\cdot 2^{k-1},k=2,3,\cdots$$

即

$$(1+\sqrt{3})^{2^{k+1}}+(1-\sqrt{3})^{2^{k+1}}=S_k\cdot 2^{2^k},k=1,2,\cdots \tag{5}$$

以 $S_0=4$，由

$$S_{k+1}=S_k^2-2$$

得

$$S_k=(2+\sqrt{3})^{2^k}+(2-\sqrt{3})^{2^k},k=0,1,2,\cdots \quad (6)$$

由式(5)和式(6)得

$$\frac{(1+\sqrt{3})^{2^{k+1}}+(1-\sqrt{3})^{2^{k+1}}}{(2+\sqrt{3})^{2^k}+(2-\sqrt{3})^{2^k}}=2^{2^k},k=1,2,\cdots \quad (7)$$

当 $k=0$ 时，式(7)也成立，因此有以下等式成立

$$\frac{(1+\sqrt{3})^{2^{k+1}}+(1-\sqrt{3})^{2^{k+1}}}{(2+\sqrt{3})^{2^k}+(2-\sqrt{3})^{2^k}}=2^{2^k},k=0,1,2,\cdots \quad (8)$$

可以看出，所得 $2^{2^k}(k=0,1,2,\cdots)$ 与周氏猜测所阐述的 Mersenne 素数分布规律的区间端点完全一致. 基于该结论，我们认为，等式(8)或许会在解决周氏猜测的研究中发挥重要作用.

3. 广义 Lucas-Lehmer 测试的存在性问题

由

$$\frac{(1+\sqrt{3})^{2^k}+(1-\sqrt{3})^{2^k}}{2}$$

$$=\frac{S_{k-1}}{2}\cdot 2^{2^{k-1}}=\frac{S_{k-2}^2-2}{2}\cdot 2^{2^{k-1}}$$

得

$$\frac{(1+\sqrt{3})^{2^k}+(1-\sqrt{3})^{2^k}}{2}+2^{2^{k-1}}=2^{2^{k-1}-1}S_{k-2}^2$$

则有

$$\frac{(1+\sqrt{3})^{2^p}+(1-\sqrt{3})^{2^p}}{2}+2^{2^{p-1}}=2^{2^{p-1}}S_{p-2}^2$$

当 $M_p(p\neq 2)$ 是素数时，M_p 整除 S_{p-2}，则 M_p 整除 $2^{2^{p-1}-1}S_{p-2}^2$，M_p 整除 $\frac{(1+\sqrt{3})^{2^p}+(1-\sqrt{3})^{2^p}}{2}+2^{2^{p-1}}$.

将 $\frac{(1+\sqrt{3})^{2^p}+(1-\sqrt{3})^{2^p}}{2}+2^{2^{p-1}}$ 按二项式展开得

$$1+C_{2^p}^2\cdot 3+C_{2^p}^4\cdot 3^2+\cdots+$$

$$C_{2^p}^{2^p-2}\cdot 3^{2^{p-1}-1}+3^{2^{p-1}}+2^{2^{p-1}}$$

当 $M_p(p\neq 2)$ 是素数时，显然 M_p 整除 $C_{2^p}^{2i}(i=1,2,\cdots,2^{p-1}-1)$，则 M_p 整除 $1+3^{2^{p-1}}+2^{2^{p-1}}$.

又

$$1+3^{2^{p-1}}+2^{2^{p-1}}=3+3^{2^{p-1}}+2(2^{2^{p-1}-1})$$

根据 Fermat 小定理

$$2^{p-1}\equiv 1(\bmod p)$$

则 p 整除 $2^{p-1}-1$，2^p-1 整除 $2^{2^{p-1}-1}-1$，即 M_p 整除 $2^{2^{p-1}-1}-1$，则 M_p 整除 $3+3^{2^{p-1}}$，M_p 整除 $1+3^{2^{p-1}-1}$

由此得出结论：若 $M_p(p\neq 2)$ 是素数，则 M_p 整除$1+3^{2^{p-1}-1}$.

我们猜想：$M_p(p\neq 2)$ 是素数，当且仅当 M_p 整除$1+3^{2^{p-1}-1}$.

如果以上猜想成立，提出以下问题：

是否存在更多的与 Lucas-Lehmer 测试原理相同的整除测试方法来检验 Mersenne 数的素性，即是否存在广义的 Lucas-Lehmer 测试？如果存在的话，将会对寻找新的 Mersenne 素数提供极大的便利.

§4 结论

通过本章的研究,可得出以下结论.

(1) Lucas-Lehmer 测试递归数列的衍生数列$\frac{S_0}{2},\frac{S_1}{2},\frac{S_2}{2},\cdots$两两互质;猜想该数列的每一项都没有平方因数.

(2)等式

$$\frac{(1+\sqrt{3})^{2^{k+1}}+(1-\sqrt{3})^{2^{k+1}}}{(2+\sqrt{3})^{2^k}+(2-\sqrt{3})^{2^k}}=2^{2^k},k=0,1,2,\cdots$$

所得 $2^{2^k}(k=0,1,2,\cdots)$与周氏猜测所阐述的 Mersenne 素数分布规律的区间端点完全一致.

(3)若 $M_p(p\neq 2)$是素数,则 M_p 整除 $1+3^{2^{p-1}-1}$;猜想 $M_p(p\neq 2)$是素数,当且仅当 M_p 整除 $1+3^{2^{p-1}-1}$,即存在广义的 Lucas-Lehmer 测试.

参考资料

[1] ROSEN K H. Elementary number theory and its applications [M]. Wokingham: Addison-Wesley,2009.

[2] 张四保. Mersenne 素数研究综述[J]. 科技导报,2008,26(18):88-92.

[3]　周海中. Mersenne 素数的分布规律[J]. 中山大学学报(自然科学版),1992,31(4):121-122.

[4]　张景中. "周氏猜测"揭示数学之美[C]/30 年科技成就 100 例. 武汉:湖北少年儿童出版社,2008:8-9.

[5]　施潇潇,陈晓东. 基于网格技术的 Mersenne 素数搜索[J]. 世界科技研究与进展,2008,30(3):260-263.

[6]　WEISSTEIN E. Newton's iteration[EB/OL]. [2009-12-06]. http://mathworld.wolfram.com/Newtonslteration.html.

[7]　石永进. Mersenne 素数与$\sqrt{3}$[J]. 中国科技信息,2009,20(22):44-46.

论 Mersenne 素数分布规律的一个猜想[①]

第25章

Mersenne 素数的分布规律是数论研究中的一大难题. 喀什师范学院数学系的阿布都瓦克·玉奴司,张四保两位教授2013年从已被发现的 Mersenne 素数情况出发,通过数据分析指出了一个有关 Mersenne 素数分布猜想的错误.

§1 问题的提出

素数也叫质数,是只能被1和自身整除的正整数,如2,3,5,7,22等. 2300年前,古希腊数学家 Euclid 证明了素数有无穷多个,并提出一些素数可写成"2^p-1"(其中指数 p 也是素数)的形式. 这种特殊形式的素数具有独特的性质和无穷的魅力,千百年来一直吸引着众多的数学家和

① 本章摘自《广东工业大学学报》,2013年,第30卷,第3期.

无数的业余数学爱好者对它进行探究.

17 世纪法国数学家 Mersenne 曾对“2^p-1”形素数作过较为系统而深入的探究,并作出著名的断言(现称“Mersenne 猜想”)[1]. 由于他对 Mersenne 素数的研究贡献,数学界就把 2^p-1 形的数称为“Mersenne 数”,并以 M_p 记之. 如果 M_p 为素数,则称之为“Mersenne 素数”.

Mersenne 素数貌似简单,但研究难度却很大. 它不仅需要高深的理论和纯熟的技巧,而且还需要进行艰辛的计算,历来是数论研究的一项重要内容,也是当今科学探索的热点和难点之一[2]. 目前,Mersenne 数 M_p 的素性检测主要是利用 Lucas-Lehmer 测试法:对于所有大于 1 的奇数 p,M_p 是素数,当且仅当 M_p 整除 $S(p-1)$,其中 $S(n)$ 由

$$S(n+1)=S(n)^2-2,S(1)=4$$

递归定义[3]. 迄今为止,人类仅发现 47 个 Mersenne 素数;值得一提的是,在所发现的 47 个 Mersenne 素数中,只确定前 41 个素数的位次,而后 6 个素数的位次尚未确定[4].

素数的分布时疏时密很不规则,而特殊素数——Mersenne 素数的分布就更加无序,加上人们尚未知 Mersenne 素数是否有无穷多个,因此探究 Mersenne 素数的重要性质——分布规律似乎比寻找新的 Mersenne 素数更为艰难. 英、法、德、美等国的数学家都曾分别给出过有关 Mersenne 素数分布的猜测,但他们的猜测都是“近似”的,没有准确的表达式,而且与实际接近程度相距甚远. 中国数学家周海中[5]于 1992 年首次给出了 Mersenne 素数分布的精确表达式:当 $2^{2^n}<p<2^{2^{n+1}}$ $(n=0,1,2,\cdots)$ 时,Mersenne 素数的个数为 $2^{n+1}-$

1;并且据此给出了推论:当 $p<2^{2^{n+1}}$ 时,Mersenne 素数的个数为 $2^{n+2}-n-2$. 后来,其研究成果在国际上被命名为“周氏猜测”. 有关学者认为,“周氏猜测”是 Mersenne 素数研究中的一项重大突破[6]. 值得一提的是,周氏猜测至今尚未被解决,已成为著名的数学难题[7].

针对 Mersenne 素数的分布规律的问题,有关学者都曾提出过一些猜想,如文献[8-10],其中文献[8-10]中的有关猜想反映了 Mersenne 素数中的指数 p 的增长“加速度”.

猜想 1[8]　Mersenne 素数中的指数 p 所形成数列的二阶差分序列 $\{\triangle^2 p_n\}$ 具有如下性质:如果从首项开始按 5 项一组来划分,则每组中恰有 3 项非负值和 2 项负值.

猜想 2[9]　Mersenne 素数的指数 p 所形成数列的二阶差分序列 $\{\triangle^2 p_n\}$ 具有如下性质:如果从首项开始按 10 项一组来划分,则每组中恰有 6 项非负值和 4 项负值.

对于上述猜想 1,文献[11]通过数据分析指出了该猜想的错误;而对于文献[10]中的有关结论,文献[12]也给出相应的质疑. 本章针对上述猜想 2,通过已知 Mersenne 素数有关数据,指出其错误.

§2　数据分析与说明

对于猜想 1、猜想 2 有关二阶差分序列的含义可参考文献[11]. 为了便于说明,现将已被发现的 47 个 Mersenne 素数的指数 p 及其一阶差分 $\triangle p$ 与二阶差分 $\triangle^2 p$ 列表 1 如下.

表 1　Mersenne 素数的指数 p 的一、二阶差分表

位次	p	Δp	Δp^2	位次	p	Δp	$\Delta^2 p$
1	2	–	–	25	21 701	1 764	−6 960
2	3	1	–	26	23 209	1 508	−256
3	5	2	1	27	44 497	21 288	19 780
4	7	2	0	28	86 243	41 746	20 458
5	13	6	4	29	110 503	24 260	−17 486
6	17	4	−2	30	132 049	21 546	−2 714
7	19	2	−2	31	216 091	84 042	62 496
8	31	12	10	32	756 839	540 748	456 706
9	61	30	18	33	859 433	102 594	−438 154
10	89	28	−2	34	1 257 787	398 354	295 760
11	107	18	−10	35	1 398 269	140 482	− 257 872
12	127	20	2	36	2 976 221	1 577 952	1 437 470
13	521	394	374	37	3 021 377	451 56	−1 532 796

续表 1

位次	p	Δp	Δp^2	位次	p	Δp	$\Delta^2 p$
14	607	86	-308	38	6 972 593	3 951 216	3 906 060
15	1 279	672	586	39	13 466 917	6 494 324	2 543 108
16	2 203	924	252	40	20 996 011	7 529 094	1 034 770
17	2 281	78	-846	41	24 036 583	3 040 572	-4 488 522
18	3 217	936	858	42?	25 964 951	1 928 368	-1 112 204
19	4 253	1 036	100	43?	30 402 457	–	–
20	4 423	170	-866	44?	32 582 657	–	–
21	9 689	5 266	5 096	45?	37 156 667	–	–
22	9 941	252	-5 014	46?	42 643 801	–	–
23	11 213	1 272	1 020	47?	43 112 609	–	–
24	19 937	8 724	7 452				

注 “?”表示该 Mersenne 素数还未被确定其位次.

由于在已被发现的 Mersenne 素数序列中，后 6 个素数的位次还没确定下来，故不需计算出它们之间的一阶差分$\triangle p$与二阶差分$\triangle^2 p$. 而为了说明问题，本章暂时将二阶差分$\triangle^2 p$计算至$M_{25\,964\,951}$. 按照文献[5]中的猜测，对于指数 p 所形成的二阶差分序列按 10 项一组来划分，M_5 至 M_{127} 为第 1 组，M_{521} 至 $M_{9\,941}$ 为第 2 组，$M_{11\,213}$ 至 $M_{756\,839}$ 为第 3 组，从 $M_{859\,433}$ 开始为第 4 组，通过表 1 的数据，第 1 组、第 2 组、第 3 组确实符合猜想 2 的结论. 在第 4 组中，只有 9 个素数是被确定位次的，而 $M_{25\,964\,951}$ 是已知序列中的下一个，现对 $24\,036\,583 < p < 25\,964\,951$ 分情况讨论.

情况 1　假定在

$$24\,036\,583 < p < 25\,964\,951$$

中无素数 p 使得 $2^p - 1$ 为 Mersenne 素数.

在这种情况下，$M_{859\,433}$ 至 $M_{25\,964\,951}$ 为第 4 组，指数 p 所形成的二阶差分序列按 10 项一组来划分，该组中有 5 项正值和 5 项负值. 显然，猜想 2 不符合这一事实.

情况 2　假定在

$$24\,036\,583 < p < 25\,964\,951$$

中有素数 p 使得 $2^p - 1$ 为 Mersenne 素数.

假设 $p_1 \in (24\,036\,583, 25\,964\,951)$ 是使得 $2^{p_1} - 1$ 为 Mersenne 素数的素数，则

$$p_1 - 24\,036\,583 < 25\,964\,951 - 24\,036\,583 = 1\,928\,368$$

进而有

$$\begin{aligned} & p_1 - 24\,036\,583 - 3\,040\,572 \\ & < 1\,928\,368 - 3\,040\,572 = -1\,112\,204 \end{aligned}$$

因而,在这种情况下,划分中的第 4 组中必有 5 项正值和 5 项负值.

结合以上两种情况,在指数 p 所形成的二阶差分序列按 10 项一组来划分,第 4 组中必有 5 项正值和 5 项负值.

§3 结论

由于 Mersenne 素数的指数 p 所形成的二阶差分序列按 10 项一组来划分,第 4 组中有 5 项正值和 5 项负值,因而有关 Mersenne 素数的猜想"Mersenne 素数的指数 p 所形成数列的二阶差分序列 $\{\triangle 2p_n\}$ 具有如下性质:如果从首项开始按 10 项一组来划分,则每组中恰有 6 项非负值和 4 项负值"是错误的.

§4 补充说明

据英国《新科学家》杂志网站报道,美国中央密苏里大学数学教授 Curtis Cooper 领导的研究小组通过 GIMPS(因特网 Mersenne 素数大搜索)国际项目于 2013 年 1 月 25 日发现了已知的最大 Mersenne 素数——$2^{57\,885\,161}-1$,即第 48 个 Mersenne 素数 $M_{57\,885\,161}$;该素数有 17 425 170 位,如果用普通字号将它连续打印下来,它的长度可超过 65km![13] GIMPS 进行了双检

测，于 2012 年 12 月 20 日证实了 $M_{25\,964\,951}$ 是位于第 42 个的 Mersenne 素数. 由此可见，在上面的情况分析中，实际情况为情况 1，显而易见，文献[9]所提出的有关 Mersenne 素数分布的猜想 2 是错误的.

参考资料

[1] 张四保，陈晓明. Mersenne 素数与周氏猜测[J]. 科技导报，2013，31(3)：84.

[2] ROSEN K H. Elementary Number Theory and Its Applications [M]. Wokingham：Addison-Wesley，2009.

[3] 高全泉. Mersenne 素数研究的若干基本理论及意义[J]. 数学的实践与认识，2006，36(1)：232-238.

[4] CHRIS K C. Mersenne Primes：History，Theorems and Lists [EB/OL]. (2013-01-28). http://primes.utm.edu/mersenne/index.html.

[5] 周海中. Mersenne 素数的分布规律[J]. 中山大学学报，1992，31(4)：121-122.

[6] 施潇潇，陈晓东. 基于网格技术的 Mersenne 素数搜索[J]. 世界科技研究与进展，2008，30(3)：260-263.

[7] 石永进，成启明. Mersenne 素数的一些注记[J]. 科技导报，2010，28(6)：25-28.

[8] 岑成德. 关于 Mersenne 素数分布性质的猜想

[J]. 中山大学学报,1999,38(3):107-108.

[9] 岑成德. 对 Mersenne 素数分布规律的一种猜想[J]. 商丘师专学报,1999,15(4):116-117.

[10] 陈漱文. 关于 Mersenne 素数分布规律的猜想[J]. 黄淮学刊,1995,11(4):45- 46.

[11] 张四保. 对一个 Mersenne 素数分布猜想的质疑[J]. 科技导报,2008,26(1):74-75.

[12] Zhang Sibao, Ma Xiaocheng, Zhou Lihang. Some notes on the distribution of mersenne primes[J]. Applied Mathematics, 2010,1(4):312-315.

[13] 朱庆元. 美国数学教授发现已知的最大 Mersenne 素数[EB/OL]. (2013- 02- 06). http://tech.gmw.cn/2013- 02/06/content_6642846. htm.

第七编

Mersenne 数的最大无平方部分

关于 Mersenne 数的最大无平方部分[①]

第 26 章

设 p 是奇素数,韶关大学数学系的杨欣芳教授 1997 年证明了:Mersenne 数 2^p-1 的最大无平方部分 $Q(2^p-1)$ 满足

$$Q(2^p-1) \geqslant \min\left(2^p-1, \left(\frac{\pi p}{\log p}\right)^2\right)$$

§1 引言

设 p 是奇素数,形如 2^p-1 的正整数称为 Mersenne 数,由于 Mersenne 数与偶完全数问题等数论中的著名难题有着密切的联系,所以关于它的各种数论性质曾有过大量的研究[1].

对于正整数 b,b 可唯一地表示成

$$b=a^2d$$

① 本章摘自《韶关大学学报(自然科学版)》,1997 年,第 18 卷,第 2 期.

其中 a 是正整数,d 是无平方因数的正整数. 如此的 d 称为 b 的最大无平方部分,记作 $Q(b)$. 关于 Mersenne 数 2^p-1 的最大无平方部分 $Q(2^p-1)$,Stewart[2] 运用超越数论方法证明了:当 p 充分大时

$$Q(2^p-1)>\frac{cp}{(\log p)^2} \tag{1}$$

其中 c 是可有效计算的绝对常数. 本章运用代数数论中有关虚二次域类数的上界估计,对下界(1)作了本质上的改进,即证明了:

定理 对于任何奇素数 p 有

$$Q(2^p-1)\geqslant\min\left(2^p-1,\left(\frac{\pi p}{\log p}\right)^2\right)$$

§2 若干引理

设 d 是无平方因数的正整数,Δ_k、h_k 分别是虚二次域 $K=Q(\sqrt{-d})$ 的判别式和类数.

从文献[3]可知

$$\Delta_k=\begin{cases}-d,当\ d\equiv3(\bmod 4)时\\-4d,当\ d\not\equiv3(\bmod 4)时\end{cases} \tag{2}$$

以及

$$h_k=\frac{\omega_k}{2\pi}\sqrt{|\Delta_k|}L(1,\chi) \tag{3}$$

其中χ 是 K 的特征函数,$L(S,\chi)$是 X 的 Dirichlet L - 函数

$$\omega_k=\begin{cases}6,当\ \Delta_k=-3\ 时\\4,当\ \Delta_k=-4\ 时\\2,当\ \Delta_k<-4\ 时\end{cases}\tag{4}$$

引理 1

$$L(1,\chi)\leqslant\frac{1}{2}\log|\Delta_k|+\frac{1}{2}(2+\gamma-\log 4\pi)$$

其中 γ 是 Euler 常数.

证明 由于虚二次域 $K=Q(\sqrt{-d})$ 的特征函数 χ 是模 $|\Delta_k|$ 的原特征,故从文献[4]立得本引理.

引理 2 当 $d>3$,则适合

$$\frac{1+a\sqrt{-d}}{2}=\pm\left(\frac{x+y\sqrt{-d}}{2}\right)^t,a>0,xy\neq 0$$

的正奇数 $t=1$.

证明 参见文献[5].

§3 定理的证明

设

$$d=Q(2^p-1)$$

是 Mersenne 数 2^p-1 的最大无平方部分,又设 Δ_k,h_k 分别是虚二次域 $K=Q(\sqrt{-d})$ 的判别式和类数,此时

$$2^p-1=a^2d\tag{5}$$

其中 a,d 都是奇数. 因为 $p\geqslant 3$ 且 $a^2\equiv 1(\bmod 8)$,故从(5)可知 $d\equiv 7(\bmod 8)$,因此从(2)(3)(4)可知

$$\Delta_k = -d, \omega_k = 2$$

以及

$$h_k = \frac{\sqrt{d}}{\pi} L(1, \chi) \tag{6}$$

设 Q_k, U_k 分别是 K 的代数整数环以及单位群，从文献[3]可知

$$O_k = \left\{ \frac{x + y\sqrt{-d}}{2} \middle| x, y \in \mathbf{Z}, x \equiv y \pmod 2 \right\} \tag{7}$$

$$U_k = \{\pm 1\} \tag{8}$$

从(5)可得

$$\frac{1 + a^2 d}{4} = \frac{1 + a\sqrt{-d}}{2} \cdot \frac{1 - a\sqrt{-d}}{2} = 2^{p-2} \tag{9}$$

其中$\frac{1 + a\sqrt{-d}}{2}$，$\frac{1 - a\sqrt{-d}}{2}$是 O_k 中互素的代数整数. 对于 K 中代数整数 α，设$[\alpha]$是由 α 生成的主理想数，由于

$$-d \equiv 1 \pmod 8$$

故有$\chi(2) = 1$，因此从文献[3]可知

$$[2] = q_1 q_2 \tag{10}$$

其中 q_1, q_2 是 K 中不同的素理想数. 结合(9)(10)立得

$$\left[\frac{1 + a\sqrt{-d}}{2}\right]\left[\frac{1 - a\sqrt{-d}}{2}\right] = q_1^{p-2} q_2^{p-2} \tag{11}$$

因为$\frac{1 + a\sqrt{-d}}{2}$与$\frac{1 - a\sqrt{-d}}{2}$互素，故从(11)可知

$$\left[\frac{1 + a\sqrt{-d}}{2}\right] = q_1^{p-2} \tag{12}$$

注意到(12)的左边是主理想数,所以 q_1^{p-2} 也是主理想数,因此

$$p-2=kt \tag{13}$$

其中 k,t 是可使 q_1^k 为主理想数的正整数.因为 q_1^k 是主理想数,故从(7)可知

$$q_1^k=\left[\frac{x+y\sqrt{-d}}{2}\right],x,y\in\mathbf{Z},x\equiv y\pmod 2 \tag{14}$$

于是从(8)(12)(13)(14)可得

$$\frac{1+a\sqrt{-d}}{2}=\pm\left(\frac{x+y\sqrt{-d}}{2}\right)^t \tag{15}$$

由引理 2,即得 $t=1$.

由于 $t=1$,故从(12)(13)立得 $k=p-2$,又因 k 是使得 q_1^k 为主理想数的正整数,所以 k 是类数 h_k 的约数,故有

$$h_k\geqslant p-2 \tag{16}$$

结合(6)(16)立得

$$\sqrt{d}=\frac{\pi h_k}{L(1,\chi)}\geqslant\frac{\pi(p-2)}{L(1,\chi)} \tag{17}$$

再根据引理 1,从(17)可得

$$\sqrt{d}>\frac{2\pi(p-2)}{\log d+(2+r-\log 4\pi)} \tag{18}$$

(a)由文献[6]附录中的计算结果:

当 $p<100$ 时

$$Q(2^p-1)=2^p-1$$

因此以下只需考虑 $p\geqslant 101$ 的情况.下面运用反证法证明:当 $p\geqslant 101$ 时

$$\sqrt{d} > \frac{\pi p}{\log p} \tag{19}$$

(b)假如式(19)不成立,则必有

$$\sqrt{d} \leqslant \frac{\pi p}{\log p}$$

此时从(18)可得

$$\frac{\pi p}{\log p}((2\log \pi p - 2\log \log p) + (2 + r - \log 4\pi)) > 2\pi(p-2) \tag{20}$$

将(20)化简后可得

$$\frac{1}{2}\left(2 + r - \log \frac{4}{\pi}\right) + \frac{\log p}{p} > \log \log p \tag{21}$$

因为当 $p > \mathrm{e}$ 时,$\frac{\log p}{p}$是单调递减的,$\log \log p$ 是单调递增的,所以当 $p \geqslant 101$ 时,从(21)可得

$$\begin{aligned} 1.26 &> \frac{1}{2}(2 + 0.577\,217 - 0.241\,564) + 0.921\,035 \\ &> \frac{1}{2}\left(2 + r - \log \frac{4}{\pi}\right) + \frac{2\log 100}{100} \\ &> \frac{1}{2}\left(2 + r - \log \frac{4}{\pi}\right) + \frac{2\log p}{p} \\ &> \log \log p > \log \log 100 \approx 1.527\,18 \end{aligned}$$

导致矛盾,由此可知式(19)成立,即当 $p \geqslant 101$ 时

$$d > \left(\frac{\pi p}{\log p}\right)^2$$

于是,对于任何奇素数 p 有

$$Q(2^p - 1) \geqslant \min\left(2^p - 1, \left(\frac{\pi p}{\log p}\right)^2\right)$$

证毕.

参考资料

[1] 乐茂华. 初等数论[M]. 广州:广东高等教育出版社,1995.

[2] STEWART C L. On divisors of terms of linear recurrence sequences [J]. Reine Angew. Math, 1982,333:12-31.

[3] 乐茂华. 二次域[M]. 乌鲁木齐:新疆人民出版社,1995.

[4] Lo boutin S. Majorations explicites de $|L(1,\chi)|$, C. R. Acad. Sci. Paris Ser Ⅰ Math, Sci, 1993, 316:11-14.

[5] 乐茂华. 一类虚二次域类数的可除性[J]. 科学通报,1987,32:724-727.

[6] 万哲先. 代数与编码[M]. 北京:科学出版社,1976.

第27章 关于广义 Mersenne 数的最大无平方因数①

设 a 是大于 1 的正整数,p 是奇素数. 湛江师范学院数学系的余立,乐茂华两位教授 1996 年证明了:当 $a=2$ 或者 $2\nmid a$ 时,广义 Mersenne 数 a^p-1 的最大无平方因数 $Q(a^p-1)$ 满足

$$Q(a^p-1)>C\left(\frac{p}{\log p}\right)^2$$

其中 C 是可有效计算的绝对正常数.

§1 引言

设 p 是奇素数,此时,形如 2^p-1 的正整数称为 Mersenne 数. 2000 多年来,Mersenne 数与数论中很多著名问题有着

① 本章摘自《湛江师范学院学报(自然科学版)》,1996年,第17卷,第2期.

密切的联系(参见文献[1]). 设 a 是大于 1 的正整数. 形如 a^p-1 的正整数称为广义 Mersenne 数. 近几十年来,人们对 Mersenne 数和广义 Mersenne 数的数论性质进行了大量的研究. 这些工作不但丰富了数论本身的内容,同时在编码理论、计算机数学等领域也有广泛的应用(参见文献[2-3]).

对于正整数 a,设 $Q(a)$ 是 a 的最大无平方因数. 此时,任何给定的 a 都可唯一地表示成

$$a=Q(a)b^2$$

其中 b 是正整数. 根据初等数论中的 Euler 定理不难证明:当 $a\not\equiv 1 \pmod p$ 时,正整数 $\frac{a^p-1}{a-1}$ 的素因数 q 都可表成

$$q=2kp+1$$

之形,其中 k 是正整数(参见文献[1]),由于从文献[4]可知 Mersenne 数 2^p-1 不可能是平方数,因此从以上分析可知

$$Q(2^p-1)\geqslant 2p+1 \tag{1}$$

1976 年,Erdös 和 Shorey[5] 证明了:对于几乎所有的奇素数 p 有

$$Q(2^p-1)\geqslant \frac{p(\log p)^2}{(\log\log p)^3} \tag{2}$$

1982 年,Stewart[6] 运用 Baker 方法对于一般的广义 Mersenne 数证明了:当 $p>C_1$ 时

$$Q(a^p-1)>C_2\frac{p}{(\log p)^2} \tag{3}$$

其中 C_1,C_2 是与 a 有关的可计算常数. 本章运用代数数论方法,结合有关超椭圆 Diophantus 方程的可解性,证明下列结果:

定理 1 当 $a=2$ 时,如果 $p\leqslant 100$,则

$$Q(a^p-1)=a^p-1$$

如果 $p>100$,则必有

$$Q(a^p-1)>\left(\frac{\pi p}{\log p}\right)^2$$

定理 2 当 $2\nmid a$ 时,除了

$$Q(3^5-1)=2$$

以外,必有

$$Q(a^p-1)\geqslant\begin{cases}10, 当 p=3 时\\ \left(\dfrac{\pi p}{3\log p}\right)^2, 当 p>3 时\end{cases}$$

显然,以上两个定理分别在本质上改进了下界(1)(2)(3).

§2 若干引理

设 D 是无平方因子正整数,Δ_k,h_k 分别是虚二次域 $K=Q(\sqrt{-D})$ 的判别式和类数,根据文献[7]可知

$$\Delta_k=\begin{cases}-D, 当 D\equiv 3(\bmod 4)时\\ -4D, 当 D\not\equiv 3(\bmod 4)时\end{cases}\tag{4}$$

$$h_k=\frac{\omega_k\sqrt{|\Delta_k|}}{2\pi}L(1,\chi)\tag{5}$$

其中 ω_k 是 K 中不同单位根的个数，χ 是模 $|\Delta_k|$ 的实原特征，$L(s,\chi)$ 是 χ 的 Dirichlet L - 函数.

引理 1　如果 χ 是模 m 的实原特征，则有

$$L(1,\chi)\leqslant\begin{cases}\frac{1}{4}\log m+\frac{1}{4}(2+\gamma-\log\pi),\text{当 }2\mid m\text{ 时}\\\frac{1}{2}\log m+\frac{1}{2}(2+\gamma-\log 4\pi),\text{当 }2\nmid m\text{ 时}\end{cases}$$

其中 γ 是 Euler 常数.

证明　参见文献[8].

引理 2　方程

$$X^p=1+Y^2,X,Y\in\mathbf{N},p\text{ 是奇素数}$$

无解 (X,Y,p).

证明　参见文献[9].

引理 3　当 $D=2$ 时，方程

$$X^p=1+DY^2,X,Y\in\mathbf{N},2\nmid X,p\text{ 是奇素数}\tag{6}$$

仅有解 $(X,Y,p)=(3,11,5)$.

证明　参见文献[10].

引理 4　当 $D>2$ 时，方程(6)的解 (X,Y,p) 都满足 $p\mid h_k$.

证明　参见文献[10]

引理 5　方程

$$4X^n=1+DY^2,X,Y,n\in N,n>2\tag{7}$$

的解 (X,Y,n) 都满足 $n\mid h_k$.

证明　参见文献[11].

§3 定理 1 的证明

设

$$D = Q(2^p - 1)$$

从文献[2]可知：当 $p \leqslant 100$ 时，$D = 2^p - 1$. 因此以下仅需考虑 $p > 100$ 时的情况.

因为

$$2^p - 1 = Db^2, b \in \mathbf{N} \tag{8}$$

故从(8)可知此时方程(7)有解 $(X, Y, n) = (2, b, p - 2)$. 于是根据引理 5 可知 $(p-2) \mid h_k$，其中 h_k 是虚二次域 $K = Q(\sqrt{-D})$ 的类数. 因此

$$h_k \geqslant p - 2 \tag{9}$$

同时，从(8)可知 D 适合

$$D \equiv 7 \pmod 8$$

故从(4)可知 $\Delta_k = -D$. 又因 $D \geqslant 7$，故有 $\omega_k = 2$. 所以根据类数公式(5)立得

$$h_k = \frac{\sqrt{D}}{\pi} L(1, \chi) \tag{10}$$

由于 Euler 常数 γ 适合 $\gamma < 0.577\,215\,664\,9$，所以根据引理 1，从(10)可得

$$h_k < \frac{\sqrt{D}}{\pi}\left(\frac{1}{2}\log D + 0.022\,96\right) \tag{11}$$

结合(9)(11)立得

$$2\pi p < \sqrt{D}\log D + 4.04592\pi \tag{12}$$

假如 $D \leqslant \left(\frac{\pi p}{\log p}\right)^2$,则从(12)可得

$$2\pi p < \frac{2\pi p}{\log p}(\log \pi + \log p - \log\log p) + 4.04592\pi \tag{13}$$

因为 $p > 100$,故从(13)可得

$$52.11 < 2\pi p\left(\frac{\log\log p - \log \pi}{\log p}\right)$$

$$< 4.04592\pi < 12.71$$

这一矛盾. 定理得证.

§4　定理 2 的证明

当 $2 \nmid a$ 时,设

$$D = Q(a^p - 1)$$

此时,从

$$a^p - 1 = Db^2, b \in \mathbf{N}$$

可知方程(6)有解 $(X, Y, p) = (a, b, p)$. 根据引理 2 可知 $D \neq 1$,又从引理 3 可知除了 $Q(3^5 - 1) = 2$ 以外,必有 $D \neq 2$. 因此以下仅需考虑 $D > 2$ 的情况. 此时根据引理 4 可知 $p \mid h_k$,故有

$$h_k \geqslant p \tag{14}$$

因为从(4)可知 $|\Delta_k| \leqslant 4D$,所以根据引理 1,从(5)可得

$$h_k < \frac{2\sqrt{D}}{\pi}\left(\frac{1}{2}\log 4D + 0.02296\right) \qquad (15)$$

结合(14)(15)立得

$$\pi p < \sqrt{D}\log 4D + 0.04592\pi \qquad (16)$$

根据(16)不难算出:当 $p=3$ 时,$D\geqslant 10$;当 $p>3$ 时

$$D > \left(\frac{\pi p}{3\log p}\right)^2$$

定理证毕.

参考资料

[1] 乐茂华. 初等数论[M]. 广州:广东高等教育出版社,1995.

[2] 万哲先. 代数和编码[M]. 北京:科学出版社,1976.

[3] 孙琦,郑德勋,沈仲琦. 快速数论变换[M]. 北京:科学出版社,1980.

[4] CASSELS J W S. On the equation $a^x - b^y = 1$[J]. Amer. Math. ,1953(75),159-162.

[5] ERDÖS P, SHOREY T N. On the greatest prime factor of $2^p - 1$ for a prime p and other expression[J]. Acta Arith,1976(30),257-265.

[6] STEWART C L. On divisors of terms of linear recurrence sequences[J]. Reine Angew. Math. ,1982(333),12-31.

[7] 乐茂华. 二次域[M]. 乌鲁木齐:新疆人民出版

社,1995.

[8] LOUBOUTIN S. Majorations explicites de $|L(1, x)|$, C. R. Acad. Sci. Paris Sér. Ⅰ Math. Sci., 1993(316),11-14.

[9] LEBESGUE V A. Sur l'impossibilité, en nomobres entiers, de l'équation $x^m = y^2 + 1$, Nouv. Ann. Math., 1850(9),178-181.

[10] NAGELL T. Sur l'impossibilité de quelques equations a deux indeterminess, Norsk. Mat. Forenings Skrifter(1),1921(13),65-82.

[11] LJUNGGREN W. Uber die Cleichungen $1 + Dx^2 = 2y^n$ and $1 + Dx^2 = 4y^n$, Norske Vid. Selsk. Forhandl 15,1942(30),115-118.

第28章 关于 Mersenne 数①

设 $\mathbf{Z},\mathbf{N}_+,\mathbf{Q}$ 分别是全体整数、正整数以及有理数的集合,对于素数 p,形如 2^p-1 的正整数称为 Mersenne 数,记作 M_p,由于 Mersenne 数不但与完全数问题等著名数论难题有着直接的联系,而且还在计算机数学,信息技术等方面有着广泛的应用,所以人们对于它的数论性质一直抱有极大的兴趣[1].

对于大于 1 的正整数 a,设 $P(a)$、$W(a)$分别是 a 的最大素因素和不同素因数的个数,同时,a 可以唯一地表示成一个无平方因子正整数与一个平方数的乘积,其中前者称为 a 的无平方因子部分[2],记作 $D(a)$,由于已知 M_p 的任何素因数 q 都满足

$$q\equiv 1(\bmod 2p)$$

① 本章摘自《吉首大学学报(自然科学版)》,1999 年,第 20 卷,第 1 期.

而且从本章的引理 3 可知 M_p 不可能是平方数,故有

$$P(M_p)\geqslant 2p+1$$

以及

$$D(M_p)\geqslant 2p+1$$

然而上述下界的改进是相当困难的,目前仅有一些较弱的结果,例如 Erdös 和 Shorey[3] 运用解析数论中的 Brun 筛法证明了:对于几乎所有的素数 p,有

$$P(M_p)>\frac{P(\log p)^2}{(\log\log p)^3}$$

湛江师范学院数学系的乐茂华教授 1999 年运用代数数论和超越数论方法证明了下列结果:

定理 1　当 $p\geqslant 11$ 时

$$D(M_p)>\left(\frac{\pi p}{\log p}\right)^2$$

定理 2　当 $p>10^{100}$ 时,必有

$$P(M_p)>P^{\log p}$$

或者

$$\omega(M_p)>\frac{\log p}{7\log\log p}$$

显然,上述结果对于研究 Mersenne 数的因数分解有一定的帮助.

§1　定理 1 的证明

引理 1　设 D 是无平方因数正整数,h_k 是虚二次

域 $K=Q(\sqrt{-D})$ 的类数,此时,方程

$$1+Dx^2=4y^n,x,y,n\in\mathbf{N}_+,y>1,n>1,2\nmid n \quad (1)$$

的解(x,y,n)都满足 $n\mid h_k$.

证明 参见文献[4].

引理2 设 x 是模 q 的实原特征,$L(s,x)$是 x 的 Dirichlet $L-$函数,此时

$$L(1,x)\leqslant\begin{cases}\frac{1}{4}\log q+\frac{1}{4}(2+\gamma-\log\pi),当 2\mid q 时\\\frac{1}{2}\log q+\frac{1}{2}(2+\gamma-\log(4\pi)),当 2\nmid q 时\end{cases}$$

其中 γ 是 Euler 常数.

证明 参见文献[5].

定理1的证明 从文献[6]可知本定理在 $p<100$ 时成立,以下假定 $p\geqslant101$,设 $D=D(M_p)$,h_k 是 $K=Q(\sqrt{-D})$的类数,此时有

$$M_p=2^p-1=Db^2$$

其中 b 是正整数,由此可知方程(1)有解$(x,y,n)=(b,2,p-2)$. 根据引理1可知 $p-2\mid h_k$,故有

$$h_k\geqslant p-2 \quad (2)$$

因为

$$D\geqslant2p+1>3 且 D\equiv-1(\bmod 4)$$

所以根据虚二次域的类数公式(参见文献[7])可知

$$h_k=\frac{\sqrt{D}}{\pi}L(1,x) \quad (3)$$

其中 x 是模 D 的实原特征. 因此可知

$$L(1,x)<\log\sqrt{D}+0.023\ 15$$

于是从(2)(3)可得

$$\pi(p-2)<\sqrt{D}(\log\sqrt{D}+0.023\ 15) \tag{4}$$

因为 $p\geqslant 101$,故由(4)可知 $\sqrt{D}>\frac{\pi P}{\log p}$. 证毕.

§2 定理2的证明

引理3 方程

$$\frac{x^n-1}{x-1}=y^2, x,y,n\in\mathbf{N}_+, x>1, n>2 \tag{5}$$

仅有解 $(x,y,n)=(3,11,5),(7,20,4)$.

证明 参见文献[8].

对于给定的正整数 a 以及素数 q,必有唯一的非负整数 r 适合 $q^r\mid a$ 以及 $q^{r+1}\nmid a$. 如此的 r 称为 q 在 a 中的次数,记作 $\mathrm{ord}_q a$.

引理4 对于素数 q 以及整数 $a_1,a_2,\cdots,a_m,b_1,b_2,\cdots,b_m$,设 $\Lambda=a_1^{b_1}a_2^{b_2}\cdots a_m^{b_m}-1$. 如果 $\Lambda\neq 0$ 且 $a_i\equiv 1\pmod q\ (i=1,2,\cdots,m)$,则必有

$$\mathrm{ord}_q|\Lambda|<\left(\frac{2q-1}{2q-2}\right)^{m-2}3^{2m+8}m^{3m+5}C_1C_2\prod_{i=1}^{m}\frac{\log A_i}{\log q}$$

其中

$$A_i=\max(q,|a_i|), i=1,2,\cdots,m$$

$$B=\frac{7}{10(m+1)}\max(|b_1|,|b_2|,\cdots,|b_m|)$$

$$C_1=\begin{cases}2\dfrac{\log(8m)}{\log 2}\\4\dfrac{\log(3mq)}{\log q}\end{cases}$$

$$C_2=\begin{cases}\max\left(6mC_1,\dfrac{\log B}{\log 2}\right),\text{当 } q=2 \text{ 时}\\\max\left(5mC_1,\dfrac{\log B}{\log q}\right),\text{当 } q\neq 2 \text{ 时}\end{cases}$$

证明 参见文献[9].

定理 2 的证明 设 $k=\omega(M_q)$,有

$$M_p=2^p-1=q_1^{b_1}q_2^{b_2}\cdots q_k^{b_k} \tag{6}$$

其中 $q_1,q_2,\cdots,q_k$ 是适合 $q_1<q_2<\cdots<q_k$ 的素数,b_1,$b_2,\cdots,b_k$ 是正整数,因为 $P(M_p)=q_k$,所以假如本定理不成立,则必有

$$q_k\leqslant p^{\log p} \tag{7}$$

以及

$$k\leqslant\frac{\log p}{7\log\log p} \tag{8}$$

据引理 3,从(6)可知 $b_1,b_2,\cdots,b_k$ 不可能都是偶数,故必有一个 $b_j(1\leqslant j\leqslant k)$是奇数,设

$$\Lambda=q_1^{b_1}\cdots q_{j-1}^{b_{j-1}}(-q_j)^{b_j}q_{j+1}^{b_{j+1}}\cdots q_k^{b_k}-1 \tag{9}$$

从式(6)(9)可知 $\Lambda=-2^p\neq 0$,而且

$$\text{ord}_2|\Lambda|=p \tag{10}$$

因此,根据引理 4,从(9)(10)可得

$$p<p^{s_1+s_2+s_3+s_4} \tag{11}$$

其中

$$p^{s_1}=\left(\frac{3}{2}\right)^{k-2}3^{2k+8}(\log 2)^{-k-2} \quad (12)$$

$$p^{s_2}=k^{3k+5} \quad (13)$$

$$p^{s_3}=\prod_{i=1}^{k}\log q_i \quad (14)$$

$$p^{s_4}=2(\log(8k))\max(\log B,12k\log(8k)) \quad (15)$$

其中

$$B=\frac{7}{10(k+1)}\max(b_1,b_2,\cdots,b_k)$$

当 $p>10^{100}$ 时，从式(7)(8)(12)(13)(14)可以算出

$$s_1<0.080\,11,s_2<0.546\,69,s_3<0.285\,72 \quad (16)$$

另外，设

$$b=\max(b_1,b_2,\cdots,b_k)$$

由于从(6)可知

$$2^p>q_1^b\geqslant(2p+1)^b$$

故有 $b<\frac{p}{\log p}$. 因此从(8)(15)可以算出

$$s_4<0.052\,14 \quad (17)$$

于是从(11)(16)(17)可得 $1<0.964\,66$ 这一矛盾. 因此，不等式(7)与(8)中必有一个不成立，故得定理.

参考资料

[1]　Hardy G H, Wright E M. An introduction to the

theory of numbers [M]. Oxford: Oxford Univ Press, 1981.

[2] Guy R K. Unsolved problems in number theory [M]. New York: Springer Verlag, 1994.

[3] Erdös P, Shorey T N. On the greatest Prime factor of $2^p - 1$ for a prime P and other expressions[J]. Acta Arith, 1976, 30: 257-265.

[4] Ljunggren W. Unber die Gleichungen $1 + Dx^2 = 2y^n$ and $1 + Dx^2 = 4y^n$ [J]. Norske Vid Selsk Forh Trondheim, 1942, 15: 115-118.

[5] Louboutin S. Majoration explicites de $|L(1, x)|$ [J]. C R Acad Sci Paris Ser I Math. Sci., 1993, 316: 11-14.

[6] Brillhart J, Lehmer D H, Selfridge J L. New primality criteria and factorzations of $2^m \pm 1$ [J]. Math, Comp., 1975, 29: 620- 627.

[7] 华罗庚. 数论导引[M]. 北京:科学出版社, 1979.

[8] Ljunggren W. Noen setninger om ubestemte likninger av formen $(x^n - 1)/(x - 1) = y^q$ [J]. Norsk Mat Tidsskr, 1943, 25: 17-20.

[9] Dong P P. Minorations de combinaisons lineaires de logarithmes p-adiques de nombres algebriques [J]. C R Acad Sci Paris Ser I Math. Sci., 1992, 315: 503-506.

第八编

Mersenne 数的素因数

关于广义 Mersenne 数的素因数①

第 29 章

设 p 是奇素数, a 是大于 1 的正整数,又

$$X(a,p)=\frac{a^p-1}{a-1},Y(a,p)=\frac{a^p+1}{a+1} \quad (1)$$

显然,对于任何的 a,p,相应的 $X(a,p)$ 和 $Y(a,p)$ 都是正整数,因为从(1)可知 $X(2,p)$ 就是通常的 Mersenne 数,所以 $X(a,p)$ 和 $Y(a,p)$ 统称为广义 Mersenne 数. 由于广义 Mersenne 数在数论及其相关领域内有着重要的理论意义和广泛的实际应用,所以人们对它进行了大量的研究[1-5]. 讨论广义 Mersenne 数的中心问题是找出其中的素数,解决上述问题的一个重要途径是分析它的素因数,对此,关于通常的 Mersenne 数已有下列结果:

结论 1 如果 q 是 $X(2,p)$ 的素因数,则 q 必为 $q=2kp+1$ 之形,其中 k 是正整数.

---

① 本章摘自《吉首大学学报(自然科学版)》,2000 年,第 21 卷,第 1 期.

结论 2 当 $p\equiv 3\pmod 4$ 时，如果 $q=2p+1$ 是素数，则 q 必为 $X(2,p)$ 的素因数.

最近，文献[6]将上述结果推广到了 $Y(2,p)$ 的情况，显然，根据文献[7]中的结果可知：上述的结论 1 对于任何广义 Mersenne 数都是成立的，即对于任意的 a,p，广义 Mersenne 数 $X(a,p)$ 和 $Y(a,p)$ 的素因数 q 都可表示成 $q=2kp+1$ 之形，茂名教育学院数学系的陈荣基教授2000 年把上述的结果推广到一般的广义 Mersenne 数.

§1 结论及证明

定理 当 $q=2p+1$ 是素数时，如果 $\left(\frac{a}{q}\right)=1$ 且 $q\nmid a-1$，则 q 必为 $X(a,p)$ 的素因数；如果 $\left(\frac{a}{q}\right)=-1$ 且$q\nmid a+1$，则 q 必为 $Y(a,p)$ 的素因数，其中 $\left(\frac{a}{q}\right)$是 Legendre 符号.

当 $2p+1$ 是素数时，p 称为 Gernain 素数，它是在 Fermat 猜想的早期研究中引入的一类重要的素数[8]. 上述定理揭示了 Gernain 素数与广义 Mersenne 数之间的联系，同时，从文献[9]可知

$$\left(\frac{2}{q}\right)=(-1)^{\frac{q^2-1}{8}}$$

因此从上述定理直接可得结论2以及文献[6]中的结果.

本章定理的证明主要用到以下两个引理.

引理1　如果 q 是素数,则对于任何适合 $q \nmid a$ 的整数 a 都有

$$a^{q-1} \equiv 1 \pmod q$$

证明　参见文献[9].

引理2　如果 q 是奇素数,则必有

$$\left(-\frac{1}{q}\right) = (-1)^{\frac{q-1}{2}}$$

证明　(参见文献[9])当 $q=2p+1$ 是素数时,根据 Legendre 符号的基本性质可知:如果 $\left(\frac{a}{p}\right)=1$ 或 -1,则整数 a 必定满足 $q \nmid a$,因此从引理1可知

$$a^{q-1} \equiv q^{2p} \equiv 1 \pmod q \tag{2}$$

从(2)可得

$$q \mid (a^p - 1)(a^p + 1) \tag{3}$$

从(3)可知必有

$$q \mid a^p - 1 \tag{4}$$

或者

$$q \mid a^p + 1 \tag{5}$$

如果 $\left(\frac{a}{q}\right)=1$ 且(5)成立,则从(5)可得

$$\left(\frac{-a}{q}\right) = \left(\frac{-1}{q}\right)\left(\frac{a}{q}\right) = \frac{-1}{q} = 1 \tag{6}$$

然而,由于

$$q=2p+1\equiv 3 \pmod 4$$

故从引理 2 可知此时$\left(-\frac{1}{q}\right)=-1$,与(6)矛盾.

由此可见,如果$\left(\frac{a}{q}\right)=1$,则必定(4)成立. 因为

$$a^p-1=(a-1)X(a,p)$$

所以当 $q\nmid a-1$ 时,从(4)立得 $q\mid X(a,p)$,即 q 是 $X(a,p)$的素因数.

如果$\left(\frac{a}{q}\right)=-1$,则(4)不可能成立,故此时必定式(5)成立. 因为

$$a^p+1=(a+1)Y(a,p)$$

所以当 $q\nmid a+1$ 时,从(5)立得 $q\mid Y(a,p)$,即 q 是 $Y(a,p)$的素因数,定理证毕.

参考资料

[1] DICKSON L E. History of the Theory of Numbers Vol Ⅰ[M]. Washington:Carnegie Institution,1919.

[2] GUY R K. Unsolved Problems in Number Theory [M]. New York:Springer Verlag. 1994.

[3] SHANKS D. Solved and Unsolved Problems in Number Theory[M]. Washington: Spartan Books,1962.

[4] BRILLHART J, LEHMER D H, SELFRIDGE J L. New Primality Criteria and Factorizations of $2^m\pm 1$

[J]. Math Comp, 1975,29:620- 647.

[5] BRILLHART J, LEHMER D H, SELFRIDGE J L, TUCKERMAN B, WAGSTAFFS S Jr. Factorizations of $n^n \pm 1, b = 2,3,5,6,7,10,11,12$ up to High Powers, Contemp Math Vol 22[M]. Amer Math Soe Providence,1988.

[6] 皮新明.关于形如$(2^p + 1)/3$的素数[J].数学杂志,1999,19(2):199-202.

[7] BIRKHOFF G D, VANDIVER H S. On the Integral Divisors of $a^n - b^n$[J]. Ann of Math(2), 1904,5:173-180.

[8] LEGENDRE A M. Eaasi Sur La théorie Des Nombres[M]. Paris,1825.

[9] 华罗庚.数论导引[M].北京:科学出版社,1957.

第30章 Mersenne 数的最大素因数[1]

设 p 是素数，$M_p=2^p-1$ 是 Mersenne 数，湛江师范学院数学系的乐茂华教授 2004 年证明了：当 $p\geqslant 1$ 时，必有

$$P(M_p)>\left(\frac{\pi p}{\log p}\right)^2$$

或者

$$Q(M_p)>8p^2$$

其中 $P(M_p)$ 和 $Q(M_p)$ 分别是 M_p 的最大素因数和无平方因子部分.

对于素数 p，形如 2^p-1 的正整数称为 Mersenne 数，记作 M_p，由于 Mersenne 数不但与数学史上著名的完全数问题有关，而且在信息科学等方面有着广泛的应用，所以它一直是数论中的一个引人关注的课题.

---

① 本章摘自《北华大学学报(自然科学版)，2004 年，第 5 卷，第 4 期.

对于大于 1 的正整数 a，设 $P(a)$ 是 a 的最大素因数. 同时，任何给定的 a 都可唯一地表成 $a=df^2$，其中 d 等于 1 或者是无平方因子正整数，f 是正整数. 如此的 d 称为 a 的无平方因子部分，记作 $Q(a)$，本章将讨论 $P(M_p)$ 和 $Q(M_p)$ 的下界. 由于已知 M_p 的素因数 q 都满足

$$q\equiv 1 \pmod{2p}$$

所以显然有

$$P(M_p)\geqslant 2p+1$$

1976 年，Erdös 和 Shorey[1] 证明了：对于几乎所有的素数 p 都有

$$P(M_p)>\frac{p(\log p)^2}{(\log\log p)^3} \tag{1}$$

本章证明了以下结果：

定理　当 $p>11$ 时，必有

$$P(M_p)>\left(\frac{\pi p}{\log p}\right)^2 \tag{2}$$

或者

$$Q(M_p)>8p^2 \tag{3}$$

证明　从文献[2]可知：当 $11\leqslant p<100$ 时，本定理成立. 以下考虑 p 是适合 $p>100$ 的素数的情况. 设 $D=Q(M_p)$. 此时

$$M_p=2^p-1=Dt^2 \tag{4}$$

其中 t 是正整数. 根据文献[3]，从(4)可知 $D>1$. 当 D 是合数时，D 至少有两个不同的素因数，故有

$$D\geqslant(2p+1)(4p+1)=8p^2$$

所以此时(3)成立.

当 D 是素数时，设 $h(-D)$ 是虚二次域 $K=Q(\sqrt{-D})$ 的类数，由于从(4)可得

$$1+Dt^2=4\cdot 2^{p-2} \tag{5}$$

所以根据文献[4]，由(5)可知

$$h(-D)\equiv 0 \pmod{p-2} \tag{6}$$

从(6)立得

$$h(-D)\geqslant p-2 \tag{7}$$

因为从(5)可知

$$-D\equiv -Dt^2\equiv 1-2^p\equiv 1 \pmod 4$$

故从文献[5]可得

$$h(-D)=\frac{\sqrt{D}}{\pi}L(1,\chi) \tag{8}$$

其中 π 是圆周率，χ 是模 D 的实原特征，$L(s,\chi)$ 是 χ 的 Dirichlet L-函数. 由文献[6]可知

$$L(1,\chi)<\log\sqrt{D}+0.023\ 5 \tag{9}$$

将(9)代入(8)可得

$$h(-D)<\frac{\sqrt{D}}{\pi}(\log\sqrt{D}+0.023\ 5) \tag{10}$$

结合(7)和(10)立得

$$\pi(p-2)<\sqrt{D}(\log\sqrt{D}+0.023\ 5) \tag{11}$$

因为 $p>100$，故从(11)可得

$$\sqrt{D}>\frac{\pi p}{\log p} \tag{12}$$

由于当 D 是素数时，$P(M_p)\geqslant D$，所以从(12)立得(2).

参考资料

[1] Erdös P, Shorey T N. On the Greatest Prime Factor of 2^p-1 for a Prime and Other Expressions [J]. Acta Arith, 1976, 30: 257-265.

[2] Brillhart J, Lehmer D H, Selfridge J L. New Primality Criteria and Factorzations of $2^m \pm 1$ [J]. Math Comp, 1975, 29: 620-627.

[3] Lebesgue V A. Sur l'impossibilié, en Nombres Entiers de l'equation $x^m=y^2+1$ [J]. Nouv Ann Math, 1850, 9(1): 178-181.

[4] Ljunggren W. Über Gleichungen $1+Dx^2=2y^n$ and $1+Dx^2=4y^n$ [J]. Norske Vid Selsk Forh Trondheim, 1942, 15: 115-118.

[5] 华罗庚. 数论导引[M]. 北京:科学出版社,1979.

[6] Louboutin S. Explicit Upper Bounds for $|L(1,\chi)|$ for Primitive Even Dirichlet Characters [J]. Acta Arith, 2002, 101(1): 1-18.

Mersenne 数的素因子个数的估计①

第 31 章

喀什师范学院数学系的马小成，张四保两位教授 2012 年讨论了 Mersenne 数的素因子个数，得出了结论：Mersenne 数的素因子个数不超过 $\left[\frac{p\ln 2}{\ln 2p}\right]$，其中 p 为 Mersenne 数的指数，并举例说明. 据此，给出了一个推论：自然数 $2^{p-1}(2^p-1)$ 的素因子个数不超过 $\left[\frac{p\ln 2}{\ln 2p}\right]+1$.

§1 引言

对于素数 p，形如 2^p-1 的数称之为 Mersenne 数，并用符号 M_p 记之[1]. 该数是以法国神甫兼数学家 Mersenne 的名字命名的. 根据 Euclid 定理"如果 p 和 2^p-1 都是

① 本章摘自《西南民族大学学报(自然科学版)》，2012 年，第 38 卷，第 1 期.

素数,那么自然数 $2^{p-1}(2^p-1)$ 是一个完全数”与 Euler 定理“每一个偶完全数都是形如 $2^{p-1}(2^p-1)$ 的自然数,其中 p 和 2^p-1 都是素数”[2]可知,Mersenne 数与数论难题完全数有着一一对应关系. 至今只发现 47 个 Mersenne 素数[3],也就相应的确定了 47 个偶完全数,而未确定奇完全数是否存在. 随着国际上利用“因特网 Mersenne 素数大搜索”(GIMPS)项目[4]寻找新 Mersenne 素数的热潮高涨,以及其在加密、解密等信息科学方面的广泛应用,Mersenne 数在数论的经典问题和现代应用中有着重要的地位[5].

由于 Mersenne 素数 M_p 只有 1 与其自身两个正因子,故在本章中对这种情况不加考虑,只讨论 Mersenne 合数的素因子个数,给出了以下结论. 符号说明,$[x]$ 是 Gauss 函数,表示为不超过 x 的最大整数.

定理　Mersenne 数的素因子个数不超过 $\left[\frac{p\ln 2}{\ln 2p}\right]$,其中 p 为 Mersenne 数的指数.

为了证明以上结论,需以下引理.

引理[6]　对于奇素数 p,Mersenne 数的素因子 q 满足 $q\equiv 1(\bmod 2p)$.

§2　结论的证明

设

$$M_p=q_1^{\lambda_1}q_2^{\lambda_2}\cdots q_r^{\lambda_r}$$

是 Mersenne 数 M_p 的标准分解式，其中 $q_1<q_2<\cdots<q_r$ 是素数，$\lambda_i(i=1,2,\cdots,r)$ 是正整数. 由上面引理可得

$$q_i\equiv 1(\bmod 2p), i=1,2,\cdots,r$$

进而有

$$q_i=2ip+1, i=1,2,\cdots,r$$

则有

$$M_p\geqslant q_1q_2\cdots q_r\geqslant(2p+1)^r$$

对上式两边同时取自然对数可得

$$r\leqslant\frac{\ln M_p}{\ln(2p+1)}=\frac{\ln(2^p-1)}{\ln(2p+1)}<\frac{\ln 2^p}{\ln(2p+1)}<\frac{p\ln 2}{\ln(2p)}$$

所以，$r\leqslant\left[\frac{p\ln 2}{\ln 2p}\right]$. 结论得证.

由于自然数 $2^{p-1}(2^p-1)$ 分为 2^{p-1} 与 2^p-1 两部分. 显然 2^{p-1} 只有素因子 2，而对应的 Mersenne 合数 2^p-1 的素因子个数不超过 $\left[\frac{p\ln 2}{\ln 2p}\right]$. 所以，可以得到下面的推论.

推论 自然数 $2^{p-1}(2^p-1)$ 的素因子个数不超过 $\left[\frac{p\ln 2}{\ln 2p}\right]+1$，其中 2^p-1 是对应的 Mersenne 合数.

§3 应用举例

在 1903 年的美国数学会的年会上，数学家弗兰克·科尔[7]算出

$$M_{267}=2^{67}-1=193\ 707\ 721\times761\ 838\ 257\ 287$$

由此可知

$$M_{67}=2^{67}-1$$

只有两个素因子.

根据本章所给的结论,假定

$$M_{67}=2^{67}-1$$

的素因子个数为 r,可得

$$r\leqslant\frac{\ln M_{67}}{\ln(2p+1)}=\frac{\ln(2^{67}-1)}{\ln(2p+1)}<\frac{\ln 2^{67}}{\ln(2p+1)}<\frac{67\ln 2}{\ln(2p)}$$

即

$$r\leqslant\left[\frac{67\ln 2}{\ln(2p)}\right]=\left[\frac{67\ln 2}{\ln 134}\right]=5$$

再例如,1922 年数学家克莱契克运用抽屉原理验证了 M_{257} 并不是素数,而是合数. 波兰数学家 Steinhaus 在其名著《数学一瞥》中有句挑战性的话:78 位数字的 M_{257} 是合数;可以证明它有素因子,但这些素因子还不知道. 直到 1984 年初,美国桑迪国家实验室的科学家们才发现 M_{257} 有 4 个素因子.[7]

根据本章的结论,同样假定

$$M_{257}=2^{257}-1$$

的素因子个数为 r,可得

$$r\leqslant\frac{\ln M_{257}}{\ln(2p+1)}=\frac{\ln(2^{257}-1)}{\ln(2p+1)}<\frac{\ln 2^{257}}{\ln(2p+1)}<\frac{257\ln 2}{\ln(2p)}$$

即

$$r\leqslant\left[\frac{257\ln 2}{\ln(2p)}\right]=\left[\frac{257\ln 2}{\ln 514}\right]=6$$

参考资料

[1] 方程. 魅力无穷的 Mersenne 素数[J]. 世界科学, 2004,25(7):19-22.

[2] 张四保,李中恢. 奇完全数的研究进展[J]. 佛山科学技术学院学报(自然科学版),2009,27(3):37-40.

[3] ZHANG S B, LV M F. A note on the sum of series of a class of odd perfect numbers[J]. 西南民族大学学报,2011,37(1):23-26.

[4] 高全泉."大互联网 Mersenne 素数寻求(GIMPS)"研究计划进展[J]. 数学的实践与认识,2006,36(1):232-238.

[5] 李伟勋. Mersenne 数 M_p 都是孤立数[J]. 数学研究与评论,2007,27(4):693-696.

[6] 乐茂华. 初等数论[M]. 广州:广东高等教育出版社,1999.

[7] 李鹏,吴可. Mersenne 与 Mersenne 素数[J]. 数学通报,2007,46(3):56-58.

大整数因子分解中的二次筛法优化[①]

第32章

武汉大学数学与统计学院的戴阔斌，陈建华两位教授2005年研究了大整数因子分解中的二次筛法，提出了算法选择，参数选择，硬件选取和过程控制上的优化途径，直接影响RSA密码系统，推动信息安全的发展.

§1　引言

因子分解在最近20年引起数学家、计算机科学家及密码学家的极大关注，最直接的原因是一些新的密码系统的安全性是基于大整数因子分解的难解性，如RSA密码系统.最简单的分解方法是试除法，不过

① 本章摘自《数学杂志》，2005年，第25卷，第6期.

效率很低,Fermat 利用两个平方数的差

$$a^2 - b^2 = (a - b)(a + b)$$

来进行分解,使效率提高了很多,虽然 Fermat 法比试除法要快得多,但遇到非常大的整数时,如分解数百位十进制整数,纯粹用 Fermat 法显然是太慢了. 一些新的分解方法出现了,如在 20 世纪 70 年代中期 Pollard 提出了一对概率算法:$p - 1$ 法和 ρ 法;在 1987 年 H. Lenstra 发现了椭圆曲线法. 目前最好的方法有连分数分解法、二次筛法[1]和数域筛法[2]. 在 1993 年发现数域筛法以前,二次筛法被认为是最好的分解算法. 对于不到 110 位的十进制整数,二次筛法依然是比数域筛法更快的方法. 对于越来越大的整数,数域筛法比二次筛法好,但二者的差距不是特别明显. 在这里我们主要讨论大整数因子分解中的二次筛法的优化.

§2 二次筛法

设要分解的大整数为 N,二次筛法分解算法的思想是找到满足同余式

$$X^2 \equiv Y^2 \pmod N$$

的两个整数 X 和 Y,然后用 Euclid 算法计算 $\gcd(X - Y, N)$ 是否为 N 的一个非平凡因子,二次筛法用到了多项式

$$w(x) = (x + m)^2 - N, m = \lfloor \sqrt{N} \rfloor, x = 0, \pm 1, \cdots$$

二次筛法大体分为选择分解基、筛过程(包含选筛区间)、建立矩阵、寻找线性关系等几个重要步骤,二次筛法最耗时的部分为筛过程,过程的快慢与选取的分解基和筛区间有很大关系.由于建立的是一个很大的稀疏矩阵,这必然占用计算机资源的一个很大的一部分.中间用到了 Gauss 消元,需要非常巨大的存储空间,下面我们就具体地讨论二次筛法的优化.

§3　算法选择上的优化

最基本的二次筛法算法,只使用一个多项式 $w(x)$,但随着 x 的逐渐增大,$w(x)$ 的增大幅度非常大,那么判断 $w(x)$ 在分解基上完全分解的可能性就越小.这样就想到使用多个多项式而不是一个多项式,这就是重多项式二次筛法[3],它由 Peter Montgomery 首先提出来.这些多项式都是同样的形式

$$w(x)=ax^2+2bx+c$$

其中 a,b,c 根据下面的讨论决定.使用多个多项式,可以使筛区间变得更小,这样有更多的 $w(x)$ 在分解基上得到完全分解.在选择系数上,我们要求 a 是一个平方数;选择 $0\leqslant b<a$,满足

$$b^2\equiv N(\bmod a)$$

这就要求对每个素数 $q|a$,有 $\left(\frac{N}{q}\right)=1$;最后我们选择 c 满足

$$b^2 - ac = N$$

注意到

$$aw(x) = (ax+b)^2 - N$$

于是

$$(ax+b)^2 \equiv aw(x) \pmod N$$

由于 a 是一个平方数,那么 $w(x)$ 可以更多地满足要求. 一种途径是决定系数 a,b,c 使得 $w(x)$ 在筛区间上最大值和最小值绝对值相同,只是符号相反. 很容易看出最小值在 $x=\frac{-b}{a}$ 处取得,由于选择

$$0 \leqslant b < a,\ -1 < \frac{-b}{a} \leqslant 0$$

并且

$$w\left(\frac{-b}{a}\right) = \frac{-N}{a}$$

很明显最大值在 $-M$ 或者 M 处取得,并且它近似地为 $\frac{a^2M^2-N}{a}$,这样它近似为 $\frac{N}{a}$,于是可以选择 $a \approx \frac{\sqrt{2N}}{M}$. 这种方法要注意找到这些多项式的代价问题,Pomerance[4] 认为代价达到整个分解代价的 25% ~ 30% 时,就不适合用这种方法. 当改变一个多项式的时候,显然需要新的系数,但是对于每个新的多项式我们都需要对分解基中的每个素数 p 解

$$w(x) \equiv 0 \pmod p$$

这对找到所需多项式是个最重的负担. Pomerance[4] 还提出了一种叫自初始化的方法能非常明显地降低找

到多项式的代价. 他的做法是在某些多项式中固定 a 的值,当然这里 $a\approx\frac{\sqrt{2N}}{M}$,$a$ 为 k 个不同素数 p 的乘积,要求每个 $p\approx\left[\frac{\sqrt{2N}}{M}\right]^{\frac{1}{k}}$,满足 $\left(\frac{N}{p}\right)=1$. 我们依然需要找到 b 满足

$$b^2\equiv N(\bmod a)$$

实际上由于 a 有 k 个素因子,所以对于 b 来说有 2^{k-1} 个值,于是对于多项式的初始化问题:对于多项式及对分解基中的每个素数 p,求解同余方程

$$w(x)\equiv 0(\bmod p)$$

可以同时进行. 这样找多项式的时间节省了很多.

重多项式二次筛法主要的优点在于能降低分解基的长度 L 以及减小筛区间的长度,Silverman[3] 对达到 66 位十进制的 N 研究得到:尽管不同的设备造成所用的分解基的长度有变化,但是它的长度只有基本二次筛法的十分之一,筛区间只有千分之一.

在分解 $w(x)$ 时往往会遇到这样的问题:分解后只有一个素因子不在所选的分解基内,其余的都在. 遇到这样的情况是很多的,如果在筛的过程中都筛去的话,会增加筛的代价. 这时如果能找到这样的两个 $w(x)$ 经分解基分解后,都有相同的素因子不在分解基内;我们可以把这相同的素因子添加到分解基里面去,尽管分解基的长度增加了,但很多的 $w(x)$ 在增大的分解基上被筛的机会缩小了许多,也减少了筛的时间. 基于此,在 1993 年和 1994 年 Lenstra、Manasse 和其他的几个人分解 RSA－129 时就用到了这种方法. 这种方法叫作双倍大素数重多项式二次筛法在文献[5]中估计能减少$\frac{1}{6}$的筛时间.

尽管重多项式二次筛法和双倍大素数重多项式二次筛法比基本二次筛法要好得多,但如果遇到越来越大的整数需要分解的时候,它们还不是很有效. 于是要寻求更好的分解方法. 超立方体重多项式二次筛法就是一个更好的算法,它是基于重多项式筛法的,所需的多项式是作为 n 维立方体结点的,由于在超立方体上改变多项式代价很低,所以比重多项式二次筛法的筛区间小了很多,效率更好,René Peralta 在文献[6]中详细地介绍了这种算法,他给出了这种算法比重多项式二次筛法快的几个原因:(1)超立方体的结点对应着重多项式筛法中的多项式,改变起来容易;(2)对于每个结点在筛区间上筛的代价与重多项式筛法是一样的;(3)需要考虑的二次剩余的数目是一样的,大约都是 $MN^{\frac{1}{2}}$ 个;(4)在重多项式筛法算法中改变筛多项式的代价比在超立方体上改变结点要大得多. 由于筛区间要小得多,那么 $MN^{\frac{1}{2}}$ 就小得多,这样需要的二次剩余就会少很多,节省了大量的求解同余方程的时间.

§4 参数选择上的优化

在以上介绍的多种二次筛法算法中有几个很重要的参数:分解基的"界"B、分解基中素数的个数L以及筛区间$[-M,M]$中的M. 参数的选取极大地影响着大整数因子分解,如果B取值很小,此时对应的L值也很小. 这有两个优点:其一是只有少量素数来进行筛,所以筛起来比较快;其二是只需少量数目的$w(x)$是B-平滑的(B-平滑是指$w(x)$经分解后的素因子不超过B). 然而一个小的B值也有缺点:找到$w(x)$是B-平滑的概率非常小. 另一方面,一个非常大的B值有更大的概率来找到$w(x)$是B-平滑的. 然而这样的选择也有如下的缺点:其一是由于有更多素数来进行筛,所以筛起来要花费更多的时间;其二是需要数目巨大的$w(x)$是B-平滑的;其三是决定$w(x)$是B-平滑的时间变得非常巨大,Carl Pomerance[7]提出了一个理论上B的优化值. 令x在区间$[N^{\frac{1}{2}},N^{\frac{1}{2}}+N^{\varepsilon}]$取值,其中$0<\varepsilon<\frac{1}{2}$,那么都很小,不超过$2N^{\frac{1}{2}+\varepsilon}$. 令$X$为上述$x$所在的区间的上界,$\Psi(X,B)$作为计算在区间$[1,X]$上$w(x)$为$B$-平滑的数目的计量函数. 他证明了当$X\to\infty$和$B=X^{\frac{1}{2}}$时

$$\frac{\Psi(X,X^{\frac{1}{2}})}{X}=1-\log 2$$

当 $X = N^{\frac{1}{2}+o(1)}$ 时

$$B = \exp\left(\left(\frac{1}{2}+o(1)\right)(\log N\log\log N)^{\frac{1}{2}}\right)$$

数 L 是取决于 B 和 N 值的，L 的取值不要太小也不要太大，当 L 取得很小时，为了得到 N 的一个可能的素因子，我们不需要很多的 $w(x)$ 来进行分解，但问题是找到每个概率很小的完全分解的 $\dot{w}(x)$ 要花费非常长的时间. 当 L 取得很大时，在所选的分解基上每个 $w(x)$ 基本可以分解完全，但问题是得到的这么多的 $w(x)$ 需要建立一个非常大的矩阵，存储空间是一个瓶颈，即使我们使用的是超大计算机可能也无法满足要求. L. Childs 在文献[8]中证明了在分解基中所取的最大素数是 $Z^{\frac{1}{\mu}}$，其中

$$Z = MN^{\frac{1}{2}},\mu\approx\sqrt{\frac{2\ln Z}{\ln\ln Z}}$$

那么 L 约为 $\frac{Z^{\frac{1}{\mu}\frac{1}{\mu}}}{\ln Z}$. 对于筛区间中的 M，我们也需要优化. 当 RSA－129 在 1994 年被 Lenstra 和 Manasse 以及其他的几个人分解时，给出了 L 和 M 的最优值

$$L\approx\left(e^{\sqrt{\ln(N)\ln(\ln(N))}}\right)^{\frac{\sqrt{2}}{4}},M\approx L^3$$

过去人们在选定参数 B 和 M 时通常是通过实验得到的，实验比那些公式上的数值要容易得多. 首先选定 B 和 M，再给出需要分解的整数，我们计算出在固定数目筛多项式以及在选定的参数下整数得到分解的时间，随后我们重复选 B 和 M，直到选定的参数

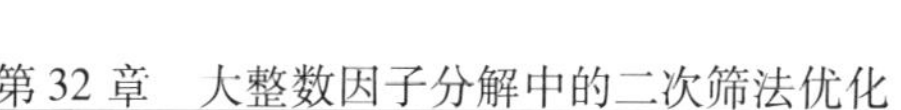

使分解所花的时间最少. 这些通过实验得来的参数值必须做到和实际的最优值相近，这样的参数值才有价值. 有时如何得到这些值比这些值是什么有价值，从中可以看出我们也可以通过实验的途径将参数优化.

§5　过程控制上的优化

假如我们是在很大的分解基上分解时，筛的效率很低，其中的一个解决方案是我们可以用多个处理器来进行并行运算，让其中一个作为主处理器，其他的作为从处理器，使每个从处理器在不同的子筛区间进行筛法，使用的多项式也不同. 用这种方法要求那些子处理器之间进行信息交换的时间与它们工作的时间比起来微不足道，而让主处理器收集从处理器数据并且建立 Gauss 消元所需的矩阵. 不过这种方法容易使主处理器处于空闲状态，浪费很多时间. Lenstra 和 Manasse[9] 构造了一个很有趣的并行算法：分管各自的程序，通过电子邮件来收集结果，他们使用的是不同的筛多项式. 好的并行算法是主处理器在工作时也分担从处理器的筛的工作，当数据已经满足要求时，再从处理器收集数据、进行 Gauss 消元以及计算出素因子来. 极度并行化将是大整数因子分解的必行之路，依赖于新一代计算机的体系结构，设计出极度并行化以及智能化的因子分解方法是未来因子分解的一个很好的发展方向. 大整数因子分解过程中一个很关键的步骤是 Gauss 消元. Gauss 消元过程是不适合用并行处理的,数据的收集和建立矩阵都是主处理器完成的. 建立 Gauss 消元所需的矩阵是巨大的,几乎每一行输入都是 0,这样的矩阵是稀疏矩阵. 用初等线性代数的方法约简矩阵可以提高 Gauss 消元的速度. 对于矩阵中的列向量仅有一个 **1**,我们可以将 **1** 所在的行向量删去. 在一个有限域上进行 Gauss 消元有两种算法: Wiedemann 算法和 Lauczos 算法. 在这两个算法中, Wiedemann 算法在 GF(2) 上更好些,我们所用的筛法就是建立在这种域上,它的运行时间近似为 $O(L(\omega + L\ln L\ln \ln L))$,这里 ω 近似为其中的所需域运算的数目,L 为分解基的长度.

§6 硬件选取上的优化

硬件需求对于二次筛法也是很关键的,好的硬件不但能节省运行时间也能提供筛法所需的巨大存储空间. Herman te Riele, Walter Lioen 和 Dik Winter 在文献[10]中给出了在一个大型计算机上使用二次筛法的分解方法,这种计算机提供了 Gauss 消元用来存储矩阵所需的巨大存储空间. 大型向量计算机比个人计算机和小型向量计算机处理起来方便得多,不过这样的计算机造价很高. 在他们提供的 Cyber 205 和 NEC

SX－2 向量计算机上,50－92 的十进制整数可以被很快地分解. Adi Shamir 提出了一种叫 TWINKLE 装置的设想,这种装置可以分析 10^8 个大整数,可以在包含 200 000 个素因子的分解基上,在少于 10 毫秒时间内确定那些大整数. 这种新技术可以将所能分解的大整数的位数提高 100～200 个比特,特别是 RSA 密码系统里面的 512 位的大整数可以很容易分解,这对 RSA 密码系统是个很大的威胁,这种装置很适合二次筛法,它能降低很多筛的时间,所以能很大地减少整个分解的时间.

§7　结束语

大整数因子分解的一个最大的应用是 RSA 密码系统. 现在 RSA－140、RSA－155 及 RSA－160 已经被数域筛法所分解,RSA 密码系统受到更快、更好的算法的严峻挑战. 目前估计一个 768 比特的模运算在 2004 年之前是安全的,这适于短期和个人用户;对于公司用户,被建议用 1 024 比特的模运算;对于更多的永久使用者而言,被建议用 2 048 比特的模运算. 当大整数因子分解技术和处理器速度提高时,这些模运算的比特数还要适当地提高. Riesel[5] 提出我们可能会设计出一个算法可以用接近多项式时间来分解大整数. 假如量子计算机能制造出来,Peter Shor 发现了一种可以将大整数在多项式时间内分解的算法. 由于 RSA 需要的模运算的安全性比它所需的方便性比较起来差距太大,也许 RSA 不得不被淘汰,被其他的密码系统所取代,椭圆曲线密码系统就是一个非常有发展前途的密码系统. 不过大整数因子分解依然是数学家和计算机科学家以及密码学家的研究热点,当更先进的分解方法涌现时,就能推动信息安全的发展.

参考资料

[1] Carl Pomerance. The quadratic sieve factoring algorithm[A]. In Advances in Cryptology-Proceedings of EUROCRYPT 84, Vol. 209 of Lecture Notes in Computer Science[C], Springer-Verlag, 1985,169-182.

[2] Lenstra A K, Lenstra H W Jr, Manasse M S, Pollard J M. The number field sieve[A]. Vol. 1554 of Lecture Notes in Mathematics[C], Springer Verlag, 1993,11-42.

[3] Silverman R. The multiple polynomial quadratic sieve [J]. Mathematics of Computations, 1987,48:329-340.

[4] Carl Pomerance. Cryptology and computational number theory: Factoring[M]. AMS, Providence, RI, 1990.

[5] Hans Riesel. Prime numbers and computer methods for factorization [M]. Ed in Boston: Birkhäuser, 1994.

[6] René Peralta. A quadratic sieve on the n-dimensional cube[A]. In Advances in Cryptology Proceedings of CRYPTO 92, Vol, 740 of Lecture Notes in Computer Science[C]. ,Springer-Verlag, 1993,324-332.

[7] Carl Pomerance. The role of smooth numbers in number-theoretic algorithm[M]. Birkhäuser Verlag, Basel, 1995,411- 422.

[8] Childs L. A concrete introduction to higher algebra [M]. New York: Springer Verlag,1991.

[9] Lenstra A K, Manasse M S. Factoring by electronic mail[A]. In Advances in Cryptology EUROCRYPT 89, Vol. 434 of Lecture Notes in Computer Science[C], Springer-Verlag, 1990,355-371.

[10] Herman te Riele, Walter Lioen, Dik Winter. Factoring with the quadratic sieve on large vector computers[J]. Journal of Computational and Applied Mathematics, 1989,27(1,2):267-278.

第33章 Mersenne数、Wagstaff数推广及其整数因子研究[①]

湖北煤炭地质局的周忠奇和佳木斯大学理学院的黄文豪两位教授2017年将Mersenne数和Wagstaff数推广为Z_p和Q_p，给出了奇数整除Z_p和Q_p的充分必要条件，分别证明了任意两个Z_p互素、任意两个Q_p互素和任意Z_p和Q_p互素，得出了Z_p和Q_p素因子的表示形式，提出了确定性检测Wagstaff数是否为素数的猜想.

§1 引言

在文中：p为奇素数，$M_p = 2^p - 1$为Mersenne数，如果M_p是素数，则称其为Mersenne素数，$W_p = \frac{2^p + 1}{3}$为Wagstaff数.

① 本章摘自《佳木斯大学学报(自然科学版)》，2017年，第35卷，第6期.

如果 W_p 是素数，则称其为 Wagstaff 素数，设 $a\geqslant 2$ 为整数

$$Z_p=\frac{a^p-1}{a-1},Q_p=\frac{a^p+1}{a+1}$$

显然 Z_p 和 Q_p 分别是 M_p 和 W_p 的推广数.

目前为止，所发现的最大素数仍然是 Mersenne 素数，1989 年，三位美国数学家提出了新 Mersenne 猜想[1].

现在，已发现 Mersenne 素数 49 个，发现 Wagstaff 素数或疑似 Wagstaff 素数 43 个. 对 Mersenne 数已有了大量的研究；对 Wagstaff 数的研究相对较少，还没有一个确定性的快速检测 Wagstaff 素数的方法，对其研究的成果也不多见. 将 Mersenne 数和 Wagstaff 数推广为 Z_p 和 Q_p，并利用求阶的方式，分别得出了奇数能整除 Z_p，Q_p 的充分必要条件，在此基础上，给出了 Z_p 和 Q_p 素因子的表示形式，证明了任意两个 Z_p，Q_p 自互素和它们之间的互素关系，提出了确定性检测 Wagstaff 数是否为素数的猜想.

§2　引理

引理 1　若 $n\mid m$，则

$$\mathrm{ord}_n(a)\mid \mathrm{ord}_m(a)$$

引理 2　n 为正数，$F_n=2^{2^n}+1$，若素数 $p\mid F_n$，则

$$\mathrm{ord}_p(2)=2^{n+1}$$ [2]

§3　定理

定理 1　设 $m>1$ 为奇数，$(m,a-1)=1$，则 m 整除 Z_p 的充分必要条件是

$$\mathrm{ord}_m(a)=p$$

证明　必要条件：因

$$a^p\equiv 1(\mathrm{mod}\ Z_p)$$

和

$$a\not\equiv 1(\mathrm{mod}\ Z_p)$$

所以

$$\mathrm{ord}_{Z_p}(a)=p$$

若 $m\mid Z_p$，根据引理 1 有

$$\mathrm{ord}_m(a)\mid \mathrm{ord}_{Z_p}(a)=p$$

因 p 为奇素数且 $\mathrm{ord}_m(a)\neq 1$，所以 $\mathrm{ord}_m(a)=p$.

充分条件：若 $\mathrm{ord}_m(a)=p$，则

$$a^p\equiv 1(\mathrm{mod}\ m)$$

推得 $m\mid a^p-1$，因 $(m,a-1)=1$，所以 $m\mid Z_p$.

推论 1　设 q 为奇素数，$k\geqslant 2$，则 $q^k\mid Z_p$ 的充分必要条件是

$$\mathrm{ord}_q(a)=\mathrm{ord}_{q^2}(a)=\cdots=\mathrm{ord}_{q^k}(a)=p$$

推论 2　Z_p 的素因子 q 可表示为 $q=2kp+1$ 的形式，式中 $(q,a-1)=1$，k 为正整数.

证明　因 $q\mid Z_p$，根据定理 1

$$\mathrm{ord}_q(a)=p$$

从而

$$a^p\equiv 1(\bmod q)$$

又因 q 为奇素数,所以

$$a^{p-1}\equiv 1(\bmod q)$$

因此

$$p\mid\varphi(q)=q-1$$

或

$$q=2kp+1$$

推论 3　设 q 为奇素数,若 $q^k\mid Z_p$,则

$$a^{q-1}\equiv 1(\bmod q^k)$$

证明　若 $q^k\mid Z_p$,根据定理 1 的推论 1 有

$$\mathrm{ord}_q(a)=\mathrm{ord}_{q^2}(a)=\cdots=\mathrm{ord}_{q^k}(a)=p$$

即

$$a^p\equiv 1(\bmod q)$$

和

$$a^p\equiv 1(\bmod q^k)$$

因 q 为奇素数,所以

$$a^{q-1}\equiv 1(\bmod q),p\mid q-1$$

因此

$$a^{q-1}\equiv 1(\bmod q^k)$$

定理 2　设 $(m,a+1)=1,m>1$ 为奇数,则 m 整除 Q_p 的充分必要条件是

$$\mathrm{ord}_m(a)=2p$$

证明　必要条件:因

$$a^p \equiv -1(\bmod Q_p)$$

所以

$$a^{2p} \equiv 1(\bmod Q_p)$$

因

$$a^2 \not\equiv 1(\bmod Q_p)$$

因此

$$\mathrm{ord}_{Q_p}(a) = 2p$$

若 $m \mid Q_p$,根据引理 1,则有

$$\mathrm{ord}_m(a) \mid \mathrm{ord}_{Q_p}(a) = 2p$$

因

$$a^p \equiv -1(\bmod m)$$

和

$$a^p \equiv 1(\bmod a-1)$$

$$(a^p+1, a^p-1) = 1 \text{ 或 } 2$$

所以

$$a \not\equiv 1(\bmod m)$$

并且

$$a^2 \not\equiv 1(\bmod m)$$

所以

$$\mathrm{ord}_m(a) = 2p$$

充分条件:若

$$\mathrm{ord}_m(a) = 2p$$

则

$$a^{2p} \equiv 1(\bmod m)$$

或

$$(a^p+1)(a^p-1)\equiv 0 \pmod m$$

又因

$$a^p \not\equiv 1 \pmod m$$

和

$$(a^p+1, a^p-1)=1 \text{ 或 } 2$$

所以

$$m \mid 2^p+1$$

因$(m,a+1)=1$,所以 $m \mid Q_p$.

推论 1　q 为奇素数,则 $q^k \mid Q_q$ 的充分必要条件为

$$\mathrm{ord}_q(a)=\mathrm{ord}_{q^2}(a)=\cdots=\mathrm{ord}_{q^k}(a)=2p$$

推论 2　Q_p 的素因子 q 均可表示为:$q=2kp+1$ 的形式,式中$(q,a+1)=1$,k 为正整数.

证明　因 $q \mid Q_p$,根据定理 2,有

$$\mathrm{ord}_q(a)=2p$$

得

$$a^{2p}\equiv 1 \pmod q$$

又因为 q 为奇素数,所以

$$a^{q-1}\equiv 1 \pmod q$$

因此

$$2p \mid \varphi(q)=q-1$$

或

$$q=2kp+1$$

推论 3　设 q 为奇素数,若 $q^k \mid Q_p$,则

$$a^{p-1}\equiv 1 \pmod{q^k}$$

证明　若 $q^k \mid Q_p$,根据定理 2 的推论 1,有

$$\operatorname{ord}_q(a)=\operatorname{ord}_{q^2}(a)=\cdots=\operatorname{ord}_{q^k}(a)=2p$$

即

$$a^{2p}\equiv 1(\bmod q)$$

和

$$a^{2p}\equiv 1(\bmod q^k)$$

因 q 为奇素数,所以

$$a^{q-1}\equiv 1(\bmod q),2^p\mid q-1$$

因此

$$a^{q-1}\equiv 1(\bmod q^k)$$

定理 3 任给定两个

$$Z_{p_1}=\frac{a^{p_1}-1}{a-1},Z_{p_2}=\frac{a^{p_2}-1}{a-1}$$

其中 p_1,p_2 为素数,$p_1\neq p_2$,则

$$(Z_{p_1},Z_{p_2})=1$$

证明 (反证法)设 Z_{p_1},Z_{p_2} 有公因子 q,根据定理 1 就有

$$\operatorname{ord}_q(a)=p_1$$

和

$$\operatorname{ord}_q(a)=p_2$$

这显然不可能,所以

$$(Z_{p_1},Z_{p_2})=1$$

定理 4 任给

$$Q_{p_1}=\frac{a^{p_1}+1}{a+1},Q_{p_2}=\frac{a^{p_1}+1}{a+1}$$

其中 p_1,p_2 为素数,$p_2\neq p_2$,则

$$(Q_{p_1},Q_{p_2})=1$$

证明 (反证法)设Q_{p_1},Q_{p_2}有公因子q,根据定理2就有

$$\mathrm{ord}_q(a)=2p_1$$

和

$$\mathrm{ord}_q(a)=2p_2$$

这显然不可能,所以

$$(Q_{p_1},Q_{p_2})=1$$

定理5 设q,p均为奇素数

$$Z_q=\frac{a^q-1}{a-1},Q_p=\frac{a^p+1}{a+1}$$

则Z_q和Q_p互素,即

$$(Z_q,Q_p)=1$$

证明 (反证法)设Z_q和Q_p有公因子s,根据定理1和2就有

$$\mathrm{ord}_s(a)=q$$

和

$$\mathrm{ord}_s(a)=2p$$

这显然不可能,所以

$$(Z_q,Q_p)=1$$

定理6 设p,q均为奇素数,n为自然数

$$M_q=2^q-1,W_p=\frac{2^p+1}{3},F_n=2^{2^n}+1$$

则M_q,W_p,F_n两两互素.

证明 (反证法)设M_q,W_p,F_n有公因子s,根据引理2,定理1和定理2就有

$$\mathrm{ord}_s(2)=q,\mathrm{ord}_s(2)=2p,\mathrm{ord}_s(2)=2^{n+1}$$

这显然不可能,所以

$$(M_q,W_p)=1,(M_q,F_n)=1,(W_p,F_n)=1$$

§4 结语

通过以上证明研究,猜想如下:

设 $p>3$,则 W_p 是素数当且仅当

$$7^{\frac{W_p-1}{2}}\equiv -1(\bmod W_p)$$

参考资料

[1] (加拿大)P. 里本伯姆. 博大精深的素数[M]. 北京:科学出版社,2007,83-84.

[2] 王丹华,杨海文,刘咏梅. 初等数论[M]. 北京:北京航空航天大学出版社,2008,116-117.

第九编

完全数与 Mersenne 数

第 34 章 完全数和 Mersenne 数①

云南教育学院的王学东和云南大学成人教育学院的王娅两位教授 1995 年撰文介绍了数学家们对完全数，Mersenne 数的研究成果，并着重阐述了完全数与 Mersenne 数之间的关系.

大家知道，每个大于 1 的整数 a，总可以唯一地分解为如下标准式

$$a=p_1^{\alpha_1}p_2^{\alpha_2}\cdots p_k^{\alpha_k}$$

式中 $p_1,p_2,\cdots,p_k$ 是互异的质数，$\alpha_1,\alpha_2,\cdots,\alpha_k$ 是整数. 易知，d 是 a 的正因数的充要条件为

$$d=p_1^{\beta_1}p_2^{\beta_2}\cdots p_k^{\beta_k},0\leqslant\beta_i\leqslant\alpha_i,i=1,2,\cdots,k$$

不难得到，a 是正因数的个数为

$$T(a)=\prod_{i=1}^{k}(\alpha_i+1)$$

a 的一切正因数的和为

① 本章摘自《云南教育学院学报》，1995 年，第 11 卷，第 2 期.

$$S(a) = \prod_{i=1}^{k} \frac{p_i^{\alpha_{i+1}} - 1}{p_i - 1}$$

a 的一切正因数的积为

$$p(a) = a^{\frac{1}{2}T(a)}$$

又若$(a,b)=1$,则

$$T(ab)=T(a)T(b)$$

$$S(ab)=S(a)S(b)$$

$$P(ab)=P(a)^{T(b)}P(b)^{T(a)}$$

应当注意,这里条件$(a,b)=1$是重要的,否则,这三个公式不成立.

显然

$$S(a)\geqslant a+1$$

若

$$S(a)=a+1$$

则 a 是质数.

定义 1 若 $S(a)=2a$,称 a 为完全数.

例如 6,28,496 都是完全数.

公元前 6 世纪,古希腊数学家 Pythagoras,就首先涉及完全数问题. 古希腊数学家 Euclid 证明了若 p 和 2^{p-1}都是质数,则

$$a=2^{p-1}(2^p-1)$$

是一完全数,为此而初步建立了可除性理论. 约 2000 年以后,Euler 证明了每一个偶完全数 a 都具有 Euclid 指出的形状.

定理 1 若 2^p-1 是质数,则 p 是质数.

注　这个定理之逆不成立，即 p 是质数时，2^p-1 未必是质数，例如

$$p=11,2^{11}-1=2\ 047=23\times 89$$

定理 2　正整数 a 是偶完全数的充要条件为

$$a=2^{p-1}(2^p-1)$$

并且 p 和 2^p-1 都是质数.

这样，要求偶完全数，就归结为求这样的质数 p，使 2^p-1 是质数，为此，我们引入：

定义 2　若 p 是质数，形如 2^p-1 的数，称为 Mersenne 数，用 M_p 表示. 显然，Mersenne 数有的是质数，有的是合数. 1644 年，Mersenne 证明了当 $p=2,3,5,7,13,17,19,31$ 时 M_p 是质数，到目前为止，只知道 30 个 Mersenne 质数，除已提到的 8 个以外，另外 22 个是 $M_p=2^p-1$，$p=61,89,107,127,521,607,1\ 279,2\ 203,2\ 281,3\ 217,4\ 253,4\ 423,9\ 689,9\ 941,11\ 213,19\ 937,21\ 701,23\ 209,44\ 497,86\ 243,132\ 049,216\ 091$，而且从第 13 个 Mersenne 数起，都是在 1952 年以后，借助于电子计算机陆续发现的. 其中第 29 个 Mersenne 质数 $2^{182\ 049}-1$ 和第 30 个 Mersenne 质数 $2^{218\ 091}-1$（这是 1985 年发现的），都是 Slowinski 发现的，它们分别是长达 39 751 位和 65 050 位的很大质数.

关于 Mersenne 数有一些简单的性质.

定理 3　设 p 是奇质数，q 是 Mersenne 数 M_p 的质因数，则

$$q=2kp+1$$

推论　任意两个 Mersenne 数互质,即若 $p \neq q$,则

$$(M_p, M_q) = 1$$

定理 4　若

$$p = 4m + 3$$

是质数,则

$$2p + 1 = 8m + 7$$

是质数的充要条件是 $(2p+1) \mid M_p$.

但由此定理,可以推出 $23 \mid M_{11}$,$47 \mid M_{23}$,$167 \mid M_{83}$;$263 \mid M_{131}$,$359 \mid M_{179}$;$383 \mid M_{191}$,$470 \mid M_{239}$,$503 \mid M_{251}$;$719 \mid M_{359}$ 等.

寻找质数 p,使得 Mersenne 数 M_p 是质数,乃是近代数论的研究课题之一,19 世纪,E · 拉库斯给出了一个判断 M_p 是否为质数的方法:若有 $\Delta > 0$,使 $\left(\frac{\Delta}{M_p}\right) = 1$,且在二次域 $(\sqrt{\Delta})$ 中有一个单位数 ε 适合 $N(\varepsilon) = -1$,则 M_p 为质数的充要条件是

$$\varepsilon^{2^{p-1}} + \varepsilon^{-2^{p-1}} \equiv 0 \pmod{M_p}$$

其中 $\bar{\varepsilon}$ 为 ε 的共轭数. 1930 年,Lehmer 改进了 E · 拉库斯的结果,得到判别法则:设 p 是一个奇质数,定义序列

$$L_0 = 4, L_1 = (L_0^2 - 2)2^p - 1, \cdots$$

$$L_{n+1} = (L_n^2 - 2)2^p - 1, n \geqslant 0$$

则 M_p 是质数的充要条件是 $L_{p-2} = 0$. 对于较大的 Mersenne 数 M_p 一般都用这个方法在计算机上进行计算来判断它是否为质数. 之所以要研究 Mersenne 数,除它在诸如代数编码的一些应用学科中有用外,还因为它与偶完全数密切相关,偶完全数由 Mersenne 质数唯一决定,事

实上,由定理 2 有

$$\begin{aligned} a &= 2^{p-1}(2^p-1) \\ &= \frac{2^p-1}{2}(2^p-1+1) \\ &= \frac{M_p}{2}(M_p+1) \end{aligned}$$

由于至今仅知道 30 个 Mersenne 质数,所以至今只知道 30 个偶完全数. 是否有无穷多个 Mersenne 质数呢? 仍是数论中一个未解决的难题. 还有一个未解决的猜想是: M_p 无平方因子,1967 年 Warren 证明了若有质数 q,使 $q^2 \mid M_p$,则

$$2^{q-1} \equiv 1 \pmod{q^2}$$

顺便指出,1981 年 Lehmer 证明了当 $q < 6 \cdot 10^9$,除质数 $q = 1\ 093$和 3 511 外,同余式 $2^{q-1} \equiv 1 \pmod{q^2}$ 没有其他的解.

关于完全数,上面指出了偶完全数由 Mersenne 质数唯一决定,那么是否存在奇完全数呢? 这仍是数论中没有解决的一个难题. 到目前为止既没有找到一个奇完全数,也不能否定它不存在. 但我们有:

定理 5　若 a 是一个奇完全数,则 a 具有

$$a = p^{\alpha} q_1^{2\beta_1} q_2^{2\beta_2} \cdots q_t^{2\beta_t} \tag{1}$$

的形状,其中 $p, q_1, q_2, \cdots, q_t$ 是互异的质数,α 和 p 都是 $4k+1$形的正整数.

定理 6　若 a 是一个奇完全数,则(1)中的 $t \geqslant 2$.

这就是说,如果奇完全数存在,则它至少含有 3 个不同的奇质因数. 这个结果曾给予不断改进. 目前,最好的

结果是 Hagis 在 1980 年证明的. 他证明了(1)中的 $t\geqslant 7$, 即若奇完全数存在,它至少含有 8 个不同的奇质因数. Hagis 还证明:若 a 是奇完全数,则 $a>10^{50}$,目前最好的结果是 $a>10^{120}$,这是一个很大的数字.

定义 3 若 $S(a)=Ka$,称 a 为 K 重完全数.

第一个 3 重完全数是 120,Euler 找出的第二、第三个 3 重完全数分别是 672 和 523 776;30 240 和 2 178 540 是 4 重完全数. 这种完全数现在也时有出现.

参考资料

[1] 熊全淹. 初等整数论[M]. 1 版. 湖北:湖北人民出版社,1982.

完全数与 Mersenne 素数[①]

第

35

章

完全数与 Mersenne 素数是初等数论中所涉及的几个特殊的数，江苏教育学院数学系的戴曼琴教授简述了它们的有关概况，论证了完全数与 Mersenne 素数之间的紧密联系.

§1 完全数

历来人们在现实生活中会对某些自然数有所偏好，古时候自然数 6 就是一个备受宠爱的数字. 有人认为，6 是属于美神维纳斯的，它象征着美满的婚姻；也有人认为，宇宙之所以这样完美，是因为上帝创造它时花了 6 天时间等. 自然数 6 为什么备受人们青睐呢？原来，6 是一个非常

① 本章摘自《江苏教育学院学报(自然科学版)》，2008 年，第 25 卷，第 3 期.

“完善”的数,与它的因数之间有一种奇妙的联系. 6 的因数共有 4 个:1,2,3,6,除了 6 自身这个因数以外,其他的 3 个都是它的真因数,数学家们发现:把 6 的所有真因数都加起来,正好等于 6 这个自然数本身! 当然除了 6 以外,还会存在具有以上这种性质的自然数,数学上,把具有以上这种性质的自然数叫作完全数.

定义 若一个自然数,恰好与除去它本身以外的一切因数的和相等,则这种数叫作完全数(或称为完备数).

例如

$$6=1+2+3$$

$$28=1+2+4+7+14$$

$$496=1+2+4+8+16+31+62+124+248$$

$$8\ 128=1+2+4+8+16+32+64+127+254+508+1\ 016+2\ 032+4\ 064$$

其中 28 的真因数有 1,2,4,7,14,而 $1+2+4+7+14$正好等于 28,496 与 8 128 也是如此,所以 6,28,496,8 128 都是完全数.

在自然数王国里,完全数简直就是沧海一粟,稀少而珍贵. 有人统计过,在 10 000 到 40 000 000 这么大的范围里,已被发现的完全数只有 5 个;另外,直到 1952 年,在 2000 多年的时间里,已被发现的完全数总共才有 12 个,这并不是由于数学家不重视完全数,实际上,在非常遥远的古代,数学家们就开始探索寻找完全数的方法了. 公元前 3 世纪,古希腊著名数学家 Euclid 甚至发现了一个计算完全数的公式:如果 2^p-1

是一个素数,其中 p 为素数,那么,由公式

$$N=2^{p-1}(2^p-1)$$

算出的数一定是一个完全数. 例如,当 $p=2$ 时,$2^2-1=3$是一个素数,于是

$$N=2^{2-1}(2^2-1)=6$$

是一个完全数;当 $p=3$ 时,$2^3-1=7$ 是一个素数,所以

$$N=2^{3-1}(2^3-1)=4\times7=28$$

是一个完全数;当 $p=5$ 时,$2^5-1=31$ 是一个素数,所以

$$N=2^{5-1}(2^5-1)=16\times31=496$$

也是一个完全数.

在 Euclid 公式里,只要 2^p-1 是一个素数,由公式

$$N=2^{p-1}(2^p-1)$$

算出的数一定是一个完全数. 所以,寻找新的完全数与寻找新的 2^p-1 形的素数密切相关. 这就引出了 Mersenne 素数.

§2　Mersenne 素数

当 p 为素数时,形如 2^p-1 的数称为 Mersenne 数,用 M_p 来表示,即

$$M_p=2^p-1$$

它未必是素数. 如果 M_p 为素数,则称为 Mersenne 素数. 显

然 Mersenne 是第一个系统地研究这种形式素数的人.

Mersenne 素数是一个特殊的素数，它貌似简单而研究难度却极大，对它的研究也同样历史悠久，可以追溯到公元前 3 世纪，并且这方面的研究及寻求新的 Mersenne 素数一直是数论研究的代表性问题之一. 事实上，直到 2006 年 9 月 4 日，人类一共只发现了 44 个 Mersenne 素数. 除了对于完全数外，寻找和研究 Mersenne 素数还具有其他的价值：

（1）这是传承数学文明的重要研究. Mersenne 素数研究历史悠久，源远流长，形成深厚的文化积淀和数学文明，现代人应继续书写这一文明史.

（2）它能够产生具有深远影响的结果，对社会发展具有持久的价值. 在 Mersenne 素数研究活动过程中已产生了许多重要的数学成就. 如在此研究领域的一些数学巨匠 Euclid、Euler、Fermat 等，身后均留下了辉煌的初等数论理论. 数学研究是与时俱进的，20 世纪已提出更新更快地寻求 Mersenne 素数方法的需求，这对推动数学的发展具有积极的意义.

（3）Mersenne 素数能体现数学之美. Mersenne 素数稀有、珍贵、漂亮，到目前只找到 44 个，可谓凤毛麟角. 数学漂亮的标准为证明简短、简洁、清楚，Mersenne 素数具有简单的表达形式，有关的证明简洁、清楚. Mersenne 素数更因有某些不同寻常的应用而备受关注. 这些有利于培养学生的数学学习兴趣，激发他们的研究热情.

(4)寻找 Mersenne 素数的过程能挑战人类意志及计算智力的极限,激发人类在好奇心驱使下的探索精神和知难而进的拼搏精神,能不断地创造出新纪录.

(5)现在新发现的大素数都是 Mersenne 素数. 计算机制造公司一直将发现素数的程序用于硬件功能测试. 素数测试程序代码简短,能给出易于检查的答案. Mersenne 素数还可实际应用于计算机通信中的信息加密和解密.

18 世纪时,大数学家 Euler 又从理论上证明:每一个偶完全数必定是由 Euclid 所发现的计算完全数的公式算出的. 这就给出了偶完全数与 Mersenne 素数之间的必然联系.

§3　偶完全数与 Mersenne 素数的关系

为了叙述方便,在此先引入一个数论函数 $\sigma(n)$,$\sigma(n)$表示 n 的所有正约数的和. 设 n 的标准分解式为

$$n = p_1^{\alpha_1} p_2^{\alpha_2} \cdots\cdots p_r^{\alpha_r}$$

则

$$\begin{aligned}\sigma(n) &= \sum_{i_1=0}^{\alpha_1} p_1^{i_1} \sum_{i_2=0}^{\alpha_2} p_2^{i_2} \cdots \sum_{i_r=0}^{\alpha_r} p_r^{i_r} \\ &= \frac{p_1^{\alpha_1+1}-1}{p_1-1} \frac{p_2^{\alpha_2+1}-1}{p_2-1} \cdots \frac{p_r^{\alpha_r+1}-1}{p_r-1} \\ &= \prod_{j=1}^{r} \frac{p_j^{\alpha_j+1}-1}{p_j-1}\end{aligned}$$

显然,当$(m,n)=1$时,有

$$\sigma(mn)=\sigma(m)\sigma(n)$$

于是,n为完全数当且仅当$\sigma(n)=2n$. 下面我们来证明定理.

定理 自然数n是偶完全数的充分必要条件是

$$n=2^{p-1}(2^p-1)$$

其中p与2^p-1均为素数.

证明 先证充分性.

设

$$n=2^{p-1}(2^p-1)$$

因为2^p-1是素数,且

$$(2^{p-1},2^p-1)=1$$

所以

$$\begin{aligned}\sigma(n)&=\sigma(2^{p-1})\sigma(2^p-1)\\&=\frac{2^{p-1+1}-1}{2-1}(1+2^p-1)\\&=(2^p-1)2^p=2n\end{aligned}$$

从而n为偶完全数.

再证必要性.

若n为偶完全数,则可设$n=2^k m$,其中$k\geqslant1$,m为奇数.

因为$\sigma(m)>m$,令$\sigma(m)=m+s$,其中$s>0$.

又因为$\sigma(n)=2n$,且$(2^k,m)=1$,得

$$\begin{aligned}\sigma(n)&=\sigma(2^k)\sigma(m)=(2^{k+1}-1)(m+s)\\&=2^{k+1}m-m+(2^{k+1}-1)s=2^{k+1}m\end{aligned}$$

故

$$m=(2^{k+1}-1)s\Rightarrow s\mid m$$

由于 $2^{k+1}-1>1$,所以 $s<m$,即 s 是 m 的一个小于 m 的因子. 但

$$\sigma(m)=m+s$$

这说明 s 是 m 的所有小于 m 的因子之和. 于是 s 是包含 s 在内的一组正整数之和,因而这组数中只能含有一个数,且这个数只能是 1,即 $s=1$. 所以

$$\sigma(m)=m+1$$

由此可知

$$m=(2^{k+1}-1)s=2^{k+1}-1$$

是素数.

形如 $2^{k+1}-1$ 的数是素数,必有 $k+1=p$ 是素数. 事实上,若 $k+1$ 不是素数,则有 $k+1=ab$,其中 $1<a$, $b<k+1$,于是

$$2^{k+1}-1=(2^a)^b-1=(2^a-1)(2^{a(b-1)}+\cdots+1)$$

为合数,矛盾. 从而

$$n=2^k m=2^{p-1}(2^p-1)$$

其中 p 与 2^p-1 均为素数.

由 Mersenne 素数的概念,此定理可表为:自然数 n 是偶完全数的充分必要条件是

$$n=\frac{1}{2}M_p(M_p+1)$$

其中 M_p 为 Mersenne 素数.

这表明 Mersenne 素数与偶完全数之间存在着完全必然的联系,彼此间相互唯一确定,因此由到目前为止已知的 44 个 Mersenne 素数就可得 44 个相应的

偶完全数.

尽管有以上的定理,寻找完全数的工作仍然非常艰巨,例如,当 $n=31$ 时

$$\begin{aligned}N_{31}&=2^{31-1}(2^{31}-1)\\&=1\ 073\ 741\ 824\cdot 2\ 147\ 483\ 647\\&=2\ 305\ 843\ 008\ 139\ 952\ 128\end{aligned}$$

这是一个 19 位数,不难想象,用笔算出这个完全数该是多么困难. 表 1 给出用程序算出的这个完全数的全部真因数.

表 1

n	2^{n-1}	n	2^{n-1}
1	1	32	2 147 483 647
2	2	33	4 294 967 294
3	4	34	8 589 934 588
4	8	35	17 179 869 176
5	16	36	34 359 738 352
6	32	37	68 719 476 704
7	64	38	137 438 953 408
8	128	39	274 877 906 816
9	256	40	549 755 813 632
10	512	41	1 099 511 627 264
11	1 024	42	2 199 023 254 528
12	2 048	43	4 398 046 509 056
13	4 096	44	8 796 093 018 112
14	8 192	45	17 592 186 036 224
15	16 384	46	35 184 372 072 448
16	32 768	47	70 368 744 144 896
17	65 536	48	140 737 488 289 792
18	131 072	49	281 474 976 579 584

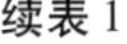

续表 1

n	2^{n-1}	n	2^{n-1}
19	262 144	50	592 949 953 159 168
20	524 288	51	1 125 899 906 318 336
21	1 048 576	52	2 251 799 812 636 672
22	2 097 152	53	4 503 599 625 273 344
23	4 194 304	54	9 007 199 250 546 688
24	8 388 608	55	18 014 398 501 093 376
25	16 777 216	56	36 028 797 002 186 752
26	33 554 432	57	72 057 594 004 373 504
27	67 108 864	58	144 115 188 008 747 008
28	13 421 728	59	288 230 376 017 494 016
29	268 435 456	60	576 460 752 034 988 032
30	536 870 912	61	1 152 921 504 069 976 064
31	1 73 741 824		

直到 20 世纪中叶，随着电子计算机的问世，寻找完全数的工作才取得了较大的进展. 1952 年，数学家凭借计算机的高速运算，一下子发现了 5 个完全数，它们分别对应于 Euclid 公式中 $n=521,607,1\ 279,2\ 203$ 和 2 281 时的答案. 以后数学家们又陆续发现当 $n=3\ 217,4\ 253,4\ 423,9\ 689,9\ 941,11\ 213$ 和 19 937 时，由 Euclid 公式算出的答案也是完全数. 到 1975 年，人们在无穷无尽的自然数里，总共找出了 24 个完全数. 1979 年，当人们知道 $2^{44\ 496}-1$ 是一个新的素数时，随之也就知道了 $2^{44\ 496}(2^{44\ 497}-1)$ 是一个新的完全数；2006 年，人们知道 $2^{32\ 582\ 657}-1$ 是一个更大的素数时，也就知道了 $2^{32\ 582\ 656}(2^{32\ 582\ 657}-1)$ 是一个更大的完全数. 它是迄今所知最大的一个完全数. 仅 $2^{32\ 582\ 657}-1$ 就有 9 808 358 位，这是一个非常大的数，大到很难在

书中将它原原本本地写出来. 有趣的是,虽然很少有人知道这个数的最后一个数字是多少,却知道它一定是一个偶数,因为,由 Euclid 公式算出的完全数都是偶数! 那么,奇数中有没有完全数呢? 曾经有人验证过位数少于 36 位的所有自然数,始终也没有发现奇完全数的踪迹. 不过,在比这还大的自然数里,奇完全数是否存在,可就谁也说不准了. 现存的疑问有:(1)到底有多少个完全数? 到目前为止,一共只找到了 44 个完全数;(2)有没有奇完全数? 已发现的 44 个完全数都是偶数,会不会有奇完全数存在呢? 如果存在,它必须大于 10 120. 说起来,这些都还是尚未解决的著名数学难题呢!

参考资料

[1] 柯召,孙琦. 数论讲义[M]. 北京:高等教育出版社,1986.

[2] 曹卫东,戴曼琴. 趣谈 Mersenne 素数[J]. 江苏教育学院学报,2005(4).

[3] 洪修仁. 初等数论[M]. 成都:成都科技大学出版社,1997.

广义 Mersenne 数中的奇完全数①

第 36 章

设 p 是奇素数，a 和 b 是适合

$$a > b \gcd(a,b) = 1$$

的正整数. 设

$$f(a,b,p) = \frac{a^p - b^p}{a-b}$$

湛江师范学院数学系的乐茂华教授 2010 年运用初等数论方法证明了当

$$\log a \leqslant \max(7\log p(2^{p-1}-1)\log p)$$

时，$f(a,b,p)$ 不是奇完全数.

§1 问题的提出及主要结果

对于正整数 x，设 $\sigma(x)$ 是 x 的不同约数之和. 若 x 适合

$$\sigma(x) = 2^x \qquad (1)$$

① 本章摘自《吉首大学学报(自然科学版)》，2010 年，第 31 卷，第 5 期.

则称 x 是完全数,早在古希腊时代,Euclid 就已经在著名的 *Elements* 一书中给出了完全数的定义,并且证明了:若 p 和 2^p-1 都是素数,则

$$x=2^{p-1}(2^p-1) \tag{2}$$

必为偶完全数. 由此可知 6,28,496 等都是偶完全数. 2000 多年后,L. Euler[1] 进一步证明了:若 x 是偶完全数,则 x 必可表示成(2)的形式,其中 p 和 2^p-1 都是素数. 同时,由于迄今未发现奇完全数. 因此奇完全数的存在性一直是数论中引人关注的课题(参考文献[2]的问题 B1).

2000 年以来,人们开始讨论某些特殊形状正整数中的奇完全数. 例如:F. Luca[3] 证明了任何 Fermat 数 $2^{2^n}+1$都不是奇完全数;沈忠华等[4] 证明了当 a,b 是适合 $a>b,\gcd(a,b)=1$ 以及 $a\neq b(\bmod 2)$ 的正整数时,$a^{2^a}+b^{2^a}$ 不是奇完全数;李伟勋[5] 证明了任何 Mersenne 数 2^p-1 都不是奇完全数.

设 p 是奇素数,a 和 b 是适合 $a>b$ 以及 $\gcd(a,b)=1$ 的正整数. 设

$$f(a,b,p)=\frac{a^p-b^p}{a-b} \tag{3}$$

由于从(3)可知

$$f(2,1,p)=2^p-1$$

就是通常的 Mersenne 数,因此 $f(a,b,p)$ 统称为广义 Mersenne 数. 笔者运用初等数论方法证明了以下一般性结果:

定理 当

$$\log a \leqslant \max(7\log p(2^{p-1}-1)\log p)$$

时,$f(a,b,p)$都不是奇完全数.

因为奇素数 $p\geqslant 3$,所以根据上述定理直接可得以下推论:

推论　当 $a\leqslant 2\ 187$ 时,$f(a,b,p)$都不是奇完全数.

显然,文献[5]中的结果是上述推论的特例. 另外,我们提出以下猜想:

猜想　任何广义 Mersenne 数都不是奇完全数.

§2　相关引理

引理1　若 $x=p_1^{r_1}\cdots p_k^{r_k}$ 是正整数 x 的标准分解式,则

$$\sigma(x)=\prod_{i=1}^{k}\frac{p_i^{r_1+1}-1}{p_i-1}$$

证明　参见文献[6].

引理2　$f(a,b,p)$的素数因数 q 都满足 $q\equiv 1(\bmod 2^p)$.

证明　参见文献[6].

引理3　若 x 是奇完全数,则 x 的标准分解式必可表示成

$$x=q_0^{r_0}q_1^{2r_1}\cdots q_k^{2r_k},k>7 \tag{4}$$

其中 q_0 是适合 $q_0\equiv 1(\bmod 4)$的奇素数;r_0 是适合 $r_0\equiv 1(\bmod 4)$的奇数;$q_i(i=1,\cdots,k)$是适合

$$q_1<\cdots<q_k,q_0\neq q_1,i=1,\cdots,k \tag{5}$$

的奇素数;$r_i(i=1,\cdots,k)$是正整数.

证明　参见文献[7].

引理 4　若$f(a,b,p)$是奇完全数,则$f(a,b,p)$的标准分解式必可表示成

$$f(a,b,p)=q_0^{r_0}q_1^{2r_1}\cdots q_k^{2r_k},k>7 \tag{6}$$

其中 $q_j(j=0,1,\cdots,k)$是适合式(5)以及

$$q_0\equiv 1(\bmod 4p),q_1\equiv 1(\bmod 2p),i=1,\cdots,k \tag{7}$$

的奇素数;$r_j(j=0,1,\cdots,k)$是适合

$$r_0\equiv 1(\bmod 4p),p\mid r_i,i=1,\cdots,k \tag{8}$$

的正整数.

证明　根据引理 3 可知此时的$f(a,b,p)$的标准分解式适合式(5)和(6),又从引理 2 可知它的素因数$q_j(j=0,1,\cdots,k)$满足式(7). 根据完全数的定义(1)和引理 1,从式(6)可知

$$\sigma(f(a,b,p))=(q_0+1)\left(\frac{q_0^{\frac{r_0+1}{2}}+1}{q_0+1}\right)\left(\frac{q_0^{\frac{r_0+1}{2}}-1}{q_0-1}\right)\cdot \prod_{i=1}^{k}\frac{q_1^{2r_1+1}-1}{q_1-1}=2q_0^{r_0}q_1^{2r_1}\cdots q_k^{2r_k} \tag{9}$$

因为从式(9)可知$\dfrac{q_1^{2r_1-1}-1}{q_1-1}(i=1,\cdots,k)$是 $q_0,q_1,\cdots,q_{i-1},q_{i+1},\cdots,q_k$ 中某些数的方幂的乘积,所以从式(7)可知

$$\frac{q^{2r_i}+1}{q_i-1}\equiv 2r_i+1\equiv 1(\bmod 2^p),i=1,\cdots,k \tag{10}$$

从式(10)可知 $r_i(i=1,\cdots,k)$是适合式(8)的正整数. 同理可证 $r_0\equiv 1(\bmod 4^p)$. 证毕.

§3　定理的证明

根据引理 4 可知，当 $f(a,b,p)$ 是奇完全数时，它的标准分解式适合式(5)至(8)．因为从式(3)可知

$$f(a,b,p)<a^p$$

故从式(5)至(8)可得

$$\begin{aligned} a^p &> f(a,b,p) > (q_1\cdots q_k)^{2p} \\ &> \left(\prod_{i=1}^{k} 2p_i\right)^{2p} = ((2^p)^k k!)^{2p} \end{aligned} \tag{11}$$

根据 Stirling 公式可知 $k! > \left(\frac{k}{\mathrm{e}}\right)^k$，故从式(11)可知

$$a^p > \left(\frac{2p_k}{\mathrm{e}}\right)^{2pk} \tag{12}$$

从式(12)可得

$$\log a > 2^k(\log k + \log p + \log 2 - 1) \tag{13}$$

若 $k \geqslant \frac{\log a}{\log p}$，则从式(13)可得

$$\log\log p + 1 > \frac{1}{2}\log p + \log\log a + \log 2$$

这一矛盾，故必有

$$k < \frac{\log a}{\log p} \tag{14}$$

因为从式(6)可知 $k \geqslant 7$，所以从式(14)可得 $\log a > 7\log p$.

另一方面，根据完全数的定义(1)和引理 1，从式

(6)可知

$$2=\frac{\sigma(f(a,b,p))}{f(a,b,p)}$$

$$=\left(1+\frac{1}{q_0}+\cdots+\frac{1}{q_0^{r_0}}\right)\prod_{i=1}^{k}\left(1+\frac{1}{q_1}+\cdots+\frac{1}{q_1^{2r_i}}\right)\quad(15)$$

因为对于任何素数 q 和正整数 r 都有

$$1+\frac{1}{q}+\cdots+\frac{1}{q^r}<\sum_{s=0}^{\infty}\frac{1}{q^s}=1+\frac{1}{q-1}\quad(16)$$

所以从式(15)和(16)可知

$$2<\prod_{j=0}^{k}\left(1+\frac{1}{q_j-1}\right)\quad(17)$$

再从式(5)(7)和(17)可得

$$2<\prod_{j=0}^{k}\left(1+\frac{1}{2^p(j+1)}\right)\quad(18)$$

由于

$$\log\left(1+\frac{1}{2^p(j+1)}\right)$$

$$=\frac{2}{4^p(j+1)+1}\sum_{s=0}^{\infty}\frac{1}{2^s+1}\left(\frac{1}{4^p(j+1)+1}\right)^{2^s}$$

$$<\frac{4}{4^p(j+1)+1}<\frac{1}{p(j+1)},j=0,1,\cdots,k\quad(19)$$

因此从式(18)和(19)可知

$$\log 2<\frac{1}{p}\sum_{j=0}^{k}\frac{1}{j+1}\quad(20)$$

根据文献[6]可知

$$\sum_{j=0}^{k}\frac{1}{j+1}<\log(k+1)+\gamma\quad(21)$$

其中 $\gamma=0.5772$ 是 Euler 常数,故从式(20)和(21)可得

$$p\log 2<\log(k+1)+\gamma \tag{22}$$

由于 $e^{\gamma}<2$,因此从式(14)和(22)可得

$$\log a>(2^{p-1}-1)\log p$$

综上所述可知:当

$$\log a\leqslant \max(7\log p(2^{p-1}-1)\log p)$$

时,$f(a,b,p)$不是奇完全数. 证毕.

参考资料

[1] EULER L. De Numerls Amicabilibus[J]. Comm. Arith., 1849,2(4):627-636.

[2] GUY R K. Unsolved Problems in Number Theory [M]. Beijing: Science Press,2007:71-74.

[3] LUCA F. The Anti Social Fermat Numbers[J]. Amer, Math. Monthly,2000,107(2):171-173.

[4] 沈忠华,于秀源. 关于数论函数 $\sigma(n)$的一点注记[J]. 数学研究与评论,2007,27(1):123-129.

[5] 李伟勋. Mersenne 数 M_p 都是孤立数[J]. 数学研究与评论,2007,27(4):693-696.

[6] 华罗庚. 数论导引[M]. 北京:科学出版社,1979:13-14.

[7] HAGIS P. Every Odd Perfect Number has at Least 8 Prime Factors[J]. Math, Comput., 1980,34(6):1027-1032.

第十编

Mersenne 数的 Smarandache 函数值

Mersenne 数的 Smarandache 函数值的下界（Ⅰ）[①]

第37章

对于正整数 n，设 $S(n)$ 是 n 的 Smarandache 函数. 对于素数 p，设 $M_p=2^p-1$ 是 Mersenne 数. 西安外国语大学经济金融学院的王枭涵教授 2014 年运用初等方法讨论了 $S(M_p)$ 的下界. 证明了：对于任何正整数 x，如果

$$p\geqslant 9x^2(\log x+1)^3$$

则必有

$$S(M_p)\geqslant 2xp+1$$

设 $\mathbf{N}$ 是全体正整数的集合. 对于素数 p，形如 2^p-1 的正整数称为 Mersenne 数，记作 M_p. 长期以来，Mersenne 数的算术性质一直是数论中引人关注的研究课题（参见文献[1]）. 本章将讨论 Mersenne 数

---

① 本章摘自《西北大学学报（自然科学版）》，2014 年，第 44 卷，第 3 期.

的 Smarandache 函数值的下界估计.

对于正整数 n,设

$$S(n)=\min\{m \mid m\in\mathbf{N}, n \mid m!\} \tag{1}$$

称为 n 的 Smarandache 函数. 2011 年,乐茂华[2]证明了:当 p 是奇素数时

$$S(M_p)\geqslant 2p+1$$

2008 年,苏娟丽[3]证明了:当 $p\geqslant 7$ 时

$$S(M_p)\geqslant 6p+1$$

2010 年,温田丁[4]进一步证明了:当 $p\geqslant 17$ 时

$$S(M_p)\geqslant 10p+1$$

此后,李粉菊和杨畅宇[5],石鹏和刘卓[6]分别将上述结果推广到了形如 a^p+b^p 的正整数. 本章将对 $S(M_p)$ 的下界证明以下一般性的结果.

定理 对于任何正整数 x,如果

$$p\geqslant 9x^2(\log x+1)^3$$

则必有

$$S(M_p)\geqslant 2xp+1$$

§1 若干引理

引理 1 对于正数 y,必有

$$y>\log(1+y)>\frac{y}{1+y}$$

证明 参见文献[7].

引理 2　对于正整数 k,必有

$$\sum_{m=1}^{k}\frac{1}{m}<\log k+1 \tag{2}$$

证明　当 $k=1$ 时,式(2)显然成立. 如果存在正整数 k 可使式(2)不成立,则可设 k_0 是不满足式(2)的最小正整数. 此时,$k_0>1$,而且 k_0 满足

$$\sum_{m=1}^{k_0-1}\frac{1}{m}\leqslant\log(k_0-1)+1 \tag{3}$$

以及

$$\sum_{m=1}^{k_0}\frac{1}{m}>\log k_0+1 \tag{4}$$

然而,根据引理 1,从式(3)和(4)可得

$$\frac{1}{k_0}>\log k_0-(\log k_0-1)=\log\left(1+\frac{1}{k_0-1}\right)>\frac{1}{k_0} \tag{5}$$

这一矛盾. 因此任何正整数 k 都满足(2). 证毕.

引理 3　设 a 和 b 是适合 $a>1$ 以及 $b>\max\{4,a\}$ 的实数. 如果实数 z 满足

$$z<a\log z+b \tag{6}$$

则必有 $z<4ab$.

证明　设实函数

$$f(z)=z-a\log z-b \tag{7}$$

当 $z=4ab$ 时,如果 z 满足式(6),则从

$$4ab<a(\log 4+\log a+\log b)+b$$

可得

$$4<\frac{\log 4}{b}+\frac{\log a}{b}+\frac{\log b}{b}+\frac{1}{a}<4$$

这一矛盾. 因此有

$$f(4ab)\geqslant 0 \tag{8}$$

从式(7)可知$f(z)$的导函数

$$f'(z)=1-\frac{a}{z}$$

所以当 $z>a$ 时,必有$f'(z)>0$. 因此,当 $z>a$ 时,$f(z)$是递增函数;故从式(8)可知 $z\geqslant 4ab$ 时,必有$f(z)\geqslant 0$. 于是,从式(7)可知:如果 z 满足式(6),$f(z)<0$,所以 $z<4ab$. 证毕.

引理 4[8] 如果

$$n=q_1^{r_1}q_2^{r_2}\cdots q_k^{r_k}$$

是正整数 n 的标准分解式,则

$$S(n)=\max\{S(q_1^{r_1}),S(q_2^{r_2}),\cdots,S(q_k^{r_k})\}$$

引理 5[8] 对于素数 q 以及正整数 r,如果 $r\leqslant q$,则$S(q^r)=qr$.

引理 6[3] 如果 q 是 M_p 的素因数,则必有 $q\equiv 1(\bmod 2p)$.

§2 定理的证明

从文献[4]的结果可知本定理在 $x\leqslant 5$ 时成立,因此以下仅需讨论 $x>5$ 时的情况. 设

$$M_p=2^p-1=q_1^{r_1}q_2^{r_2}\cdots q_k^{r_k} \tag{9}$$

是 Mersenne 数 M_p 的标准分解式,其中 $q_1^{r_1},q_2^{r_2},\cdots,q_k^{r_k}$

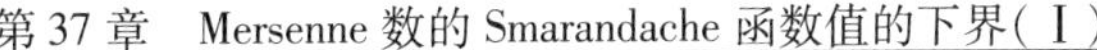

是适合

$$q_1^{r_1} < q_2^{r_2} < \cdots < q_k^{r_k} \tag{10}$$

的奇素数. 根据引理 6 可知

$$q_i \equiv 1 (\bmod 2p), i = 1, 2, \cdots, k$$

故有

$$q_i = 2s_i p + 1, s_i \in \mathbf{N}, i = 1, 2, \cdots, k \tag{11}$$

并且从式(10)可知

$$1 \leqslant s_1 < s_2 < \cdots < s_k \tag{12}$$

因为从式(11)可知

$$q_i^p = (2s_i p + 1)^p > p^p > 2^p - 1 = M_p, i = 1, 2, \cdots, k$$

所以从式(9)可得

$$r_i < p < q_i, i = 1, 2, \cdots, k \tag{13}$$

因此,根据引理 4 和 5,从式(9)和(13)可知

$$\begin{aligned} & S(M_p) \\ = & \max\{S(q_1^{r_1}), S(q_2^{r_2}), \cdots, S(q_k^{r_k})\} \\ = & \max\{q_1 r_1, q_2 r_2, \cdots, q_k r_k\} \end{aligned} \tag{14}$$

如果

$$S(M_p) < 2xp + 1$$

则有

$$S(M_p) < 2xp$$

此时从式(11)和(14)可得

$$\begin{aligned} x & \geqslant \max\left\{\frac{q_1 r_1}{2p}, \frac{q_2 r_2}{2p}, \cdots, \frac{q_k r_k}{2p_k}\right\} \\ & > \max\{r_1 s_1, r_2 s_2, \cdots, r_k s_k\} \end{aligned} \tag{15}$$

由于从式(12)可知 $s_k \geqslant k$,所以从式(15)可知

$$r_i < \frac{x}{s_i}, i = 1, 2, \cdots, k \tag{16}$$

$$s_i < \frac{x}{r_i}, i = 1, 2, \cdots, k \tag{17}$$

以及

$$k < x \tag{18}$$

根据引理 1,从式(11)和(16)可知

$$\begin{aligned}\log q_i^{r_i} &= r_i \log(2s_i p + 1) \\ &< r_i\left(\log(2s_i p) + \frac{1}{2s_i p}\right) \\ &< \frac{x}{s_i}\left(\log p + \log 2 + \log s_i + \frac{1}{2s_i p}\right) \\ & i = 1, 2, \cdots, k\end{aligned} \tag{19}$$

因为

$$2^{p-1} < 2^p - 1$$

所以从式(9)和(19)可得

$$\begin{aligned}&(p-1)\log 2 \\ &< \log(2^p - 1) = \sum_{i=1}^{k} \log q_i^{r_i} \\ &< x(\log p)\sum_{i=1}^{k}\frac{1}{s_i} + x(\log 2)\sum_{i=1}^{k}\frac{1}{s_i} + \\ &\quad x\sum_{i=1}^{k}\frac{\log x_i}{s_i} + \frac{x}{2p}\sum_{i=1}^{k}\frac{1}{s_i^2}\end{aligned} \tag{20}$$

由于从式(12)可知 $s_i > i(i = 1, 2, \cdots, k)$,所以根据引理 2,从式(18)可得

$$\sum_{i=1}^{k}\frac{1}{s_i} \leqslant \sum_{i=1}^{k}\frac{1}{i} < \log k + 1 < \log x + 1 \tag{21}$$

又因从式(17)可知

$$\log s_i < \log x, i = 1, 2, \cdots, k$$

故从式(21)可得

$$\sum_{i=1}^{k} \frac{\log s_i}{s_i} < (\log x)(\log x + 1) \qquad (22)$$

由于 $x > 5$,将式(21)和(22)代入式(20)可知

$$p < \frac{x(\log x + 1)}{\log 2} \log p + \frac{x(\log x + 1)^2}{\log 2} \qquad (23)$$

因此,根据引理 2,从式(23)可知:如果

$$S(M_p) < 2xp + 1$$

则 p 满足

$$p < \frac{4x^2(\log x + 1)^3}{(\log 2)^2} < 9x^2(\log x + 1)^3 \qquad (24)$$

于是,从式(24)可知:当

$$p \geqslant 9x^2(\log x + 1)^3$$

时,必有

$$S(M_p) \geqslant 2xp + 1$$

定理证毕.

参考资料

[1] GUY R K. Unsolved Problems in Number Theory, Third Edition[M]. Beijing: Science Press, 2007.

[2] LE M H. A lower bound for $S(2^p(2^p - 1))$[J]. Smarandache Notions Journal, 2001, 12(1):

217-218.

[3] 苏娟丽.关于 Smarandache 函数的一个新的下界估计[J].纯粹数学与应用数学,2008,24(4):706-708.

[4] 温田丁.Smarandache 函数的一个下界估计[J].纯粹数学与应用数学,2010,26(3):413-416.

[5] 李粉菊,杨畅宇.Smarandache 函数在数列 a^p+b^p 上的下界估计[J].西北大学学报(自然科学版),2011,41(3):378-379.

[6] 石鹏,刘卓.Smarandache 函数在数列 a^p+b^p 上的一个新的下界估计[J].西南师范大学学报(自然科学版),2013,38(8):10-14.

[7] 邓东皋,尹小玲.数学分析简明教程,上册[M].北京:高等教育出版社,1999.

[8] MARK F, PATRICK M. Bounding the Smarandache function[J]. Smarandache Notions Journal, 2002,13(1):2-3.

Mersenne 数的 Smarandache 函数值的下界(Ⅱ)[①]

第 38 章

设 **N** 是全体正整数的集合. 对于正整数 n,设

$$S(n)=\min\{m \mid m! \equiv 0(\bmod n)\}, m\in \mathbf{N}\} \tag{1}$$

称为 n 的 Smarandache 函数. 近几年来,关于此类数论及其推广形式的各种性质可谓是一个引人关注的研究课题[1-7].

设 p 是奇素数, 本章讨论 Smarandache 函数值 $S(2^p\pm 1)$ 的下界. 对此,文献[8]证明了

$$S(2^{p-1}(2^p-1))\geqslant 2p+1 \tag{2}$$

文献[9]证明了当 $p\geqslant 7$ 时

$$S(2^p\pm 1)\geqslant 6p+1 \tag{3}$$

广东石油化工学院数学系的梁明教授 2014 年运用初等方法证明了以下的

① 本章摘自《广东石油化工学院学报》,2014 年,第 24 卷,第 4 期.

结果：

定理　当 $p>7$ 时

$$S(2^p\pm1)\geqslant 8p+1$$

由文献[8]可知

$$S(2^{p-1}(2^p-1))=S(2^p-1)$$

所以本章定理改进了文献[8]和[9]中的结果.

§1　若干引理

设 p,q 是奇素数. 对于大于 1 的正整数 n，设 $p(n)$ 是 n 的最大素因数.

引理 1　如果 2 是模 q 的二次剩余，则 $q\equiv1$ 或 $7\pmod 8$；如果 -2 是模 q 的二次剩余，那么 $q\equiv1$ 或 $3\pmod 8$.

证明　参见文献[10].

引理 2　设 X 和 Y 是适合 $|XY|>1$ 以及 $\gcd(X,Y)=1$ 的整数，此时，$\frac{X^p-Y^p}{X-Y}$的素因数 q 满足 $q=p$ 或者 $q\equiv1$ 或 $q\equiv1\pmod{2p}$，而且 $q=p$ 成立的充要条件是

$$X\equiv Y\pmod p$$

证明　参见文献[11].

引理 3　2^p-1 的素因数 q 都可表成

$$q=8sp+1$$

或

$$a=\begin{cases}(8s-2)p+1,\text{当 } p\equiv 1(\bmod 4)\text{ 时}\\(8s-6)p+1,\text{当 } p\equiv 3(\bmod 4)\text{ 时}\end{cases}\tag{4}$$

式中 s 是正整数.

证明　因为 $2-1=1$,所以从引理 2 可知 2^p-1 的素因数 q 都满足

$$q\equiv 1(\bmod 2p)$$

故有

$$q=2tp+1,t\in\mathbf{N}\tag{5}$$

又因

$$2p\equiv 2(2^{\frac{p-1}{2}})^2\equiv 1(\bmod q)$$

所以 2 是模 q 的二次剩余,从引理 1 得 $q\equiv 1$ 或 $7(\bmod 8)$.

当 $q\equiv 1(\bmod 8)$时,从式(5)可知 $4\mid t$,故有 $t=4s$,其中 s 是正整数. 因此

$$q=8sp+1$$

当 $q\equiv 7(\bmod 8)$时,从式(5)可知

$$tp\equiv 3(\bmod 4)\tag{6}$$

故从式(6)可得

$$t=\begin{cases}3(\bmod 4),\text{当 } p\equiv 1(\bmod 4)\text{ 时}\\1(\bmod 4),\text{当 } p\equiv 3(\bmod 4)\text{ 时}\end{cases}\tag{7}$$

由于从式(7)可知

$$t=\begin{cases}4s-1,\text{当 } p\equiv 1(\bmod 4)\text{ 时}\\4s-3,\text{当 } p\equiv 3(\bmod 4)\text{ 时}\end{cases},s\in\mathbf{N}\tag{8}$$

故从式(5)和式(8)可得式(4). 引理证毕.

引理 4　当 $p>3$ 时的素因数 q 都可表示成

$$q = 8sp + 1$$

或者

$$q = \begin{cases} (8s-6)p+1, \text{当 } p \equiv 1 \pmod 4 \text{ 时} \\ (8s-2)p+1, \text{当 } p \equiv 3 \pmod 4 \text{ 时} \end{cases} \tag{9}$$

式中 s 是正整数.

证明 本引理的证明方法与引理 3 相同. 因为

$$2-(-1)=3<p$$

所以从引理 2 可知$\frac{1}{3}(2^p+1)$的素因数 q 都满足

$$q \equiv 1 \pmod{2p}$$

因此 q 可表示成式(5)的形式. 又因

$$-2^p \equiv -2(2^{\frac{p-1}{2}})^2 \equiv 1 \pmod q$$

所以 -2 是模 q 的二次剩余,故从引理 1 可知 $q \equiv 1$ 或 $3 \pmod 8$.

当 $q \equiv 1 \pmod 8$ 时,可知

$$q = 8sp + 1$$

当 $q \equiv 3 \pmod 8$ 时,因为从(5)可知

$$tp = 1 \pmod 4$$

故从

$$t = \begin{cases} 1 \pmod 4, \text{当 } p \equiv 1 \pmod 4 \text{ 时} \\ 3 \pmod 4, \text{当 } p \equiv 3 \pmod 4 \text{ 时} \end{cases} \tag{10}$$

可得式(9). 引理证毕.

引理 5 如果

$$n = p_1^{r_1} \cdots p_k^{r_k} \tag{11}$$

是 n 的标准分解式,则

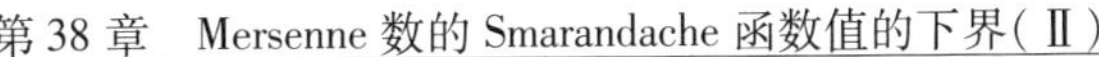

$$S(n)=\max\{S(p_1^{r_1}),\cdots,S(p_k^{r_k})\}$$

证明　参见文献[12].

引理6　如果 x 和 y 是适合 $x<y$ 的正整数,则

$$S(p^x)\leqslant S(p^y)$$

证明　参见文献[12].

引理7　$S(p)=p$.

证明　参见文献[12].

引理8　$S(n)\geqslant p(n)$.

证明　设式(11)是 n 的标准分解式. 从引理6和7可知

$$S(p_i^{r_i})\geqslant S(p_i)=p_i,i=1,2,\cdots,k \tag{12}$$

因此根据引理5,从(12)可得

$$\begin{aligned}S(n)&=\max\{S(p_1^{r_1}),\cdots,S(p_k^{r_k})\}\\&\geqslant\max\{S(p_1),\cdots,S(p_k)\}\\&=\max\{p_1,\cdots,p_k\}=P(n)\end{aligned}$$

引理证毕.

引理9　方程

$$X^m-Y^n=1,X,Y,m,n\in\mathbf{N},\min\{X,Y,m,n\}>1 \tag{13}$$

仅有解

$$(X,Y,m,n)=(3,2,2,3)$$

证明　参见文献[13].

引理10　方程

$$2^p+1=3Y^n,Y,n\in\mathbf{N},Y>1,n>2 \tag{14}$$

无解(Y,n).

证明 参见文献[14].

§2 定理的证明

设 p 是适合 $p>7$ 的奇素数,此时 $p\geqslant 11$. 首先讨论 $S(2^p-1)$ 的下界,设

$$2^p-1=p_1^{r_1}\cdots p_k^{r_k} \tag{15}$$

是 2^p-1 的标准分解式,其中 $p_1,\cdots,p_k$ 是适合

$$p_1<\cdots<p_k \tag{16}$$

的奇素数,$r_1,\cdots,r_k$ 是正整数.

当 $k=1$ 且 $r_1=1$ 时,从式(15)可知 2^p-1 的最大素因数

$$p(2^p-1)=p_1=2^p-1$$

由于 $p\geqslant 11$,因此有

$$p(2^p-1)>8p+1$$

当 $k=1$ 且 $r_1>1$ 时,从式(15)可知方程(13)有解

$$(X,Y,m,n)=(2,p_1,p,r_1)$$

然而,根据引理 9 可知这是不可能的.

当 $k>1$ 时,从引理 3 可知

$$p_1\geqslant 2p+1$$

以及

$$p_2\geqslant 8p+1$$

所以此时

$$p(2^p-1)\geqslant p_2=8p+1$$

从以上的分析可知

$$p(2^p-1)\geqslant 8p+1$$

又从引理 8 可得

$$S(2^p-1)\geqslant p(2^p-1)$$

故有

$$S(2^p-1)\geqslant 8p+1 \tag{17}$$

以下讨论 $S(2^p+1)$ 的下界. 设

$$\frac{1}{3}(2^p+1)=p_1^{r_1}\cdots p_k^{r_k} \tag{18}$$

是 $\frac{1}{3}(2^p+1)$ 的标准分解式，其中 $p_1,\cdots,p_k$ 是适合式(16)的奇素数，$r_1,\cdots,r_k$ 是正整数.

当 $k=1$ 且 $r_1=1$ 时，因为 $p\geqslant 11$，故从(18)可得

$$p\left(\frac{1}{3}(2^p+1)\right)=\frac{1}{3}(2^p+1)>8p+1$$

当 $k=1$ 且 $r_1=2$ 时，因

$$p_1^{r_1}\equiv p_1^2\equiv 1\pmod 8$$

故从(18)可得

$$1\equiv 2^p+1\equiv 3p_1^2\equiv 3\pmod 8$$

这一矛盾.

当 $k=1$ 且 $r_1>2$ 时，从(18)可知方程(14)有解 $(Y,n)=(p_1,r_1)$. 然而从引理 10 可知是不可能的.

当 $k>1$ 时，根据引理 4，从(16)和(18)可得

$$p_1\geqslant 2p+1$$

以及

$$p_2\geqslant 8p+1$$

所以

$$p\left(\frac{1}{3}(2^p+1)\right)=p_2>8p+1$$

由于从上述分析可知

$$p(2^p+1)=p\left(\frac{1}{3}(2^p+1)\right)>8p+1 \qquad (19)$$

所以根据引理 8,从(19)可得

$$S(2^p+1)\geqslant 8p+1 \qquad (20)$$

于是从(17)和(20)可知本定理成立. 证毕.

综上所述,本章运用初等方法讨论了 $S(2^p\pm1)$ 的下界,其中 $S(2p\pm1)$ 是 $2p\pm1$ 的 Smarandache 函数,并证明了:当 $p>7$ 时

$$S(2^p\pm1)\geqslant 8p+1$$

参考资料

[1] 张文鹏. 初等数论[M]. 西安:陕西师范大学出版社,2007.

[2] 徐哲峰. Smarandache 幂函数的均值[J]. 数学学报,2006,49(1):77-80.

[3] 徐哲峰. Smarandache 幂函数的分布性质[J]. 数学学报,2006,49(5):1009-1012.

[4] 李洁. 一个包含 Smarandache 原函数的方程[J]. 数学学报,2007,50(2):333-336.

[5] 马金萍,刘宝利. 一个包含 Smarandache 函数的

方程[J]. 数学学报,2007,50(5):1185-1190.

[6] 朱伟义. 一个包含 F. Smarandache LCM 函数的猜想[J]. 数学学报,2008,51(5):955-958.

[7] 贺艳峰,潘晓玮. 一个包含 Smarandache LCM 函数的方程[J]. 数学学报,2008,51(4):779-786.

[8] Le M H. A lower bound for $S(2^{p-1}(2^p-1))$[J]. Smarandache Notions J., 2001,12(1):217-218.

[9] 苏娟丽. 关于 Smarandache 函数的一个新的下界的估计[J]. 纯粹数学与应用数学,2008,24(4):706-708.

[10] 华罗庚. 数论导引[M]. 北京:科学出版社,1979.

[11] Birkhoff G D, Vandiver H S. On the integral divisors of $a^n - b^n$[J]. Ann. of math., 1904, 5(2):173-180.

[12] Balacenoiu Ⅰ, Seleacu V. History of the Smarandache function[J]. Smarandache Nations J., 1999,10(1):192-201.

[13] Mihăilescu P. Primary cyclotomic units and a proof of Catalan's conjecture[J]. J. Reine Angew. Math., 2004(572):167-195.

[14] Bugeaud Y, Cao Z F, Mignotte M. On simple K4 - groups[J]. J. Algebra, 2001,241(2):658- 668.

第十一编

有关 Mersenne 素数的介绍与综述

Mersenne 素数研究的若干基本理论及其意义[①]

第39章

Mersenne 素数的研究历史源远流长，意义非凡，中国科学院数学与系统科学研究院的高全泉研究员 2006 年介绍了相关的定义、理论及算法，归纳此项工作的意义，并讨论一些有待解决的相关数论问题.

§1 引言

Mersenne 素数的研究历史悠久，可以上溯到公元前 3 世纪. 从 Mersenne 正式提出猜想到完全解决，总共 12 个数，历时 300 年. 之后的其他 Mersenne 素数，即满足 2 的 p 次方（p 为素数）减 1 为素数的

① 本章摘自《数学的实践与认识》，2006 年，第 36 卷，第 1 期.

数,称之为 Mersenne 数. 近年来,分布计算技术的运用使得此项工作突飞猛进. 然而,由于 Mersenne 数的计算具有指数复杂性,随着 p 达千万级,所需计算时间以千、万计算机年计;而能够提供的计算能力与需求的计算能力相比可谓望尘莫及,其探寻之路越来越艰难. 每前进一步,不啻是对人类意志和能力的挑战. 因此,需要更多人了解相关背景与知识,更多的自愿者参与.

本章首先介绍寻求 Mersenne 数涉及的基本概念、理论及方法;其次探讨该探究的意义,因为在探索 Mersenne 素数的历史长河中,对其理论及实际意义的疑问始终如影相随;再次,给出若干颇为人们关注但尚未解决的问题;最后是结语. 有关 Mersenne 数寻求的最新进展,我们另文介绍[1].

§2 有关 Mersenne 素数的若干基本概念、理论及算法

古代文化发现,许多数与它的除数之间有某种关联,通常产生不可思议的关系[2],如完全数,其因子包含 Mersenne 数,因而是 Mersenne 数的出处.

定义 1 若 $2\uparrow n-1$ 为素数,n 为素数,它被叫作一个 Mersenne 素数.

例如:对 $n=2,3,5,7,13,17,19,31,61,89,107,127$;

2 的 n 次方减 1 都是 Mersenne 素数.

定义 2　一正整数 n 叫作完全数,如果 n 等于它的各个正除数之和,这里正除数不包括 n 本身.

例如:因

$$6=1+2+3;28=1+2+4+7+14$$

故 6,28 是完全数.

同理,496 与 8 128 也是完全数(以上 4 个数为公元前已知).

讨论:上述 4 个数的因子形式分别为 $2\cdot 3,4\cdot 7,16\cdot 31,64\cdot 127$. 显然,它们都可表作

$$2\uparrow(n-1)\cdot(2\uparrow n-1),n=2,3,5,7$$

每个 $2\uparrow n-1$ 都是一个 Mersenne 素数. 不难证明以下两个定理:

定理 1　k 是偶完全数的充分必要条件是

$$k=2\uparrow(n-1)\cdot(2\uparrow n-1)$$

且 $2\uparrow n-1$ 是素数.

Euclid 证明了若 $2\uparrow n-1$ 为素数(即 Mersenne 素数),则 $2\uparrow(n-1)\cdot(2\uparrow n-1)$ 为完全数;数百年前,Euler 证明了反之亦然,但对奇完全数仍为未知.(证明略,可知 Mersenne 素数蕴涵于偶完全数.)

定理 2　若 $2\uparrow n-1$ 是素数,则 n 亦然.

证明　令 r 与 s 为正整数,则多项式 $x\uparrow r.s$ 可表为 $x\uparrow s$ 乘 $x\uparrow s(r-1)+x\uparrow s(r-2)+\cdots+x\uparrow s+1$ 的形式. 因此,若 n 为合数,它可表为 $r.s$(在 $r.s$ 中,$1<s<n$),则 $2\uparrow n-1$ 也是合数,因为它可被 $2s-1$ 除,这

与前提矛盾,定理得证[3].

讨论:观察上述完全数,尾数均为 6 或 8. 用二进制形式,可表作

$$110,11100,111110000,1111111000000$$

它们的共同形式为 $2\uparrow(n-1)\cdot(2\uparrow n-1)$,$n=2,3,5,7$;因此,二进制表示形式是定理 1 的直观表示.

推论 令 a 与 n 是大于 1 的整数,若 $a\uparrow n-1$ 是素数,则 a 是 2 且 n 为素数.

定理 3 令 p 和 q 是素数,若 q 整除

$$M_p=2\uparrow p-1$$

则

$$q=\pm1(\bmod 8)\text{且 } q=2kp+1$$

k 为整数.

注 在检查 Mersenne 数是否为素数时,通常首先检查小的除数. 上述由 Euler 和 Fermat 给出的定理有利于这种考虑.

定理 4 令 $p=3(\bmod 4)$ 为素数. $2p+1$ 也是素数当且仅当 $2p+1$ 整除 M_p.

证法 1 筛法(Sieve of Eratosthenes)大约在公元前 240 年提出,求所有小素数(如小于 10 000 000)的最有效的方法是使用筛法. 具体步骤是:

"用小于或等于 n(且大于 1)的所有正数构成一个表,删除所有小于或等于 n 的平方根的素数的倍数,剩下的即是素数". 实际应用中,求素数的程序要求很高的效率,故采用低级语言或汇编语言,牺牲可读性

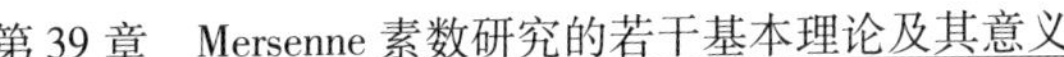

换取效率. 我们可用 C 语言编写如下函数:

```
Eratosthenes(n,a)
int n,a[];
{
int i,j,p=2;
a[0]=0;
for(i=1;i<n;i++)a[i]=1;
while(p*p<=n-1)
    {
    j=p*p;
    while(j<n-1)
      {
      a[j]=0
      j+=p;
      }
    do{p++;}while(a[p]=1);
    }
    return(a);
    }
```

此程序运用了影射原理,即:若 $a[i]$ 为零,则对应的 i 为素数,算法效率极高,不需在计算机上保存一个素数表,此实现或许比从硬盘读这些数的速度还要快. 以上算法的主要优势不在于速度,而在于空间. 因此,对于充分大的 n,我们可以使用分段筛选. 理论上,时间和空间均可改善,如 Pritchard[4] 提出的 Linear segmented wheel sieve.

证法 2 （Mersenne 素数判定法——Lucas-Lehmer 判定）：

对一个奇素数 p，Mersenne 数 $2\uparrow p-1$ 为素数当且仅当 $2\uparrow p-1$ 整除 $S(p-1)$，这里

$$S(n+1)=S(n)\cdot 2-2 \text{ 且 } S(1)=4$$

以下是我们用 C 语言实现的可实际使用的 Lucas-Lehmer 判定算法：

```
Lucas. Lemer(int p)   /＊p 为指数值*/
{     /*2 的 p 次方减 1 为素数返回 1；为合数返回 0*/
    int s =4;
    int i,s 1;
    s1 =2**p-1;
    for(i=3;i<=p;i++)
      s=(s**2-2)%s 1;
    return(s==0:1:0);
    }
```

§3 关于 Mersenne 素数研究意义的讨论

Mersenne 数研究过程艰辛曲折，寻求 Mersenne 数恰似大海捞针，耗时费力. 其研究意义、理论及应用价值，一直存在质疑. Mersenne 素数固然有应用价值，但

该研究活动主要价值不限于此. 以下从不同视点讨论[5].

(1)传承数学文明的重要研究.

大约公元前300年,Euclid首先定义素性,目标是表征偶完全数. 他认为,偶完全数(而非奇完全数)都与2的p次方减1(今称Mersenne数)的形式密切相关,p为某个素数. 大素数,特别是Mersenne数,后来为众多数学大师研究,包括:Cataldi, Descartes, Fermat, Mersenne, Frenicle, Euler, Landry, Lucas, Catalan, Sylvester, Cunningham, Pepin, Putnam, Lehmer等.

大部分初等数论是在测定如何处理大数、如何表征它们的因子和发现为素数的因子的过程中发展的. Mersenne数研究历史悠久,源远流长,形成深厚的文化积淀和数学文明,今人应继续书写这一文明史. Goldbach猜想是类似的数论问题,提出于1842年. 我国数学家陈景润[6]在证明Goldbach猜想"1+1"中,获得当今最佳结果. 他用筛法证明"每一个充分大的偶数是一个素数及一个不超过两个素数乘积之和",史称"1+2". 对孪生素数,陈景润亦得到类似结果.

(2)能够产生具有深远影响的结果.

对社会发展具有持久价值的,或许是竞争中产生的成就,如电脑、手机、网及塑料、纳米等新技术/材料. 基础科学的研究与普及是产生新技术、新材料的根本保证,Mersenne数研究活动已产生许多前无古人的成就.

在此研究领域的一些数学巨匠，如 Euclid、Euler、Fermat 等，身后留下辉煌的初等数论理论（如 Fermat 小定理和二次互易性）. 数学研究是与时俱进的，20 世纪已提出寻求 Mersenne 数更新的、更快的复乘大整数方法的需求. 1968 年，Strassen 发现了使用快速 Fourier 变换快速乘法. 他与 Schonhage 将此法精练并于 1971 年出版. “大互联网 Mersenne 素数寻求”GIMPS[7] 计划当前使用的是此算法的改进版，由长期搜寻 Mersenne 素数的 Richard Grandall 于 1994 年开发. 不仅是算法，著名的网格计算[8] 技术也在这一过程中得到发展. 可见，这一极具计算复杂性的古老问题是对数学和计算机科学的试金石. Mersenne 数研究也用于培养学生的数学兴趣，激发研究热情，使数学为今后从事的科学和工程所用，意义深远.

（3）感受数学之美.

Mersenne 素数稀有、珍贵、漂亮，人类文明史上目前只找到 42 个，可谓凤毛麟角. 同其他数学研究领域一样，它符合数学对漂亮的界定，因而是漂亮的. 数学界公认的漂亮标准可归纳为：证明简短、简洁、清楚，可能的话结合先前不同的概念或引入某些新知识. 对素数，Mersenne 数有最简单的可能形式之一，2 的 n 次方减 1. 它们的素性证明优美、简单. Mersenne 数更因有某些不同寻常的应用而漂亮.

（4）挑战人类计算智力极限，不断创造新记录.

田径场上，运动员希望跑得最快、跳得最高、标枪

投得最远……对今人而言，奔跑速度、跳跃高度和投掷技能并非生存之必须，只是对意志品质与体能的锻炼，一种参与比赛并获胜的愿望，为荣誉与发展而战.

人的愿望并不总是与他人直接对抗比赛，更有与自然的较量.所谓与天地奋斗，其乐无穷.登山是勇敢者的运动，田径赛是进取者的天地. Mersenne数研究与寻求对人类智力、意志的极限是一种挑战，与登山一样，是勇者；与田径运动一样，是进取者；更是开创人类计算之最的智者.此研究对人类的最大贡献绝非仅仅在于应用，更在于人类好奇心驱使下的探索精神和知难而进的拼搏精神.

(5)测试硬件.

计算机问世以来，计算机制造公司一直将发现素数的程度用于硬件功能测试.例如，Intel公司在奔Ⅱ和奔Pro芯片运载前，就使用GIMPS计划的软件程序进行测试.

在Cray研究中心工作的Slowinski自己并协助他人发现了多个Mersenne数，他的程序用于该中心的硬件测试.当初，正是在相关的孪生素数常数的计算中(Thomas Nicely)，发现了奔腾芯片存在的“著名”bug.

用素数计算程序测试硬件，在于该计算是测度CPU和总线的硬指标.素数测试程序代码简短，能给出易于检查的答案.当该程序在一已知素数上运行时，在经数十亿次计算，输出结果true.当运行其他更紧要的任务时，此种程序可方便地以后台方式运行而不影响前者，停止和重启都很容易.

(6)进一步研究素数的分布规律.

虽然数学并非实验型科学，但在判定猜想时，通常通过观察实例，然后希望证明之. 随着个例的增加，对素数分布的理解也将加深，符合从特殊到一般的识识规律，素数理论的发现便是通过观察素数表发现的.

(7)Mersenne 数可实际用于计算机通信的消息加密、解密.

20 世纪 90 年代初，Apple 公司著名科学家 Richard Crandall (crandall @ reed. edu) 在改进计算 Mersenne 素数的算法中，发现了可加倍所谓“回旋”速度的方法——基本是大乘法操作. 此法不仅用于素数搜寻，而且也用于其他计算. 不仅如此，在 R. Crandal 1 所获得的“快速椭圆加密系统”专利(目前归 Apple 所有)中，将 Mersenne 素数用于快速加密和解密消息.

(8)分布计算和网格技术研究的理想模型.

企业分布计算通过互操作，解决跨地域、跨软/硬件平台的资源共享和合作求解. 网格计算优于企业分布计算在于可解决虚拟组织的可调、可控的资源共享和合作求解. 虚拟组织，即跨实际组织跨地域分布动态形成的组织. 合作计算，本质上是将任务按逻辑结构分解成可并发执行的子任务(包括所要求的数据)，这组节点并发执行的各局部解的综合结果即是最后解，它与最初任务的串行执行结果等价.

分布计算系统和网格计算中，安全性、互操作性

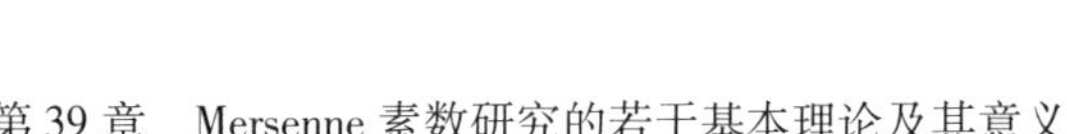

和可伸缩性是基本的需求.可伸缩性是指系统根据机器的数量与计算能力,以及子任务的粒度、复杂性,动态调度,协调安排计算资源执行子任务的能力.分布计算系统是实验性很强的科学,能否适应应用需求,实现计算的分解、分布、综合,保证结果的正确性,需要做大量的模拟测试,而这种测试是一种面向互联网的复杂测试,必须选择适合的计算模型,考察系统是否满足实际应用需求并达到设计目标.寻求 Mersenne 数这一问题是开发分布计算系统的一块理想的试验田.例如,我们要寻求指数为 4 000 到 5 000 之间可能的 Mersenne 数.可在主程序(中控)做以下安排:

第一步:求出 4 000 ~ 5 000 内的 n 个素数(可直接计算或从数据库获得);

$n=119$(即有 119 个素数,分别为 4 001,4 003,…,4 999);

将它们存放在 $p[i]$($i=1,2,\cdots,119$)中;

第二步:将 $p[i]$($i=1,2,\cdots,119$)中素数分别发送到 $n=129$ 个节点分布执行.

注 第 i($i=1,2,\cdots,119$)个外围节点验证 2 的 $p[i]$次方减 1 是否为素数;验证结果发送回主程序的 $r[i]$($i=1,2,\cdots,119$)中.

第三步:若 $r[i]$($i=1,2,\cdots,119$)为 0,则 2 的 $p[i]$次方减 1 不是 Mersenne 素数;若 $r[i]$($i=1,2,\cdots,119$)为 1,则 2 的 $p[i]$次方减 1 是 Mersenne 素数;本例实际结果:$p[33]=4\ 253$ 为 18 个 Mersenne 素数(分布

执行返回 $r[33]=1$);$p[52]=4\ 423$ 为 19 个 Mersenne 素数(分布执行返回 $r[52]=1$); 特点是:网上传输数据量极少(下传一个整数,上传一个逻辑值 bit);容易验证结果的正确性.

§4 有待深入研究和探讨的一些著名问题

(1)存在奇完全数吗?

我们知道,所有偶完全数可表作一 Mersenne 素数乘 2 的方次的形式. 奇完全数的情形如何? 若存在奇完全数,则其为一个完全平方乘一单独的素数;它至少可被 8 个素数除尽且至少有 37 个素数(不必各不相同)[Is2003];它至少有 300 位数[BCR91];它有大于 10 的 20 次方的素除数[Cohen87]. 有关进一步的信息,见[Ribenboim 95]或[Guy 94].

(2)存在无穷多的 Mersenne 素数吗?

此问题相当于:存在无穷多的偶完全数吗? 答案是可能为真,因为该调和级数发散.

(3)存在无穷多 Mersenne 合数吗?

Euler 曾给出如下定理:

若 $k>1$ 且 $p=4k+3$ 是素数,则 $2p+1$ 是素数当且仅当

$$2\uparrow p=1(\bmod 2p+1)$$

因此,若 $p=4k+3$ 且 $2p+1$ 为素数,则 Mersenne

数 $2\uparrow p-1$ 为合数(相对于存在无穷多如 $p,2p+1$ 的素数对猜想来说,好像是合理的).

(4)关于新 Mersenne 素数猜想.

Bateman,Selfridge 及 Wagsstaff[BSW89]做出以下猜想:

令 p 为任一奇自然数.若以下两个条件成立,则第三个亦然:

① $p=2\uparrow k\pm1$ 或 $p=4\uparrow k\pm1$;

② $2\uparrow p-1$ 为一素数(显然为 Mersenne 素数);

③ $\frac{2\uparrow p+1}{3}$为一素数.

此猜想与前一定理相关,并对 $p\Leftarrow100\ 000$ 所有素数均得到验证.

(5)每个 Mersenne 数 $2\uparrow p-1$ 都是平方自由?

这更多地落在一开问题范畴(对开问题不得其解),而不是一猜想(猜测为真)[Guy94 A3 节].不难看出,如果一素数 p 的平方除一 Mersenne 数,则 p 为一 Wieferich 素数,这相当少见.在 4 万亿以下只有两个已知 p,这两个数的平方都不整除一 Mersenne 数.

(6)存在新的双 Mersenne 素数吗?

另一早期普遍的错误概念是,如果 $n=M_p$ 是素数,则 M_n 亦是:我们称此数为 M_{M_p}(双 Mersenne 数).此种数的前四个确为素数

$$M_{M_2}=2\uparrow3-1=7;M_{M_3}=2\uparrow7-1=127$$

$$M_{M_5}=2\uparrow31-1=2\ 147\ 483\ 647$$

Mersenne 素数

$$M_{M_7}=2\uparrow 127-1$$
$$=170\ 141\ 183\ 460\ 469\ 231\ 731\ 687\ 303\ 715\ 884\ 105\ 727$$

然而,接下来的四个($M_{M_{13}}$,$M_{M_{17}}$,$M_{M_{17}}$及 $M_{M_{19}}$)都已知有因子,因此是合数. 在此序列中还有别的素数吗?可能是否定的,但它保持一个开问题(Tony Forbes 正在领导一个搜寻下一项 $M_{M_{61}}$ 的因子的计划).

§5 结语

初等数论中存在许多难以解决的问题,可谓千古之迷,近年来飞速发展的分布计算技术,特别是可实现虚拟组织资源共享和合作问题求解的网格计算,有助于推进这些难题的求解. 如本章讨论的 Mersenne 素数问题,有可能借助现代分布计算网格,获得重要进展. 1996 年成立的 GIMPS 组织,运用分布计算和 PC 网格[9,10],已连续获得 8 个 Mersenne 素数,获得电子尖端基金首个百万位素数的 10 万美元大奖[11]. 同样,分布系统、网格计算等高新科学技术,通过对传统数学难题的研究、计算,能够产生更科学、合理、实用的新技术、新方法,特别是计算类问题的新的效率更高的模型和算法. 因此,投入到这种数学与计算机科学结合的实践中,无论对数学的与时俱进,还是计算机科学与技术的研究与发展,具有重要的现实意义.

参考资料

[1] 高全泉."大互联网 Mersenne 素数寻求(GIMPS)"研究计划进展[J].数学的实践与认识,2005,35(10).

[2] Mersenne Primes: History, Theorems and List. http://www.utm.edu/research/primes/mersenne/index.html.

[3] A proof that if 2 ↑ $n-1$ is prime, then so is n. http://primes.utm.edu/glossary/.

[4] Pritchard P. Linear Prime-number sievs: a family tree [J]. Sci Comput Programming, 1987,9(1):17.

[5] Why do people find these primes? http://www.utm.edu/research/primes/mersenne/index.html.

[6] 陈景润.大偶数表为一个素数及一个不超过二个素数的乘积之和[J].中国科学,1973(16):111-128.

[7] Great Internet Mersenne Prime Search. http://www.mersenneforum.org.

[8] 高全泉.网格:面向虚拟组织的资源共享技术[J].计算机科学,2003,30(1).

[9] What is PC Grid Computing? http://www.entria.com/.

[10] Prime Net v5 Server Web API. http://www.scottkurowski.com/v5/v5webAPI.html.

[11] 42nd Mersenne Prime Discovered. http://www.mersenne.org/25964951.htm.

Mersenne 与 Mersenne 素数[①]

第40章

南京师范大学数计学院的李鹏教授和山东枣庄学院数学与信息科学系的吴可教授 2007 年介绍了 Mersenne 与 Mersenne 素数.

数论问题中有许多关于素数的问题,在吸引人们去探索的同时又在磨砺着人类的智慧. 许多素数问题的妙趣之处在于人们可以轻而易举地理解问题的表述,但是想要真正将问题解决,却需要坚强的意志、高超的技巧和艰苦的计算. 如至今尚未完全解决的 Goldbach 猜想,历经几代数学家的苦苦求索直到 1994 年才得到求证的 Fermat 猜想(现在应该叫作 Fermat 大定理了),还有一个似乎不是那么著名的"Mersenne 猜想".

提到"Mersenne 猜想",就要先从 Mersenne 其人谈起,Mersenne 是法国圣弗

① 本章摘自《数学通报》,2007 年,第 46 卷,第 3 期.

朗西斯(St. Francis of Paola)所建的托钵僧团体中的修道士,但他却和一般的修道士不同,是科学的热心拥护者和研究者.他既是一个数学家,又是一个实验家,在当时的法国和欧洲科学界是一个独特的领导人物,Mersenne 所在的巴黎皇家广场的修道院是当时科学界人士的学术交流场所,也是 17 世纪晚些时候建立的巴黎科学院的前身. Mersenne 和许多学者保持着通信联系,在当时没有公开出版的科学期刊的情况下,他起到了学术中转站的重要作用. Mersenne 是著名的数学家、思想家、哲学家,Descartes 的重要朋友之一,Descartes 在 1616 年大学毕业到巴黎后,就结识了 Mersenne 等人,并主要是在他们的鼓励下才开始由学习法律转向探究哲学和数学. 1628 年,Descartes 永远地离开了法国,之后一直是 Mersenne 在向他邮递巴黎的科学新闻. Mersenne 和著名的天才业余数学家 Fermat 也保持着较为密切的联系. Fermat 经常将其发现的一些猜想和定理通过信件与 Mersenne 交流,如"若 n 是素数,则 2^n-2 可被 $2n$ 除尽"等.据传 Mersenne 还曾追随 Galileo 研习过物理学.他有两本出色的物理著作:*L' Harmonie Universelle*(《普遍的和谐》,1636),*Cogitata Physico Mathematica*(《物理数学探索》,1644),在前一本书里,他作出了关于力学和流体静力学中某些重要方面的论证,例如,关于杆的振动、固体的阻力和水的流动等.比较著名的有他用实验方法给出的求拉紧的弦的振动次数公式

$$n = \frac{1}{2Lr}\sqrt{\frac{P}{d\pi}}$$

其中 n 是每秒振动次数，L 是弦的长度（单位：m），P 是产生的张力（单位：kg），r 是截面半径（单位：mm），d 是材料密度（单位：g/cm^3），$\pi = 3.14159\cdots$.

在数学上 Mersenne 也有着诸多贡献. 比较著名的就是他在上述第二本书里提出的对形如 $2^n - 1$ 的素数的猜想，指出对于 $1 < n \leqslant 257$ 的素数，当 $n = 2,3,5,7,13,17,19,31,67,127,257$ 这 11 个素数时，$2^n - 1$ 为素数，而对其余的 $n \leqslant 257$（n 为素数），M_n 均为合数. Mersenne 在这里较为集中地指出了"n 为哪些素数时，$M_n = 2^n - 1$ 是素数"的可能的解，人们为了纪念他，就将 n 为素数时，形如 $2^n - 1$ 的数称为 Mersenne 数，形如 $2^n - 1$ 的素数称为 Mersenne 素数，并以 M_n 记之（M 是 Mersenne 姓的头一个字母的大写）.

其实，人们很早就开始研究形如 $2^n - 1$ 的数了. 它与完全数密切相关，古希腊的毕达哥拉斯学派就已经开始研究诸如 6，28，496 的完全数. 完全数也即除自身之外的一切因子之和等于自身的数. Euclid 在《几何原本》卷九最后给出了关于完全数的定理：

"如果 $2^n - 1$ 是素数，则 $2^{n-1}(2^n - 1)$ 是一个完全数."

伟大的瑞士数学家 Euler 已经证明了所有的偶完全数都具有这样的形式. 奇完全数还是一个神秘的谜，人们既没有发现一个奇完全数，也未能作出它不

存在的证明.通过完全数定理,我们能够发现一个 Mersenne 素数必定对应着一个完全数.在 Mersenne 作出猜想之前,人们已经证明了 $n=2,3,5,7,13,17,19$ 时,2^n-1 是素数.而且人们也已经知道,n 为合数时,2^n-1 必为合数,只有当 n 为素数时,2^n-1 才可能是素数.但是对于 $n=31,67,127,257$,Mersenne 是如何得出结论的,却难以知晓.Mersenne 是否发现了什么不为人所知的定理或者 Fermat 曾与其交流过一些重要信息,我们不得而知.毕竟这几个素数对应的 Mersenne 素数最小的也有十几位,用手算或心算求证它们是素数极其困难,需要耗费大量心血.

自 Mersenne 猜想作出以来,它的独特魅力就吸引着无数数学家和数学爱好者为之奋斗.Euler 曾用心算证明了 $M_{31}=2\ 147\ 483\ 647$ 是素数,这已经是一个 20 多亿大的数了,但是这并不能阻挡人们继续探索的决心和勇气.后来的研究者不断有新的发现:Mersenne 遗漏了 M_{61},M_{89},M_{107} 这三个素数,而他提到的 M_{67},M_{257} 均为合数,而且人们又发现了一个新的 Mersenne 素数 M_{127}.尽管 Mersenne 得到的结果不完全正确,但这丝毫抹杀不了 Mersenne 猜想的重大意义.M_{67} 是合数,它是由美国数学家 Cole 在 1903 年首次作出验证的,他证明了

$$M_{67}=193\ 707\ 721\times 761\ 838\ 257\ 287$$

M_{257} 是合数,它是在 1922 年和 1931 年分别由数论专家 M·克莱契克和 D. H. Lehmer 作出证明的,他们各

自都说明该数是个合数,却没有给出它的因子,不知有些人是为了沽名钓誉还是确实作出了结果,这之后还有成功证明 M_{257} 是一个素数的新闻见诸报端,孰对孰错?直到 1952 年,美国国家标准局西部计算中心的 SWAC 计算机计算出 M_{257} 确实是合数才使得这桩数学疑案水落石出.这也说明了科学是来不得半点虚假的.

至此,人们已经找到小于 257 的全部 Mersenne 素数,并且主要是依靠“手算笔录”的艰苦努力.那么对大于 257 的素数 n 而言,还有多少更多、更大的 Mersenne 素数等待着人们去寻找呢?人们又开始了不懈的追寻,而且计算机也介入到寻找 Mersenne 素数的行列之中,这给人们带来了极大的便捷.要知道,从 Mersenne 猜想提出历经 200 余年的时间,人们靠手工计算只是发现了 12 个 Mersenne 素数(包括 Mersenne 猜想作出之前的成果),而从 1952 年开始,人们在计算机的帮助下,大大加快了发现 Mersenne 素数的步伐.仅在 1952 年,应用 Lucas-Lehmer 方法(法国数学家 E. V. Lucas 发明的测试 Mersenne 素数的方法后,由 Lehmer 作出了改进,使其更为有效)编制的程序就使得 SWAC 计算机找到了 5 个 Mersenne 素数 M_{521},M_{607},$M_{1\,279}$,$M_{2\,203}$,$M_{2\,281}$.正是在验证 M_{257} 是一个合数的过程中,Lehmer 亲眼看到了 SWAC 计算机仅仅用了 48 秒就作出了自己在 1931 年用 700 多个小时的艰苦工作才得到的结论.Lehmer 曾经估计,p 为素数时要测试一个 Mersenne 数 M_p 是否为素数,SWAC 计算机大概要

用去$(\frac{p}{100})^3$秒，SWAC 计算机的功绩在发现 Mersenne 素数的历程中是不容我们遗忘的，在探寻 Mersenne 素数的过程中，尤其以美国 Cray 研究公司与英国的哈威尔实验室的竞争最为激烈. 他们交替获得发现“已知最大 Mersenne 素数”的桂冠. 而这两者并非是专门的数学研究部门：Cray 研究公司是一个计算机公司，主要是两位计算机专家在搜寻 Mersenne 素数，哈威尔实验室则是一个原子能技术机构. 这也许就是数学的巨大魅力在吸引他们吧！

对 Mersenne 素数的探寻与新技术的发展相互促进，网格计算技术的出现就是一个例子. 1996 年初，美国程序设计师 Wolfman 编制了计算 Mersenne 素数的程序，并将其放置在网页上供数学爱好者免费使用，这就是“因特网 Mersenne 素数大搜索”（GIMPS）项目，GIMPS 项目应用网格计算技术，使得大量普通计算机的空闲时间得以充分利用，由此产生巨型计算机的运算能力. 从 1996 年至 2005 年 2 月，人们通过 GIMPS 项目共找到了 8 个 Mersenne 素数，正是在 2005 年 2 月，美国的一位数学爱好者通过该项目发现了第 42 个 Mersenne 素数，即

$$M_{25\,964\,951}=2^{25\,964\,951}-1$$

共有 7 816 230 位数，如果用数字将其完整连续地写出来，将长达 30 000 多米. 这样的素数靠手工计算即使是穷尽一生也无法完成，但是计算机的计算能力还远未达到极限，我们完全可以相信，人们还会继续发现

新的 Mersenne 素数,最大 Mersenne 素数的长度还将进一步延伸,尽管伴随的难度会越来越大.

在探寻 Mersenne 素数的历程中,数学家们当然不会只是满足于一个一个地寻找,他们要发现 Mersenne 素数的分布规律,这可能比发现单个的 Mersenne 素数更加困难. 因为从已发现的 Mersenne 素数来看,它们的分布是极不规则的:对于 $2 \leqslant n \leqslant 127$ 的整数,共有 31 个素数,其中对应的 Mersenne 素数有 12 个;但是接下来却直到素数 $n = 521$ 才又对应着一个新的 Mersenne 素数 M_{521},而从 127 到 521,却有 66 个素数;下面是又隔了 12 个素数才出现的对应着 M_{607} 的素数 607;其后又隔了 95 个素数到了 1 279 时,又是一个 386 位的 Mersenne 素数 $M_{1\,279}$;又是很长的一个 120 个素数的间隔,才得到 2 203 对应着 $2^{2\,203} - 1$,……由于 Mersenne 素数分布的不规律性,数学家们经过长期的摸索,也只是作出了一些不是十分确定的猜测.

对 Mersenne 素数的探求并非单纯的数字游戏,这不仅具有丰富的理论意义,而且有着巨大的实用价值. 尽管 Euclid 已经证明了素数有无限多个,但是却未能给出构造素数的一般方法,所以人们总是不断去寻找确知的最大素数. 探寻 Mersenne 素数就是发现已知最大素数的有效途径之一. 对 Mersenne 素数的研究还是数论的重要发展领域之一,在计算机时代也从很大程度上促进了程序设计技术、网格计算技术和密码技术的发展,应用计算机探寻 Mersenne 素数,更是对

计算机运算能力的有效测试. Mersenne素数问题和其他许多数论问题一样,是十分有挑战性的,也是很困难的,但也正是问题解决过程中所必然要经历的困难吸引着越来越多的有志者去继续探寻它的奥秘.

参考资料

[1] 阿尔伯特·H.贝勒.数论妙趣[M].谈祥柏,译.上海:上海教育出版社,1988.

[2] T.帕帕斯.数学趣闻集锦(下)[M].张远南,等译.上海:上海教育出版社,1988.

[3] 胡·施坦豪斯.数学万花镜[M].裘光明,译.长沙:湖南教育出版社,1999.

[4] Morris Kline.现代世界中的数学[M].齐民友,等译.上海:上海教育出版社,2004.

有关 Mersenne 素数的研究[①]

第 41 章

在没有终点的自然数序列中，按性质可将自然数分为素数、合数和“1”. 其中素数引发了历史上许许多多的数学家的浓厚兴趣，而 Mersenne 素数作为一类特殊的素数，更吸引着无数的数学家及数学爱好者对其进行研究. 目前人类只找到了 44 个 Mersenne 素数，相对于众多的素数而言可谓是凤毛麟角. 目前，世界上有 150 多个国家和地区近 15 万人参加了一个名为“因特网 Mersenne 素数大搜索”（GIMPS）的国际合作项目，并动用了超过 30 万台计算机联网来进行大规模的网络计算，以探寻新的 Mersenne 素数. 成都理工大学信息管理学院的王洋教授 2008 年从 Mersenne 素数的有关概念、定理及算法设计，由 Mersenne 素数而引发的尚未解决的问题，

① 本章摘自《佛山科学技术学院学报（自然科学版）》，2008 年，第 26 卷，第 1 期.

Mersenne 素数表三方面来介绍 Mersenne 素数,从而使更多的人认识与了解 Mersenne 素数,并参与 Mersenne 素数的搜索工作.

§1　Mersenne 素数的有关概念、定理及算法设计

1. 有关概念、定理

定义1　若 2^p-1 为素数(p 为素数),则称 2^p-1 为 Mersenne 素数,简记为 M_p.

如当 $p=2,3,5,7,13,19,31,61,89,107,127,521,607$ 时,M_p 为 Mersenne 素数.

定义2　如果一个自然数的所有因子(除了它自身)之和等于它自身,则称这个自然数为完全数.

其中6就是最小的完全数. 因 $6=1+2+3$,在这里可以把6分裂为 $2\cdot 3$,即

$$6=2^{2-1}\cdot(2^2-1)$$

而 2^2-1 是形式为 2^p-1 的素数,即 Mersenne 素数.

1730年,Euler 证明了定理"每一个偶完全数都是形如 $2^{p}-1(2^p-1)$ 的自然数,其中 p 和 2^p-1 都是素数". 这是 Euclid 定理的逆定理. 根据 Euclid 与 Euler 这两个互逆定理可知,找到一个形如 2^p-1 的素数,即找到一个偶完全数,而形如 2^p-1 的素数恰为 Mersenne 素数. 至此人们终于发现:偶完全数与 Mersenne 素数是一一对应的.

定理1　a 是偶完全数的充分必要条件是

$$a=2^{p-1}\cdot(2^p-1)$$

且 2^p-1 是素数.

定理 2 若 2^p-1 为素数($p>1$),则 p 是素数.

证明 假设 p 不是素数,即 $p=kl$,则

$$(2^k-1)\mid(2^{kl}-1)$$

即

$$(2^k-1)\mid(2^p-1)$$

故 2^p-1 亦为非素数,与条件矛盾.

故命题得证.

定理 3 若 $p\equiv 3(\bmod 4)$ 为素数,则 $(2p+1)\mid M_p$ 当且仅当 $2p+1$ 为素数.

证明 令 $n=2p+1, n\mid M_p$,由于 $2^2\not\equiv 1(\bmod n)$,可知

$$2^2\not\equiv 1(\bmod n), 2^{2p}-1=(2^p+1)M_p\equiv 0(\bmod n)$$

由 Lucas 检测可知 n 是素数. 反之,若 $q=2p+1$ 为素数. 由于

$$q\equiv 7(\bmod 8), (2\mid q)=1$$

所以有整数 m 使得

$$2\equiv m^2(\bmod q)$$

于是

$$2^p\equiv 2^{\frac{q-1}{2}}\equiv m^{q-1}\equiv 1(\bmod q)$$

即 $q\mid M_p$.

2. Mersenne **素数判定法的算法设计**

1930 年,美国数学家 Lehmer 改进了 Lucas 的工作,给出一个针对 M_p 的新的素性测试方法,即 Lucas-Lehmer 方法:对于所有大于 1 的奇数 p, M_p 是素数当且仅当 M_p 整除 $s(p-1)$,其中 $s(n)$ 由

$$s(n+1)=s(n)^2-2, s(1)=4$$

递归定义. 这个方法尤其适合于计算机运算,因为除以 $M_p = 2^p - 1$ 的运算在二进制下可以简单地用计算机特别擅长的移位和加法操作来实现.

以下是用 C 语言实现的可实际使用的 Lucas-Lehmer 判定算法:

```
Lucas-Lehmer(int p)   /* p 为指数值 */
{/* 2 的 p 次方减 1 为素数返回 1; 为合数返回 0 */
    int s = 4
    int i, s1
    s1 = 2 **  p - 1;
    for(i = 3; i < = p; i + +)
    s = (s ** 2 - 2) % s1;
    return(s = = 0?   1 = 0); }
```

§2　由 Mersenne 素数引发的数论问题

1. 关于 Mersenne 素数新的猜想

Bateman, Selfridge 及 Wagstaff 作出了以下猜想:P 为任意一奇自然数,如果以下三个条件中有两个条件成立,则另一个条件必成立:(1)$p = 2k \pm 1$ 或 $p = 4k \pm 3$;(2)$2^p - 1$ 是 Mersenne 素数;(3)$\frac{2^p + 1}{3}$是素数.

2. 是否存在多个双 Mersenne 素数

定义 3　若 $n = M_p$ 是素数,M_n 也为素数,则称 M_n 为双 Mersenne 素数,记为 M_{M_n}.

关于这一概念，早期存在普遍的错误，认为若 M_p 为素数，则 M_{M_p} 也为素数. 确实，对于 Mersenne 素数的前四个素数，M_{M_p} 构成双 Mersenne 素数

$$M_{M_2}=2^3-1=7, M_{M_3}=2^7-1=127$$

$$M_{M_5}=2^{31}-1=2\ 147\ 483\ 647$$

$M_{M_7}=2^{127}-1=170\ 141\ 183\ 460\ 469\ 231\ 731\ 687\ 303\ 715\ 884\ 105\ 727$

然而，接下来的四个（$M_{M_{13}}, M_{M_{17}}, M_{M_{19}}, M_{M_{31}}$）都已知有因子，自然为合数. 在此序列中是否还有其他更多的素数？答案可能是否定的. Tony Forbes 正在领导一个搜索下一项 $M_{M_{61}}$ 的因子的计划.

3. 是否存在奇完全数

所有偶完全数可表作一 Mersenne 素数乘 2 的 $p-1$ 次方的形式，奇完全数的情形如何？是否存在奇完全数？这是一个尚未解决的数论问题. 若奇完全数存在，则其为一个完全平方乘一单独的素数；它至少可被 8 个素数除尽且至少有 37 个素数（不必各不相同）；它至少有 300 位数；它有大于 10 的 20 次方的素除数.

§3 Mersenne 素数表

目前，人们已知 $M_{13\ 466\ 917}$ 位于 Mersenne 素数序列中的第 39 位. 为了更直观地了解 Mersenne 素数，现将已发现的 44 个 Mersenne 素数列表如下（表 1）：

表 1　Mersenne 素数表

序号	p	位数	发现时间	发现者
1	2	1	公元前 300 年	–
2	3	1	公元前 300 年	–
3	5	2	公元前 100 年	–
4	7	3	公元前 100 年	1
5	13	4	1461 年	无名氏
6	17	6	1588 年	Cataldi
7	19	6	1598 年	Cataldi
8	31	10	1772 年	Euler
9	61	19	1883 年	Pervuahin
10	89	27	1911 年	Powers
11	107	33	1914 年	Powers
12	127	39	1876 年	Lucas
13	521	157	1952 年	Robinson
14	607	183	1952 年	Robinson
15	1 279	386	1952 年	Robinson

续表 1

序号	p	位数	发现时间	发现者
16	2 203	664	1952 年	Robinson
17	2 281	687	1952 年	Robinson
18	3 217	969	1657 年	Riesel
19	4 253	1 281	1961 年	Hurwitz
20	4 423	1 332	1961 年	Hurwitz
21	9 689	2 917	1963 年	Gillies
22	9 941	2 933	1963 年	Gillies
23	11 213	3 376	1963 年	Gillies
24	19 937	6 002	1971 年	Tuckerman
25	21 701	6 533	1978 年	Noll and Nickel
26	23 209	6 987	1979 年	Noll(Noll and Nickel)
27	44 497	13 395	1979 年	Nelson and Slowinski
28	86 243	25 962	1982 年	Slowinski
29	110 503	33 265	1988 年	Colquitt and Welsh
30	132 049	39 751	1983 年	Slowinski

续表 1

序号	p	位数	发现时间	发现者
31	216 091	65 050	1985 年	Slowinski
32	756 839	227 832	1992 年	Slowinski and Gage
33	859 433	258 719	1994 年	Slowinski and Gage
34	1 257 787	378 623	1996 年	Slowinski and Gage
35	1 398 269	420 921	1996 年	Joel Armengaud/GIMPS
36	2 976 221	895 932	1997 年	Gordon Spence/GIMPS
37	3 021 377	909 526	1998 年	Roland Clarkson/GIMPS
38	6 972 593	2 098 960	1999 年	Nayan Hajratwala/GIMPS
39	13 466 917	4 053 946	2001 年	Michael Cameron/GIMPS
??	20 996 011	6 320 430	2003 年	Michael Shafer/GIMPS
??	24 036 583	7 235 733	2004 年	Josh Findley/GIMPS
??	25 964 951	7 816 230	2005 年	Martin Nowak/GIMPS
??	30 402 457	9 152 052	2005 年	Cooper and Steven Boone/GIMPS
??	325 826 571	9 152 052	2006 年	Cooper and Steven Boone/GIMPS

注 “??”表示该 Mersenne 素数还未确定其位次.

§4 结语

Mersenne 素数除了本身具有神秘性之外,它还推动了数学皇后——数论的研究,促进了计算数学和程序设计技术的发展.

Mersenne 素数在实用领域也有用武之地,现在人们已将大素数用于现代密码设计领域. 其原理是:将一个很大的数分解成若干素数的乘积非常困难,但将几个素数相乘却相对容易得多. 在这种密码设计中,需要使用大素数,素数越大,密码被破译的可能性就越小.

因此,不少科学家认为,对于 Mersenne 素数的研究能力如何,已在某种意义上标志着一个国家的科技水平. 可以相信,Mersenne 素数这颗数学宝山上的璀璨明珠正以其独特的魅力吸引着更多的有志者去探寻和研究.

第十二编

寻找与测试 Mersenne 素数的新方法

数学导引

第42章

一个形如 $M_p=2^p-1$ 的素数称为 Mersenne 素数，这是为了纪念 Mersenne(1644 年)而命名的，他给出了所有的断言使得 M_p 是素数的 $p\leqslant 257$ 的素数表. 然而这张表含有两个使得 M_p 是合数的 p 的值，并且漏掉了三个使得 M_p 是素数的 p 的值. 现在已知正确的表应该是

$$p=2,3,5,7,13,17,19,31,$$
$$61,89,107,127$$

前四个完全数即 6,28,496 和 8 128 对应了值 $p=2,3,5$ 和 7，古希腊时的哲人们就已知道.

M_{11} 不是素数，由于

$$2^{11}-1=2\ 047=23\times 89$$

因数 23 不是简单地通过实验得出的. Fermat(1640 年)已经知道，如果 p 是一个奇素数，那么 M_p 的任意因数都同余于 1 (mod $2p$). 这就足以去找出 M_p 的素因数了. 设 q 是 M_p 的素因数,那么 $2^p \equiv 1 (\bmod q)$,因此在 $F_q^\times$ 中 2 的阶整除 p,由于它不是 1,它就必须恰好是 p. 因而

$$q \equiv 1 (\bmod p)$$

由于 q 必须是奇数,实际上就有

$$q \equiv 1 (\bmod 2p)$$

后面的 39 个 Mersenne 素数已经找到. 搜寻者使用了几千个互相联网的私人计算机和以下的检验判据,这个判据是由 Lucas 叙述的,但是最先是由 Lehmer 首先完整证明的:

定理 设由循环关系式

$$S_1 = 4, S_{n+1} = S_n^2 - 2, n \geqslant 1$$

定义了数列 S_n,那么对任意奇素数 p, $M_p = 2^p - 1$ 是素数的充分必要条件是 M_p 整除 S_{p-1}.

证明 设

$$\omega = 2 + \sqrt{3}, \omega' = 2 - \sqrt{3}$$

由于 $\omega\omega' = 1$,容易用归纳法证明

$$S_n = \omega^{2^{n-1}} + \omega'^{2^{n-1}}, n \geqslant 1$$

设 q 是一个素数,并设 J 表示所有形如 $a + b\sqrt{3}$ 的实数的集合,其中, $a, b \in \mathbf{Z}$. 显然 J 是交换环. 如果

$$a \equiv \bar{a} (\bmod q), b \equiv \bar{b} (\bmod q)$$

则我们规定 J 的两个元素 $a + b\sqrt{3}$ 和 $\bar{a} + \bar{b}\sqrt{3}$ 是恒同的. 在此规定下,我们就得到了一个含有 q^2 个元素的有限的交换环 J_q,由于 $0 \notin J_q^\times$, J_q 的所有可逆元的集合

$J_q^\times$ 是一个至多包含 q^2-1 个元素的交换群.

首先,假设 M_p 整除 S_{p-1},并设 M_p 是一个合数. 如果 q 是 M_p 的最小的素因子,那么 $q^2 \leqslant M_p$ 并且 $q \neq 2$. 由假设可知

$$\omega^{2p-2} + \omega'^{2p-2} \equiv 0 \pmod q$$

现在把 ω 和 ω' 看成 J_q 的元素,把它们乘以 ω^{2p-2} 就得出 $\omega^{2p-1} = -1$,因此 $\omega^{2p} = 1$. 因而 $\omega \in J_q^\times$,并且 ω 在 $J_q^\times$ 中的阶恰好是 2^p. 所以

$$2^p \leqslant q^2 - 1 \leqslant M_p - 1 = 2^p - 2$$

矛盾.

现在设 $M_p = q$ 是素数. 那么由于 $p \geqslant 3$,故

$$q \equiv -1 \pmod 8$$

由于

$$\left(\frac{2}{q}\right) = (-1)^{\frac{q^2-1}{8}}$$

由此就得出,2 是 q 的平方剩余. 因而存在一个整数 a 使得

$$a^2 \equiv 2 \pmod q$$

由于

$$2^2 \equiv 1 \pmod 3$$

因而有

$$2^{p-1} \equiv 1 \pmod 3$$

因此进一步有

$$q \equiv 1 \pmod 3$$

因而 q 是 3 的二次剩余. 由于

$$q \equiv -1 \pmod 4$$

从二次互反律就得出 3 是 q 的非二次剩余. 所以从 Euler 准则就得出

$$3^{\frac{q-1}{2}} \equiv -1 \pmod q$$

考虑 J_q 的元素

$$\tau = a^{q-2}(1+\sqrt{3})$$

那么由于

$$2^{q-1} \equiv 1 \pmod q$$

我们就有

$$\tau^2 = 2^{q-2} \cdot 2\omega = \omega$$

另一方面

$$(1+\sqrt{3})^q = 1 + 3^{\frac{q-1}{2}}\sqrt{3} = 1 - \sqrt{3}$$

因此

$$\tau^q = a^{q-2}(1-\sqrt{3})$$

所以

$$\begin{aligned}\omega^{\frac{q+1}{2}} &= \tau^{q+1} = a^{q-2}(1-\sqrt{3}) \cdot a^{q-2}(1+\sqrt{3}) \\ &= 2^{q-2}(-2) = -1\end{aligned}$$

把上式两边乘以 $\omega'^{\frac{q+1}{4}}$,我们就得出

$$\omega^{\frac{q+1}{4}} = -\omega'^{\frac{q+1}{4}}$$

由于

$$\frac{q+1}{4} = 2^{p-2}$$

所以换句话说就有

$$S_{p-1} = \omega^{2p-2} + \omega'^{2p-2} \equiv 0 \pmod q$$

数学家猜测存在无穷多个 Mersenne 素数,因此有无穷多个偶的完全数. 经过 Wagstaff 修改的 Gillies 的一个启发式的说明建议使得 M_p 是素数的素数 $p\leqslant x$ 的数目渐近于 $\left(\frac{e^\gamma}{\ln 2}\right)\log x$,其中 γ 是 Euler 常数,因而 $\frac{e^\gamma}{\ln 2}=2.570\cdots$.

现在我们从研究 2^m-1 是否是素数的问题转向 2^m+1 是否是素数的问题. 容易看出,如果对某个 $m\in\mathbf{N}$,2^m+1 是素数,那么 m 必须是 2 的幂. 因为假如 $m=rs$,其中 $r>1$ 是奇数,那么令 $a=2^s$,就有

$$2^m+1=a^r+1=(a+1)(a^{r-1}-a^{r-2}+\cdots+1)$$

设 $F_n=2^{2^n}+1$,那么就有

$$F_0=3,F_1=5,F_2=17,F_3=257,F_4=65\ 537$$

显然

$$F_{n+1}-2=(F_n-2)F_n$$

因此由归纳法可得

$$F_n-2=F_0F_1\cdots F_{n-1},n\geqslant 1$$

由于 F_n 是奇数,上式就蕴含如果 $m\neq n$,则 $(F_m,F_n)=1$. 作为一个副产品,我们就又得出了一个有无穷多个素数的证明.

容易验证 F_n 本身当 $n\leqslant 4$ 时都是素数. Fermat 曾猜测,所有的"Fermat 数"F_n 都是素数. 然而,这一猜测被 Euler 所否定,他证明 641 整除 F_5. 事实上

$$641=5\cdot 2^7+1=5^4+2^4$$

因而

$$5 \cdot 2^7 \equiv -1(\bmod 641)$$

由此就得出

$$2^{32} \equiv -5^4 \cdot 2^{28} \equiv -(-1)^4 \equiv -1(\bmod 641)$$

Fermat 可能完全是错的，由于当 $n>4$ 时，至今还未发现一个 Fermat 数是素数，反而有许多 Fermat 数已被证明是合数. Fermat 素数得到了一个出人意料的应用：用直尺和圆规作出正多边形，这是 Euclid 允许自己使用的唯一手段. Gauss 在 19 岁时证明了如果 $\mathbf{Z}_m^\times$ 的阶 $\varphi(m)$ 是 2 的幂，则可用圆规和直尺作出正 m 边形. 从公式 $\varphi(p^\alpha)=p^{\alpha-1}(p-1)$ 以及 Euler 函数是积性函数得出 $\varphi(m)$ 是 2 的幂的充分必要条件是 m 具有 $2^k \cdot p_1 \cdot \cdots \cdot p_s$ 的形式，其中 $k \geqslant 0$，而 $p_1,\cdots,p_s$ 是不同的 Fermat 素数.（Wantzel 已经证明除了具有上述形式的 m 之外，不可能用尺规作出一个正 m 边形.）Gauss 特别引以为傲的这一结果是伽罗华理论的雏形. 今天，通常用它作为伽罗华理论应用的例子.

F_5 的因子 641 并不是简单地通过猜测得出的. 实际上，我们可以证明 F_n 的因子必须在模 2^{n+1} 下同余于 1. 只要对素因子证明这一结论就够了. 设 p 是 F_n 的素因子，则

$$2^{2^n} \equiv -1(\bmod p)$$

因而

$$2^{2^{n+1}} \equiv 1(\bmod p)$$

这说明在 $\mathbf{f}_p^\times$ 中 2 的阶恰好是 2^{n+1}. 所以 2^{n+1} 整除 $p-1$，所以

$$p \equiv 1(\bmod 2^{n+1})$$

第43章 关于 Mersenne 数的椭圆曲线测试的注记①

Lucas 和 Lehmer 给出了测定 Mersenne 数的经典方法[1]. 在 *An elliptic curve test for Mersenne primes*[2] 一文中, Benedict 又给出了一种对 Mersenne 数进行素性测的椭圆曲线测试,但并没有给出两种测试运算量的分析与比较. 安徽师范大学数学计算机科学学院的刘莉教授 2007 年根据其原理进行了实现分析,并与经典的 Lucas-Lehmer 测试进行运算量的比较,结果显示椭圆曲线测试的运算量大于 Lucas 测试运算量的 4 倍.

§1 引言与相关定理

设 $p\geqslant 3$ 是素数,$M=2^{p}-1$ 为对应的

① 本章摘自《安徽师范大学学报(自然科学版)》,2007 年,第 30 卷,第 1 期.

Mersenne 数. 定义数列$\{x_k\}$:$x_0=4, x_k=x_{k-1}^2-2 \bmod M$,经典的 Lucas-Lehmer 测试给出 M 是素数的充要条件. 即:

命题 1[1] $M=2^p-1$ 为素数$\Leftrightarrow \gcd(x_k, M)=1$, $0\leqslant k\leqslant 3$ 且 $x_{p-2}\equiv 0 \bmod M$.

设 F 为一个特征非 2 或 3 的域,定义集合

$$E_{a,b}=E_{a,b}(F)=\{\infty,\infty\}\cup\{(x,y)\in F\times F: y^2=x^3+ax+b\},(a,b)\in F\times F$$

这里 $4a^3+27b^2\neq 0$,以下 $F=Z_M$,记 $E_{a,b}(F)=\frac{E_{a,b}}{M}$.

设$(x,y),(x_1,y_1),(x_2,y_2)\in\frac{E_{a,b}}{M}$,定义运算

$$\begin{cases}(x,y)+(x,-y)=(x,-y)+(x,y)=(\infty,\infty)\\(x,y)+(\infty,\infty)=(\infty,\infty)+(x,y)=(x,y)\\(x_1,y_1)+(x_2,y_2)=(x_3,y_3),x_1\neq x_2 \text{ 或 } y_1\neq -y_2\end{cases}$$

其中

$$\begin{cases}x_3=\lambda^2-x_1-x_2\\y_3=\lambda(x_1-x_3)-y_1\end{cases}$$

$$\lambda=\begin{cases}\dfrac{y_1-y_2}{x_1-x_2},x_1\neq x_2\\\dfrac{3x_1^2+a}{2y_1},x_1=x_2,y_1=y_2\end{cases}$$

定理[3] $(E_{a,b},+,(\infty,\infty))$是 Abel 群,$(x,y)$的逆元为$(x,-y)$.

文献[2]中利用椭圆曲线 $E_{-12,0}: y^2=x^3-12x$.

数列 $\{x_k\}$: $x_0=-2, x_k=X(2^kQ)$（点 2^kQ 的 x 坐标），给出了椭圆曲线测试，即：

命题 2[2]　$M=2^p-1$ 为素数 $\Leftrightarrow \gcd(x_k,M)=1$，$0\leqslant k\leqslant p-2$ 且 $x_{p-1}\equiv 0 \bmod M$.

我们在 §2 中实现了两种测试，并给出相应的算法分析和比较，结果显示椭圆曲线测试的运算量大于 Lucas 测试运算量的 4 倍.

§2　算法分析和比较

设 p 是输入的素数，Lucas 测试算法和椭圆曲线测试算法输出的是 $M=2^p-1$ 是素数或合数. 两种算法的主要运算是求：$a\circ b \bmod M$，其中 $a,b\in \mathbf{Z}_m$. 为了算法分析叙述方便起见，我们称求 $a\circ b \bmod M$ 的运算为一次模乘运算，log 函数都是以 2 为底，用整数乘除法的常规算法，一次模乘运算耗时 $O(\log^2 M)$.

现在我们先写出 Lucas-Lehmer 测试算法流程码，这里需要作大整数的加减乘除运算，参见文献[4].

Algorithm 2.1 Classical Lucas-Lehmer Test; {输入素数 p≥3，输出 $\mathrm{M}=2^{\mathrm{p}}-1$ 是素数或合数}

Begin $\mathrm{x}_0\leftarrow 4$; $\mathrm{k}\leftarrow 0$; For i: =1 to p − 3 Do

begin $\mathrm{x}_1\leftarrow \mathrm{x}_0^2-2 \bmod \mathrm{M}$; $\mathrm{k}\leftarrow \mathrm{k}+1$; $\mathrm{x}_0\leftarrow \mathrm{x}_1$; if x_1 mod M = 0 then begin output “M is composite”; halt end

end: $x_1 \leftarrow x_0^2 - 2 \bmod M$; if $x_1 \bmod M = 0$ then output “M is prime”

End.

由定理及命题 2,下面写出椭圆曲线测试算法流程码(起始点 $Q = (-2,4)$,复制 $p-1$ 次):

Algorithm 2.2 Elliptic Curve Test;{输入素数 $p \geq 3$,输出 $M = 2^p - 1$ 是素数或合数}

Begin $x \leftarrow -2; y \leftarrow 4; i \leftarrow 0$;

Repeat $d \leftarrow \gcd(2y, M) = 2yg + Mh$; if $d \neq 1$ then output “M is composite” exit;

$\lambda \leftarrow (3x^2 - 12)g \bmod M; u \leftarrow \lambda^2 - 2x \bmod M$;

$v \leftarrow \lambda(x-u) - y \bmod M; x \leftarrow u; y \leftarrow v; i \leftarrow i+1$;

Until $i = p-1$; if$(x,y) = (0,0)$ then output“M is prime”

End.

由命题 1 可见,Lucas-Lehmer 测试判断输入的 p 所对应的 M 是素数还是合数需要作 $p-2$ 次模乘运算. 我们知道,两个 s 比特的整数相乘,常规算法的时间复杂度为 $O(s^2)$([5]),$M = 2^p - 1$ 为 p 比特整数,所以$p-2$次模乘运算的时间复杂度为 $O(p^3)$.

从定理、命题 2 和 Algorithm 2.2 程序码看出,判断 $M = 2^p - 1$ 是否为素数,椭圆曲线测试算法要作如下运算:每次循环要作一次求最大公因子(gcd)的运

算和

$$\lambda \leftarrow (3x^2-12) \bmod M;\quad \lambda \leftarrow \lambda \circ g \bmod M;$$

$$u \leftarrow \lambda^2-2x \bmod M;\quad v \leftarrow \lambda(x-u)-y \bmod M$$

4 次模乘运算，共循环 $p-1$ 次，也就是作 $4(p-1)$ 次模乘运算和 $p-1$ 次 gcd 算法. gcd 算法的时间复杂度为 $O(\log^2 M)$（[6]），而 $M=2^p-1$，求 $p-1$ 次 gcd 的时间复杂度即为 $O(p^3)$. 实际上求 gcd 就是用带余除法进行辗转相除，记 $l(a,b)$ 为求 $\gcd(a,b)$ 所需的带余除法次数，我们有

$$2 \leqslant l(a,b) \leqslant 1.441\log a(a>b,b+a)$$[7]

即每次循环中 gcd 算法的除法次数为 l：$2 \leqslant l \leqslant 1.441p$，可见这里耗时函数大 O－记号中隐含的常数 k 要比模乘运算大 O－记号中隐含的常数 k' 大得多.

由此看出，椭圆曲线测试仅模乘运算的运算量就大于 Lucas-Lehmer 测试运算量的 4 倍，再加上 $p-1$ 次的 gcd 运算，前者比后者的运算量要大得多，以下给出两种测试对几个数据所需要的时间：

根据 Lucas 测试在计算机上[1,10 000]的素数进行搜索，对应的 M 是素数的 p：2，3，5，7，13，17，19，31，61，89，107，127，521，607，1 279，2 203，2 281，3 217，4 253，4 423，9 689，9 941（参见文献[8]），表 1 中 9 941用椭圆曲线测试所需要的时间大于 3 h，以上程序的运行环境是：CPU Pentium 4 2.93G.

表 1　两种测试的时间对比

p	M 是否为素数	M 位数	椭圆曲线测试	Lucas 测试
127	是	39	4″	1″
757	否	228	2′5″	3″
1 279	是	386	9′12″	12″
1 543	否	465	10′11″	24″
2 281	是	687	33′15″	51″
9 941	是	2 993		1 h 3′38″

最后我们指出，随着 p 的增大，$M=2^p-1$ 呈指数增长，两种测试耗时差距会越来越大，对于 $p\geqslant 10^3$ 的素数，由于耗时太长，文献[2]给出的椭圆曲线测试并没有实际应用价值.

参考资料

[1]　LEHMER D H. On Lucas's test for the primality of mersenne numbers [J]. London Math Soc, 1935,10:162-165.

[2]　GROSS B H. Anelliptic curve test for Mersenne primes [J]. Number Theory, 2005,110:114-119.

[3]　LENSTRA H W. Factoring integers with elliptic curves [J]. Ann of Math, 1987,126:649- 673.

[4]　张振祥. 多重精度算术软件包的设计与实现[J]. 计算机研究与发展，1996,33(7):513-516.

[5] 张振祥.关于矩阵乘法的一个算法的复杂度[J].数学研究与评论,1992,12(3):473-475.

[6] COHEN H. A course in computational algebraic number theory, Graduate Texts in Mathematics[M]. Berlin: Springer-Verlag,1996.

[7] ROSEN K H. Elementary number theory and its applications [M]. Reading Massachusetts: Addison Wesley,1984.

[8] GUY R K. Unsolved problems in number theory [M]. Second ed. New York: Springer-Verlag,1994.

[9] 周方敏,季益贵.单参数二次基伪素数的一些性质[J].安徽师范大学学报:自然科学版,2004,27(4):373-376.

Mersenne 素数的一点注记[①]

第 44 章

Mersenne 素数是当今科学研究的热点与难点问题之一. 随着指数 p 的增大,验算 Mersenne 素数具有挑战性,而 Mersenne 素数各个位次上的数字的确定,有利于对所发现的新的数进行预验证. 喀什师范学院数学系的张四保和邓勇两位教授 2011 年应用中国剩余定理给出了有关 Mersenne 素数百位上的数字的一个结论.

公元前 300 多年,古希腊数学家 Euclid 用反证法证明了素数有无穷多个,并提出了少量素数可写成 2^p-1(p 为素数)的形式,此后许多数学家,包括 Fermat, Descartes, Leibniz, Euler, Gauss 等都研究过这种特殊形式的素数;而 17 世纪的法国数学家、法兰西科学院奠基人 Mersenne 最早

① 本章摘自《华中师范大学学报(自然科学版)》,2011 年,第 45 卷,第 3 期.

深入而系统地研究 2^p-1 形的数,为了纪念他,数学界就把 2^p-1 形的数称为Mersenne数;并以 M_p 记之. 如果Mersenne数为素数,则称之为Mersenne素数.

Mersenne素数是数论研究的一项重要课题,它已成为当今科学研究的热点与难点之一[1]. Mersenne素数貌似简单,但其计算具有复杂性,随着指数 p 的增大,运算量随之增加. 验证Mersenne数 M_p 是否为素数,不仅需要高深的理论、纯熟的技巧,还要进行艰巨的计算. 2300多年来,人类仅发现47个Mersenne素数[2]. 因此,不少科学家认为,对于Mersenne素数的研究能力如何,已在某种意义上标志着一个国家的科技水平.[3]

对于Mersenne素数各个位次上数字的确定,这在探寻Mersenne素数方面有着积极的作用. 在文献[4-5]中,作者分别探讨了Mersenne素数个位和十位上的数字. 本章利用中国剩余定理,探讨了Mersenne素数的百位上的数字,得到了如下结论:

结论 Mersenne素数 M_p 的百位上的数字遍历0,1,2,3,4,5,6,7,8,9. 当 $p=8k+1,k\equiv2,13\pmod{25}$;$p=8k+3,k\equiv0,1,22\pmod{25}$;$p=8k+5,k\equiv0,14\pmod{25}$;$p=8k+7,k\equiv9,12,13\pmod{25}$ 时,M_p 的百位数字为0;当 $p=8k+1,k\equiv11,14,15\pmod{25}$;$p=8k+3,k\equiv13,24\pmod{25}$;$p=8k+5,k\equiv1,2,23$

(mod 25);$p=8k+7,k\equiv 0,11 \pmod{25}$时,$M_p$的百位数字为1;当$p=8k+1,k\equiv 8,22 \pmod{25}$;$p=8k+3$,$k\equiv 2,5,6 \pmod{25}$;$p=8k+5,k\equiv 9,20 \pmod{25}$;$p=8k+7,k\equiv 14,17,18 \pmod{25}$时,$M_p$的百位数字为2:当$p=8k+1,k\equiv 6,9,10 \pmod{25}$;$p=8k+3,k\equiv 4,18 \pmod{25}$;$p=8k+5,k\equiv 18,21,22 \pmod{25}$;$p=8k+7,k\equiv 5,16 \pmod{25}$时,$M_p$的百位数字为3;当$p=8k+1,k\equiv 3,17 \pmod{25}$;$p=8k+3,k\equiv 7,10,11 \pmod{25}$;$p=8k+5,k\equiv 4,15 \pmod{25}$;$p=8k+7,k\equiv 19,22,23 \pmod{25}$时,$M_p$的百位数字为4;当$p=8k+1$,$k\equiv 1,4,5 \pmod{25}$;$p=8k+3,k\equiv 9,23 \pmod{25}$;$p=8k+5,k\equiv 13,16,17 \pmod{25}$;$p=8k+7,k\equiv 10,21 \pmod{25}$时,$M_p$的百位数字为5;当$p=8k+1,k\equiv 12,23 \pmod{25}$;$p=8k+3,k\equiv 12,15,16 \pmod{25}$;$p=8k+5,k\equiv 10,24 \pmod{25}$;$p=8k+7,k\equiv 2,3,24 \pmod{25}$时,$M_p$的百位数字为6;当$p=8k+1,k\equiv 0,21,24 \pmod{25}$;$p=8k+3,k\equiv 3,14 \pmod{25}$;$p=8k+5,k\equiv 8,11,12 \pmod{25}$;$p=8k+7,k\equiv 1,15 \pmod{25}$时,$M_p$的百位数字为7;当$p=8k+1,k\equiv 7,18 \pmod{25}$;$p=8k+3,k\equiv 17,20,21 \pmod{25}$;$p=8k+5,k\equiv 5,19 \pmod{25}$;$p=8k+7,k\equiv 4,7,8 \pmod{25}$时,$M_p$的百位数字为8;当$p=8k+1,k\equiv 16,19,20 \pmod{25}$;$p=8k+3,k\equiv 8,19 \pmod{25}$;$p=8k+5,k\equiv 3,6,18$(mod

25)；$p=8k+7$，$k\equiv 6,20 \pmod{25}$ 时，M_p 的百位数字为 9.

§1　引理

引理(中国剩余定理)　设 $m_1,m_2,\cdots,m_k$ 是 k 个两两互质的正整数，$m=m_1m_2\cdots m_k$，$m=m_iM_i(i=1,2,\cdots,k)$，则同余式组

$$\begin{cases} x\equiv b_1 \pmod{m_1} \\ x\equiv b_2 \pmod{m_2} \\ \quad\vdots \\ x\equiv b_k \pmod{m_k} \end{cases}$$

的解是

$$x\equiv M_1M'_1b_1+M_2M'_2b_2+\cdots+M_kM'_kb_k \pmod m$$

其中

$$M_iM'_i\equiv 1 \pmod{m_i},i=1,2,\cdots,k$$

证明　详见参考文献[6].

§2　结论的证明

由于 Mersenne 素数的指数 p 为素数，那么 p 可分为如下两种情况

$$p=4k+1,p=4k+3$$

当 $p=2,3,5$ 时, $2^p-1<100$, 故不考虑这三种情况. 那么 p 的形式可转化为如下四种情况

$$p=8k+1,p=8k+3,p=8k+5,p=8k+7$$

则 M_p 分别取模 8, 125 时有下面的式(1)(2)(3)(4)(5), 即

$$\begin{cases} M_p=2^{8k+1}-1=(2^8)^k\times 2-1 \\ \quad =256^k\times 2-1\equiv -1 \pmod 8 \\ M_p=2^{8k+3}-1=(2^8)^k\times 2^3-1 \\ \quad =256^k\times 2^3-1\equiv -1 \pmod 8 \\ M_p=2^{8k+5}-1=(2^8)^k\times 2^5-1 \\ \quad =256^k\times 2^5-1\equiv -1 \pmod 8 \\ M_p=2^{8k+7}-1=(2^8)^k\times 2^7-1 \\ \quad =256^k\times 2^7-1\equiv -1 \pmod 8 \end{cases} \tag{1}$$

$$\begin{aligned} M_p&=2^{8k+1}-1=(2^8)^k\times 2-1 \\ &=256^k\times 2-1\equiv 6^k\times 2-1 \pmod{125} \end{aligned} \tag{2}$$

$$\begin{aligned} M_p&=2^{8k+3}-1=(2^8)^k\times 2^3-1 \\ &=256^k\times 2^3-1\equiv 6^k\times 2^3-1 \pmod{125} \end{aligned} \tag{3}$$

$$\begin{aligned} M_p&=2^{8k+5}-1=(2^8)^k\times 2^5-1 \\ &=256^k\times 2^5-1\equiv 6^k\times 2^5-1 \pmod{125} \end{aligned} \tag{4}$$

$$\begin{aligned} M_p&=2^{8k+7}-1=(2^8)^k\times 2^7-1 \\ &=256^k\times 2^7-1\equiv 6^k\times 3-1 \pmod{125} \end{aligned} \tag{5}$$

再来考虑 6^k 取模 125 的情况. 当 $k\in\mathbf{Z}$($\mathbf{Z}$ 为正整

数),当 $k\equiv 0 \pmod{25}$ 时,有

$$6^k=6^{25k_1}\equiv 1 \pmod{125} \tag{6}$$

根据式(6)进行递推很容易得到下面的关系式:

当 $k\equiv 0,1,2,3,4,5,6,7,8,9,10,11,12,13,14,15,16,17,18,19,20,21,22,23,24 \pmod{25}$ 时 6^k 取模 125 的情况分别为

$6^k\equiv 1,6,36,91,46,26,31,61,116,71,51,56,86,16,96,76,81,111,41,121,101,106,11,66,21 \pmod{125}$.

将上面 6^k 取模 125 的情况分别与式(2)(3)(4)(5)结合可以得到如下结论

$$\begin{aligned}M_p&=2^{8k+1}-1=(2^8)^k\times 2-1=256^k\times 2-1\\&\equiv 6^k\times 2-1\equiv 1,11,71,56,91,51,61,121,\\&\quad 106,16,101,111,46,31,66,26,36,\\&\quad 96,81,116,76,86,21,6,41 \pmod{125}\end{aligned} \tag{7}$$

$$\begin{aligned}M_p&=2^{8k+3}-1=(2^8)^k\times 2^3-1=256^k\times 2^3-1\\&\equiv 6^k\times 2^3-1\equiv 7,47,37,102,117,82,122,\\&\quad 112,52,67,32,72,62,2,17,107,22,12,\\&\quad 77,92,57,97,87,27,42 \pmod{125}\end{aligned} \tag{8}$$

$$\begin{aligned}M_p&=2^{8k+5}-1=(2^8)^k\times 2^5-1=256^k\times 2^5-1\\&\equiv 6^k\times 2^5-1\equiv 31,66,26,36,96,81,116,\\&\quad 76,86,21,6,41,1,11,71,56,91,51,\\&\quad 61,121,106,16,101,111,46 \pmod{125}\end{aligned} \tag{9}$$

$$M_p = 2^{8k+7} - 1 = (2^8)^k \times 2^7 - 1 = 256^k \times 2^7 - 1$$
$$\equiv 6^k \times 3 - 1 \equiv 2,17,107,22,12,77,92,57,$$
$$97,87,27,42,7,47,37,102,117,82,$$
$$122,112,52,67,32,72,62 \pmod{125} \qquad (10)$$

将式(7)～(10)与式(1)分别构成一次同余方程组，利用中国剩余定理解之得

$$M_p \equiv 751,511,71,431,591,551,311,871,$$
$$231,391,351,111,671,31,191,151,$$
$$911,471,831,991,951,711,271,631,$$
$$791 \pmod{1\,000} \qquad (11)$$

$$M_p \equiv 7,47,287,727,367,207,247,487,927,$$
$$567,407,447,687,127,767,607,647,$$
$$887,327,967,807,847,87,527,167$$
$$\pmod{1\,000} \qquad (12)$$

$$M_p \equiv 31,191,151,911,471,831,991,951,$$
$$711,271,631,791,751,511,71,431,$$
$$591,551,311,871,231,391,351,111,$$
$$671 \pmod{1\,000} \qquad (13)$$

$$M_p \equiv 127,767,607,647,887,327,967,807,$$
$$847,87,527,167,7,47,287,727,367,$$
$$207,247,487,927,567,407,447,687$$
$$\pmod{1\,000} \qquad (14)$$

对上面(11)～(14)进行分析，就可以得到本章的

结论. 证毕.

参考资料

[1] Rosen K H. Elementary Number Theory and Its Applications [M]. Wokingham: Addison-Wesley, 2009.

[2] 陈琦,章平. 数学珍宝——Mersenne 素数[J]. 百科知识,2009(15):22.

[3] 杨玲,钟勇. 全球探寻 Mersenne 素数[J]. 科学中国,2006(4):38-39.

[4] 张四保,阿布都瓦克·玉奴司. 有关 Mersenne 数的一个注记[J]. 河北北方学院学报,2010,26(2):11-12.

[5] 张四保. 有关 Mersenne 素数的尾数[J]. 吉林师范大学学报,2010,31(2):92-94.

[6] 闵嗣鹤,严士健. 初等数论[M]. 3 版. 北京:高等教育出版社,2009.

寻找 Mersenne 素数的新方法[①]

第 45 章

Mersenne 素数与偶完全数有一一对应关系，人类在 2300 多年中寻找到 46 个 Mersenne 素数. 寻找 Mersenne 素数之难：一是 Mersenne 数的巨大，二是其素因数也难找. 传统的寻找方法是心算、手算和计算机搜索. 黎明职业大学的陈德建教授 2012 年分析传统方法之后，提出一种新方法，即用无限递缩的区间套和反证法证明若 q 为素数，M_q 为 Mersenne 素数，则 M_{M_q} 也是 Mersenne 素数.

§1 序言

定义 形如 2^p-1 的素数称为 Mersenne 素数，记为 M_p.

Mersenne 是法国数学家、自然哲学家、

① 本章选自《重庆三峡学院学报》，2012 年，第 28 卷，第 3 期.

宗教家. 他在 1644 年提出了 Mersenne 素数,Mersenne 素数的提出是探索表素数公式的开始,在数论史上具有开拓性的意义.

Mersenne 提出的问题具有启发性,但他当时的判断有误,他说,对 $p=2,3,5,7,13,17,31,67,127,257$, M_p 是素数,而 $p<257$ 的其他素数对应的 M_p 都是合数,无人知晓他如何得到以上结论. 到 1947 年有了台式计算机,人们才能检查他的结论. 发现他犯了 5 个错误. M_{67} 和 M_{257} 不是素数,而 M_{61}, M_{89}, M_{109} 是素数.

Mersenne 素数貌似简单,但研究难度却很大. 它不仅需要高深的理论和纯熟的技巧,而且还需要进行艰巨的计算. 1772 年,瑞士数学大师 Euler 在双目失明的情况下,靠心算证明了 M_{31} 是第 8 个 Mersenne 素数,即

$$2^{31}-1=2\ 147\ 483\ 647$$

它具有 10 位数字,堪称当时世界上已知的最大素数. Euler 的毅力与技巧都令人赞叹不已,他因此获得了"数学英雄"的美誉. 法国大数学家 P. Laplace 称赞 Euler 是"我们每一个人的老师". 在"手算笔录的年代"人们历尽艰辛,仅找到 12 个数.

电子计算机的出现大大加快了 Mersenne 素数的步伐. 1952 年,美国数学家 Robinson 等人在使用 SWAC 型计算机在短短几小时之内,就找到了 5 个 Mersenne 素数:$M_{521}, M_{607}, M_{1\ 279}, M_{2\ 203}$ 和 $M_{2\ 281}$.

但寻找 Mersenne 素数依然很难,从 Euclid 时代至

今的 2300 多年,人类只找到 46 个 Mersenne 素数. 它们是: M_2, M_3, M_5, M_7, M_{13}, M_{17}, M_{19}, M_{31}, M_{61}, M_{89}, M_{107}, M_{127}, M_{521}, M_{607}, $M_{1\,279}$, $M_{2\,203}$, $M_{2\,281}$, $M_{3\,217}$, $M_{4\,253}$, $M_{4\,423}$, $M_{9\,689}$, $M_{9\,941}$, $M_{11\,213}$, $M_{19\,937}$, $M_{21\,701}$, $M_{23\,209}$, $M_{44\,497}$, $M_{86\,243}$, $M_{110\,503}$, $M_{132\,049}$, $M_{216\,091}$, $M_{756\,839}$, $M_{859\,433}$, $M_{1\,257\,787}$, $M_{1\,398\,269}$, $M_{2\,976\,221}$, $M_{3\,021\,377}$, $M_{6\,972\,593}$, $M_{13\,466\,917}$, $M_{20\,996\,011}$, $M_{24\,036\,583}$, $M_{25\,964\,951}$, $M_{30\,402\,457}$, $M_{32\,582\,657}$, $M_{37\,156\,667}$, $M_{43\,112\,609}$.

$2^{43\,112\,609}-1$,这个在普通人看起来颇为奇特的数字,近来(2008 年)正让国际数学界乃至科学界为之欣喜若狂. 这是人类发现的第 46 个也是最大的 Mersenne 素数. 它有 12 978 189 位数,如果用普通字号将这个巨数连续写下去,长度可达 50km! 这一发现被著名的《时代周刊》评为"2008 年度 50 项最佳发现"之一,排名 29 位.

为了激励人们寻找 Mersenne 素数,设在美国的电子新领域基金会(EFF)不久前向全世界宣布了为通过 GIMPS 项目来探寻 Mersenne 素数而设立的奖金. 规定第一个找到超过 1 000 万位数的个人或机构颁发 10 万美元;超过一亿位数,15 万美元;超过 10 亿位数,25 万美元. 绝大多数研究者并不是为了金钱,而是出于乐趣、荣誉感和探索精神.

Mersenne 素数是否有无穷多个,Mersenne 素数有什么样的分布规律等问题都是强烈吸引一代又一代研究者的世界著名问题.

Mersenne 素数的难寻不仅在于 Mersenne 数 M_p 随

素数 p 的增大而迅速增至巨大，还在于 Mersenne 合数的因子也难于寻找. 1867 年，人们已经知道 M_{67} 是合数，但对于它的因子一无所知. 直到 1903 年 10 月在美国数学会上数学家 Cole 提交了一篇论文《大数的因子分解》. 当 Cole 在黑板上写上

$$2^{67}-1=19\ 370\ 771\times 761\ 838\ 257\ 287$$

时，会场上爆发了强烈的掌声.

现在我们知道不大于 257 的素数有 55 个，Mersenne 素数有 12 个，Mersenne 宣告的 10 个 Mersenne 素数错了 2 个，而 43 个 Mersenne 合数仅错了 4 个，依然十分了不起.

从第 13 个 Mersenne 素数开始，即从 M_{521} 开始，都是在 1952 年以后，借助电子计算机而陆续发现的.

传统的探寻方法有二：一是心算、笔算，二是借助电子计算机搜索. 令人不解的是台式电子计算机在检查 Mersenne 研究结果时居然漏掉了 M_{19} 这个 Mersenne 素数. 由此可推断虽然电子计算机在寻找 Mersenne 素数时有一定的或然性. 换句话说，在已知的 Mersenne 素数之间还可能找到新的 Mersenne 素数.

数学史上有个故事，有一个人排出六角形幻方，后来忘记了，他花了 47 年时间才第二次找到，另一个人用证明的方法花了一年也排出了这唯一的六角形幻方.

§2 证明

以下我们来证明若 q 为奇素数，M_q 为 Mersenne 素数，令 $p=M_q$，则 $M_p=2^{M_q}-1$ 为 Mersenne 素数.

定理 1(Fermat 小定理) 若 p 为素数，$p\nmid a$，有

$$a^{p-1}\equiv 1(\bmod p)$$ [1]

定理 2 设 p 是一个奇素数，q 是 M_p 的一个素因数，则 q 形如

$$q=2kp+1$$ [2]

例如

$$2^{11}-1=2\ 047=23\times 89$$

$$2^{23}-1=8\ 388\ 607=47\times 178\ 481$$

$$2^{29}-1=536\ 870\ 911=233\times 1\ 103\times 2\ 089$$

$$2^{37}=137\ 438\ 953\ 471=233\times 616\ 318\ 177$$

由定理 1，知

$$2^{q-1}\equiv 1(\bmod q),2^{p-1}\equiv 1(\bmod p)$$

$\exists s,T\in\mathbf{N}$，使得

$$2^{q-1}=sq+1,2^{p-1}=Tp+1$$

于是

$$M_q=2sq+1,M_p=2Tp+1$$

若 $2Tp+1$ 为素数，命题成立.

若不然，必有

$$2^p-1=2Tp+1=(2mp+1)(2np+1)$$

其中 $m,n\in\mathbf{N}$

$$2Tp+1=4mnp^2+2(m+n)p+1$$

两边同减去 1 后除以 $2p$,得

$$T=2mnp+m+n \tag{1}$$

因为

$$2^{q-1}=2sq+1=p$$

有

$$T=2^{2sq}-1 \tag{2}$$

由于 2^p-1 非平方数,$m\neq n$,不妨设 $m<n$.

因 $q=5$ 时

$$M_q=2^5-1=31$$

$$2^{M_q}-1=M_{31}$$

是 Mersenne 素数;

当 $q=7$ 时

$$M_q=2^7-1=127$$

$$2^{M_q}-1=M_{127}$$

是 Mersenne 素数.

$M_{13}=8191$, $\log 2=0.301\ 029\ 995$, $8\ 191\times 0.301\ 029\ 995=2\ 465.736\ 694$, 即 $2^{8\ 191}-1$ 有 2 466 位. 由于 $M_{M_{13}},M_{M_{17}},M_{M_{19}}$是合数. 以后设

$$q\geqslant 31,2mnp\gg m+n$$

$$2^{2sq}\approx 2^{q+1}mn,mn\approx 2^{(2s-1)q-1}$$

$$\sqrt{mn}\approx 2^{sq-\frac{q+1}{2}}$$

为论述方便,不妨设

$$m=2^{(s-1)q}-m_1,n=2^{(s-1)q}+n_1,m_1,n_1\text{ 为整数}$$

$$\begin{aligned}2mp+1&=2p[2^{(s-1)q}-m_1]+1\\&=2^{(s-1)q+1}p-2m_1p+1\end{aligned}$$

$$\begin{aligned}2np+1&=2p[2^{(s-1)q}+n_1]+1\\&=2^{(s-1)q+1}p+2n_1p+1\end{aligned}$$

$$\begin{aligned}2^{2sq+1}-1&=[2^{(s-1)q+1}p-2m_1p+1]\cdot\\&\quad[2^{(s-1)q+1}p+2n_1p+1]\\&=2^{2(s-1)q+2}p^2+n_12^{(s-1)q+2}p^2+\\&\quad2^{(s-1)q+1}p-m_12^{(s-1)q+1}p^2-\\&\quad4m_1n_1p^2-2m_1p+2^{(s-1)q+1}p+2n_1p+1\\&=2^{2(s-1)q+2}p^2+(n_1-m_1)2^{(s-1)q+2}p^2-\\&\quad4m_1n_1p^2+2^{(s-1)q+2}p+2(n_1-m_1)p+1\end{aligned}$$

整理得

$$\begin{aligned}2^{2sq}-1=&2^{2(s-1)q+1}p^2+(n_1-m_1)2^{(s-1)q+1}p^2-\\&2m_1n_1p^2+2^{(s-1)q+1}p+(n_1-m_1)p\end{aligned}$$

由于

$$p=2^q-1$$

有

$$\begin{aligned}2^{2sq}-1=&(2^q-1)\cdot[2^{q(2s-1)}+2^{q(2s-2)}+\\&2^{q(2s-3)}+\cdots+2^{2q}+2^q+1]\end{aligned}$$

约去 p,得

$$\begin{aligned}&2^{2(s-1)q+1}p+(n_1-m_1)2^{(s-1)q+1}p-\\&2m_1n_1p+2^{(s-1)q+1}+n_1-m_1\\=&2^{q(2s-1)}+2^{q(2s-2)}+2^{q(2s-3)}+\cdots+2^{2q}+2^q+1\qquad(3)\end{aligned}$$

式(3)右边小于

$$2\times 2^{q(2s-1)}=2^{q(2s-1)+1}=2^{2sq-q+1}$$

式(3)左边首项

$$\begin{aligned}2^{2(s-1)q+1}p&=2^{2(s-1)q+1}(2^q-1)\\&=2^{2sq-q+1}-2^{2sq-2q+1}\end{aligned}$$

式(3)两边同减2^{2sq-q}得

$$\begin{aligned}&2^{2sq-q}-2^{2sq-2q+1}+(n_1-m_1)2^{(s-1)q+1}p-\\&2m_1n_1p+2^{(s-1)q+1}+(n_1-m_1)\\=&2^{q(2s-2)}+2^{q(2s-3)}+\cdots+2^{2q}+2^q+1\end{aligned}$$

即

$$\begin{aligned}&2^{2sq-2q+1}(2^{q-1}-1)+(n_1-m_1)2^{(s-1)q+1}p-\\&2m_1n_1p+2^{(s-1)q+1}+(n_1-m_1)\\=&2^{q(2s-2)}+2^{q(2s-3)}+\cdots+2^{2q}+2^q+1\end{aligned}\tag{4}$$

由算术基本定理得$n_1<m_1$有

$$\begin{aligned}m+n&=2^{(s-1)q}-m_1+2^{(s-1)q}+n_1\\&=2^{(s-1)q+1}+n_1-m_1<2^{(s-1)q+1}\end{aligned}\tag{5}$$

又

$$\begin{aligned}T&=2^{q(2s-1)}+2^{q(2s-2)}+2^{q(2s-3)}+\cdots+2^{2q}+2^q+1\\&\approx 2mnp\end{aligned}$$

$$m+n<2^{(s-1)q+1}<2^{q(2s-2)}$$

有

$$2mnp>2^{q(2s-1)}$$

$$mn>\frac{2^{2sq-q}}{2^{q+1}}=2^{2sq-2q+1}\tag{6}$$

作方程

$$x^2-2^{(s-1)q+1}x+2^{2(s-1)q-1}=0$$

由一元二次方程的求根公式

$$x = 2^{(s-1)q} \pm \sqrt{2^{2(s-1)q} - 2^{2(s-1)q-1}}$$

$$= 2^{(s-1)q} \pm \sqrt{2^{2(s-1)q-1}}$$

$$x = 2^{(s-1)q} \pm 2^{(s-1)q-\frac{1}{2}}$$

$$x_1 = 2^{(s-1)q}\left(1 + \frac{\sqrt{2}}{2}\right)$$

$$x_2 = 2^{(s-1)q}\left(1 - \frac{\sqrt{2}}{2}\right)$$

也即

$$x_1 = 1.707\ 106\ 781 \times 2^{(s-1)q}$$

$$x_2 = 0.292\ 893\ 218 \times 2^{(s-1)q}$$

$m > x_2$，而 $n > x_1$.

因此有

$$0.292\ 893\ 218 \times 2^{(s-1)q} < m < 2^{(s-1)q}$$

而

$$2^{(s-1)q} < n < 1.707\ 106\ 781 \times 2^{(s-1)q}$$

由

$$n < 1.707\ 106\ 781 \times 2^{(s-1)q}$$

$$2np + 1 < 2^{(s-1)q+1} \times 2^{q+1} = 2^{sq+2}$$

设

$$2np + 1 = 2^{sq+2} - n_0，n_0 \text{ 为正整数}$$

由综合除法

$$2mp + 1 = 2^{2sq+1} - 1 \div (2^{sq+2} - n_0)$$

$$= 2^{sq-1} + \frac{2^{sq-1}n_0 - 1}{2^{sq+2} - n_0} = 2^{sq-1} + m_0$$

$$\begin{array}{r}
2^{sq-1}\\
2^{sq+2}-n_0\overline{\big)\,2^{2sq+1}-1\quad}\\
2^{2sq+1}-2^{sq-1}n_0\\
\hline
2^{sq-1}n_0-1
\end{array}$$

m_0 为正整数. 则

$$\begin{aligned}
2^{2sq+1}-1&=(2^{sq+2}-n_0)(2^{sq-1}+m_0)\\
&=2^{2sq+1}+2^{sq+2}m_0-2^{sq-1}n_0-m_0n_0
\end{aligned}$$

整理得

$$2^{sq-1}(sm_0-n_0)=m_0n_0-1 \tag{7}$$

由

$$m_0=\frac{2^{sq-1}n_0-1}{2^{sq+2}-n_0}$$

有

$$8m_0=n_0+\frac{n_0^2-8}{2^{sq+2}-n_0} \tag{8}$$

由(7)有

$$8m_0-n_0=\frac{m_0n_0-1}{2^{sq}-1}$$

由(8)有

$$8m_0-n_0=\frac{n_0^2-8}{2^{sq+2}-n_0}$$

由综合除法

$$\begin{array}{r}
2^{sq+2}-8m_0\\
2^{sq-1}+m_0\overline{\big)\,2^{2sq+1}-1\qquad}\\
2^{2sq+1}+2^{sq+2}m_0
\end{array}$$

$$\begin{array}{r} -2^{sq+2}m_0-1 \\ -2^{sq+2}m_0-8m_0^2 \\ \hline 8m_0^2-1 \end{array}$$

有

$$2^{sq+2}-n_0=2^{sq+2}-8m_0+\frac{8m_0^2-1}{2^{sq-1}+m_0} \tag{9}$$

由(9)有

$$8m_0-n_0=\frac{8m_0^2-1}{2^{sq-1}+m_0}$$

由算数基本定理有

$$8m_0-n_0=\frac{m_0n_0-1}{2^{sq-1}}=\frac{8m_0^2-1}{2^{sq-1}+m_0}=\frac{n_0^2-8}{2^{sq+2}-n_0}$$

由所设知

$$2^{sq-1}<2^{sq-1}+m_0<2^{sq+2}-n_0$$

$$m_0n_0-1<8m_0^2-1<n_0^2-8,2\sqrt{2}m_0<n_0<8m_0 \tag{10}$$

$$0.292\ 893\ 218\times 2^{(s-1)q}<m<2^{(s-1)q}$$

$$0.292\ 893\ 218\times 2^{sq+1}<2^{sq-1}+m_0<2^{sq+1}$$

即

$$1.171\ 572\ 875\times 2^{sq-1}<2^{sq-1}+m_0<4\times 2^{sq-1}$$

$$0.171\ 572\ 875\times 2^{sq-1}<m_0<3\times 2^{sq-1}$$

$$1.707\ 106\ 781\times 2^{(s-1)q}<n<2^{(s-1)q+1}$$

$$1.707\ 106\ 781\times 2^{sq+1}<2np+1<2^{sq+2}$$

$$1.707\ 106\ 781\times 2^{sq+1}<2^{sq+2}-n_0<2^{sq+2}$$

即

$$0<n_0<0.292\ 893\ 218\times 2^{sq+1}=1.171\ 572\ 875\times 2^{sq-1}$$

由于

$$\begin{aligned} n_0>2\sqrt{2}m_0 &=2\sqrt{2}\times 0.171\ 572\ 875\times 2^{sq-1}\\ &=0.485\ 281\ 373\times 2^{sq-1}\end{aligned}$$

所以

$$0.485\ 281\ 373\times 2^{sq-1}<n_0<1.171\ 572\ 875\times 2^{sq-1}$$

同理

$$m_0<\frac{\sqrt{2}}{4}n_0$$

$$m_0<\frac{\sqrt{2}}{4}\times 1.171\ 572\ 875\times 2^{sq-1}=0.414\ 213\ 562\times 2^{sq-1}$$

所以

$$0.171\ 572\ 875\times 2^{sq-1}<m_0<0.414\ 213\ 562\times 2^{sq-1}$$

因此有

$$\begin{cases} 0.171\ 572\ 875\times 2^{sq-1}\\ \quad <m_0<0.414\ 213\ 562\times 2^{sq-1}\\ 0.485\ 281\ 373\times 2^{sq-1}\\ \quad <n_0<1.171\ 572\ 875\times 2^{sq-1}\end{cases} \tag{11}$$

由式(11)有

$$0.083\ 261\ 12\times 2^{2sq-2}<m_0n_0-1<0.485\ 281\ 373\times 2^{2sq-2}$$

由于

$$8m_0-n_0=\frac{m_0n_0-1}{2^{sq-1}}$$

有

$$0.083\ 261\ 12\times 2^{sq-1}<8m_0-n_0<0.485\ 281\ 373\times 2^{sq-1}$$

$$8m_0 < n_0 + 0.485\ 281\ 373 \times 2^{sq-1} < 1.656\ 854\ 249 \times 2^{sq-1}$$

$$m_0 < 0.207\ 106\ 781 \times 2^{sq-1}$$

同时

$$8m_0 - 0.485\ 281\ 373 \times 2^{sq-1} < n_0$$

$$m_0 > 0.887\ 301\ 627 \times 2^{sq-1}$$

因此有

$$\begin{cases} 0.171\ 572\ 875 \times 2^{sq-1} < m_0 < 0.207\ 106\ 781 \times 2^{sq-1} \\ 0.887\ 301\ 627 \times 2^{sq-1} < n_0 < 1.171\ 572\ 875 \times 2^{sq-1} \end{cases} \tag{12}$$

由式(12)有

$$0.152\ 238\ 69 \times 2^{2sq-2} < m_0 n_0 - 1 < 0.242\ 640\ 686 \times 2^{2sq-2}$$

也即

$$0.152\ 238\ 69 \times 2^{sq-1} < 8m_0 - n_0 < 0.242\ 640\ 686 \times 2^{sq-1}$$

$$8m_0 < (0.242\ 640\ 686 + 1.171\ 572\ 875) \times 2^{sq-1}$$

$$m_0 < 0.176\ 776\ 695 \times 2^{sq-1}$$

同时

$$\begin{aligned} n_0 &> (0.171\ 572\ 875 \times 2^{sq-1} \times 8 - \\ &\quad 0.242\ 640\ 686 \times 2^{sq-1}) \\ &= 1.129\ 942\ 314 \times 2^{sq-1} \\ &= 1.129\ 942\ 314 \times 2^{sq-1} \end{aligned}$$

综之有

$$\begin{cases} 0.171\ 572\ 875 \times 2^{sq-1} < m_0 < 0.176\ 776\ 695 \times 2^{sq-1} \\ 1.129\ 942\ 314 \times 2^{sq-1} < n_0 < 1.171\ 572\ 875 \times 2^{sq-1} \end{cases} \tag{13}$$

由式(13)有

$$0.193\ 867\ 451\times 2^{2sq-2}<m_0n_0-1<0.207\ 106\ 78\times 2^{2sq-2}$$

$$0.193\ 867\ 451\times 2^{sq-1}<8m_0-n_0<0.207\ 106\ 78\times 2^{sq-1}$$

$$8m_0<(0.207\ 106\ 78+1.175\ 728\ 75)\times 2^{sq-1}$$

$$m_0<0.172\ 334\ 957\times 2^{sq-1}$$

同时

$$(8\times 0.171\ 572\ 875-0.207\ 106\ 78)\times 2^{sq-1}$$

$$=1.165\ 476\ 22\times 2^{sq-1}<n_0$$

$$\begin{cases}0.171\ 572\ 875\times 2^{sq-1}<m_0\\ \quad <0.172\ 334\ 957\times 2^{sq-1}\\ 1.165\ 476\ 22\times 2^{sq-1}<n_0\\ \quad <1.171\ 572\ 875\times 2^{sq-1}\end{cases}\tag{14}$$

由式(14)有

$$0.199\ 964\ 105\times 2^{2sq-2}<m_0n_0-1<0.201\ 902\ 961\times 2^{2sq-2}$$

$$0.199\ 964\ 105\times 2^{sq-1}<8m_0-n_0<0.201\ 902\ 961\times 2^{sq-1}$$

$$8m_0<(0.201\ 902\ 961+1.171\ 572\ 875)\times 2^{sq-1}$$

$$m_0<0.171\ 684\ 479\times 2^{sq-1}$$

$$n_0>(8\times 0.171\ 572\ 875-0.201\ 902\ 961)\times 2^{sq-1}$$

$$=1.170\ 680\ 039\times 2^{sq-1}$$

$$\begin{cases}0.171\ 572\ 875\times 2^{sq-1}<m_0\\ \quad <0.171\ 684\ 479\times 2^{sq-1}\\ 1.170\ 680\ 039\times 2^{sq-1}<n_0\\ \quad <1.171\ 572\ 875\times 2^{sq-1}\end{cases}\tag{15}$$

由式(15)有

$$0.200\ 856\ 74\times 2^{2sq-2}<m_0n_0-1<0.201\ 140\ 878\times 2^{2sq-2}$$

同除以 2^{sq-1},得

$$0.200\ 856\ 94\times 2^{sq-1}<8m_0-n_0<0.201\ 140\ 878\times 2^{sq-1}$$

$$8m_0<(0.201\ 140\ 878+1.171\ 572\ 875)\times 2^{sq-1}$$

$$m_0<0.171\ 589\ 219\times 2^{sq-1}$$

$$n_0>(8\times 0.171\ 572\ 875-0.201\ 140\ 878)\times 2^{sq-1}$$

$$=1.171\ 442\ 122\times 2^{sq-1}$$

$$\begin{cases}0.171\ 572\ 875\times 2^{sq-1}<m_0\\ <0.171\ 589\ 219\times 2^{sq-1}\\ 1.171\ 442\ 122\times 2^{sq-1}<n_0\\ <1.171\ 572\ 875\times 2^{sq-1}\end{cases}\tag{16}$$

由式(16)有

$$0.200\ 987\ 692\times 2^{2sq-2}<m_0n_0-1<0.201\ 029\ 274\times 2^{2sq-2}$$

同除以 2^{sq-1},得

$$0.200\ 987\ 692\times 2^{sq-1}<8m_0-n_0<0.201\ 029\ 274\times 2^{sq-1}$$

$$8m_0<(0.201\ 029\ 274+1.171\ 572\ 875)\times 2^{sq-1}$$

$$=1.372\ 602\ 15\times 2^{sq-1}$$

$$m_0<0.171\ 575\ 268\times 2^{sq-1}$$

同时有

$$n_0>(8\times 0.171\ 572\ 875-0.201\ 029\ 274)$$

$$=1.171\ 553\ 726\times 2^{sq-1}$$

综之有

$$\begin{cases}0.171\ 572\ 875\times 2^{sq-1}<m_0\\ \quad <0.171\ 575\ 268\times 2^{sq-1}\\ 1.171\ 553\ 726\times 2^{sq-1}<n_0\\ \quad <1.171\ 572\ 875\times 2^{sq-1}\end{cases} \tag{17}$$

从式(11)到式(17)，m_0 的下限不变，上限不断下降，n_0 则上限不变，下限不断上升. 这样的过程可以无限进行下去，其极限情况是 m_0,n_0 的上下限合而为一. 此时

$$m=\left(1-\frac{\sqrt{2}}{2}\right)\times 2^{(s-1)q}$$

$$\begin{aligned}2mp+1&=\left(1-\frac{\sqrt{2}}{2}\right)\times 2^{(s-1)q+1}(2^q-1)+1\\&=2^{sq-1}+m_0\left(1-\frac{\sqrt{2}}{2}\right)\times 2^{(s-1)q+1}(2^q-1)\\&=2^{sq-1}+m_0-1\end{aligned} \tag{18}$$

式(18)左边是无理数，而右边是正整数，与算术基本定理矛盾. 故

$$2Tp+1=(2mp+1)(2np+1)$$

的分解式不存在. 即

$$2Tp+1=2^p-1=2^{M_q}-1$$

是素数，即 Mersenne 素数. 证毕.

推论　$M_{M_{31}},M_{M_{61}},M_{M_{89}},M_{M_{127}},M_{M_{521}},M_{M_{607}},\cdots,M_{M_{43\,112\,069}}$ 这 39 个 Mersenne 数都是 Mersenne 素数. 如果记

$$M_q=M(M(q))$$

则显然 $M(M(q))$ 仍为 Mersenne 素数. $M(M(M(q)))$ 为 Mersenne 素数, $M(M\cdots(M(q))\cdots)$ 仍为 Mersenne 素数, $M(M\cdots(M(43\ 112\ 069))\cdots)$ 是 Mersenne 素数.

参考资料

[1] 王元. 谈谈素数[M]. 上海:上海教育出版社,1983.

[2] 柯召,孙琦. 数学讲义(上)[M]. 北京:高等教育出版社,1990.

[3] 张四保. 有关 Mersenne 素数的预测[J]. 重庆工商大学学报(自然科学版),2009(5).

第46章 Mersenne 素数拾遗[①]

在研究 a^2+1 形素数有无穷多命题时，通过构造 $b=(24)\wedge Z^{t-1}$（注 a^b 记为 $a\wedge b$），b^2+1 为素数，则 $b^4+1=Q$ 必为素数，从而找到人类历史上第一个表素数公式之后，又用无限递降的区间套和反证法证明了若 $q\geqslant 31$ 为奇素数，$M(q)$ 是 Mersenne 素数，则 $M(M(q))$ 也是 Mersenne 素数. 但对 $M(M(13))$，$M(M(17))$，$M(M(19)$ 三个 Mersenne 数，因有 Robinson 的两篇论文而成例外，黎明职业大学的陈德建教授 2013 年通过深入研究 Mersenne 合数的素因数分解式性质，验证了 Robinson 的错误，从而可以去掉 $q\geqslant 31$ 的假设，因而无例外地证明了第二个表素数公式.

---

① 本章摘自《佳木斯大学学报（自然科学版）》，2013 年，第 31 卷，第 2 期.

§1 预备知识

定义 1 形如 2^p-1 的素数称为 Mersenne 素数，记为 M_p.

定理 1 若 2^n-1 是素数，n 必是素数.（定理 1，2，3，4 的证明可参考文献[2]）

定义 2 形如 $M_n=2^n-1$ 的数叫 Mersenne 数.

定理 2 若 p 为素数，$M_p=2^p-1$ 不一定是素数.

例如，$23 \mid M_{11}$，$47 \mid M_{23}$，$167 \mid M_{83}$，$263 \mid M_{131}$，$359 \mid M_{179}$ 等.

这些不是素数的 Mersenne 数，称为 Mersenne 合数. 寻找 Mersenne 合数的素因数并不都像上列例子那么简单，比如 1903 年 10 月数学家 Cole 因发现

$$2^{67}-1=19\ 370\ 771 \cdot 761\ 838\ 257\ 287$$

而震惊世界.

定理 3（Fermat 小定理） 若 p 为素数，则必有

$$a^p \equiv a \pmod p$$

Fermat 小定理是计算机判断一个数是否是素数的程序的编程基础[1].

推论 若 $p \mid a$，$a^p \equiv 0 \pmod p$，$(a,p)=1$，则

$$a^{p-1} \equiv 1 \pmod p$$

由上推论可知，若 q 为素数，$\exists S \in \mathbf{N}$ 使

$$2^{q-1}-1=sq, 2^q-1=2sq+1$$

定理 4　设 p 是一个奇素数，q 是 M_p 的一个素因数，则 q 形如 $q=2kp+1$.

由定理 4，若 M_p 有素因数 $2ap+1$ 和 $2bp+1$，则

$$(2ap+1)(2bp+1)=4abp^2+2(a+b)p+1$$
$$=2(2abp+a+b)p+1$$

令

$$k=2abp+a+b$$

则 M_p 的非素因数仍可表为 $2kp+1$.

例如

$$2^{11}-1=2\ 047=23\cdot 89$$
$$23=2\cdot 11+1$$
$$89=2\cdot 4\cdot 11+1$$
$$2^{23}-1=8\ 388\ 607=47\cdot 178\ 481$$
$$47=2\cdot 23+1$$
$$178\ 481\ =2\cdot 3\ 880\cdot 23+1.229-1$$
$$=536\ 870\ 911=233\cdot 1\ 103\cdot 2\ 089$$
$$233=2\cdot 4\cdot 29+1$$
$$1\ 103=2\cdot 19\cdot 29+1$$
$$2\ 089=2\cdot 36\cdot 29+1$$

定理 5(Vieta 定理)　对于方程

$$ax^2+bx+c=0$$

其两根 x_1,x_2 有如下关系

$$x_1+x_2=-\frac{b}{a},x_1x_2=\frac{c}{a}$$

若记 $a^b=ab$，则若

$$x_1+x_2<b,x_1x_2>c$$

则

$$x_1<\frac{-b+\sqrt{b^2-4ac}}{2a},x_2>\frac{-b-\sqrt{b^2-4ac}}{2a}$$

人类探索 Mersenne 素数的历史从 Euclid 开始已有 2300 多年了,至今发现了 46 个 Mersenne 素数. 已知的前 46 个 Mersenne 素数是 M_2,M_3,M_5,M_7,M_{13}, $M_{17},M_{19},M_{31},M_{61},M_{89},M_{107},M_{127},M_{521},M_{607},M_{1\,279}$, $M_{2\,203},M_{2\,281},M_{3\,217},M_{4\,253},M_{4\,423},M_{9\,689},M_{9\,941},M_{11\,213}$, $M_{19\,937},M_{21\,701},M_{23\,209},M_{44\,497},M_{86\,243},M_{110\,503},M_{132\,049}$, $M_{216\,091},M_{756\,839},M_{859\,433},M_{1\,257\,787},M_{1\,398\,269},M_{2\,976\,221}$, $M_{3\,021\,377},M_{6\,972\,593},M_{13\,466\,917},M_{20\,996\,011},M_{24\,036\,583}$, $M_{25\,964\,951},M_{30\,402\,457},M_{32\,852\,657},M_{37\,156\,667},M_{43\,112\,609}$.

$2^{43\,112\,609}-1$ 有 12 978 189 位数

$$\log 2^{43\,112\,609}=0.301\,029\,957\cdot 43\,112\,609=12\,978\,188$$

$$52^{43\,112\,609}\approx 3.162\,3\cdot 10^{12\,978\,188}$$

$$\begin{aligned}M(M(43\,112\,609))&\approx(2\wedge 3.162\,3\cdot 10^{12\,978\,188})\\&=2^{3.162\,3}\cdot 2\wedge 10^{12\,978\,188}\\&=8.95\cdot 2\wedge 10^{12\,978\,188}\\&>2\wedge 10^{12\,978\,188}\end{aligned}$$

$$\log(2\wedge 10^{12\,978\,188})=10^{12\,978\,188}\cdot 0.301\,0>3\cdot 10^{12\,978\,187}\gg 10^{10}$$

它至少有 3 亿亿……亿(共 1 622 273 个亿)位. 大于 10 亿位的最小 Mersenne 素数设为 $M(M(p))$,有

$$\log M(M(p))=M(p)\log 2>10^9$$

$$M(p)>\frac{10\wedge 9}{0.361}=332\,259\,136=3.323\cdot 10^9$$

$$M(31) = 214\ 748\ 367 < 3.323 \cdot 10^9$$

所以大于 1 亿位的梅林素数是 $M(M(31))$，大于 10 亿位的最小 Mersenne 素数是 $M(M(61))$.

§2　研究目的

Mersenne 是法国数学家，他在 1644 年提出了 Mersenne 素数，即 2^p-1 形的素数，Mersenne 素数的提出是探索表素数公式的开始，在数论史上具有开拓性的意义.

Mersenne 是探索表素数公式的第一人，但他的愿望未能实现. 因为人们很快发现了 Mersenne 合数. 另一个探索表素数公式的数学名家是 Fermat，可惜也失败了. 因此至今未见有素数公式的面世.

若 $M_p = 2^p - 1$ 为 $M(P)$，则

$$2 \wedge M_p - 1 = M(M(p))$$

既然 $M(p)$ 非表素数公式，那么 $M(M(p))$ 可否是表素数公式呢？

数学家王元所著《谈谈素数》中有如下记述："还有人提出过这样的猜想，即如果 M_p 是素数，那么 $M(M_p)$ 也是一个素数. 这个猜想对于小的 Mersenne 素数是对的，但到第 5 个 Mersenne 素数 $M_{13} = 8\ 191$，这个猜想就被否定了，借助于电子计算机，可以证明

$$M(M_{13}) = 2^{8\ 191} - 1$$

是一个复合数,这个数有 2 466 位,但我们还不知道它的任何素因数(见 R. M. Robinson, *Mersenne and Fermat numbers*, PAMS 5(1954),842-846). 到 1957 年,有人证明了虽然 M_{17} 与 M_{19} 都是素数,但 $M(M_{17})$ 与 $M(M_{19})$ 是复合数,它们可以分别被 $1\ 768(2^{17}-1)+1$ 与 $120(2^{19}-1)+1$ 整除.(见 R. M. Robinson, *Some factorizations of numbers of the form* $2^n \pm 1$, MTAC; 11(1957),265-268)[2].”

Robinson 的两篇借助电子计算机计算所作的论文判处了 $M(M(p))$ 是 Mersenne 素数的死刑,也吓退了许多表 Mersenne 素数公式的探索者,使 Mersenne 的宏愿的实现被推迟了.

为了证明 a^2+1 形的素数有无穷多,用构造函数方法和反证法证明该命题. 若

$$b=(24)\wedge 2^{t-1}, b^2+1=p$$

为素数,则 $b^4+1=Q$ 必是素数. 这是人类探索素数公式的第一次成功.(目前该论文尚未发表)

对 Mersenne 素数的探索和发现史的研究,发现电子计算机在发现 Mersenne 素数方面居功至伟,非人力所可比拟,但电子计算机在探索 Mersenne 素数时也有疏漏. 例如用台式电子计算机去检查 Mersenne 研究结果时居然漏掉了 M_{19} 这个 Mersenne 素数.

由于以上两方面的原因,笔者应用了无限递缩的区间套和反证法证明了当 p 为奇素数时,且 $p \geqslant 31$,而 M_p 是 Mersenne 素数时,$M(M(p))$ 必是 Mersenne 素数

(见陈德建《寻找Mersenne素数的新方法》载于《重庆三峡学院学报》3(2012),17-23). 至于假设 $p \geqslant 31$,完全是因为王元的记述. 当时未及深究,姑信为真. 但王元记述的Robinson的两个结论与笔者的证明抵牾. 笔者原想证实 $q=13, q=17, q=19$ 时,$M(M(q))$ 是例外,但随着研究的深入,发现Robinson的第二篇论文的结论明显有误,不能成立. 即 $1\ 768(2^{17}-1)+1$ 并非 $M(M(17))$ 的素因数,$120(2^{19}-1)+1$ 也非 $M(M(19))$ 的素因数. 若 $q=17, q=19$ 时,Robinson的结论不能成立,则 $q=13$ 时,Robinson的结论同样可疑.

若能去掉 $q \geqslant 31$ 的假设,则既体现了自然规律的统一性,又显示了 $M(M(p))$ 素数公式的完整性.

经此拾遗,知 $M(M(13))$,$M(M(17))$,$M(M(19))$ 是Mersenne素数,$M(M(M(13)))$,$M(M(M(17)))$,$M(M(M(19)))$ 也是Mersenne素数. 同理 $M(M\cdots M(13))\cdots)$,$M(M\cdots(M(17))\cdots)$,$M(M\cdots(M(19))\cdots)$ 均是Mersenne素数.

§3 证明

由定理3,若 q 为奇素数,$p=2^q-1$ 也是奇素数,则

$$2^p-1=M_p$$

存在正整数 T,使 $M_p=2Tp+1$,$\exists s$,使

$$p=2^q-1=2sq+1$$

当 $q\leqslant31$,s 见表 1.

表 1

q	2^q-1	$2^{q-1}-1=sq$	s
3	7	3	1
5	31	15	3
7	127	63	9
11	2 047	1 023	93
13	8 191	4 095	315
17	131 071	65 535	3 855
19	524 287	262 143	13 797
23	8 388 607	4 194 303	182 361
29	536 870 911	268 435 455	9 256 395
31	2 147 483 647	1 073 741 823	34 636 833

若

$$M_p=2Tp+1$$

是合数,由定理 4 知,存在正整数 k,m,使

$$2Tp+1=(2kp+1)(2mp+1)$$

$$2Tp+1=4kmp^2+2(k+m)p+1$$

两边同减去 1,有

$$2Tp=4kmp^2+2(k+m)p$$

两边同约去 $2p$,有

$$T=2kmp+k+m \tag{1}$$

另一方面

$$M_p=2^p-1=2^{2sq+1}-1=2Tp+1$$

$$2^{2sq+1}-2=2Tp$$

两边也同时约去 2 有

$$2^{2sq-1}=Tp \tag{2}$$

易知

$$s<p=2sq+1$$

而

$$2^{2sq}-1=(2^q-1)[2^{q(2s-1)}+2^{q(2s-2)}+2^{q(2s-3)}+\cdots+2^{2q}+2^q+1] \tag{3}$$

由(2)和(3)

$$Tp=p[2^{q(2s-1)}+2^{q(2s-2)}+2^{q(2s-3)}+\cdots+2^{2q}+2^q+1]$$

两边同时约去 p 有

$$T=2^{q(2s-1)}+2^{q(2s-2)}+2^{q(2s-3)}+\cdots+2^{2q}+2^q+1 \tag{4}$$

由综合除法有

$$T=f(p)\cdot p+2s \tag{5}$$

由(1)知

$$T\equiv k+m(\bmod p)$$

由(5)知

$$T\equiv 2s(\bmod p)$$

由算术基本定理有

$$k+m\equiv 2s(\bmod p) \tag{6}$$

由

$$2^{p-1}-1=sp$$

知 $2s$，由

$$2^{p-1}-1=Tp$$

知 $2T$. 由式(1)有 $2k+m$,由式(6)知 $\exists g\in\mathbf{N}$,且 $2g$,使

$$k+m=gp+2s \tag{7}$$

由 $2k+m$,知 k 与 m 一奇一偶,故 $k\neq m$,不妨设 $k>m$.

由定理 3 知,$2mp+1$ 必为奇素数,当 $p=13$,$p=17$,$p=19$ 时,$m\neq1$,否则,有

$$2^{13}-1=8\ 191=1(\bmod 3)$$

$$2\cdot 8\ 191+1\equiv 0(\bmod 3)$$

3 整除 $2mp+1$,与 $2mp+1$ 是素数矛盾

$$2^{17}-1=131\ 071\equiv 1(\bmod 3)$$

$$2\cdot 131\ 071+1\equiv 0(\bmod 3)$$

矛盾

$$2^{19}-1=524\ 287\equiv 1(\bmod 3)$$

$$2\cdot 524\ 287+1\equiv 0(\bmod 3)$$

也得矛盾.

当 $m>1$ 时

$$km>k+m,2kmp\gg k+m$$

类似于微分是函数增量的主部($\Delta y\approx \mathrm{d}y=f'(x)\Delta x$),$2kmp$ 是 T 的主部,即

$$T\approx 2kmp \tag{8}$$

这是因为 T 非常巨大,$M(M(13))$ 有 2 466 位,而 $M(M(17))$ 有 39 457 位,$M(M(19))$ 有 157 827 位.

易证

$$2^{2sq}-1>(2^{q}-1)^{2s}=p^{2s}$$

由式(2)有

$$Tp > p^{2s}, T > p^{2s-1}$$

由式(8)有

$$2kmp > p^{2s-1}$$

两边同除以 $2p$,得

$$km > \frac{p^{2s-2}}{2} \tag{9}$$

由(7)和(9)作方程

$$x^2 - (gp + 2s)x + \frac{p^{2s-2}}{2} = 0$$

$$x = \frac{gp + 2s \pm (gp + 2s) \wedge 2 - 2(p \wedge (2s - 2))}{\sqrt{2}}$$

由于

$$a = 1, b = -(gp + 2s), c = \frac{p^{2s-2}}{2}$$

判别式

$$\Delta = b^2 - 4ac = (gp + 2s)^2 - 2p^{2s-2} \geqslant 0$$

$$gp + 2s \geqslant \sqrt{2} p^{2s-2}$$

由于 $2s < p$,有

$$gp \geqslant \sqrt{2} p^{s-1} \tag{10}$$

同样易证

$$2^{2sp} - 1 < 2(2^p - 1)^{2s} = 2p^{2s}$$

$$Tp < 2p^{2s} T < p^{2s-1}$$

由式(8)有

$$2kmp < 2p^{2s-1}$$

两边同除以 $2p$,得

$$km < p^{2s-2} \tag{11}$$

由式(11)知,k,m 不可能都大于 p^{s-1}. 设

$$k=p^{s-1}+k_0,m=p^{s-1}-m_0,k_0,m_0\text{ 为整数}$$

$$2kp+1=2^ps+2k_0p+1$$

$$2mp+1=2p^s-2m_0p+1$$

$$2Tp+1=4p^{2s}+4(k_0-m_0)p^{s+1}-4k_0m_0p^s+4p^2+(k_0-m_0)p+1$$

$$\begin{aligned}T&=2p^{2s-1}+2(k_0-m_0)p^s-2k_0m_0p+2p+k_0-m_0\\&=2^{q(2s-1)}+2^{q(2s-2)}+2^{q(2s-3)}+\cdots+2^{2q}+2^q+1\\&=p^{2s-1}+2sp^{2s-2}+\cdots\end{aligned}$$

比较上式左右两边各首 2 项,得

$$k_0-m_0<0$$

$$k_0<m_0k+m=2p^{s-1}+k_0-m_0<2p^{s-1}$$

即

$$k+m<2p^{s-1} \tag{12}$$

由式(9)和式(12),作方程

$$x^2-2p^{s-1}x+\frac{p^{2s-2}}{2}=0$$

$$\Delta=b^2-4ac=4p^{2s-2}-2p^{2s-2}=2p^{2s-2}$$

$$X=\frac{2p\wedge(s-1)\pm\sqrt{2p\wedge(2s-2)}}{2}=\left(1\pm\frac{\sqrt{2}}{2}\right)(1\pm p^{s-1})$$

由 Vieta 定理的扩展型知

$$k<1+\frac{\sqrt{2}}{2}p^{s-1},m>\left(1-\frac{\sqrt{2}}{2}\right)p^{s-1} \tag{13}$$

即

$$k<1.707\ 106\ 781p^{s-1},m>0.292\ 893\ 218\ 8p^{s-1} \tag{14}$$

当 $q=13$ 时,p^{s-1}有 1 229 位,因为

$$\log 8\ 191=3.913\ 336\ 926$$

$$\log 8\ 191^{314}=1\ 228.787\ 795$$

$$p^{s-1}=6.134\ 7\cdot 10^{1\ 229}$$

$$m>2.173\ 6\cdot 10^{19\ 722},k<1.274\ 3\cdot 10^{19\ 723} \quad (15)$$

当 $q=17$ 时,p^{s-1}有 19 723 位,因为

$$\log 19\ 723=5.117\ 506\ 613$$

$$\log 131\ 071^{3\ 854}=19\ 722.870\ 49$$

$$p^{s-1}=7.421\ 471\ 09\cdot 10^{19\ 722}$$

$$m>2.173\ 6\cdot 10^{19\ 722},k<1.274\ 3 * 10^{19\ 723} \quad (16)$$

当 $q=19$ 时,p^{s-1}有 78 908 位,因为

$$\log 524\ 287=5.719\ 569\ 089$$

$$\log 524\ 287^{13\ 796}=78\ 907.175\ 16$$

$$p^{s-1}=1.496\ 786\ 991\cdot 10^{78\ 907}$$

$$m>4.383\ 9\cdot 10^{78\ 906},k<2.555\ 2\cdot 10^{78\ 907} \quad (17)$$

Robinson 的论文中的结论 $1\ 768(2^{17}-1)+1$ 整除 $2\wedge M_{17}-1$,其中 $m=\frac{1\ 768}{2}=884$,与式(16)矛盾. $120(2^{19}-1)+1$整除 $2\wedge M_{19}-1$,其中 $m=\frac{120}{2}=60$ 与式(17)矛盾.

由式(15)知,若 $M(M(13))$ 为合数,则 m,k 只能在区间$(1.796\ 8\cdot 10^{1\ 229},1.047\ 26\cdot 10^{1\ 230})$内找. 用寻找 Mersenne 素数的新方法可以证明 $M(M(13))$ 也是 Mersenne 素数.

至此,终于可以去掉 $q\geqslant 31$ 的假设,完满地证明了

若 q 是素数,$M(q)$ 是 Mersenne 素数,则 $M(M(q))$ 是 Mersenne 素数. 当然 $M(M\cdots(M(q))\cdots)$ 也必是 Mersenne 素数. Mersenne 探索表素数公式的愿望实现了. 这是人类找到的第二个素数公式.

参考资料

[1] 沈以淡. 简明数学词典[M]. 北京:北京理工大学出版社,2003.

[2] 王元. 谈谈素数[M]. 上海:上海教育出版社,1983.

第十三编

Mersenne 素数与 Newton 迭代

第 47 章 Mersenne 素数与$\sqrt{3}$[①]

中国地质大学资源学院的石永进教授2009年通过对 Mersenne 素数与$\sqrt{3}$的研究,分析了 Lucas-Lehmer 测试与$\sqrt{3}$的 Newton 迭代法之间的关系,揭示了这种关系与周氏猜测之间的密切关联,提出了相关的猜想.

§1 引言

2009 年 4 月,挪威计算机专家 O. Strindmo 通过参加一个名为"因特网梅林素数大搜索(GIMPS)"的国际合作项目,发现了第 47 个 Mersenne 素数,该素数为 $2^{42\,643\,801}-1$,它有 12 837 064 位数,如果用普通字号将这个巨数连续写下来,它的长度超过 50 km! 专家们认为这一重大发现

① 本章摘自《中国科技信息》,2009 年第 22 期.

是数论研究和计算技术中最重要的成果之一. 目前,世界上有 170 多个国家和地区超过 18 万人参加了 GIMPS 项目,并动用了近 40 万台计算机联网来进行大规模的网格计算,以探寻新的 Mersenne 素数.

公元前 300 多年,古希腊数学家 Euclid 用反证法证明了素数有无穷多个,并提出了少量素数可写成 2^p-1(其中指数 p 为素数)的形式. 此后许多数学家,包括数学大师 Fermat, Descartes, Leibniz, Goldbach, Euler, Gauss 等都研究过这种特殊形式的素数,而 17 世纪的法国数学家 Mersenne 是其中成果最为卓著的一位. 由于 Mersenne 学识渊博、贡献良多,并是法兰西科学院的奠基人和当时欧洲科学界的中心人物,为了纪念他,科学界就把 2^p-1 形的数称为 Mersenne 数,并以 M_p 记之;如果 M_p 为素数,则称之为 Mersenne 素数. 由于 Mersenne 素数有许多独特的性质和无穷的魅力,千百年来一直吸引着众多的数学家和无数的业余数学爱好者对它进行研究和探寻. 2300 多年来,人类仅发现 47 个 Mersenne 素数. 由于这种素数珍奇而迷人. 因此被人们称为"数海明珠".

§2 背景知识

1. Lucas-Lehmer 测试

法国数学家 E. Lucas 在研究著名的 Fibonacci 数

列时,发现它与 Mersenne 素数的惊人联系:他于 1877 年提出了一个用以判别 M_p 是否为素数的重要定理——Lucas 定理. 这一定理为 Mersenne 素数的研究提供了有利的工具[1].

1930 年,美国数学家 D. Lehmer 改进了 Lucas 的工作,给出一个针对 M_p 的新的素性测试方法,即 Lucas-Lehmer 测试:对于所有大于 1 的奇数 p,M_p 是素数,当且仅当 M_p 整除 S_{p-1},其中 S_n 由

$$S_{n+1}=S_n^2-2,S_1=4$$

递归定义. 例如,取 $p=5$,我们有数列 S_n:4,14,194,37 634,因为 $M_5=31$ 整除 $S_4=37\ 634$,所以 $M_5=31$ 是一个素数. 此法尤其适合于计算机运算,因为 $M_p=2^p-1$的运算在二进制下可以简单地用计算机特别擅长的移位和加法操作来实现.

2. $\sqrt{n}$的 Newton 迭代法

Newton 迭代法是一种近似求解方程的方法,用函数 $f(x)$的 Taylor 级数的前几项来寻找方程 $f(x)=0$ 的根. 该方法是求方程根的重要方法之一,其最大优点是在方程 $f(x)=0$ 的单根附近具有平方收敛,也广泛用于计算机编程中. 具体的,对于$\sqrt{n}$的 Newton 迭代,x_k 表示$\sqrt{n}$第 k 次迭代的近似值,由

$$x_{k+1}=\frac{1}{2}\left(x_k+\frac{n}{x_k}\right),x_1=1$$

递归定义:k 越大,所得$\sqrt{n}$的值就越精确:当 $k\to\infty$ 时,

x_k 就趋向其真实值.

3. 周氏猜测

人们在寻找 Mersenne 素数的同时,对 Mersenne 素数的重要性质——分布规律的研究也在进行着. 由于 Mersenne 素数在正整数中的分布是时疏时密极不规则的,加上人们尚未知 Mersenne 素数是否有无穷个,因此研究 Mersenne 素数的分布规律似乎比寻找新的 Mersenne 素数更为困难. 英、法、德、美等国的数学家都曾分别给出过关于 Mersenne 素数分布规律的猜测,但这些猜测都以近似表达式给出,而与实际情况的接近程度均难如人意.

中国数学家及语言学家周海中则是这方面研究的领先者,他对 Mersenne 素数研究多年,运用联系观察法和不完全归纳法,于 1992 年首次给出了 Mersenne 素数分布的精确表达式:当 $2^{2^n} < p < 2^{2^{n+1}}$ ($n = 0, 1, 2, \cdots$)时,Mersenne 数 M_p 中有 $2^{n+1} - 1$ 个是素数[2],并且给出推论:当 $p < 2^{2^{n+1}}$ ($n = 0, 1, 2, \cdots$)时,Mersenne 素数的个数为 $2^{n+2} - n - 2$. 这一形式优美简洁的表达式加深了人们对 Mersenne 素数重要性质的了解,为人们探寻新的 Mersenne 素数提供了方便. 后来,这一科学猜测被国际上命名为“周氏猜测”. 有关专家认为,这一成果是 Mersenne 素数研究中的一项重大突破[3].

§3　问题与讨论

1. Lucas-Lehmer 测试与$\sqrt{3}$的 Newton 迭代法之间的关系

(ⅰ)运用观察法与联系法得出上述关系.

用 Lucas-Lehmer 测试求出 S_k 的前5项,依次得

$$S_1=4=2\times 2$$

$$S_2=14=7\times 2=M_3\times 2$$

$$S_3=194=97\times 2$$

$$S_4=37\ 634=18\ 817\times 2=31\times 607\times 2=M_5\times 607\times 2$$

$$S_5=1\ 416\ 317\ 954=708\ 158\ 977\times 2$$

然后用$\sqrt{n}$的 Newton 迭代法

$$x_{k+1}=\frac{1}{2}\left(x_k+\frac{n}{x_k}\right)$$

求 $n=3$ 时 x_k 的前6项得

$$x_1=1,x_2=2,x_3=\frac{7}{4}$$

$$x_4=\frac{97}{56},x_5=\frac{18\ 817}{10\ 864},x_6=\frac{708\ 158\ 977}{408\ 855\ 776}$$

比较上面的 $S_1\sim S_5$ 与 $x_1\sim x_6$,很容易看出两组数存在以下关系

$$x_1=1,x_2=\frac{S_1}{2},x_3=\frac{\frac{S_2}{2}}{S_1},x_4=\frac{\frac{S_3}{2}}{S_1S_2},$$

$$x_5 = \frac{\frac{S_4}{2}}{S_1 S_2 S_3}, x_6 = \frac{\frac{S_5}{2}}{S_1 S_2 S_3 S_4}$$

本章猜想对所有 $k > 2, k \in \mathbf{N}$,有

$$x_k = \frac{\frac{S_{k-1}}{2}}{S_1 S_2 \cdots S_{k-2}}$$

都成立.

(ⅱ)用完全归纳法证明上述命题.

假设对所有 $k > 2, k \in \mathbf{N}$,都有

$$x_k = \frac{\frac{S_{k-1}}{2}}{S_1 S_2 \cdots S_{k-2}} \tag{1}$$

则有

$$\frac{x_{k+1}}{x_k} = \frac{S_k}{S_{k-1}^2}, k > 2, k \in \mathbf{N}$$

又

$$S_{k-1}^2 = S_k + 2 \tag{2}$$

故

$$\frac{x_{k+1}}{x_k} = \frac{S_k}{S_k + 2}, k > 2, k \in \mathbf{N} \tag{3}$$

将 $n = 3$ 代入

$$x_{k+1} = \frac{1}{2}\left(x_k + \frac{n}{x_k}\right)$$

中,进一步有

$$\frac{x_{k+1}}{x_k} = \frac{1}{2}\left(1 + \frac{3}{x_k^2}\right) \tag{4}$$

由(3)(4)得

$$x_k^2=\frac{3(S_k+2)}{S_k-2} \tag{5}$$

代入(1)(2)得

$$S_k=3(2S_1S_2\cdots S_{k-2})^2+2, k>2, k\in\mathbf{N} \tag{6}$$

命题转变为证明式(6)成立.

证明:运用完全归纳法.

当$k=3$时,式(6)成立:

假设当$k=n$时,式(6)成立,即

$$S_n=3(2S_1S_2\cdots S_{n-2})^2+2 \tag{7}$$

则$k=n+1$时

$$\begin{aligned}S_{n+1}&=S_n^2-2\\&=(S_{n-1}^2-2)^2-2\\&=(S_{n-1}^2-4)S_{n-1}^2+2\\&=(S_n-2)S_{n-1}^2+2\end{aligned}$$

代入式(7),得

$$S_{n+1}=3(2S_1S_2\cdots S_{n-2}S_{n-1})^2+2$$

即当$k=n+1$时,式(6)也成立.

因此

$$S_k=3(2S_1S_2\cdots S_{k-2})^2+2, k>2, k\in\mathbf{N}$$

恒成立.

由此恒等式再结合完全归纳法很容易反推出式(1)成立,命题得证.

2. Lucas-Lehmer测试和$\sqrt{3}$的Newton迭代法的关系式与周氏猜测的联系

(i)Lucas-Lehmer测试和$\sqrt{3}$的Newton迭代法的

关系式.

先根据 Newton 迭代法依次求出$\sqrt{n}$的迭代通项,得

$$1,\frac{1}{2}(1+n),\frac{1+6n+n^2}{4(1+n)},\frac{1+28n+70n^2+28n^3+n^4}{8(1+n)(1+6n+n^2)},$$

$$\frac{1+120n+1\,820n^2+8\,008n^3+12\,870n^4+8\,008n^5+1\,820n^6+120n^7+n^8}{16(1+n)(1+6n+n^2)(1+28n+70n^2+28n^3+n^4)}$$

$$\vdots$$

然后代入 3,分子分母都不约分,依次有

$$1,\frac{2\times 2^{2^0}}{2},\frac{7\times 2^{2^1}}{2^2(2\times 2^{2^0})},\frac{97\times 2^{2^2}}{2^3(2\times 2^{2^0})(7\times 2^{2^1})}$$

$$\frac{18\,817\times 2^{2^3}}{2^4(2\times 2^{2^0})(7\times 2^{2^1})(97\times 2^{2^2})},$$

$$\frac{708\,158\,977\times 2^{2^4}}{2^5(2\times 2^{2^0})(7\times 2^{2^1})(97\times 2^{2^2})(18\,817\times 2^{2^3})}$$

$$\vdots$$

即

$$1,\frac{2\times 2^{2^0}}{1\times 2^{2^0}},\frac{7\times 2^{2^1}}{4\times 2^{2^1}},\frac{97\times 2^{2^2}}{56\times 2^{2^2}},\frac{18\,817\times 2^{2^3}}{10\,864\times 2^{2^3}},\frac{708\,158\,977\times 2^{2^4}}{408\,855\,776\times 2^{2^4}}$$

$$\vdots$$

由以上前 6 项本章猜想在$\sqrt{n}$的迭代通项中代入 $n=3$,都有以下等式成立

$$x_k=\frac{\left(\frac{S_{k-1}}{2}\right)\cdot 2^{2^{k-2}}}{(S_1S_2\cdots S_{k-2})\cdot 2^{2^{k-2}}},k=3,4,5,\cdots \tag{8}$$

(ⅱ)运用完全归纳法证明上述命题.

证明:当 $k=3$ 时,式(8)显然成立;

假设当 $k=n$ 时,式(8)成立,即有

$$x_n=\frac{\left(\frac{S_{n-1}}{2}\right)\cdot 2^{2^{n-2}}}{(S_1S_2\cdots S_{n-2})\cdot 2^{2^{n-2}}},n\geqslant 3,n\in\mathbf{N}$$

令

$$a_n=\left(\frac{S_{n-1}}{2}\right)\cdot 2^{2^{n-2}}$$

$$b_n=(S_1S_2\cdots S_{n-2})\cdot 2^{2^{n-2}}$$

则有:$x_n=\frac{a_n}{b_n}$,代入

$$x_{k+1}=\frac{1}{2}\left(x_k+\frac{3}{x_k}\right)$$

中,得

$$x_{n+1}=\frac{a_n^2+3b_n^2}{2a_nb_n}$$

其中

$$\begin{aligned}2a_nb_n&=2\left(\frac{S_{n-1}}{2}\right)\cdot 2^{2^{n-2}}\cdot(S_1S_2\cdots S_{n-2})\cdot 2^{2^{n-2}}\\&=(S_1S_2\cdots S_{n-1})\cdot 2^{2^{n-1}}\end{aligned}$$

由式(1)得

$$x_{n+1}=\frac{\frac{S_n}{2}}{S_1S_2\cdots S_{n-1}}$$

因此必有

$$a_n^2+3b_n^2=\left(\frac{S_n}{2}\right)\cdot 2^{2^{n-1}}$$

则有

$$x_{n+1}=\frac{\left(\frac{S_n}{2}\right)\cdot 2^{2^{n-1}}}{(S_1S_2\cdots S_{n-1})\cdot 2^{2^{n-1}}}$$

即当 $k=n+1$ 时,式(8)也成立.

因此在$\sqrt{n}$的迭代通项中代入 $n=3$ 时,对所有 $k\geqslant 3,k\in\mathbf{N}$,都有

$$x_k=\frac{\left(\frac{S_{k-1}}{2}\right)\cdot 2^{2^{k-2}}}{(S_1S_2\cdots S_{k-2})\cdot 2^{2^{k-2}}}$$

成立,命题得证.

(ⅲ)上述得证命题(8)与周氏猜测之间的关系.

为了不遗漏 2^{2^n},定义 $S_0=1$,则式(8)扩充为

$$x_k=\frac{\left(\frac{S_{k-1}}{2}\right)\cdot 2^{2^{k-2}}}{(S_0S_1S_2\cdots S_{k-2})\cdot 2^{2^{k-2}}},S_0=1,k=2,3,4,\cdots \tag{9}$$

同样,式(7)可以扩充为

$$S_k=3(2S_0S_1S_2\cdots S_{k-2})^2+2,S_0=1,k=2,3,4,\cdots$$

在$\sqrt{n}$的迭代通项中代入 $n=3$,分母暂不合并,则式(9)可化为

$$x_k=\frac{\left(\frac{S_{k-1}}{2}\right)\cdot 2^{2^{k-2}}}{2^{k-1}\cdot S_0\left(\frac{S_1}{2}\cdot 2^{2^0}\right)\left(\frac{S_2}{2}\cdot 2^{2^1}\right)\cdots\left(\frac{S_{k-2}}{2}\cdot 2^{2^{k-3}}\right)}$$

$$(S_0=1,k=2,3,4,\cdots)$$

分别将 $k=n+2$ 与 $k=n+3(n=0,1,2,\cdots)$代入上式,依次有

$$x_{n+2}=\frac{\left(\frac{S_{n+1}}{2}\right)\cdot 2^{2^n}}{2^{n+1}\cdot S_0\left(\frac{S_1}{2}\cdot 2^{2^0}\right)\left(\frac{S_2}{2}\cdot 2^{2^1}\right)\cdots\left(\frac{S_n}{2}\cdot 2^{2^{n-1}}\right)} \tag{10}$$

$$x_{n+3}=\frac{\left(\frac{S_{n+2}}{2}\right)\cdot 2^{2^{n+1}}}{2^{n+2}\cdot S_0\left(\frac{S_1}{2}\cdot 2^{2^0}\right)\left(\frac{S_2}{2}\cdot 2^{2^1}\right)\cdots\left(\frac{S_{n-1}}{2}\cdot 2^{2^n}\right)} \tag{11}$$

分别取式(10),式(11)分子中的2^{2^n},$2^{2^{n+1}}$作下限和上限,取开区间,得$(2^{2^n},2^{2^{n+1}})(n=0,1,2,\cdots)$,和周氏猜测中 Mersenne 素数分布区间完全一致. 再由式(10)分母中的2^{n+1}通过如下转换:$\frac{(2^{n+1})^2-2^{n+1}}{2^{n+1}}$,可得$2^{n+1}-1$,亦与周氏猜测中区间$(2^{2^n},2^{2^{n+1}})(n=0,1,2,\cdots)$内对应的 Mersenne 素数个数完全相等. 如此,周氏猜测的几个要素就全部包含在式(10)与式(11)中.

由以上对应关系可以看出,周氏猜测中对 Mersenne 素数分布规律的简洁阐述绝非偶然. 至于如何证明,还有待 Mersenne 素数研究者们继续不懈努力.

在假设周氏猜测成立的前提下,判别 Mersenne 数素性的 Lucas-Lehmer 测试与 Mersenne 素数的分布规律之间存在必然联系,联系的纽带是$\sqrt{3}$的 Newton 迭代法

$$x_{k+1}=\frac{1}{2}\left(x_k+\frac{3}{x_k}\right),x_1=1$$

之所以是 $n=3$,这又是由 Lucas-Lehmer 测试的递归

公式

$$S_1=4, S_{k+1}=S_k^2-2$$

本身以及它所蕴含的内生恒等式

$$S_k=3(2S_0S_1S_2\cdots S_{k-2})^2+2, S_0=1, k=2,3,4,\cdots$$

所决定的. 以上就是本章关于判别 Mersenne 数素性的 Lucas-Lehmer 测试与 Mersenne 素数的分布规律之间的必然联系的思考与诠释.

(iv)提出猜想.

基于以上结论,本章提出以下猜想:

若周氏猜测成立,则关系式

$$x_k=\frac{\left(\frac{S_{k-1}}{2}\right)\cdot 2^{2^{k-2}}}{2^{k-1}\cdot S_0\left(\frac{S_1}{2}\cdot 2^{2^0}\right)\left(\frac{S_2}{2}\cdot 2^{2^1}\right)\cdots\left(\frac{S_{k-2}}{2}\cdot 2^{2^{k-1}}\right)}$$

$$S_0=1, k=2,3,4,\cdots$$

$$x_1=1, x_k=\frac{1}{2}\left(x_{k-1}+\frac{3}{x_{k-1}}\right)$$

$$S_1=4, S_k=S_{k-1}^2-2$$

必会在周氏猜测的证明过程中发挥重要作用.

§4 结语

Mersenne 素数在当代具有十分丰富的理论意义和实用价值,它是发现已知最大素数的最有效途径,其探究推动了数学皇后——数论的研究,促进了计算技术、程序设计技术、网格技术和密码技术的发展以

及快速 Fourier 变换的应用[4,5]. 由于 Mersenne 素数的探究需要多种学科和技术的支持,所以许多科学家认为它的研究成果在一定程度上反映了一国的科技水平. 英国顶尖科学家 M. Sautoy 甚至认为它是人类智力发展在数学上的一种标志,也是科学发展的里程碑.

本章研究了 Lucas-Lehmer 测试与 Newton 迭代法之间的关系,揭示出这种关系与周氏猜测之间的密切关联,并提出了相关的猜想. Mersenne 素数是一项极具挑战性的研究课题,我们希望能有更多的研究者迎接这一挑战.

参考资料

[1] GUY R K. Unsolved problems in Number Theory (Second Edition) [M]. New York: Springer-Verlag, 1994.

[2] 周海中. Mersenne 素数的分布规律[J]. 中山大学学报(自然科学版), 1992, 31(4): 121-122.

[3] 李明达. Mersenne 素数:数学宝库中的明珠[J]. 科学(中文版), 2000, 262(6): 62-63.

[4] 张四保. Mersenne 素数研究综述[J]. 科技导报, 2008, 26(18): 88-92.

[5] 施潇潇, 陈晓东. 基于网格技术的 Mersenne 素数搜索[J]. 世界科技研究与进展, 2008, 30(3): 260-263.

Mersenne 素数与 Newton 迭代[①]

第 48 章

Mersenne 素数是数论研究的一项重要内容,也是当今科学探索的热点和难点之一. Lucas 定理是判别 Mersenne 数是否为素数的第一个重要定理, Lucas-Lehmer 测试是在 Lucas 定理基础上改进后的现在已知的检验 Mersenne 数素性的最好方法. Newton 迭代法可以用来求平方根$\sqrt{n}$的近似值. 中国地质大学资源学院的石永进教授 2011 年首先揭示了 Lucas 定理与$\sqrt{5}$的 Newton 迭代之间的惊人联系,然后揭示了 Lucas-Lehmer 测试与$\sqrt{3}$的 Newton 迭代之间的惊人联系,继而揭示了 Mersenne 素数的一个同余性质与$\sqrt{4}$的 Newton 迭代之间的惊人联系,又通过$\sqrt{2}$的 Newton 迭代得出了 Mersenne 素数的一个新的同余性质,并

① 本章摘自《前沿科学(季刊)》,2011 年,第 5 卷,第 20 期.

猜测由该性质产生的数列具有与 Fibonacci 数列相类似的漂亮性质，接着通过$\sqrt{6}$的 Newton 迭代提出了 p 为 $4k+1$ 形素数时 Mersenne 数 M_p 为素数所应满足的充要条件的猜想，最后提出了基于 Mersenne 素数同余性质的 Mersenne 数素性检验新方法的猜想.

§1　引言

2009 年 4 月，挪威计算机专家 O. Strindmo 通过参加一个名为“因特网 Mersenne 素数大搜索（GIMPS）”的国际合作项目，发现了第 47 个 Mersenne 素数，该素数为“$2^{42\,643\,801}-1$”，它有 12 837 064 位数，如果用普通字号将这个巨数连续写下来，它的长度超过 50 km！专家们认为这一重大发现是数论研究和计算技术中最重要的成果之一. 目前，世界上有 180 多个国家和地区超过 23 万人参加了这一国际合作项目，并动用了 45 万多台计算机联网来寻找新的 Mersenne 素数. 目前该项目的计算能力已超过当今世界上任何一台最先进的超级矢量计算机的计算能力，运算速度达到每秒 700 万亿次. 著名的《自然》杂志说：GIMPS 项目不仅会进一步激发人们对 Mersenne 素数寻找的热情，而且会引起人们对网格技术应用研究的高度重视.

公元前 300 多年，古希腊数学家 Euclid 用反证法证明了素数有无穷多个，并提出了少量素数可写成 2^p

-1（其中指数 p 为素数）的形式. 此后许多数学家，包括数学大师 Fermat，Descartes，Leibniz，Goldbach，Euler，Gauss，Hardy 等都研究过这种特殊形式的素数，而 17 世纪的法国数学家 M. Mersenne 是其中成果最为卓著的一位. 由于 Mersenne 学识渊博、贡献良多，并是法兰西科学院的奠基人和当时欧洲科学界的中心人物，为了纪念他，数学界就把 2^p-1 形的数称为 Mersenne 数，并以 M_p 记之；如果 M_p 为素数，则称之为 Mersenne 素数. 由于 Mersenne 素数有许多独特的性质和无穷的魅力，千百年来一直吸引着众多的数学家和无数的业余数学爱好者对它进行研究和探寻. 2300 多年来，人类仅发现 47 个 Mersenne 素数. 这种素数珍奇而迷人，因此被人们称为“数海明珠”. 虽然已经揭示了一些规律，但围绕着它仍然有许多未解之谜，等待着人们去探究. 本章试对 Mersenne 素数与 Newton 迭代的若干关系作些探究.

§2 预备知识

1. Lucas 定理

法国数学家 Lucas 在研究著名的 Fibonacci 数列时，发现它与 Mersenne 素数的惊人联系；他于 1878 年提出了一个用以判别 M_p 是否为素数的重要定理——Lucas 定理. 这一定理为 Mersenne 素数的研究提供了

有利的工具.

Lucas **定理**　M_p 为素数的必要且充分条件为[1]

$$R_{p-1} \equiv 0 \pmod{M_p}$$

其中 R_n 由

$$R_{k+1} = R_k^2 - 2, R_1 = 3$$

递归定义.

R_n 的通项表达式为

$$R_n = \left(\frac{1+\sqrt{5}}{2}\right)^{2^n} + \left(\frac{1-\sqrt{5}}{2}\right)^{2^n}$$

（注：此定理摘自《数论导引》，事实上除 M_2 以外，此定理仅能判别 p 为 $4k+3$ 形素数时 Mersenne 数 M_p 是否为素数.）

2. Lucas-Lehmer **测试**

1930 年，美国数学家 D. Lehmer 改进了 Lucas 的工作，给出一个针对 M_p 的新的素性测试方法，即 Lucas-Lehmer 测试：对于所有奇素数 p，M_p 是素数，当且仅当 M_p 整除 S_{p-2}，其中 S_n 由

$$S_{k+1} = S_k^2 - 2, S_0 = 4$$

递归定义. S_n 的通项表达式为

$$S_n = (2+\sqrt{3})^{2^n} + (2-\sqrt{3})^{2^n}$$

例如，取 $p=5$，我们有数列 S_n：4，14，194，37 634，因为 $M_5 = 31$ 整除 $S_3 = 37\ 634$，所以 $M_5 = 31$ 是一个素数.

此法尤其适合于计算机运算，因为 $M_p = 2^p - 1$ 的运算在二进制下可以简单地用计算机特别擅长的移位和加法操作来实现.

3. Mersenne **素数的同余性质**

Mersenne 素数 M_p 有如下同余性质

$$3^{2^{p-1}}+3\equiv 0(\bmod M_p)$$[2]

记

$$T_k=3^{2^k}+3$$

则当 Mersenne 数 M_p 是素数时

$$T_{p-1}\equiv 0(\bmod M_p)$$

4. **周氏猜测**

人们在寻找 Mersenne 素数的同时，对 Mersenne 素数的重要性质——分布规律的研究也在进行着. 由于 Mersenne 素数在正整数中的分布是时疏时密极不规则的，加上人们尚未知 Mersenne 素数是否有无穷个，因此研究 Mersenne 素数的分布规律似乎比寻找新的 Mersenne 素数更为困难. 英、法、德、美等国的数学家都曾分别给出过关于 Mersenne 素数分布规律的猜测，但这些猜测都以近似表达式给出，而与实际情况的接近程度均难如人意.

中国数学家和语言学家周海中则是这方面研究的领先者. 他运用联系观察法和不完全归纳法，于 1992 年首次给出了 Mersenne 素数分布的精确表达式：当 $2^{2^n}<p<2^{2^{n+1}}(n=0,1,2,\cdots)$ 时，Mersenne 数 M_p 中有 $2^{n+1}-1$ 个是素数[3]；并且给出推论：当 $p<2^{2^{n+1}}(n=0,1,2,\cdots)$ 时，Mersenne 素数的个数为 $2^{n+2}-n-2$. 这一形式优美简洁的表达式加深了人们对 Mersenne 素数重要性质的了解，为人们探寻新的 Mersenne 素数

提供了方便. 后来,这一成果被国际上命名为“周氏猜测”. 著名的《科学》杂志有一篇文章指出:这项成果是素数研究的一项重大突破. 美籍挪威数论大师、菲尔兹奖和沃尔夫奖得主 Selberg 认为:周氏猜测具有创新性,开创了富于启发性的新方法;其创新性还表现在揭示新的规律上[4]. 目前这一猜测已成了著名的数学难题.

5. Newton 迭代法

Newton 迭代法是一种近似求解方程的方法,用函数 $f(x)$ 的 Taylor 级数的前几项来寻找方程 $f(x)=0$ 的根. 该方法是求方程根的重要方法之一,其最大优点是在方程 $f(x)=0$ 的单根附近具有平方收敛,也广泛用于计算机编程中.

具体的,对于 $\sqrt{n}$ 的 Newton 迭代,x_k 表示 $\sqrt{n}$ 第 k 次迭代的近似值,由

$$x_{k+1}=\frac{1}{2}\left(x_k+\frac{n}{x_k}\right),x_0=1$$

递归定义;k 越大,所得 $\sqrt{n}$ 的近似值就越精确;当 $k\to\infty$ 时,x_k 就趋向其真实值.

6. Fibonacci 数列

Fibonacci 数列,又称黄金分割数列,它是 13 世纪初意大利数学家 Leonardo Fibonacci 在《算盘书》中提出兔子繁殖问题而发明的.

Fibonacci 数列是以如下递归的方法来定义

$$F_0=0,F_1=1,F_n=F_{n-1}+F_{n-2},n\geqslant 2,n\in\mathbf{N}^*$$

按此定义的 Fibonacci 数列依次是:0,1,1,2,3,5,8,13,21,…. 在这个数列中的数字,就被称为 Fibonacci 数. 18 世纪初,De Moivre 在其所著《分析集锦》中,给出 Fibonacci 数列的通项表达式

$$F_n=\frac{1}{\sqrt{5}}\left[\left(\frac{1+\sqrt{5}}{2}\right)^n-\left(\frac{1-\sqrt{5}}{2}\right)^2\right]$$

它又称为 Binet 公式,这是以最初证明它的数学家 Binet 的名字命名的.

Fibonacci 数列有如下漂亮的性质:

定理 1(Lucas) 设 m,n 为自然数,(m,n) 为 m 与 n 的最大公因子,则

$$(F_m,F_n)=F_{(m,n)}$$ [5]

推论 设 m,n 为自然数,$m\neq 2$. 则

$$F_m \mid F_n \Leftrightarrow m \mid n$$

7. Lucas **数**

Lucas 数,是一个以 Lucas 命名的整数序列. Lucas 既研究了这个数列,也研究了有密切关系的 Fibonacci 数. 与 Fibonacci 数一样,每一个 Lucas 数都定义为前两项之和,即

$$L_0=2,L_1=1,L_n=L_{n-1}+L_{n-2},n\geqslant 2,n\in\mathbf{N}^*$$

前几个 Lucas 数是 2,1,3,4,7,11,18,29,47,76,123,….

Lucas 数的通项表达式为

$$L_n=\left(\frac{1+\sqrt{5}}{2}\right)^n+\left(\frac{1-\sqrt{5}}{2}\right)^n$$

§3　问题与讨论

1. $\sqrt{5}$的 Newton 迭代与 Lucas 定理之间的惊人联系

求$\sqrt{n}$近似值的 Newton 迭代法的递归公式是

$$x_{k+1}=\frac{1}{2}\left(x_k+\frac{n}{x_k}\right),x_0=1$$

x_k 的通项表达式为

$$x_k=\sqrt{n}\left[1+\frac{2}{\left(\frac{1+\sqrt{n}}{1-\sqrt{n}}\right)^{2^k}-1}\right]^{[6]}$$

即

$$x_k=\frac{\frac{(1+\sqrt{n})^{2^k}+(1-\sqrt{n})^{2^k}}{(1+\sqrt{n})^{2^k}-(1-\sqrt{n})^{2^k}}}{\sqrt{n}}$$

记 y_k 为$\sqrt{5}$第 k 次迭代项，则有

$$y_k=\frac{\frac{(1+\sqrt{5})^{2^k}+(1-\sqrt{5})^{2^k}}{(1+\sqrt{5})^{2^k}-(1-\sqrt{5})^{2^k}}}{\sqrt{5}}$$

$$=\frac{\left(\frac{1+\sqrt{5}}{2}\right)^{2^k}+\left(\frac{1-\sqrt{5}}{2}\right)^{2^k}}{\frac{\left(\frac{1+\sqrt{5}}{2}\right)^{2^k}-\left(\frac{1-\sqrt{5}}{2}\right)^{2^k}}{\sqrt{5}}}$$

即

$$y_k = \frac{L_{2^k}}{F_{2^k}}$$

由

$$R_n = \left(\frac{1+\sqrt{5}}{2}\right)^{2^n} + \left(\frac{1-\sqrt{5}}{2}\right)^{2^n}$$

$$L_n = \left(\frac{1+\sqrt{5}}{2}\right)^{n} + \left(\frac{1-\sqrt{5}}{2}\right)^{n}$$

知

$$L_{2^n} = R_n$$

而

$$\begin{aligned} F_{2^n} &= F_{2^{n-1}} L_{2^{n-1}} \\ &= F_{2^1} L_{2^1} \cdots L_{2^{n-1}} \\ &= L_{2^0} L_{2^1} \cdots L_{2^{n-1}} \\ &= R_0 R_1 \cdots R_{n-1} \end{aligned}$$

因此

$$y_k = \frac{R_k}{R_0 R_1 \cdots R_{k-1}}$$

此式显示了$\sqrt{5}$的 Newton 迭代与 Lucas 定理之间的惊人联系.

2. $\sqrt{3}$的 Newton 迭代与 Lucas-Lehmer 测试之间的惊人联系

记 w_k 为$\sqrt{3}$第 k 次迭代项,则有

$$w_k = \frac{(1+\sqrt{3})^{2^k} + (1-\sqrt{3})^{2^k}}{\dfrac{(1+\sqrt{3})^{2^k} - (1-\sqrt{3})^{2^k}}{\sqrt{3}}}$$

$$=\frac{\dfrac{(4+2\sqrt{3})^{2^{k-1}}+(4-2\sqrt{3})^{2^{k-1}}}{(4+2\sqrt{3})^{2^{k-1}}-(4-2\sqrt{3})^{2^{k-1}}}}{\sqrt{3}}$$

$$=\frac{\dfrac{(2+\sqrt{3})^{2^{k-1}}+(2-\sqrt{3})^{2^{k-1}}}{(2+\sqrt{3})^{2^{k-1}}-(2-\sqrt{3})^{2^{k-1}}}}{\sqrt{3}}$$

其中

$$(2+\sqrt{3})^{2^{k-1}}+(2-\sqrt{3})^{2^{k-1}}=S_{k-1}$$

而

$$\begin{aligned}&(2+\sqrt{3})^{2^{k-1}}-(2-\sqrt{3})^{2^{k-1}}\\=&[(2+\sqrt{3})^{2^{k-2}}-(2-\sqrt{3})^{2^{k-2}}]\cdot\\&[(2+\sqrt{3})^{2^{k-2}}+(2-\sqrt{3})^{2^{k-2}}]\\=&[(2+\sqrt{3})^{2^{k-2}}-(2-\sqrt{3})^{2^{k-2}}]S_{k-2}\\=&[(2+\sqrt{3})^{2^0}-(2-\sqrt{3})^{2^0}]S_0S_1\cdots S_{k-2}\\=&2\sqrt{3}S_0S_1\cdots S_{k-2}\end{aligned}$$

则有

$$\frac{(2+\sqrt{3})^{2^{k-1}}-(2-\sqrt{3})^{2^{k-1}}}{\sqrt{3}}=2S_0S_1\cdots S_{k-2}$$

因此

$$w_k=\frac{S_{k-1}}{2S_0S_1\cdots S_{k-2}}$$

此式显示了$\sqrt{3}$的 Newton 迭代与 Lucas-Lehmer 测试之间的惊人联系.

3. $\sqrt{4}$的 Newton 迭代与 Mersenne 素数的同余性质之间的惊人联系

虽然$\sqrt{4}=2$,不必用 Newton 迭代法求 4 的平方根,但$\sqrt{4}$的迭代项却有着奇妙的性质.

记 z_k 为$\sqrt{4}$第 k 次迭代项,则有

$$z_k=\frac{(1+\sqrt{4})^{2^k}+(1-\sqrt{4})^{2^k}}{\frac{(1+\sqrt{4})^{2^k}-(1-\sqrt{4})^{2^k}}{\sqrt{4}}}$$

$$=\frac{3^{2^k}+1}{\frac{3^{2^k}-1}{2}}$$

由于

$$T_k=3^{2^k}+3$$

因此

$$z_k=\frac{T_k-2}{\frac{T_k-4}{2}}$$

此式显示了$\sqrt{4}$的 Newton 迭代与 Mersenne 素数的同余性质之间的惊人联系.

4. 由$\sqrt{2}$的 Newton 迭代得出 Mersenne 素数的一个新的同余性质

记 v_k 为$\sqrt{2}$第 k 次迭代项,则有

$$v_k=\frac{(1+\sqrt{2})^{2^k}+(1-\sqrt{2})^{2^k}}{\frac{(1+\sqrt{2})^{2^k}-(1-\sqrt{2})^{2^k}}{\sqrt{2}}}$$

记 $J_k=v_k$ 分母 $\times 2-v_k$ 分子,则

$$J_k=\sqrt{2}[(1+\sqrt{2})^{2^k}-(1-\sqrt{2})^{2^k}]-[(1+\sqrt{2})^{2^k}+(1-\sqrt{2})^{2^k}]$$

$$=(\sqrt{2}-1)\cdot(1+\sqrt{2})^{2^k}-(\sqrt{2}+1)\cdot(1-\sqrt{2})^{2^k}$$

$$=(1+\sqrt{2})^{2^k-1}+(1-\sqrt{2})^{2^k-1}$$

求出 J_k 前面若干项数值,依次得

$$J_1=2$$

$$J_2=14$$

$$J_3=478$$

$$J_4=551\ 614$$

$$J_5=734\ 592\ 086\ 398$$

$$J_6=1\ 302\ 771\ 281\ 333\ 635\ 285\ 046\ 014$$

$$\vdots$$

记

$$M_n=2^n-1$$

用 M_n 去除 J_{n-1},验算 $2\leqslant n\leqslant 19$ 的情况.

对 $2\leqslant p\leqslant 19$ 的 Mersenne 数 M_p,验算结果为

$M_2\nmid J_1,M_3\mid J_2,M_5\mid J_4,M_7\mid J_6,M_{11}\nmid J_{10},M_{13}\mid J_{12},M_{17}\mid J_{16},M_{19}\mid J_{18}$

当 n 是 2 到 19 中的合数时,验算结果为:$M_n\nmid J_{n-1}$.

需特别指出的是,$M_5\mid J_4$,且 $M_5^2\mid J_4$.

根据以上事实,本章得出以下性质:

定理 2　对奇素数 p,若 Mersenne 数 M_p 是素数,

则 $M_p \mid J_{p-1}$.

即

$$J_{p-1} \equiv 0 \pmod{M_p}$$

其中

$$J_k = (1+\sqrt{2})^{2k-1} + (1-\sqrt{2})^{2k-1}$$

证明 首先来证明一个关于奇素数的同余性质.

命题 对奇素数 p,有

$$C_{p-1}^{2n} \equiv 1 \pmod{p}, n = 1, 2, \cdots, \frac{p-1}{2}$$

$$C_{p-1}^{2n} = \frac{(p-1)(p-2)\cdots(p-2n)}{(2n)!}$$

令

$$q = \frac{(p-1)(p-2)\cdots(p-2n) - (2n)!}{p}$$

则

$$C_{p-1}^{2n} = \frac{pq + (2n)!}{(2n)!} = \frac{pq}{(2n)!} + 1$$

$$C_{p-1}^{2n} - 1 = \frac{pq}{(2n)!}$$

因为 $\frac{pq}{(2n)!}$ 是整数,且 p 与 $(2n)!$ 互质,所以 $\frac{q}{(2n)!}$ 是整数,则

$$\frac{pq}{(2n)!} \equiv 0 \pmod{p}$$

即

$$C_{p-1}^{2n} - 1 \equiv 0 \pmod{p}$$

因此

$$C_{p-1}^{2n} \equiv 1 \pmod{p}, n = 1, 2, \cdots, \frac{p-1}{2}$$

再来证明定理 2.

设 p 是奇素数,则

$$J_{p-1} = (1+\sqrt{2})^{2^{p-1}-1} + (1-\sqrt{2})^{2^{p-1}-1}$$

$$J_{p-1}^2 = (1+\sqrt{2})^{2^p-2} + (1-\sqrt{2})^{2^p-2} - 2$$

将等式右边按二项式展开,则有

$$J_{p-1}^2 = \sum_{n=1}^{2^{p-1}-1} C_{2^p-2}^{2n} 2^n = 2\sum_{n=1}^{2^{p-1}-1} C_{M_p-1}^{2n} 2^n$$

当 Mersenne 数 M_p 是素数时,有

$$C_{M_p-1}^{2n} \equiv 1 \pmod{M_p}, n = 1, 2, \cdots, 2^{p-1}-1$$

则

$$2\sum_{n=1}^{2^{p-1}-1} C_{M_p-1}^{2n} 2^n \equiv 2\sum_{n=1}^{2^{p-1}-1} 2^n \pmod{M_p}$$

$$\equiv 4(2^{2^{p-1}-1} - 1) \pmod{M_p}$$

因为 p 是奇素数,所以

$$p \mid 2^{p-1} - 1$$

则

$$2^p - 1 \mid 2^{2^{p-1}-1} - 1$$

即

$$M_p \mid 2^{2^{p-1}-1} - 1$$

则

$$2^{2^{p-1}-1} - 1 \equiv 0 \pmod{M_p}$$

$$4(2^{2^{p-1}-1}-1)\equiv 0(\bmod M_p)$$

则

$$2\sum_{n=1}^{2^{p-1}-1} C_{M_p-1}^{2n} 2^n \equiv 0(\bmod M_p)$$

即

$$J_{p-1}^2 \equiv 0(\bmod M_p)$$

则

$$J_{p-1} \equiv 0(\bmod M_p)$$

定理 2 得证.

在定理 2 的基础上,本章猜想:

对奇素数 p,Mersenne 数 M_p 是素数,当且仅当

$$J_{p-1} \equiv 0(\bmod M_P)$$

其中

$$J_k=(1+\sqrt{2})^{2^k-1}+(1-\sqrt{2})^{2^k-1}$$

当然,即使该猜想成立,它对 Mersenne 数素性检验的实用性也不强,但如果它成立,或许可以揭示 Mersenne 素数更多的性质与规律.

另外,本章猜想:

除 5 以外,还存在其他素数 p,使 $M_p \mid J_{p-1}$,且$M_p^2 \mid J_{p-1}$.

5. 数列 $\{J_k\}$ 的性质

由 J_k 的表达式

$$J_k=(1+\sqrt{2})^{2^k-1}+(1-\sqrt{2})^{2^k-1}$$

产生一个数列 $\{J_k\}$,本章猜想该数列具有与 Fibonacci 数列相类似的漂亮性质:

(a)设 m,n 为正整数,(m,n) 为 m 与 n 的最大公因子,则

$$(J_m,J_n)=J_{(m,n)}$$

(b)设 m,n 为正整数,则

$$J_m \mid J_n \Leftrightarrow m \mid n$$

6. p 为 $4k+1$ 形素数时,Mersenne 数 M_p 为素数所应满足的充要条件

记 u_k 为$\sqrt{6}$第 k 次迭代项,则有

$$u_k=\frac{(1+\sqrt{6})^{2^k}+(1-\sqrt{6})^{2^k}}{\frac{(1+\sqrt{6})^{2^k}-(1-\sqrt{6})^{2^k}}{\sqrt{6}}}$$

记 H_k 为 u_k 的分子,即

$$H_k=(1+\sqrt{6})^{2^k}+(1-\sqrt{6})^{2^k}$$

用 M_p 去除 H_{p-1},得到如下验算结果

$M_5 \mid H_4$, $M_{13} \mid H_{12}$, $M_{17} \mid H_{16}$; $M_3 \nmid H_2$, $M_7 \nmid H_6$, $M_{11} \nmid H_{10}$, $M_{19} \nmid H_{18}$

因此,本章猜想:

当 p 为 $4k+1$ 形素数时,Mersenne 数 M_p 为素数所应满足的充分必要条件为

$$H_{p-1}\equiv 0 \pmod{M_p}$$

其中

$$H_k=(1+\sqrt{6})^{2^k}+(1-\sqrt{6})^{2^k}$$

7. 基于梅林素数同余性质的 Mersenne 数素性检验的新方法

记 D_k 为 v_k 的分子,则

$$D_k = (1+\sqrt{2})^{2^k} + (1-\sqrt{2})^{2^k}$$

当 $k \in \mathbf{N}^*$ 时

$$\begin{aligned} D_k^2 - 2 &= [(1+\sqrt{2})^{2^k} + (1-\sqrt{2})^{2^k}]^2 - 2 \\ &= (1+\sqrt{2})^{2^{k+1}} + (1-\sqrt{2})^{2^{k+1}} + 2(-1)^{2^k} - 2 \\ &= (1+\sqrt{2})^{2^{k+1}} + (1-\sqrt{2})^{2^{k+1}} \\ &= D_{k+1} \end{aligned}$$

则 D_n 可以由

$$D_{k+1} = D_k^2 - 2, D_1 = 6$$

递归定义.

通过计算,得到了前几个 Mersenne 素数的如下同余结果

$$D_1 \equiv 0 \pmod{M_2}$$

$$D_2 \equiv 6 \pmod{M_3}$$

$$D_4 \equiv 2^4 \pmod{M_5}$$

$$D_6 \equiv 2^5 \pmod{M_7}$$

$$D_{12} \equiv 2^8 \pmod{M_{13}}$$

$$D_{16} \equiv 2^{10} \pmod{M_{17}}$$

$$D_{18} \equiv 2^{11} \pmod{M_{19}}$$

因此,本章猜想:

当素数 p 大于 3 时,若 Mersenne 数 M_p 是素数,则

$$D_{p-1} \equiv 2^{\frac{p+3}{2}} \pmod{M_p}$$

其中 D_n 由

$$D_{k+1} = D_k^2 - 2, D_1 = 6$$

递归定义.

另外,通过计算,还得到了前几个 Mersenne 数的如下同余结果

$$D_2 \equiv 1 \pmod{M_2}, D_3 \equiv 6 \pmod{M_3}$$

$$D_5 \equiv 6 \pmod{M_5}, D_7 \equiv 6 \pmod{M_7}$$

$$D_{11} \equiv 1\ 317 \pmod{M_{11}}, D_{13} \equiv 6 \pmod{M_{13}}$$

$$D_{17} \equiv 6 \pmod{M_{17}}, D_{19} \equiv 6 \pmod{M_{19}}$$

根据以上事实,本章得出以下性质:

定理 3　对奇素数 p,若 Mersenne 数 M_p 是素数,则

$$D_p \equiv 6 \pmod{M_p}$$

其中

$$D_k = (1+\sqrt{2})^{2^k} + (1-\sqrt{2})^{2^k}$$

证明　首先来证明一个关于奇素数的同余性质.

命题　对奇素数 p,有

$$C_{p+1}^n \equiv 0 \pmod{p}, n = 2, 3, \cdots, p-1$$

$$C_{p+1}^n = \frac{(p+1)p(p-1)\cdots(p-n+2)}{n!}$$

因为 $2 \leqslant n \leqslant p-1$,所以上式分子里必含因子 p,且奇素数 p 与 $n!$ 互质.

又 C_{p+1}^n 为正整数,所以$\frac{C_{p+1}^n}{p}$为正整数,因此 $C_{p+1}^n \equiv 0 \pmod{p}, n = 2, 3, \cdots, p-1$.

再来证明定理 3.

设 p 是奇素数,则

$$D_p = (1+\sqrt{2})^{2^p} + (1-\sqrt{2})^{2^p}$$

将等式右边二项式展开,则有

$$D_p = 2\sum_{n=0}^{2^{p-1}} C_{2^p}^{2n} 2^n = 2\sum_{n=0}^{2^{p-1}} C_{M_p+1}^{2n} 2^n$$

当 Mersenne 数 M_p 是素数时,有

$$C_{M_p+1}^{2n} \equiv 0(\bmod M_p), n = 1,2,\cdots,2^{p-1}-1$$

则

$$D_p \equiv 2(1+2^{2^{p-1}})(\bmod M_p)$$

$$D_p - 6 \equiv 2^{2^{p-1}+1} - 4(\bmod M_p)$$

$$\equiv 4(2^{2^{p-1}-1} - 1)(\bmod M_p)$$

由定理 2 的证明知

$$4(2^{2^{p-1}-1} - 1) \equiv 0(\bmod M_p)$$

即

$$D_p - 6 \equiv 0(\bmod M_p)$$

则

$$D_p \equiv 6(\bmod M_p)$$

定理 3 得证.

在定理 3 的基础上,本章猜想:

对奇素数 p,Mersenne 数 M_p 是素数,当且仅当

$$D_p \equiv 6(\bmod M_p)$$

其中 D_n 由

$$D_{k+1} = D_k^2 - 2, D_1 = 6$$

递归定义.

显然,如果该猜想成立,它对 Mersenne 数素性检验的实用性并不亚于 Lucas-Lehmer 测试.

§4　结语

求$\sqrt{n}$近似值的 Newton 迭代法即

$$x_{k+1}=\frac{1}{2}(x_k+\frac{n}{x_k}),x_0=1$$

从诞生开始似乎就与 Mersenne 素数之间存在着天然联系. $\sqrt{5}$的 Newton 迭代之中蕴含着 Lucas 定理,$\sqrt{3}$的 Newton 迭代之中蕴含着 Lucas-Lehmer 测试,$\sqrt{4}$的 Newton 迭代与 Mersenne 素数的一个同余性质之间也有着惊人的联系,由$\sqrt{2}$的 Newton 迭代还得到了 Mersenne 素数的一个新的同余性质,而由$\sqrt{6}$的 Newton 迭代还可能得到 p 为 $4k+1$ 形素数时 Mersenne 数 M_p 为素数所应满足的充要条件,尤其重要的是,由$\sqrt{2}$的 Newton 迭代还可能得到一个实用性不亚于 Lucas-Lehmer 测试的 Mersenne 数素性检验的新方法. Lucas 定理与 Lucas-Lehmer 测试之间相隔有多远? 它们被发现的时间相隔有半个世纪,但在求$\sqrt{n}$近似值的 Newton 迭代法中它们仅仅相隔一个$\sqrt{4}$而已.

我们完全可以作如下联想:法国数学家 Lucas 因发现 Fibonacci 数列与 Mersenne 素数的惊人联系而于 1878 年提出 Lucas 定理之后,如果有人能很快发现$\sqrt{5}$的 Newton 迭代与 Lucas 定理之间的惊人联系,并进而发现$\sqrt{3}$的 Newton 迭代与 Mersenne 素数之间的惊人联系，那么 Lucas-Lehmer 测试被发现的时间也许会提前几十年. 另外，Mersenne 素数属于理论数学——数论的范畴，Newton 迭代法属于应用数学的范畴，而它们之间却存在着惊人的联系，这个事实给我们的启示是，不同数学分支某些问题之间乃至某些数学问题与其他学科问题之间可能存在着深刻的联系，发现这些联系有助于加快我们解决某些数学问题的步伐.

鉴于本章所揭示的 Newton 迭代法与 Mersenne 素数之间的五个惊人联系，我们希望 Newton 迭代法能揭示出 Mersenne 素数更多的性质与规律，尤其希望了解 Newton 迭代法与周氏猜测之间是否有着某种未知的联系，以利于我们解决这一著名的数学难题.

参考资料

[1] 华罗庚. 数论导引[M]. 北京：科学出版社，1979：501-503.

[2] 石永进，成启明. Mersenne 素数的一些注记[J]. 科技导报，2010，28(6)：25-28.

[3] 周海中. Mersenne 素数的分布规律[J]. 中山大学学报(自然科学版)，1992，31(4)：121-122.

[4] 盛来. 数学珍宝：Mersenne 素数：迄今人类仅发现 47 个[EB/OL]. [2011-11-01]. http://tech.

sina. com. cn/d/2011-10-13/15386174394. shtml.

[5]　孙智宏. 斐波那契数[EB/OL]. [2011-11-01]. http://www. hytc. cn/xsjl/szh/lec5. pdf.

[6]　Weisstein, Eric W. Newton's Iteration[EB/OL]. [2011-11-01]. http://mathworld. wolfram. com/NewtonsIteration. html.

第 十 四 编

Mersenne 素数与计算机和互联网

“大互联网 Mersenne 素数寻求 (GIMPS)”研究计划进展[①]

第 49 章

Mersenne 素数是一种特殊的素数，它的研究与寻求一直是数论研究的代表性问题之一. 寻求 Mersenne 素数之路艰辛曲折，其计算复杂性对现代计算能力极具挑战，计算机网络技术的发展，特别是能使虚拟组织共享计算资源的全球分布计算技术，使得寻求速度大大加快. 中国科学院数学与系统科学研究院的高全泉教授 2005 年综述了寻求 Mersenne 素数的最新进展及历史进程，并介绍寻求 Mersenne 数所用的分布计算技术.

§1 引言

2005 年 2 月 18 日，德国 Michelfeld 的

① 本章摘自《数学的实践与认识》，2005 年，第 35 卷，第 10 期.

眼科医生,Martin Nowak 博士发现了已知最大素数,表作 2 的 25 964 951 次方减 1. 此数属于一类稀有素数——Mersenne 素数,是迄今为止找到的第 42 个 Mersenne 数,达 7 816 230 位[1]. 这是一项新的世界纪录,是大互联网 Mersenne 素数寻求计划(简作 GIMPS)[2]实施以来连续获得的第 8 个 Mersenne 素数,标志着人类挑战智力极限的又一次胜利.

大于 0 的一个整数叫作素数,如果此数只能被 1 和自身整除,Mersenne 素数是可表作 2 的 p 次方减 1 的素数,这里 p 亦为素数,因最早由 Marin Mersenne 提出而得名. 它的寻求可以上溯到公元前 350 年. 古往今来,人类总共发现了 42 个 Mersenne 素数. 在 1952 年前的漫漫长河中,只发现了 12 个,其余在计算机问世后的半个世纪里被发现.

寻求素数是纯数学计算,用计算机求解应不在话下. 但 Mersenne 数计算具有指数复杂性,随着指数 p 的增大,运算量呈指数增加. 例如,从第 39 个 Mersenne 数到第 40 个,需要一台 PC 机计算 2. 5 万年;从第 40 到第 41,需要 2 500 计算机年. 而计算机硬件速度的提升与求新 Mersenne 数所增加的运算量而言,永远是龟兔赛跑. 显然,不可能通过个人或少数计算机来找到新的 Mersenne 素数. 对这一古老数学问题,人类能有新的作为吗?

近年来,随着网络技术的飞速发展,利用 Internet 寻求 Mersenne 素数的研究与实践应运而生;美国“电子尖端基金”也设立专门的素数发现奖项鼓励此项研

究,促进了此项研究的发展. 成立于1996年的大互联网 Mersenne 数搜寻计划 GIMPS(Great Internet Mersenne Primes Search)是寻求 Mersenne 素数的专门研究计划,是为数不多的全球分布计算计划之一. 跨实际组织、跨地域分布、动态建立的个人和团体联盟叫作虚拟组织,GIMPS 即是这样的虚拟组织. 通过运用使得虚拟组织共享资源和合作求解的分布计算技术,GIMPS 动员全球范围内的计算机与自愿者,挑战这一古老的复杂问题.

1996年至今,GIMPS 捷报频传,并因发现首个百万位素数获美国“电子尖端基金”10万美元大奖. 全球范围内有联网 PC 机者均可自愿加入该组织,每个自愿者都有机会成功. 毋庸置疑,每个 Mersenne 素数不啻是一个个里程碑,幸运者名利双收,GIMPS 研究计划因而魅力无穷. 本章综述 Mersenne 素数研究历史及现状,介绍 GIMPS 计划及所用分布计算技术.

§2 研究 Mersenne 数的早期历史[3]

Mersenne 数作为数论的核心问题之一,可谓研究的焦点. 曾有人认为,对所有 n,形式 $2 \uparrow n - 1$ 的数都是素数,显然错误. 但人们在纠正这一错误时,又产生新的错误猜想和推断. 已有结果、理论及可用计算工具与 Mersenne 素数的研究进展密切相关. 早期的研究经历如表1所示.

表 1　早期的历史

年代	证明人/猜想者	结论/猜想	备注
1536	Hudalricus Regius	证明 $2\uparrow 11-1=2\ 047$ 非素数	可表为 $28\cdot 89$
1603	Pietro Cataldi	验证 $2\uparrow 17-1$ 与 2^{19-1} 为素数	正确
		断言对 $n=\underline{23},\underline{29},31,\underline{37}$,$2\uparrow n-1$ 也是素数	错误
1640	Fermat	证明 Cataldi 所言$\underline{23},\underline{37}$ 有误	
1644	Marin Mersenne（法国修道士）	提出 Mersenne 猜想,即“$2\uparrow n-1$ 为素数,对 $n=2,3,5,7,13,17,19,31,67,127,257$;其为合数,对 $n<257$ 的所有其他正整数”	多处错
1738	Euler	证明 Cataldi 所言 29 错误	
1750	Euler	验证 Mersenne 表中的下一数,即 $2\uparrow 31-1$ 为素数	
1876	Lucas	验证 $2\uparrow 127-1$ 亦为素数	
1883	Pervouchine	指出 $2\uparrow 61-1$ 为素数	被 Mersenne 漏掉
1900	Powers	指出 $2\uparrow 89-1$ 和 $2\uparrow 107-1$ 为素数	被 Mersenne 漏掉

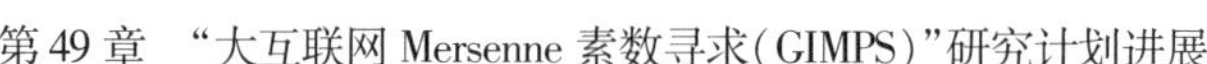

从1644年Mersenne提出他的猜想算起，到1947年Mersenne给出的范围($n\leqslant 258$)被全部检查，确定了如下正确的Mersenne素数表(即前Mersenne数)：$\{n=2,3,5,7,13,17,19,31,61,89,107,127\}$，彻底解决这一猜想用了300年.

§3 近代历史

从1930年到GIMPS成立前，主要结果和发现如表2所示.

§4 GIMPS(大互联网 Mersenne 素数搜寻)研究计划及其成果

近50年来，有人编写计算软件并开发了数据库来解决Mersenne素数的搜寻. Cray研究中心的Slowinski首先考虑若干机器共同搜寻问题. 到1995年后期，G. Woltman(数论热心者，退休计算机程序员)[4]将分散的素数数据库收集起来并将它们合并. 1996年初，他将该数据库以及搜寻Mersenne素数的自由和高度优化的程序放在互联网上来协调该搜寻，标志着GIMPS计划的开始. 全球范围内，拥有联网计算机的任何人均可参加这一虚拟组织(不接纳团体). GIMPS以Florida的Orlando为基地，利用数以万计的小型/微机的能力来大海捞针. 加入者既是计算资源的消费者，也是资源提供者，共同挑战这一人类智力极限.

表 2　近代历史

年代	证明人/发现者	结　果
1930	Lehmer	根据 Lucas 于 19 世纪 70 年代末提出的 Mersenne 素数验证理论,提出了证明 Mersenne 素数的简单方法——Lucas-Lehmer 验证,“对奇素数 p,Mersenne 数 $2\uparrow p-1$ 是素数当且仅当 $2\uparrow p-1$ 整除 $S(p-1)$,这里 $S(n+1)=S(n)\cdot S(n)-2$ 且 $S(1)=4$”
1963	Gillies	发现第 23 个 Mersenne 素数(Illinois 大学)
1971	Tuckerman	发现第 24 个 Mersenne 素数($p=199\ 376\ 002$ 位)
1978—1979	Laura Nickel 和 Landon C. Noll	发现第 25,26 个 Mersenne 素数
1979—1996	Slowinski	发现第 30,31 个 Mersenne 素数(漏掉第 29 个) * 编写 Cray 机的 Lucas 版本,在世界范围内的许多 Cray 实验室机空闲时运行该程序*
1988	Colquitt 和 Welsh	发现第 29 个 Mersenne 素数

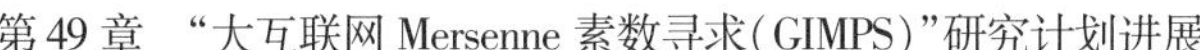

注 表中列出的 Lehmer 验证原理是发现梅森素数的重要方法,我们据此用 C 语言编写以下可实际用于梅森素数测试的程序(函数).

```
Lucas-Lehmer(int p)/* p 为指数值 */
{          /* 2 的 p 次方减 1 为素数返回 1;为合数返回 0 */
   int s = 4
   int i,s1;
   s1 = 2 * * p - 1
   for(i = 3;i≤p;i + + )
      s = (s * * 2 - 2) % s1
   return(s = = 0? 1:0)
}
```

GIMPS 的第一个计算版本基本是人工保留指数并报告结果,目前所用的方法是与 PrimeNet[5] 一起引入的自动方法. PrimeNet 由 S. Kurowski[6] 于 1997 年建立,其计算软件是计划形成和管理的核心,实现了 GIMPS 的范围选择和结果报告自动化. 由于待验证的素数错误在所难免,所有新发现的 Mersenne 素数必须经过双测试以确保其真实性. 即便当前每个结果的正确性都经过了双测试,也难免错讹. 当前,错误概率呈上升趋势.

出于多方面的原因,GIMPS 是唯一的全球分布计算计划,真正虚拟组织. G. Woltman 公开了 GIMPS 的源码,欢迎纠正并改进该软件,前提是遵循该组织的规则. 尽管源码完全开放,但至今尚未有其他分布计算计划中所出现的不良现象. 如果某用户确定一素数为 Mersenne 素数,则其他用户将检测同一指数,并严格验证,然后授予发现者奖金和荣誉. 尚未见发现 Mersenne 数以后不报告保持沉默的情形.

不同国家、年龄、职业的人们,为了共同的数学爱好,聚集在 GIMPS 麾下. 每发现一个新的 Mersenne 数也就刷新了一项世界纪录,发现者中既有数学巨匠,也有名不见经传的青年;既有专业数学家,也不乏业余爱好者. 显然,更大的 Mersenne 素数必然存在,而小一些但至今尚未被发现的也不排除. 每个拥有适当功能 PC 的人都可能成为一个大素数猎手.

GIMPS 实施以来,获得的 Mersenne 素数如表 3 所列:

表3

序号	发现日期	发现者	国籍	指数 p 值	位数
35	1996.11	Joel Armengaud	法国	1 398 269	420 921
36	1997.8	Gordon Spence	英国	2 976 221	895 932
37	1998.1	Roland Clarkson	美国	3 021 377	909 526
*38	1999.1	Nayan Hajratwala	美国	6 972 593	2 098 960
*39	2001.11	Michael Cameron	美国	13 466 917	4 053 946
*40	2003.11	Michael Shafer	美国	20 996 011	6 320 430
41	2004.5	Josh Findly	美国	240 326 583	7 235 733
*42	2005.2	Dr. Martin Nowak2	德国	25 964 951	7 816 230

对其中的几个做以下注解：

*38：此数于 2000 年 5 月获电子尖端基金首个百万位素数发现奖 10 万美元.

*39：得到全球 205 000 台互联计算机和130 000 自愿者的帮助.

*40：使用 Michigan 州立大学实验室的 PC 机和 G. Woltman 与 S. Kurowski 开发的自由软件，以及全球范围的 211 000 台联网计算机组成的分布计算系统（奔 4 Dell 微机为此连续运转 19 天，但运行该软件不影响其他工作）. 该软件系统具备可伸缩特性和根据需求分布搜索应用能力，使 10 万台联网计算机并行计算，形成每秒 9 兆（万亿）次算术运算的虚拟超级计算机. 2 年完成了单台 PC 机 2.5 万年的计算.

*42：在奔 4(2.4GHz) 机上连续运转 50 天，双验证分别用时 5 天和 15 天，此数达到电子尖端基金首个千万位素数要求的 78%.

§5　用于寻求 Mersenne 数的全球分布计算技术

计算机是当今世界性能上升最快、价格下降最明显的高科技产品，遍布全球的计算机蕴藏着巨大的计算能力，可以形成任何单台计算机无法比拟的虚拟超级计算机. 现实中，大多数计算机的多数时间未被有效利用，大量空闲机时和闲置周期内的剩余处理能力

被浪费.计算机处理器每秒可运算上亿条指令,当人们上网浏览、检查E-mail、使用Word及Excel制作文档时,不可能对其运算速度形成压力,好比大马拉小车.而在键盘输入的间隙,或在移动鼠标等外部操作时,处理器处于等待执行状态的闲置期.Gartner Group的研究显示,当今PC机能力的95%被浪费.

另一方面,在实验科学、数学、密码学及其他领域,个人或团体需要大量的计算能力解决各自的问题.很多情况下,为解决此类问题所需求的高端计算机的成本对研究人员来说难以企及,对非常富有的公司和政府部门亦如是.所需求的总计算能力在现实中不可能获得的例子俯拾皆是,如:攻克艾滋病毒和癌症特效药的试验、人类基因密码破译、寻求千万位级素数、密码学的加密解密问题、天外射线信号分析,以及使人类获益的诸多探索,以单一计算机或局域网的能力,显然是杯水车薪.

一边是大量计算资源浪费或闲置,一边是求解问题计算能力不足,远水不解近渴,分布计算就是为了解决这种供需矛盾提出的,它研究解决大型计算问题的分布算法,通过使用“远处”非本地的大量计算机未使用的计算能力,使需要巨大计算量的问题在合理的期限内得到解决.网格计算是分布计算发展的高级阶段,解决跨实际组织、跨地域分布、动态构成和可控可变的虚拟组织资源共享和合作求解.“网格”一词最早出现在电力系统,所有入网的电厂构成电力网格,电力消费者并不关心所用的电源来自哪个电厂. 同理,程序员只关心运算结果,不必关心哪些计算机参加计算. PC 网格就是能够利用这种计算能力的计算系统,是支持分布计算的基础结构,实现计算能力、计算程序的共享,完成大型计算的合作求解[7,8]. PC 网格[9]的主要特点在于不影响其他计算机各自的计算工作,通过提供相应的方法和手段,充分利用全球范围内闲置的或具有使用价值但未被使用的 CPU 闲置周期,形成虚拟超级计算系统.

PC 网格上分布计算步骤是,首先将大型计算问题分解成多个小的任务(即工作单元),然后在互联网上将它们发送到许多小机器上处理. 这些工作单元处理时只利用未被使用的计算周期或空闲周期. 每当一个处理单元被完全处理完时,其结果被上载到中央服务器,中央服务器具有保存该结果的责任,必要时还要做一些后处理.

为减轻用户的 Internet 能力负担,在网上传输的数据量要尽量少. 在设计时,必须保证计算单元需要被下载和上载的数据量小. 为有效工作,中央服务器在接受数据时结合处理数据的位置,将接收到的数据分类安排. 分布计算的最终结果与全部问题都在一个超强能力的计算机上计算的结果相同. 通过运行分布计算计划之一,每个互联网网民都能在求解这些计算问题中发挥重要作用.

GIMPS 使用的分布计算平台是 PrimeNet, 所谓的

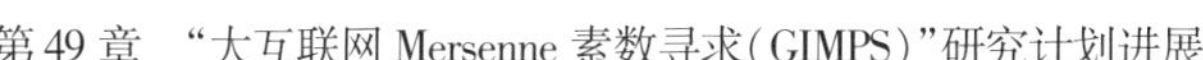

“全球分布互联网研究计算系统”. 当前虚拟机的持续解题能力是每秒 132 170 亿次浮点运算,或每天 1 098CPU年(Pentium 90Mhz),可谓“天上方一日,人间一千年”. 对 Mersenne 数测试,PrimeNet 峰值计算等价于 472 台 Cray T916 超级计算机,或 236 台 Cray 的顶级 T932,是 GIMPS 成功的根本保证.

PrimeNet 的开发者是 Entropia 公司的创始人——加利福尼亚州软件科学家 Scott Kurowski,1996 年以来一直是 GIMPS 成员. 如今,他是 Digital Orchid 公司的工程和体系副总. 1997 年他构建了 PrimeNet,并创办了 Entropia 公司. PrimeNet 组织了 GIMPS 计划使用的巨大计算资源,使用了 Entropia 的核心技术和资源,理论上,当初 Woltman 用于 GIMPS 的数学算法叫作 IBDWT(无理基离散加权转换),由俄勒冈州 Reed 学院现代计算中心主任,Apple 公司著名的科学家 Dr. Richard Crandall 提出. R. Crandall 和 C. Pomerance 所著 *Prime Number: A Computational Perspective* 一书中,可以找到 IBDWT 及相关算法.

GIMPS 计划的数学算法的历史也是独一无二的,该算法基于专门的算法. R. Crandall 在 20 世纪 90 年代初发现了能加倍所谓“回旋”的速度——本质上是大乘法运算,既可用于素数搜寻,也可用于其他计算. 此间,他获得了目前归 Apple 所有的快速椭圆加密系统,该系统使用 Mersenne 素数快速加密和解密消息. G. Woltman 用机器语言将其实现,由此产生了前所未有效率的素数搜寻程序，构成 GIMPS 计划的核心技术.

§6 结语

在过去的 9 年，GIMPS 取得了史无前例的进展，8 次连续成功是对大团队工作的回报. 特别是互联网上的 PC 网格，使得 GIMPS 这一虚拟组织实现了计算资源共享和合作问题求解，搜寻工作如虎添翼. GIMPS 的实践表明，参加该研究活动的成功者并非都是数学专业人士，只要有基本的数学知识和联网的 PC 机，均可下载 GIMPS 的计算软件及相关数据[10,11]参加计算，运行该软件不会影响加入者的其他工作，近年来，该组织的年轻人在这方面具有明显优势. GIMPS 组织者认为，足千万位素数庶几可待，下一 10 万美元大奖当是囊中之物. 本章作为引玉之砖，希望青年人在探索 Mersenne 素数道路上有所作为，有关寻求 Mersenne 数的基本理论及其意义，另文讨论.

参考资料

[1] 42nd Mersenne Prime Discovered. http://www.mersenne.org/25964951.html.

[2] Great Internet Mersenne Prime Search. http://www.mersenneforum.org.

[3] Mersenne Primes: History, Theorems and List. http://www.utm.edu/research/primes/mersenne/index.html.

[4] George wolman, wolman@ alum. mit. edu.

[5] PrimeNet v5 Server Web API. http://www.scottkurowski.com/v5/v5webAPI.html.

[6] Scott Kurowski' home page. http://www.scottkurowski.com/.

[7] 高全泉. 网格:面向虚拟组织的资源共享技术[J]. 计算机科学,2003,30(1).

[8] 高全泉. 网格技术详解[J]. 计算机科学,2003,30(1).

[9] What is PC Grid Computing? http://www.entria.com/.

[10] http://www.mersenne.org/prime.html.

[11] http://www.mersenneforum.org/.

Mersenne 素数并行求解算法的流式实现①

第 50 章

§1 引言

Mersenne 素数是数论研究中的一项重要内容[1]，也是当今科学探索的热点和难点之一. 现在通常采用 Lucas-Lehmer 检验法[2]来寻找 Mersenne 素数，同时使用快速 Fourier 变换（FFT）算法以加快大数的乘法运算.

Lucas-Lehmer 检验法具有计算密集的算法特征，在矩阵计算中有大量可供开发的数据级并行. 这些特性使得基于流体系结构的流处理器将会成为解决问题的

① 本章摘自《计算机工程与科学》，2007 年，第 29 卷，第 11 期.

一种有效支撑. 流体系结构拥有大量的运算单元和鲜明的存储层次,能够在有限的片外带宽下用高的本地带宽来满足大量运算单元的需求. 流体系结构能够很好地开发应用中的并行性,它的带宽层次可以捕获生产者 - 消费者局域性,适用于多种密集计算的领域[3].

以 Lucas-Lehmer 检验法为基础,国防科技大学计算机学院的伍楠,吴伟,文梅,杨乾明,柴俊,张春元等 6 位教授 2007 年提出了 Mersenne 素数并行求解的流式算法,并且在 FT64 流处理器[4]上实现,取得了很好的效果.

§2　Mersenne 素数及 Lucas-Lehmer 检验法

Mersenne 数是形如 2^p-1 的数,若一个 Mersenne 数是素数,则称之为 Mersenne 素数,其中 p 称为 Mersenne 指数. Lucas-Lehmer 检验法是专门用于判别 Mersenne 数的素数性的方法,SPEC2000 中的 LUCAS 就是对这种检验法的实现. 算法过程如下所述:设所要验证的 Mersenne 数为 $M(p)=2^p-1$. 首先构造一个 LUCAS 序列:$L(0)=4$;$L(i+1)=L(i),L(i)-2$(只需要构造到 $p-2$ 项);接着计算 $L(p-2) \bmod M(p)$ 的值,若值为 0,则 $M(p)$ 为素数,反之则不是.

本章针对 SPEC2000 中 E. W. Mayer 设计的 Lucas

程序结构[5]，挖掘其中的并行性，形成并行求解 Mersenne 素数的流式算法.

§3 FT64 流体系结构及其主要特征

FT64 流体系结构包含两个异构的处理器：标量处理器（简称标量核，采用 Itanium 2 处理器）和 64 位流处理器（简称流处理核，工作频率 500MHz），流处理核以协处理器的方式工作. FT 64 拥有三级带宽存储层次：本地寄存器文件（LRF）、流寄存器文件（SRF）和片外存储 Memory. 流处理核由多个 Cluster 组成大规模并行计算单元阵列. 总共包括 16 个对等的双精度浮点乘加单元、4 个除法开方单元和 4 个便笺寄存器，所有的功能单元完全流水.

FT64 采用两级编程模式：流级和核心级. 流级访存并准备流，定义 Kernel 的执行顺序；核心级执行 Kernel，即对流的数据进行计算. 流级程序在标量核上执行，Kernel 在流处理核上执行. Kernel 编译打包成一段 VLIW 序列. 并按序广播到所有 Cluster 上以 SIMD 方式执行. Kernel 的输入流、输出流以及 Kernel 之间的中间数据流通过 SRF 流转，一个 Kernel 内计算的数据则由 LRF 提供.

FT64 流体系结构的两大优势是：

（1）由于解耦合访存与计算，访存操作可以与

Kernel 并行；

（2）层次化的带宽，越靠近运算单元的带宽越高，加上应用的密集计算特征，使得大规模的运算阵列可以充分运转.

§4　Mersenne 素数并行求解算法的流式实现

1. 基本实现

为了加速整个计算过程，本章借鉴 E. W. Mayer 的 Lucas-Lehmer 检验法数值算法，同样采用了 fft 算法来计算大数的平方，这样使得乘方运算的复杂度从 $O(n^2)$ 下降到 $O(n\log_2 n)$. fft_square 子程序应用 fft 算法的思想进行大数的平方，即实现 Lucas-Lehmer 检验法中 $L(i)\cdot L(i)$ 这个部分.

本章利用 Stream C 和 Kernel C 语言[6] 开发了一个最多包含 28 个 Kernel 的流程序，简称为 LUCAS 程序，处理的网格大小为 $\left(\frac{n}{8}\right)\cdot 8$，需要迭代 iter 次. 其中，$n$ 为 fft 算法的执行长度，iter 为迭代次数，都是由输入给定的，iter 的最大值为所要验证的 Mersenne 指数减 1.

2. 数据流图

LUCAS 所需要的 Kernel 数目是由 n 的大小决定的. 通过数据流图可以很清楚地知道 Kernel 的功能、执行顺序、访存以及 Kernel 间的生产者、消费者局域性和数据重用局域性.

3. **基本流化过程**

LUCAS 的流化算法可以根据 Cluster 数目 N 的不同进行扩展，N 的取值可以为 4,8,16 等，本章以 $N=8$ 为例具体介绍. LUCAS 主要的流化工作集中在 a,b 这两个流上. 对于 a 和 b，组织方式是一样的. 在 Kernel 中，它们总是一个作为输入，另一个作为输出；在下一个 Kernel 时，又将输入和输出调换位置，因此，本章只用 in 和 out 来标记输入和输出.

(1)输入流的组织.

对于 in. SPEC 的原程序是需要按列优先来访问的. 在 Kernel 中，一个 Cluster 一次循环读入 16 个数. in 的组织是很有规律性的. 以 Cluster 0 第一次读入的 16 个数为例，必须从 in[0][0]到 in[15][0]，对应于原数组，分别是第 0,8,16,24,32,40,48,56 个数. 根据这种规律性，可以容易地生成一个索引，通过索引将原数组的相应元素赋值给另一个数组，再将新的数组载入给流.

(2)输出流的组织.

在 Kernel 中，每个 Cluster 一次循环输出 16 个数. 从 Cluster 的角度来看，搜索输出顺序即 Cluster 0 输出 out[0][0] ~ out[0][7]，out[1][0] ~ out[1][7]，Cluster 1 输出 out[2][0] ~ out[2][7]，out[3][0] ~ out[3][7]等. 如果不改变 Kernel 本身的程序结构，输出流顺序是需要调整的，必须调整为数组本身的排列

顺序,调整的方法与上节类似.

4. 根据计算特征进行优化

LUCAS 中,最主要的程序模式是由一个二重循环构成的,每次循环从一个二维数组中读入 16 个数,经过一系列计算以后更新另一个二维数组中的 16 个数,而任意两次循环之间是不存在数据相关性的. 这是程序最主要的计算特征. 本章据此将流记录的大小设为 16. 重新对程序进行了流化. 每个 Cluster 一次只读入一个记录,完成原程序一遍循环的工作. 所需要输出的 16 个数也作为一个流记录,每个 Cluster 一次也只输出一个记录. 这样,不管 in 还是 out,都和原程序所要求的顺序相同. 对于 in,只需要把原数组由按行优先组织成按列优先即可,而对于 out 不用作任何操作,在 Kernel 中的改变主要有两个方面:一是由原来各 16 次的流读入和流输出操作均改为 1 次;二是原来对 16 个流元素的访问和操作都改为对相应的记录中的成员进行.

优化的效果很明显,以(2 203,1 024,2 202)这个测试用例为例(3 个参数分别表示所需要验证的 Mersenne 指数,fft 方法的执行长度、迭代次数),优化之后的时间由原来的 0. 136s 下降到 0. 08s. 只占到了原有时间的 59%,性能提高近一倍. 经过分析,主要有以下几个原因:

(1)流组织开销降低;

(2)并行粒度增大;

(3) Kernel 中对流的读取次数减少.

§5 性能评测

本章首先执行了 3 个较小的测试用例:(2 203, 1 024,2 202),(19 937,1 024,20 000),(44 497, 8 192,25 000),分别编号为 1,2,3,具体的实验结果如表 1 所示. 表 1 中,LRF 带宽和 IPC 统计的是 Kernel 数据,与数据规模无关.

表 1 LUCAS 应用部分实验结果

测试用例编号	总执行时间(s)	加速比	ALU (Gflops)	DRAM 带宽 (GB/s)	SRF 带宽 (GB/s)	LRF 带宽 (GB/s)	IPC
1	0.08	–	7.4	2.8	21.5		
2	0.72	55	7.8	3.5	26.6	384.8	24.6
3	7.28	107	8.5	4.8	38.5		

从表 1 中可以看出,数据访存依带宽层次分布,因此局域性较好,数据表明各级带宽设置可以满足要求. 对于测试用例 2 和测试用例 3,SPEC2000 中给出了参考执行时间,分别为 39.5s 和 774s,而本流式算法在这两个用例上的加速比分别达到了 55 和 107,效果很理想. 本章接着测试了 LUCAS Benchmark 测试用例中最大的一个设置,即(75 460 003,4 194 304,123),与不同机型上的运行时间进行比较,具体结果如表 2

所示. FT64 流处理器的性能平均比同频率的 Alpha 21264 快了约 7 倍, 比 1.5GHz 的 Itanium2 快 2.5 倍. 结果表明 LUCAS 在 FT64 可以获得很好的性能加速, 同时也反映出计算密集型处理器, 特别是流处理器在科学计算领域对控制密集型处理器的巨大优势.

表 2　各测试用例在不同机型上的运行时间

测试用例	时间
Spec 参考执行时间	2 000
SGI Origin 300MIPS R1400 600MHz	370.0
Compaq ES45 Alpha21264C IGHz	206.0
DELL PowerEdge 3250 Itanium2 1.5GHz	134.0
Compaq DS20 Alpha21264 500MHz	384.0
IBM P 690 Power 4 1.3GHz	131.0
IBM x3105 AMD Opteron 1216 2.4GHz	88.7
Stream FT64 500MHz	50.6

§6　结束语

FT64 是一款面向科学计算的 64 位流处理器, 拥有流处理的典型特征, 包括开发数据级、指令级并行、利用流式存储层次捕捉数据局域性等. LUCAS 程序具有丰富的数据并行和密集的计算, 适合于在流处理器上运算. 本章提出了 Mersenne 素数并行求解的流式算法, 并且进行了优化. 在 500MHz 的 FT64 上运行该应用的结果表明,与同频率的 Alpha21264 相比加速比约为7,与1.5GHz 的 Itanium2 相比加速比达到2.5. 本章为 Mersenne 素数求解问题寻找了一条可行的加速方法,同时证实了流体系结构在高性能计算领域的极大潜力.

参考资料

[1] http://www.mersenne.org,2006-10.

[2] http://zh.wikipedia.org,2006-10.

[3] Wen Mei, Wu Nan, Xun Changqing, et al. Optimization and Evaluating of Stream YGX2 on MASA Stream Processor[A]. Proc of ACSAC 06[C].2006.

[4] Yang Xuejun, Yan Xiaobo, Xing Zuocheng, et al. A 64-bit Stream Processor Architecture for Scientific Applications[A]. Proc of SCA'07[C].2007.

[5] http://www.spec.org,2006-10.

[6] Mattson P. A Programming System for the Imagine Media Processor:[Ph D Thesis][D]. Department of Electrical Engineering. Stanford University,2001.

基于网格技术的 Mersenne 素数搜索[①]

第51章

§1 引言

2006 年 9 月 4 日,美国密苏里州立中央大学数学教授 C. Cooper 领导的研究小组通过参与一个名为"因特网 Mersenne 素数大搜索"(Great Internet Mersenne Prime Search 简称 GIMPS)的全球分布计算计划,发现了目前已知的最大素数 $2^{32\,582\,657}-1$,此数是 2300 多年来人类发现的第 44 个 Mersenne 素数.世界上不少大新闻机构及顶尖学术刊物都争相报道这一消息;专家们认为这一重大发现是数论研究和计算技术中最重要的成果之一[1].

① 本章摘自《世界科技研究与发展》,2008 年,第 30 卷,第 3 期.

素数也叫作质数，是只能被 1 和自身整除的数. 公元前 300 多年，古希腊数学家 Euclid 用反证法证明了素数有无穷多个，并提出了少量素数可写成 2^p-1（其中指数 p 为素数）的形式. 此后许多数学家，包括数学大师 Fermat，Descartes，Leibniz，Goldbach，Euler，Gauss 等都研究过这种特殊形式的素数，而 17 世纪的法国数学家 Mersenne 是其中成果最为卓著的一位. 由于 Mersenne 学识渊博、贡献良多，并是法兰西科学院的奠基人，为了纪念他，数学界就把 2^p-1 形的数称为"Mersenne 数"，并以 M_p 记之；如果 M_p 为素数，则称之为"Mersenne 素数". 由于这种素数珍奇而迷人，因此被人们称为"数海明珠".

Mersenne 素数是数论研究的一项重要内容，也是当今科学探索的热点和难点，近年来，计算机技术的发展使得该项研究突飞猛进. 然而，由于 Mersenne 数的计算具有指数复杂性，随着 p 达千万级，所需计算时间需以千万计算机年计[2]. 随着互联网和分布式计算的发展，利用网格技术寻找 Mersenne 素数的研究与实践应运而生；1996 年开始实施的 GIMPS 计划就是利用网格技术寻找 Mersenne 素数的专门研究计划，也是为数不多的全球分布计算计划之一. 美国"电子新领域基金会"（EFF）还设立了专门的奖项鼓励此项研究[3]. 迄今，GIMPS 计划在网格技术的帮助下已获得 10 个 Mersenne 素数（表 1）. 中山大学计算机系的施潇潇和苏黎世联邦技术学院计算机系的陈晓东两位教授 2008 年介绍了 Mersenne 素数的相关理论与其搜索算法，并探讨了基于网格技术的 Mersenne 素数搜索的算法和应用，最后介绍了 Mersenne 素数搜索的重要意义.

表 1　GIMPS 计划搜索的 Mersenne 素数一览表[4]

序号	Mersenne 素数	位数	网格结点	发现时间	发现者及国别
35	$M_{1\ 398\ 269}$	420 921	5 000	1996.11.12	J. Armergaud 法国
36	$M_{2\ 976\ 221}$	895 832	15 000	1997.8.24	G. Spence 英国
37	$M_{3\ 021\ 377}$	909 526	18 500	1998.1.27	R. Clarkson 美国
38	$M_{6\ 972\ 593}$	2 098 960	>21 500	1999.6.1	N. Hajrawala 美国
39	$M_{13\ 466\ 917}$	4 053 946	205 000	2001.11.14	M. Caneron 加拿大
40	$M_{20\ 996\ 011}$	6 320 430	211 000	2003.11.17	M. Shafer 美国
41	$M_{24\ 036\ 583}$	7 235 733	240 000	2004.5.15	J. Findley 美国
42	$M_{25\ 964\ 951}$	7 816 230	>240 000	2005.2.18	M. Nowak 德国
43	$M_{30\ 402\ 457}$	9 152 052	260 000	2005.12.15	C. Cooper, et al 美国
44	$M_{32\ 582\ 657}$	9 808 358	280 000	2006.9.4	C. Cooper, et al 美国

§2 Mersenne 素数的相关理论

1. 定义与定理

定义 1 若 2^p-1 为素数(其中 p 为素数),则 2^p-1 被称为 Mersenne 素数.

定义 2 一个正整数 n 叫作完全数,如果 n 等于它的各个正除数之和,这里的正除数不包括 n 本身.

定理 1 k 是偶完全数的充要条件是

$$k=2^{p-1}(2^p-1)$$

且 2^p-1 为素数.

定理 2 若 $p>1$ 且 a^p-1 为素数,则 $a=2$ 且 p 为素数.

定理 3 令 p 和 q 为素数,若 q 为 Mersenne 数 2^p-1 的一个因子,那么 q 必定是 $2kp+1$ 的形式,且 $q\equiv1\pmod 8$ 或者 $q\equiv7\pmod 8$.

定理 4 令 $p\equiv3\pmod 4$ 为素数,则 2^p+1 当且仅当 2^p+1 整除 2^p-1.

2. 分布规律

从已知的 Mersenne 素数来看,这种特殊的素数在正整数中的分布时疏时密,是极不规则的,因此探索 Mersenne 素数的重要性质——分布规律,似乎比寻找新的 Mersenne 素数更为困难,数学家们在长期的摸索中,提出了一些猜想,例如:

英国数学家 Shanks 提出在 $p_n\leqslant p\leqslant p_m$ 范围内,

Mersenne 素数的个数为 $\left(\frac{1}{\lg 2}\right)\sum_{p=p_n}^{p_m}\left(\frac{1}{p}\right)$; 并据此推测在 $5\ 000 < p < 50\ 000$ 范围内,约有 5 个 Mersenne 素数. 而到了 1979 年,在上述范围内实际找到了 7 个 Mersenne 素数.

美国数学家 Gillies 提出猜测:当 p 在 x 与 2^x 之间约有两个 Mersenne 素数,其中 x 是大于 1 的正整数[5]. 但这一猜测与 Mersenne 素数的实际分布仍有较大距离. 有时将上述范围扩大到 x 与 $3x$,甚至 x 与 $4x$ 之间,也找不到一个 Mersenne 素数. 如当 $x = 22\ 000$ 时,在 x 与 $3x$ 之间不存在 Mersenne 素数;当 $x = 128$ 时,在 x 与 $4x$ 之间也不存在 Mersenne 素数.

德国数学家伯利哈特也提出了一个猜测:第 n 个 Mersenne 素数 M_p 的 p 值大约是 1.5^n. 如果从回归的角度来分析,$P_n = 1.5^n$ 可以说是拟合得较好的回归方程. 但如果一个个地对比实际的 P_n 与 1.5^n,两者在不少的 n 值上有较大的距离.

上面几个猜测有一个共同点,就是都以渐近表达式给出,而它们与实际情况的接近程度均难如人意. 中国数学家及语言学家周海中运用联系观察法和不完全归纳法,于 1992 年首次给出了 Mersenne 素数分布的准确表达式:当 $2^{2^n} < p < 2^{2^{n+1}}$ ($n = 0, 1, 2, 3, \cdots$) 时,M_p 有 $2^{n+1} - 1$ 个是素数;并据此给出了推论:当 $p < 2^{2^{n+1}}$ 时,M_p 有 $2^{n+2} - n - 2$ 个为素数[6]. 这一形式优美的表达式加深了人们对 Mersenne 素数重要性质的了解,为人们探寻 Mersenne 素数提供了方便. 后来,

这一科学猜测被国际数学界命名为“周氏猜测”. 有关专家指出:这一成果是 Mersenne 素数研究中的一项重大突破[7].

§3 Mersenne 素数的搜索算法

算法 1 Eratosthenes 筛法. 该方法在大约公元前 240 年提出,它可以有效地对素数进行筛选. 其基本思想是:用小于或等于 n(且大于 1)的所有正数构成一个表,然后删除表中所有小于或等于 n 的平方根的素数的倍数,则剩下来的就是素数[8-11]. 此法能有效地搜索小素数,但随着 n 的增大,该算法所需要的时间和空间都极大,因此仅仅靠传统的 Eratosthenes 筛法,并不能有效地搜索到更大的 Mersenne 素数.

算法 2 Lucas-Lehmer 测试法. 该方法是迄今检测 Mersenne 数是否为素数的最好的办法. 它由法国数学家 Lucas 于 1878 年发现,并由美国数学家 Lehmer 于 1930 年改进而得名[12-15]. 它的原理为:对素数 p, 2^p-1为素数当且仅当 2^p-1 整除 $S(p-1)$,这里

$$S(1)=4,S(p)=S^2(p-1)-2$$

以下是我们用 JAVA 语言实现的用于 Lucas-Lehmer 测试的算法.

```
public class Lucas-Lehmer{
  public boolean Lucas-Lehmer-test(int p){
    double s=4;
```

```
        intmersene Num = (int)(Math, pow(2,p) -
1);
        for(int i =1;i < p -2;i + +){
        s =(int)(Math,pow(s,2) -2)%mersenne Num;
        }
        if(s = =0){
          return true;
        } else{
          return false;
        }
      }
    }
```

GIMPS 计划对 Mersenne 素数的搜索主要包含了上面所述的算法 1 和算法 2,它先用 Eratosthenes 筛法对 Mersenne 数进行检测,即尝试检验该 Mersenne 数是否含有小素数因子. 事实上,该方法可以有效而且迅速地排除掉 60% 的 Mersenne 合数. 如果用 Eratosthenes 筛法检验了大量可能的小素数因子后,仍然无法排除某个 Mersenne 数为素数,则在 GIMPS 中会调用算法 2 来进一步检测与验证该 Mersenne 数是否为素数.

GIMPS 计划对 Mersenne 素数的搜索算法目前主要基于它的相关定义和定理. 如果能根据 Mersenne 素数的分布规律(即“周氏猜测”中的表达式),进一步对算法进行优化,搜索的效率将会得到大幅度地提高.

§4　网格在 GIMPS 中的应用

计算机是当今世界性能上升最快而价格下降最明显的高科技产品. 遍布全球的计算机蕴藏着巨大的计算能力,可以形成任何单台计算机无法比拟的虚拟超级计算机. 但是,现实中大多数计算机的多数时间未被有效利用[16]. 一方面,大量空闲机闲置周期内的剩余处理能力被浪费;而另一方面,在数学、医学、密码学、天文学、生命科学等领域,又有不少的应用问题由于没有足够的计算资源可供使用而无法求解,如 Mersenne 素数的搜索就是其中的一项难以解决但意义重大的科学应用[16-21]. 随着国际互联网和万维网技术的成熟和推广使用,人们产生了把国际互联网资源集成起来使用的想法,人们想利用已有的国际互联网设施建立一种新的基础设施,把世界上的各种计算机资源集成在一起,为世界范围的用户提供使用这些资源的良好接口,这种新的基础设施就是网格.

GIMPS 就是一个全球性的利用网格技术搜索 Mersenne 素数的计划[21,22]. 它使用美国数学家、软件工程师库尔沃斯基开发的分布计算平台"素数网"(PrimeNet)及数论专家、程序设计师 Woltman 提供的核心搜索技术来实施网格计算. 目前,世界上已有 150 多个国家和地区近 15 万人参加该计划,并动用超过 30 万台计算机联网来进行大规模的网格计算,以搜索

新的 Mersenne 素数. 该计划的计算能力已超过当今世界上任何一台先进的超级计算机的运算能力，运算速度可达每秒 300 万亿次.

具体而言，GIMPS 中的网格技术的应用主要表现为 PC 网格计算. PC 网格的主要特点在于不影响其他计算机各自的计算工作. 通过提供相应的方法和手段，充分利用全球范围内闲置的或具有使用价值但未被使用的 CPU 闲置周期，形成虚拟的超级计算系统[16]. GIMPS 中 PC 网格分布计算的流程如图 1 所示.

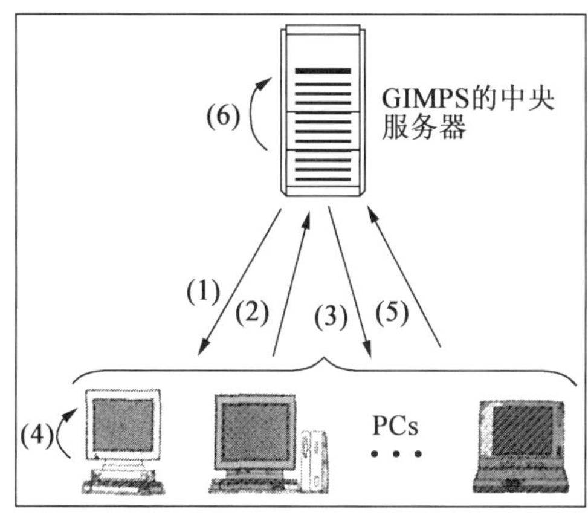

图 1　PC 网格计算在 GIMPS 中的运作机制

(1) 参与计算的网格结点从 Web 服务器上下载专用软件并安装于本地. 在 GIMPS 中，用户只需要从 GIMPS 主页上下载专用软件 Prime95 或者 MPrime[11].

(2) 本地网格结点向 GIMPS 的中央服务器请求发送程序和数据.

(3) GIMPS 的中央服务器将 Mersenne 素数的搜索步骤合理的大小分解成多个小的任务（即由并行处理

的程序和数据组成的工作单元)发送给不同的网格结点.

(4)网格结点将接收到的子任务作为优先级最低的任务在其 CPU 空闲时被执行. 最常用的方法是在计算机进入屏幕保护的时候才调用该子任务.

(5)当处理完毕,网格结点上的专用软件将结果送回 GIMPS 的中央服务器,并请求新的数据,返回到步骤(3),直到计算结束.

(6)GIMPS 的中央服务器收集、整理并保存从参与计算的网格结点上获得的处理结果.

§5 Mersenne 素数搜索的意义

搜索 Mersenne 素数在当代具有十分丰富的理论意义和实用价值.

(1)传承数学文明的重要研究. Mersenne 素数的搜索大大地推动了数学皇后——数论,乃至整个数学的发展. 除此以外,许多著名的数学难题,如 Goldbach 猜想、孪生素数、Riemann 猜想等与 Mersenne 素数有着不可分割的联系,因此,对 Mersenne 素数的研究还可以加快这些难题的解决.

(2) Mersenne 素数可被实际用于计算机密码学中,许多计算机加密算法都基于大素数运算:素数越大,密码被破译的可能性就越小[22]. 而 Mersenne 素数的搜索是发现最大素数的最有效的途径,如由苹果(Apple)公司著名科学家克兰多尔所发明的"快速椭

圆加密系统”，就将 Mersenne 素数应用于快速加密和解密信息. Mersenne 素数的搜索与发现可以极大地推动密码学的研究与发展.

(3)测试硬件. 计算机问世以来，计算机制造公司一直用发现素数的程序作为硬件功能的测试算法，如英特尔(Intel)公司在奔腾Ⅱ和奔腾 Pro 芯片运载前，就使用 GIMPS 计划的 Mersenne 素数搜索程序进行测试. 随着硬件制造工艺和体系结构的不断发展，硬件测试的复杂度的需求也越来越大，而大 Mersenne 素数的发现方便了对计算机硬件的速度与功能的测试.

(4) Mersenne 素数的搜索促进了分布式计算与程序设计艺术的发展. 迄今，Mersenne 素数的搜索不仅仅需要设计良好的分布式体系结构，还需要不断改进的数值计算方法和巧妙的算法设计艺术.

(5)挑战人类计算智力极限，不断创造新纪录. 人类在不断地挑战和创造新纪录的过程中可以不断地认识自我，而 Mersenne 素数的搜索正好是对人类智力、意志的极限的一种挑战；这种挑战可以体现人们的探索精神和拼搏精神[23].

(6)衡量一个国家的科技水平. 由于搜索和研究 Mersenne 素数需要多种学科的支持，也由于发现新的 Mersenne 素数所引起的国际影响，使得对 Mersenne 素数的研究能力已在某种意义上标志着一个国家的科技水平. 从各国各种传媒(而不仅仅是学术刊物)争相报道新的 Mersenne 素数的发现，我们也可以清楚地看到这一点.

§6 结语

网格技术的发展显著地加快了 Mersenne 素数的探究步伐,但在搜索算法,网格资源的配置以及网格任务的调度策略上仍然存在很多方面可以改进. 因此,投入到这种数学与计算机科学结合的实践中,无论对数学的与时俱进,还是计算机科学与技术的研究与发展,都具有重大的意义. 可以相信,在网格技术的助力下,Mersenne 素数这颗数学海洋中璀璨的明珠正以其独特的魅力,吸引着更多的有志者去探寻和研究.

参考资料

[1] 张四保. 全球数学爱好者寻找 Mersenne 素数[DB/OL]. http://news sina. com. cn/w/2007-10-14/152514083598. shtml.

[2] 高全泉. Mersenne 素数研究的若干理论及其意义[J]. 数学的实践与认识, 2006, 36(1): 232-238.

[3] Electronic Frontier Foundation[DB/OL]. http://www. eff. org. /

[4] Weisstein, Eric W. Mersenne Prime[DB/OL]. http://mathworld wolfram. com/Mersenne Prime. html.

[5] Donald B Gillies. Three new Mersenne primes and a statisticall theory[J]. Math Computing, 1964, 18(3):93-97.

[6] 周海中. Mersenne 素数的分布规律[J]. 中山大学学报,1992,31(4):121-122.

[7] 李明达. Mersenne 素数:数学宝库中的明珠[J]. 科学美国人(中文版),2000,282(6):62-63.

[8] Leclerc F, Paulin-Mohring C. On the sieve of Eratosthenes[J]. Canadian Journal of Mathematics, 1987,41(5):1107-1122.

[9] Crandall R, Pomerance C. Prime Numbers[M]. New York: Springer-Verlag,2001.

[10] Mersenne Prime Wiki[DB/OL]. http://www. mersennewiki. org/index. php/Main_Page.

[11] George Woltman. The Great Internet Mersenne Primes Search[DB/OL]. http://www. mersenne. org/.

[12] Lehmer D H. On Lucas test for the primality of Mersenne's numbers[J]. London Math. Soc, 1935, 34(10):162-165.

[13] Chris Caldwell. Selected theorems and their proofs [DB/OL]. http://primes. utm. edu/notes/proofs.

[14] Chris Caldwell. Mersenne Primes History theorem and lists the Lucas-Lehmer test and recent history[DB/OL]. http://primes. utm. edu/mersenne/index. html.

[15] Hardy G H, Wright E M. An introduction to the theory of numbers [M]. 5thed. Oxford: Clarendon Press,1979.

[16] 徐志伟,冯百明,李伟. 网格计算技术[M]. 北京:电子工业出版社,2004.

[17] 高全泉. 网格:面向虚拟组织的资源共享技术[J]. 计算机科学,2003,30(1):1-5.

[18] Makoto Tachikawa. PC grid computing using increasingly common and powerful PCs to supply society with ample computing resources[J]. Science & Technology Trends Quarterly Review,2006,18(1):45-53.

[19] 高全泉. 关于网格及其他分布计算技术的若干问题的讨论[J]. 计算机科学,2003,30(2):17-21.

[20] Du W, Jia J Manish Mangal, etal. Uncheatable grid computing//Proc of the 24th International Conference on Distributed Computing Systems Amsterdam[C]. IEEE Computer Society,2004:4-11.

[21] Robert D, Silveman. Massively distributed computing and factoring large integers[J]. Communication of the ACM, 1991,34(11):95-103.

[22] Günter M Ziegler. The Great Prime Number Record Races[J]. Notices of the AMS,2004,51(4):414-416.

[23] 方程. 魅力无穷的 Mersenne 素数[J]. 世界科学,2004,22(7):19-22.

Mersenne 素数[①]

第 52 章

Mersenne 素数是数论研究中的一项重要内容,也是当今科学探索的热点和难点之一. 东北大学秦皇岛分校电子信息系的刘建波,陈杰,王硕三位教授 2009 年介绍了梅林素数的相关定义、定理、算法和意义,并讨论了有待解决的相关问题.

§1 引言

素数又称质数,是只能被 1 和其自身整除的自然数,如 2,3,5,7,11 等. 若 2^p-1 为素数(其中 p 为素数),则 2^p-1 称为 Mersenne 素数,记为 M_p. Mersenne 素数最早是为了解决完全数而提出的,定理[1]:n 是偶完全数的充分必要条件是 $n=2^{p-1}\cdot(2^p-1)$,且 p 与 2^p-1 都为素数. Euclid

① 本章摘自《软件开发与设计》,2009.

证明了若 p 与 2^p-1 都为素数,则 $2^{p-1}(2^p-1)$ 为一偶完全数,Euler 证明其逆定理也成立. 因此,Mersenne 素数与偶完全数是一一对应的关系. 现在对 Mersenne 素数的研究已经完全超出了完全数,研究 Mersenne 素数具有重大的意义:传承数学文明、感受数学之美、挑战人类计算智力极限[2]、推动了数学皇后——数论的研究、测试硬件、计算机通信消息的加密和解密、分布计算和网络技术研究的理想模型等. Mersenne 素数是数论研究中的一项重要内容,也是当今科学探索的热点和难点之一. 尤其值得一提的是,中国数学家及语言学家周海中提出了著名的“周氏猜想”. GIMPS 是一个全球性的利用网格技术搜索 Mersenne 素数的计划[3]. 设在美国的电子新领域基金会(EFF)于 1999 年向全世界宣布:通过 GIMPS 项目找到超过 1 000 万位的 Mersenne 素数的个人或机构可获得 10 万美元的奖金. 后面的奖金依次为:超过 1 亿位数,15 万美元;超过 10 亿位数,25 万美元[4]. 可见,科学界对 Mersenne 素数非常重视,迄今为止,世界上总共找到了 46 个 Mersenne 素数.

以下所有算法均采用 C 语言编写,大家只要学过编程都能看懂,即使是初学者也能感受到利用简单程序解决世界著名问题的乐趣,增加对编程的兴趣,由于操作数比较大,对于较大的数可能会产生溢出.

§2　算法

1. 试除法

(1)试除法是整数分解算法中最简单和最容易理解的算法. 它的原理是:给定一个数 n,用小于或等于 $\sqrt{n}$ 的每个数去试除 n,如果能找到因子,则 n 是合数;如果不能,则为素数. 因此,任意给定一个素数 p,可以用试除法判断 $M_p = 2^p - 1$ 是否为 Mersenne 素数,程序如下:

```
#include <stdio.h>
#include <math.h>
void main()
{
int number = 0, p = 0, j = 0;
scanf("%d", &p); /* 输入指数 p */
number = (int)pow(2, p) - 1;
int NUMBER = (int) sqrt(number);
for(int i = 2; i <= NUMBER; i++)
{/* 判断 Mp = 2^p - 1 是否为素数 */
  if(number %i == 0)
  {/* 能被 i 整除,则 Mp = 2^p - 1 不是素数 */
    j = 0;
    break; /* 找到一个因子则可退出循环 */
```

```
    }
    else j = 1;
  }
  if(j)
    printf("p 为%d 时是 Mersenne 素数\n",p);
  else
    printf("p 为%d 时不是 Mersenne 素数\n",p);
  }
```

(2)从某种意义上说,试除法是个效率非常低的算法,如果 n 有大小接近的素因子,试除法是不太可能实行的. 但是,当 n 有至少一个小因子,试除法可以很快找到这个小因子. 值得注意的是,对于随机的 n,2 是其因子的概率是 50%,3 是 33%,等等,88%的正整数有小于 100 的因子,91%的有小于 1 000 的因子.

2. Eratosthenes 筛法

算法步骤描述:

(1)列出如下这样以 2 开头的序列

2 3 4 5 6 7 8 9 10 11 12 13 14 15 16 17 18 19 20 21 22 23 24 25

(2)标出序列中的第一个素数,主序列变成

2 3 4 5 6 7 8 9 10 11 12 13 14 15 16 17 18 19 20 21 22 23 24 25

(3)将剩下序列中,第二项开始每隔一项划掉(2 的倍数,删掉),主序列变成

2 3 5 7 9 11 13 15 17 19 21 23 25

如果现在这个序列中最大数小于第一个素数的平方,那么剩下的序列中所有的数都是素数,否则返回第(2)步. 因为 25 大于 2 的平方,返回第(2)步. 剩下的序列中第一个素数是 3,将主序列中 3 的倍数划掉,主序列变成

2 3 5 7 11 13 17 19 23 25

得到的素数有:2,3. 但 25 仍然大于 3 的平方,所以还要返回第(2)步. 现在序列中第一个素数是 5,同样将序列中 5 的倍数划掉,主序列成了

2 3 5 7 11 13 17 19 23

得到的素数有:2,3,5. 因为 25 等于 5 的平方,跳出循环. 因此 2 到 25 之间的素数有

2 3 5 7 11 13 17 19 23

利用此原理可以写出显示 500 以内素数的算法:

```
#include < stdio. h >
#include < math. h >
#define NUMBER 500
void main( )
{
int number,
int j =0
int num[ NUMBER ] = {0} ;
int * p = num;
int N = ( int) sqrt( NUMBER) ;
for( number =2;number < NUMBER;number + =2)
```

```
{/* 去除2的倍数 */
  *(p+number+2)=1;
}
int i=0;
for(j=3;j<N;j=i)
{  /* 去除序列第一个素数的倍数 */
  for(number=j;number<NUMBER-j;number
+=j)
  {  /* 去除的j倍数 */
  *(p+(number+j))=1;
  }
  for(i=j+1;i<N;i++)
  {/* 寻找序列的第一个素数,并赋给 first_
prime */
    if(*(p+i)==0)
    {
    int first_prime=i;
    break;
    }
  }
}
  for(j=2;j<NUMBER;j++)
  {  /* 显示所有素数 */
    if(*(p+j)==0)
```

```
        {
        printf(" %03d",j);
        }
    }
}
```

(4)通过此算法可以简单快速地算出整数 n 内的所有素数,稍作修改就能找到整数 n 内的 Mersenne 素数.

3. Lucas-Lehmer **算法**[5,6]

该方法是迄今检测 Mersenne 数是否为素数的最好的方法.它的原理为:对素数 p,2^p-1 为素数,当且仅当 2^p-1 整除 S_{p-1},这里 S_n 由序列

$$S_n=S_{n-1}^2-2,S_1=4$$

递归定义.这个方法尤其适合于计算机运算,因为除以 $M_p=2^p-1$ 的运算在二进制下可以简单地用计算机特别擅长的移位和加法操作来实现.具体算法如下(对于较大的数,小型计算机会溢出):

```
Lucas-Lehmer(int p)/* p 为 Mp 中的 p,为素数 */
{
int s=4;
int i,s1;
sl=pow(2,p)-1;
for(i=3;i<=p;i++)
{
```

```
    s = ((int)pow(s,2) - 2) %s1;
    }
    return(s = = 0? 1:0);/* Mp 为素数返回 1;为合数返回 0 */
    }
```

§3　Mersenne 素数未解之谜

(1)是否存在多个双 Mersenne 素数?

定义　若 $n = M_p$ 是素数,M_n 也为素数,则称 M_n 为双 Mersenne 素数,记为 M_{M_p}. 对于 Mersenne 素数的前四个素数,M_{M_p}构成双 Mersenne 素数

$$M_{M_2} = 2^3 - 1 = 7, M_{M_3} = 2^7 - 1 = 127$$

$$M_{M_5} = 2^{31} - 1 = 2\ 147\ 483\ 647$$

$M_{M_7} = 2^{127} - 1 = 170\ 141\ 183\ 460\ 469\ 231\ 731\ 687\ 303\ 715\ 884\ 105\ 727$

然而,接下来的四个($M_{M_{13}}, M_{M_{17}}, M_{M_{19}}, M_{M_{31}}$)都有因子,为合数. 是否还有其他更多的素数? Tony Forbes 正在领导一个搜索下一项 $M_{M_{61}}$ 的因子的计划.

(2)是否存在奇完全数?

所有偶完全数可表示为一 Mersenne 素数乘 2^{p-1} 的形式. 奇完全数的情形如何? 是否存在奇完全数? 这是一个尚未解决的数论问题.

(3)存在无穷多的 Mersenne 素数吗?

此问题相当于:存在无穷多的偶完全数吗?答案是可能为真,因为该调和级数发散.

(4)每个 Mersenne 数 2^p-1 都是平方自由.

这更多落在一个开问题范畴(对开问题不得其解),而不是一猜想(猜测为真).不难看出,如果一素数 p 的平方除一 Mersenne 数,则 p 为一 Wieferich 素数,这相当少见.在 4 万亿以下只有两个已知 p,这两个数的平方都不整除 Mersenne 数.

参考资料

[1] Donald M Davis. The Nature and Power Of Mathematics [M]. Princeton: Princeton University Press,1993.

[2] 方程.魅力无穷的 Mersenne 素数[J].世界科学,2004,22(7):19-22.

[3] Günter M Ziegler. The Great Prime Number Record Races [J]. Notices of the AMS, 2004, 51(4):414-416.

[4] 张四保.Mersenne 素数研究综述[J].科技导报,2008,26(18):88-92.

[5] 高全泉."大互联网 Mersenne 素数寻求(GIMPS)"

研究计划进展[J].数学的实践与认识,2005,35(10):166-171.

[6] Xiong Wei, Zhang Jingwei, He You. Multisensor Joint Probabilistic Data Association Algorithm Based on S_D As-signment[J]. Tsinghua Univ (Sci & Tech), 2005,45(4):452-455.

第十五编

Mersenne 素数的数字分布

Mersenne 素数数字分布的假设检验①

第53章

江苏教育学院数学系的曹卫东和戴曼琴两位教授2007年运用拟合检验法对Mersenne素数的数字分布进行检验,发现Mersenne素数的数字分布是均匀的.

§1 Mersenne 素数

"Mersenne 素数"(即 $M_p = 2^p - 1$ 形素数,其中 p 为素数).

迄今为止,人们已经发现了44个Mersenne素数,前10个精确表述如下:

第1个:$2^2 - 1 = 3$;

第2个:$2^3 - 1 = 7$;

第3个:$2^5 - 1 = 31$;

① 本章摘自《江苏教育学院学报(自然科学版)》,2007年,第24卷,第4期.

第 4 个:$2^7-1=127$;

第 5 个:$2^{13}-1=8\ 191$;

第 6 个:$2^{17}-1=131\ 071$;

第 7 个:$2^{19}-1=524\ 287$;

第 8 个:$2^{31}-1=2\ 147\ 483\ 647$

第 9 个:$2^{61}-1=2\ 305\ 843\ 009\ 213\ 693\ 951$

第 10 个:$2^{89}-1=618\ 970\ 019\ 642\ 690\ 137\ 449\ 562\ 111$

……

第 44 个 Mersenne 素数,是个有着 9 808 358 位的已知最大素数,它是于 2006 年由 Cooper 等人发现的.

§2 计算统计

将从网上下载的全部 Mersenne 素数用数据库语言编程统计,给出第 11 个到第 44 个 Mersenne 素数所用的数字情况如表 1 所示,其中 N_I 表示数字 I 的个数,$I=0,1,2,3,4,5,6,7,8,9$.

表 1

M_p	N_0	N_1	N_2	N_3	N_4	N_5	N_6	N_7	N_8	N_9	总和
11	2	5	7	4	0	2	3	3	4	3	33
12	4	8	2	5	4	2	3	6	4	1	39
13	16	22	10	16	16	17	15	13	11	21	157
14	14	17	25	21	11	19	17	18	19	22	183
15	43	38	47	39	38	32	40	30	47	32	386
16	61	54	72	66	74	52	67	69	72	77	664
17	71	80	69	57	65	56	72	69	70	78	687
18	103	106	107	94	90	87	98	91	101	92	969
19	144	117	108	144	121	135	133	128	122	129	1 281
20	140	138	136	120	134	121	139	143	145	116	1 332
21	283	269	303	311	279	292	300	297	294	289	2 917

续表 1

M_p	N_0	N_1	N_2	N_3	N_4	N_5	N_6	N_7	N_8	N_9	总和
22	317	272	289	288	316	285	279	295	317	335	2 993
23	348	333	342	360	330	333	338	370	318	304	3 376
24	596	600	564	577	636	593	617	620	599	600	6 002
25	657	703	678	682	596	667	655	627	616	652	6 533
26	726	687	664	731	683	695	736	691	695	679	6 987
27	1 332	1 308	1 369	1 355	1 353	1 300	1 369	1 332	1 317	1 360	13 395
28	2 641	2 495	2 653	2 641	2 553	2 676	2 620	2 579	2 570	2 534	25 962
29	3 284	3 329	3 342	3 353	3 411	3 368	3 315	3 352	3 344	3 267	33 265
30	4 008	3 980	3 879	3 957	3 963	3 984	3 866	4 049	4 017	4 048	39 751
31	6 542	6 525	6 562	6 528	6 544	6 464	6 505	6 451	6 532	6 397	65 050
32	22 511	22 840	23 106	22 876	22 621	22 391	22 889	22 728	22 835	23 035	227 832

续表 1

M_p	N_0	N_1	N_2	N_3	N_4	N_5	N_6	N_7	N_8	N_9	总和
33	25 807	25 925	25 898	26 093	25 845	26 113	25 766	25 356	25 841	26 072	258 716
34	37 565	37 823	38 229	38 003	37 940	37 445	37 855	38 036	37 925	37 811	378 632
35	42 275	42 000	42 058	42 073	42 225	42 050	41 878	42 088	42 447	41 827	420 921
36	89 417	89 346	89 219	89 693	89 364	89 600	89 219	89 995	89 951	90 128	895 932
37	90 508	91 095	91 259	91 013	91 065	90 808	91 239	90 825	90 914	90 800	909 526
38	210 190	210 744	209 678	209 382	209 832	209 863	210 356	209 314	209 961	209 640	2 098 960
39	405 083	405 614	405 068	405 928	405 491	404 915	405 154	405 308	406 672	404 713	4 053 946
40	631 705	632 720	630 989	631 467	632 004	633 283	630 929	633 503	632 964	630 866	6 320 430
41	722 613	723 188	722 754	722 181	723 758	724 196	723 856	724 543	723 551	725 093	7 235 733
42	782 138	782 118	781 551	781 856	780 817	781 588	780 774	781 662	781 424	782 302	7 816 230
43	913 468	914 272	916 362	913 997	914 191	916 441	915 744	915 905	916 856	914 816	9 152 052
44	981 284	981 525	980 761	978 652	980 519	981 645	979 697	980 817	982 176	981 282	9 808 358

§3 假设检验

对上述结论作假设，$H_0: p=\frac{1}{10}, i=0,1,2,3,4,5,6,7,8,9$. p_i 表示所用数字 i 的概率.

构造皮尔逊 χ^2 - 统计量

$$\chi^2=\sum_{i=1}^{k}\frac{(n_i-np_i)^2}{np_i}$$

χ^2 服从自由度为 $k-1$ 的 χ^2 分布. 此处 $k=10$.

对 $\alpha=0.05$ 和 0.01 查 χ^2 分布表得

$$\chi^2_{0.95}(9)=16.919, \chi^2_{0.99}(9)=21.666$$

编程计算第 11 个到第 44 个 Mersenne 素数所用的数字所对应的 χ^2 - 统计量如表 2 所示.

表 2

M_p	χ^2	M_p	χ^2
11	9.727 272 73	28	11.991 988 29
12	9.974 358 97	29	6.356 981 81
13	8.414 012 74	30	8.887 550 00
14	7.765 027 32	31	3.698 385 86
15	8.404 145 08	32	19.777 186 70
16	9.493 975 90	33	16.767 899 94
17	7.919 941 78	34	12.179 467 13

续表2

M_p	χ^2	M_p	χ^2
18	4.673 890 61	35	7.245 656 55
19	9.312 256 05	36	11.275 628 06
20	7.249 249 25	37	5.190 642 16
21	4.669 523 48	38	8.301 873 31
22	12.676 578 68	39	7.245 879 45
23	9.752 369 67	40	14.493 558 19
24	6.457 180 94	41	10.271 904 86
25	14.504 974 74	42	3.126 248 84
26	7.502 647 77	43	14.094 222 37
27	4.296 005 97	44	9.683 653 06

从表2我们可以得出结论:对 $\alpha=0.01$,全部结果都不拒绝假设 H_0.

对 $\alpha=0.05$,也就只有第32个Mersenne素数拒绝假设 H_0,但第32个Mersenne素数各个数字的比例也都接近$\frac{1}{10}$.综上所述,我们的结论是Mersenne素数的数字分布是均匀的.

参考资料

[1]　曹卫东,戴曼琴.趣谈Mersenne素数[J].江苏教

育学院学报,2005,4:24-26.

[2] 魏宗舒,等.概率论与数理统计教程[M].北京:高等教育出版社,1983.

[3] http://www.isthe.com.

[4] http://www.mersenne.org.

基于最大 Mersenne 素数的随机数[①]

第54章

§1 Mersenne 素数及其数字分布特征

2008 年 8 月 23 日,美国加州大学洛杉矶分校数学系计算中心的雇员史密斯,通过参加了一个名为"因特网 Mersenne 素数大搜索"(GIMPS)的国际合作项目发现了第 46 个,也是最大的 Mersenne 素数 $2^{43\,112\,609}-1$,它有 12 978 189 位数,如果用普通字号将这个巨数连续写下来,其长度可超过 50 km! 在 WORD 文档中也有 5 000多页,这个发现被著名的美国《时代》周刊评为"2008 年度 50 项最佳发明"之一. 由于史密斯发现的 Mersenne 素数已超过 1 000 万位,他将有资格获得 EFF 颁发

① 本章摘自《江苏教育学院学报(自然科学版)》,2009 年,第 26 卷,第 3 期.

的 10 万美元大奖. 2008 年还发现了第 45 个 Mersenne 素数 $M_{37\,156\,667}$,即 $2^{37\,156\,667}-1$,它有 11 185 272 位数.

人类迄今只找到 46 个 Mersenne 素数.

江苏教育学院数学系的曹卫东教授 2009 年就基于第 46 个 Mersenne 素数 $2^{43\,112\,609}-1$,产生服从均匀分布的随机数. 按照文献[4]对第 45 个 Mersenne 素数和第 46 个 Mersenne 素数进行处理得到如下数字分布表(表 1,2)和 χ^2 值.

χ^2 分别为 10.955 604 48 和 11.761 331 95.

因为

$$\chi^2_{0.05}(9)=16.919$$

所以通过 χ^2 拟合检验,再结合文献[4]知 Mersenne 素数的数字分布是均匀的.

最大的 10 个即第 37 个到第 46 个 Mersenne 素数所用的数字情况如表 2 所示,其中 N_I 表示数字 I 的个数,$I=0,1,2,3,4,5,6,7,8,9$. 其 χ^2 值见表 3.

表 1

M_p	N_0	N_1	N_2	N_3	N_4	N_5	N_6	N_7	N_8	N_9	总和
45	1 117 011	1 116 735	1 120 012	1 118 247	1 119 048	1 118 786	1 117 279	1 119 760	1 119 468	1 118 926	11 185 272
46	1 297 824	1 296 042	1 298 077	1 297 701	1 299 093	1 296 907	1 296 763	1 296 971	1 298 243	1 300 568	12 978 189

表 2

M_p	N_0	N_1	N_2	N_3	N_4	N_5	N_6	N_7	N_8	N_9	总和
37	90 508	91 095	91 259	91 013	91 065	90 808	91 239	90 825	90 914	90 800	909 526
38	210 190	210 744	209 678	209 382	209 832	209 863	210 356	209 314	209 961	209 640	2 098 960
39	405 083	405 614	405 068	405 928	405 491	404 915	405 154	405 308	406 672	404 713	4 053 946
40	631 705	632 720	630 989	631 467	632 004	633 283	630 929	633 503	632 964	630 866	6 320 430
41	722 613	723 188	722 754	722 181	723 758	724 196	723 856	724 543	723 551	725 093	7 235 733
42	782 138	782 118	781 551	781 856	780 817	781 588	780 774	781 662	781 424	7 872 302	7 816 230
43	913 468	914 272	916 362	913 997	914 191	916 441	915 744	915 905	916 856	914 816	9 152 052
44	981 284	981 525	980 761	978 652	980 519	981 645	979 697	980 817	982 176	981 282	9 808 358
45	1 117 011	1 116 735	1 120 012	1 118 247	1 119 048	1 118 786	1 117 279	1 119 760	1 119 468	1 118 926	11 185 272
46	1 297 824	1 296 042	1 298 077	1 297 701	1 299 093	1 296 907	1 296 763	1 296 971	1 298 243	1 300 568	12 978 189

表 3

M_p	χ^2
37	5.190 642 16
38	8.301 873 31
39	7.245 879 45
40	14.493 558 19
41	10.271 904 86
42	3.126 248 84
43	14.094 222 37
44	9.683 653 06
45	10.955 604 48
46	11.761 331 95

§2 用 Mersenne 素数 $2^{43\,112\,609}-1$ 产生均匀分布的随机数

按照文献[3]中给出的由 Mersenne 素数的数字产生服从[0,1]区间上均匀分布的随机数的方法对最大的 Mersenne 素数 $2^{43\,112\,609}-1$ 进行处理.

先将文本文件形式的 Mersenne 素数转换成表文件,内含 20 多万条记录,每条记录有 50 多个数字,将相邻的 8 个数字生成 1 个 8 位小数,经过数百分钟计算产生了 1 000 多万个[0,1]区间上的随机数. 上述随机数通过[0,1]上均匀检验. 由此得出结论:Mersenne

素数所产生的随机数是[0,1]上的均匀随机数.

§3　简单应用

1. 用均匀分布的随机数生成标准正态分布的随机数

从文献[1]知,理论上讲,服从各类分布的随机数均可由[0,1]区间上均匀分布的随机数生成,利用 12 个 $U_i \sim U(0,1)$ 可生成 1 个服从标准正态分布的随机数.

生成转换式

$$Z = \frac{\sum_{i=1}^{n} U_i - \frac{n}{2}}{\sqrt{n}\sqrt{\frac{1}{12}}} \sim N(0,1)$$

式中 n 取 12.

产生的表文件 npr46. DBF 内含近 1 000 000 个服从标准正态分布的随机数. 限于篇幅,此处就不展开了,此后再详述.

2. 定积分的近似计算

利用大数定律可以近似计算$\int_a^b g(x)\mathrm{d}x$,设$g(x)$是有限区间$[a,b]$上的连续函数,取随机变量 $X \sim U(a,b)$,则

$$E[g(X)] = \frac{1}{b-a}\int_a^b g(x)\mathrm{d}x$$

由此我们可以得到$\int_a^b g(x)\mathrm{d}x$的近似计算公式. 根据大数定律,若$X_1,\cdots,X_n,\cdots$为$X\sim U(a,b)$的$i.i.d$样本,则$g(X_1),\cdots,g(X_n),\cdots$为独立同分布序列,于是

$$\frac{1}{n}\sum_{i=1}^{n}g(X_i)\xrightarrow{P}E[g(X)]=\frac{1}{b-a}\int_a^b g(x)\mathrm{d}x$$

故有

$$\int_a^b g(x)\mathrm{d}x\approx\frac{b-a}{n}\sum_{i=1}^{n}g(X_i)$$

下面给出近似计算的例子,其中n为计算次数,积分值为n次计算的平均数.

(1)$\int_0^1\frac{4}{1+x^2}\mathrm{d}x=\pi=3.141\ 592\ 6\cdots$(图1).

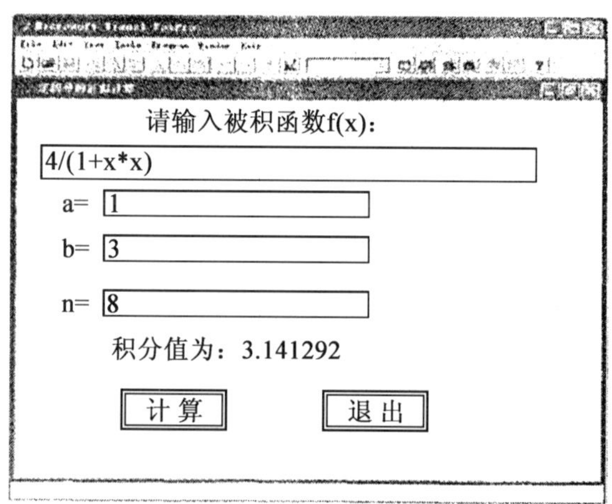

图1

(2)$\int_0^1 x^3\mathrm{d}x=\frac{1}{4}=0.25$(图2).

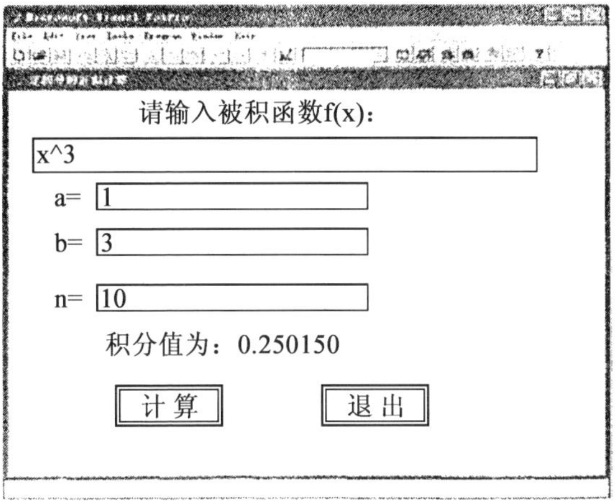

请输入被积函数f(x):

x^3

a= 1

b= 3

n= 10

积分值为：0.250150

计 算　　退 出

图 2

(3) $\int_0^1 e^x dx = e - 1 = 1.71828\cdots$(图 3).

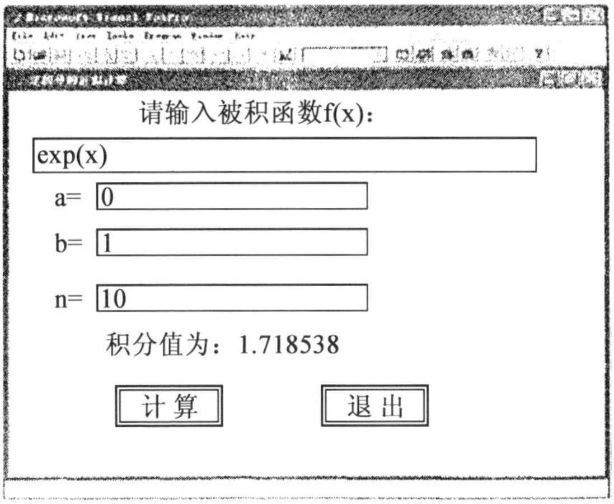

请输入被积函数f(x):

exp(x)

a= 0

b= 1

n= 10

积分值为：1.718538

计 算　　退 出

图 3

(4) $\int_0^1 \frac{1}{\sqrt{2\pi}} e^{-\frac{x^2}{2}} dx = \Phi(1) - \Phi(0) \approx 0.8413 - 0.5 =$

0. 341 3(图 4).

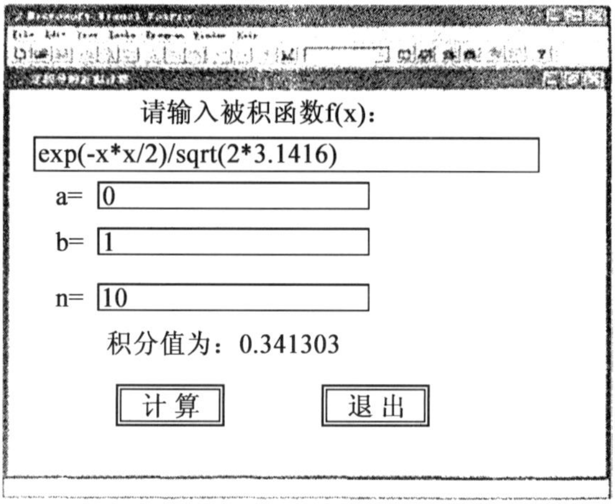

请输入被积函数f(x):

exp(-x*x/2)/sqrt(2*3.1416)

a= 0

b= 1

n= 10

积分值为：0.341303

计 算　　退 出

图 4

(5) $\int_1^3 \frac{1}{\sqrt{2\pi}} e^{-\frac{x^2}{2}} dx = \Phi(3) - \varphi(1) \approx 0.998\,7 - 0.841\,3 =$ 0. 157 4(图 5).

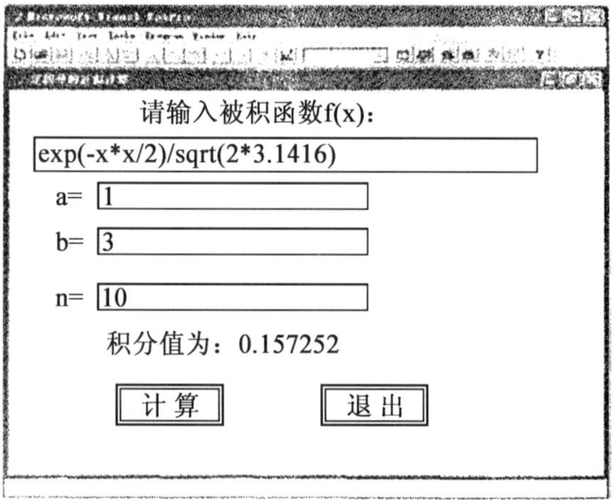

请输入被积函数f(x):

exp(-x*x/2)/sqrt(2*3.1416)

a= 1

b= 3

n= 10

积分值为：0.157252

计 算　　退 出

图 5

参考资料

[1] 盛骤,等. 概率论与数理统计[M]. 3 版. 北京:高等教育出版社,2001.

[2] 王梓坤. 概率论基础及其应用[M]. 北京:科学出版社,1976.

[3] 曹卫东. 产生随机数的新方法[J]. 江苏教育学院学报,2008,3:1-5.

[4] 曹卫东,戴曼琴. Mersenne 素数数字分布的假设检验[J]. 江苏教育学院学报,2007,4:6-9.

第55章 有关 Mersenne 数的一个注记[①]

Mersenne 数是形如 2^p-1(其中 p 为素数)的数[1],由于法兰西科学院的奠基人 Mersenne 最早系统而深入地研究 2^p-1 的数.他的工作使其摆脱了作为"完全数"的附庸的地位,为了纪念他,20 世纪初,经美国数学家布勒提议[2],将 2^p-1 的数冠以 Mersenne 的名字,即 $M_p=2^p-1$,通用记号 M_p 中的 M 就是 Mersenne 的第一个字母.如果 Mersenne 数为素数,则称之为"Mersenne 素数"(即 2^p-1 形素数).

Mersenne 素数是数论研究的一项重要课题.它已成为当今科学研究的重点与难点[3].2300 多年来,人类仅仅发现了 47 个 Mersenne 素数[4].对于 Mersenne 数,我们只知道它的形式,从 2^p-1 的形式可以得知其个位数字可能为数字 1,3,5,7 和 9,而

① 本章摘自《河北北方学院学报(自然科学版)》,2010 年,第 26 卷,第 2 期.

对于其具体数字并未讨论过.喀什师范学院数学系的张四保,阿布都瓦克·玉奴司2010年运用中国剩余定理,讨论了Mersenne数的个位数字情况,得到了如下一个结论

$$\begin{cases}M_p \equiv 1 \pmod{10}, p=4k+1 \\ M_p \equiv 7 \pmod{10}, p=4k+3\end{cases}$$

§1 引理

引理1 一次同余式 $ax \equiv b \pmod m$ 有解的充要条件为 $(a,m) \mid b$.

证明 详见参考文献[5].

引理2(中国剩余定理) 设 $m_1, m_2, \cdots, m_k$ 是 k 个两两互质的正整数, $m = m_1 m_2 \cdots m_k$, $m = m_i M_i (i=1, 2, \cdots, k)$,则同余式组

$$\begin{cases}x \equiv b_1 \pmod{m_1} \\ x \equiv b_2 \pmod{m_2} \\ \quad\vdots \\ x \equiv b_k \pmod{m_k}\end{cases} \tag{1}$$

的解是

$$x \equiv M_1 M'_1 b_1 + M_2 M'_2 b_2 + \cdots + M_k M'_k b_k \pmod m \tag{2}$$

其中

$$M_i M'_i \equiv 1 \pmod{m_i}, i=1,2,\cdots,k$$

证明 由$(m_i,m_j)=1(i\neq j)$,即得$(M_i,m_i)=1$,由引理 1 可得,对每一个 M_i,有一 M'_i 存在,使得 $M_iM'_i\equiv1(\bmod m_i)$.

另一方面 $m=m_iM_i$,因此 $m_j\mid M_j(i\neq j)$,故

$$\sum_{j=1}^{k}M_jM'_jb_j\equiv M_iM'_ib_i\equiv b_i(\bmod m_i)$$

即为(1) 的解.

若 x_1,x_2 是适合式(1) 的任意两个整数,则

$$x_1\equiv x_2(\bmod m_i),i=1,2,\cdots,k$$

因$(m_i,m_j)=1$,于是

$$x_1\equiv x_2(\bmod m)$$

故(1) 的解只有(2).

§2 结论的证明

当素数 $p\geqslant3$ 时,p 可以表示如下两种形式:$p=4k+1$;$p=4k+3$.

当 $p=4k+1$ 时

$$m_p=2^p-1=2^{4k+1}-1=2^{4k}\cdot2-1=16^k\cdot2-1$$

由于

$$\begin{cases}16^k\cdot2-1\equiv1(\bmod 2)\\16^k\cdot2-1\equiv1(\bmod 5)\end{cases}$$

所以

$$\begin{cases}M_p\equiv1(\bmod 2)\\M_p\equiv1(\bmod 5)\end{cases}\tag{3}$$

利用中国剩余定理求解同余式组(3)有

$$m_1=2, m_2=5, m_1m_2=10, b_1=1, b_2=1$$

$$M_1=m_2=5, M_2=m_1=2$$

由于

$$M_iM'_i\equiv 1(\bmod m_i)$$

所以

$$M'_1=1, M'_2=3$$

所以当 $p=4k+1$ 时

$$\begin{aligned}M_p&\equiv M_1M'_1b_1+M_2M'_2b_2\\&\equiv 5\cdot 1\cdot 1+2\cdot 3\cdot 1\equiv 1(\bmod 10)\end{aligned}$$

当 $p=4k+3$ 时

$$M_p=2^p-1=2^{4k+3}-1=2^{4k}\cdot 2^3-1=16^k\cdot 2^3-1$$

由于

$$\begin{cases}16^k\cdot 2^3-1\equiv 1(\bmod 2)\\16^k\cdot 2^3-1\equiv 2(\bmod 5)\end{cases}$$

所以

$$\begin{cases}M_p\equiv 1(\bmod 2)\\M_p\equiv 2(\bmod 5)\end{cases}\tag{4}$$

利用中国剩余定理求解同余式组(4),有

$$M_1=2, m_2=5, m_1m_2=10,$$

$$b_1=1, b_2=2, M_1=m_2=5, m_2=m_1=2$$

由于

$$M_iM'_i\equiv 1(\bmod m_i)$$

所以

$$M'_1=1, M'_2=3$$

所以当 $p=4k+3$ 时

$$M_p \equiv M_1 M'_1 b_1 + M_2 M'_2 b_2$$
$$\equiv 5 \cdot 1 \cdot 1 + 2 \cdot 3 \cdot 2 \equiv 7 \pmod{10}$$

综上演算过程,可以得到当 $p=4k+1$ 时

$$M_p \equiv 1 \pmod{10}$$

当 $p=4k+3$ 时

$$M_p \equiv 7 \pmod{10}$$

其中 p 为素数. 由于 Mersenne 素数是 Mersenne 数中的一种特殊数,从而得到了大于 3 的 Mersenne 素数的个位数字为 1 或 7.

参考资料

[1] 柯召,孙琦. 数论讲义(上册)[M]. 2 版. 北京:高等教育出版社,2003:1-50.

[2] 岑成德. 数海明珠——漫话 Mersenne 素数[J]. 科学中国人,1998(12):28-31.

[3] 张四保,罗兴国. 魅力独特的 Mersenne 素数[J]. 科学,2008,60(06):56-58.

[4] 陈琦,章平. 数学珍宝——Mersenne 素数[J]. 百科知识,2009(15):22.

[5] 闵嗣鹤,严士健. 初等数论[M]. 3 版. 北京:高等教育出版社,2009:30-100.

第56章 有关 Mersenne 素数的尾数[①]

对于 Mersenne 素数的研究，大多体现在探寻 Mersenne 素数与其分布规律之上，而对于其性质研究甚少，例如其同余的性质，喀什师范学院数学系的张四保教授 2010 年利用中国剩余定理探讨了 Mersenne 素数的最末尾两位数字，得到了如下定理.

定理 当 $p=4k+1$ 时，Mersenne 素数

$$M_p\equiv 31(\bmod 100), M_p\equiv 11(\bmod 100)$$

$$M_p\equiv 91(\bmod 100), M_p\equiv 71(\bmod 100)$$

$$M_p\equiv 51(\bmod 100)$$

当 $p=4k+3$ 时，Mersenne 素数

$$M_p\equiv 27(\bmod 100), M_p\equiv 47(\bmod 100)$$

$$M_p\equiv 67(\bmod 100), M_p\equiv 87(\bmod 100)$$

$$M_p\equiv 7(\bmod 100)$$

① 本章摘自《吉林师范大学学报(自然科学版)》，2010年，第2期.

§1 引理

引理 1 一次同余式

$$ax \equiv b \pmod{m}$$

有解的充要条件为$(a,m)\mid b$.

证明 详见参考文献[4].

引理 2(中国剩余定理) 设 $m_1, m_2, \cdots, m_k$ 是 k 个两两互质的正整数,$m = m_1 m_2 \cdots m_k$, $m = m_i M_i (i=1, 2, \cdots, k)$,则同余式组

$$\begin{cases} x \equiv b_1 \pmod{m_1} \\ x \equiv b_2 \pmod{m_2} \\ \quad \vdots \\ x \equiv b_k \pmod{m_k} \end{cases} \tag{1}$$

的解是

$$x \equiv M_1 M'_1 b_1 + M_2 M'_2 b_2 + \cdots + M_k M'_k b_k \pmod{m} \tag{2}$$

其中

$$M_i M'_i \equiv 1 \pmod{m_i}, i = ,2, \cdots, k$$

证明 由$(m_i, m_j) = 1 (i \neq j)$,即得$(M_i, m_i) = 1$. 由引理 1 可得,对每一个 M_i,有一 M'_i 存在,使得

$$M_i M'_i \equiv 1 \pmod{m_i}$$

另一方面 $m = m_i M_i$,因此 $m_j \mid M_i (i \neq j)$,故

$$\sum_{j=1}^{k} M_j M'_j b_j \equiv M_i M'_i b_i \equiv b_i \pmod{m_i}$$

即为(1)的解.

若 x_1,x_2 是适合式(1)的任意两个整数,则

$$x_1\equiv x_2(\bmod m_i),i=1,2,\cdots,k$$

因$(m_i,m_j)=1$,于是

$$x_1\equiv x_2(\bmod m)$$

故(1)的解只有(2).

§2　定理的证明

为了分情况讨论的方便,我们先考虑 Mersenne 素数的指数 $p=5$ 的指数的情况.

当 $p=5$ 时

$$M_p=2^p-1=2^5-1=31$$

此时

$$M_p\equiv 31(\bmod 100)$$

下面我们再来考虑 Mersenne 素数的指数 $p\geqslant 7$ 的情况,对于素数 p,p 可以表示成两种形式:$p=4k+1$,$p=4k+3$,其中 $k\in\mathbf{Z}_+$,$\mathbf{Z}_+$ 为正整数集合.

显然,当 $p=4k+1$ 时

$$2^{4k-1}-1=16^k\cdot 2-1\equiv 3(\bmod 4)\tag{3}$$

当 $p=4k+3$ 时

$$2^{4k+3}-1=16^k\cdot 8-1\equiv 3(\bmod 4)\tag{4}$$

因为当 $p=4k+1$ 时

$$2^{4k+1}-1\equiv 16^k\cdot 2-1(\bmod 25)$$

当 $p=4k+3$ 时

$$2^{4k+3}-1\equiv 16^k\cdot 8-1(\bmod 25)$$

我们再来考虑 16^k 取模 25 的情况. 当 $k\in\mathbf{Z}_+, k\equiv 1(\bmod 5)$时,有

$$16^{5k_1+1}=1\ 048\ 576^{k_1}\cdot 16\equiv 16(\bmod 25)$$

其中

$$k=5k_1+1(k_1\in\mathbf{Z}_+) \tag{5}$$

根据式(5)进行递推很容易得到下面几个关系式:

当 $k\equiv 2(\bmod 5)$时,有

$$16^{5k_1+2}=1\ 048\ 576^{k_1}\cdot 16^2\equiv 6(\bmod 25) \tag{6}$$

当 $k\equiv 3(\bmod 5)$时,有

$$16^{5k_1+3}=1\ 048\ 576^{k_1}\cdot 16^3\equiv 21(\bmod 25) \tag{7}$$

当 $k\equiv 4(\bmod 5)$时,有

$$16^{5k_1+4}=1\ 048\ 576^{k_1}\cdot 16^4\equiv 11(\bmod 25) \tag{8}$$

当 $k\equiv 0(\bmod 5)$时,有

$$16^{5k_1}=1\ 048\ 576^{k_1}\equiv 1(\bmod 25) \tag{9}$$

那么根据(5)(6)(7)(8)(9),结合

$$2^{4k+1}-1\equiv 16^k\cdot 2-1(\bmod 25)$$

的情况可以得到如下关系式:

当 $k\equiv 1(\bmod 5)$时,有

$$2^{4k+1}-1=16^k\cdot 2-1=6(\bmod 25) \tag{10}$$

当 $k\equiv 2(\bmod 5)$时,有

$$2^{4k+1}-1=16^k\cdot 2-1=11(\bmod 25) \tag{11}$$

当 $k\equiv 3(\bmod 5)$时,有

$$2^{4k+1}-1=16^k\cdot 2-1=16(\bmod 25) \tag{12}$$

当 $k\equiv4(\bmod 5)$ 时,有

$$2^{4k+1}-1=16^k\cdot2-1=21(\bmod 25) \tag{13}$$

当 $k\equiv0(\bmod 5)$ 时,有

$$2^{4k+1}-1=16^k\cdot2-1=1(\bmod 25) \tag{14}$$

同样根据(5)(6)(7)(8)(9),结合

$$2^{4k+3}-1\equiv16^k\cdot8-1(\bmod 25)$$

的情况可以得到如下关系式:

当 $k\equiv1(\bmod 5)$ 时,有

$$2^{4k+3}-1=16^k\cdot8-1=2(\bmod 25) \tag{15}$$

当 $k\equiv2(\bmod 5)$ 时,有

$$2^{4k+3}-1=16^k\cdot8-1=22(\bmod 25) \tag{16}$$

当 $k\equiv3(\bmod 5)$ 时,有

$$2^{4k+3}-1=16^k\cdot8-1=17(\bmod 25) \tag{17}$$

当 $k\equiv4(\bmod 5)$ 时,有

$$2^{4k+3}-1=16^k\cdot8-1=12(\bmod 25) \tag{18}$$

当 $k\equiv0(\bmod 5)$ 时,有

$$2^{4k+3}-1=16^k\cdot8-1=7(\bmod 25) \tag{19}$$

将(10)(11)(12)(13)(14)与(3)结合组成同余式组有

$$\begin{cases}M_p\equiv3(\bmod 4)\\M_p\equiv6(\bmod 25)\end{cases},\begin{cases}M_p\equiv3(\bmod 4)\\M_p\equiv11(\bmod 25)\end{cases},\begin{cases}M_p\equiv3(\bmod 4)\\M_p\equiv16(\bmod 25)\end{cases}$$

$$\begin{cases}M_p\equiv3(\bmod 4)\\M_p\equiv21(\bmod 25)\end{cases},\begin{cases}M_p\equiv3(\bmod 4)\\M_p\equiv1(\bmod 25)\end{cases} \tag{20}$$

利用中国剩余定理解上述同余式组(20)可得

$$M_p\equiv31(\bmod 100),M_p\equiv11(\bmod 100)$$

$$M_p \equiv 91 (\bmod 100), M_p \equiv 71 (\bmod 100)$$

$$M_p \equiv 51 (\bmod 100)$$

将(15)(16)(17)(18)(19)与(4)结合组成同余式组有

$$\begin{cases} M_p \equiv 3(\bmod 4) \\ M_p \equiv 2(\bmod 25) \end{cases}, \begin{cases} M_p \equiv 3(\bmod 4) \\ M_p \equiv 22(\bmod 25) \end{cases}, \begin{cases} M_p \equiv 3(\bmod 4) \\ M_p \equiv 17(\bmod 25) \end{cases}$$

$$\begin{cases} M_p \equiv 3(\bmod 4) \\ M_p \equiv 12(\bmod 25) \end{cases}, \begin{cases} M_p \equiv 3(\bmod 4) \\ M_p \equiv 7(\bmod 25) \end{cases} \tag{21}$$

同样利用中国剩余定理解上述同余式组(21)可得

$$M_p \equiv 27 (\bmod 100), M_p \equiv 47 (\bmod 100)$$

$$M_p \equiv 67 (\bmod 100), M_p \equiv 87 (\bmod 100)$$

$$M_p \equiv 7 (\bmod 100)$$

根据上面的推导过程,可以得出:当 $p=4k+1$ 时,Mersenne 素数

$$M_p \equiv 31 (\bmod 100), M_p \equiv 11 (\bmod 100)$$

$$M_p \equiv 91 (\bmod 100), M_p \equiv 71 (\bmod 100)$$

$$M_p \equiv 51 (\bmod 100)$$

当 $p=4k+3$ 时,Mersenne 素数

$$M_p \equiv 27 (\bmod 100), M_p \equiv 47 (\bmod 100)$$

$$M_p \equiv 67 (\bmod 100), M_p \equiv 87 (\bmod 100)$$

$$M_p \equiv 7 (\bmod 100).$$

定理证毕.

§3　推论

根据定理的结论,可以得到如下两个推论:

推论 1　当 Mersenne 素数 M_p 的指数 p 满足 $p\equiv 1 \pmod 4$ 时,Mersenne 素数 M_p 的个位数字是 1,十位数字是奇数,并且这个奇数遍历奇数 1,3,5,7,9.

推论 2　当 Mersenne 素数 M_p 的指数 p 满足 $p\equiv 3 \pmod 4$ 时,Mersenne 素数 M_p 的个位数字是 7,十位数字是偶数,并且这个偶数遍历偶数 0,2,4,6,8.

参考资料

[1]　Rosen K H. Elementary Number Theory and Its Applications [M]. Wokingham: Addison-Wesley,2009.

[2]　王婧,曾文华. 网格技术在全球分布计算计划 GIMPS 中的应用研究[J]. 计算机与现代化,2007(9):1-4.

[3]　陈琦,章平. 数学珍宝——Mersenne 素数[J]. 百科知识,2009(15):22.

[4]　闵嗣鹤,严士健. 初等数论[M]. 3 版. 北京:高等教育出版社,2009.

第 57 章 Mersenne 素数的探讨①

§1 前言

Mersenne 素数是否无穷？这是一个仍未知晓的世界数学难题. 本章从 Mersenne 素数的性质和用筛法探讨其无穷的证明. 可以看到本章是在无穷整数的范围的前提条件下进行讨论的.

§2 Mersenne 素数

(1)素数的形成机制：当素数的多倍数(合数)不能覆盖自然数，而形成新的素数.

(2) Mersenne 素数的形成机制：当 2^n-1数的素因子的多倍数(合数)不能覆盖 2^n-1 数，而形成 2^p-1 的素位数，而当素

① 本章摘自《论坛集萃》，2013 年，第 7 期.

位数恰为自然数集的素数时，则产生新的 Mersenne 素数.

现将前 13 个 2^n-1 的数列于表 1：

表 1　2^n-1 数的一览表

n	2^n	2^n-1	$\equiv 0(\bmod x)$	p	素位	性质	m	D	D^*
1	2	1							
2	4	3	3	2	√	素数	1	0.5	1
3	8	7	7	3	√	素数	2	0.666 6	1.5
4	16	15	3,5					0.5	1.33
5	32	31	31	5	√	素数	3	0.6	1.66
6	64	63	3,7					0.5	1.99
7	128	127	127	7	√	素数	4	0.571 4	2.33
8	256	255	3,5					0.5	1.82
9	215	511	7,73					0.444 4	2.05
10	1 024	1 023	3,11,31					0.4	2.28
11	2 048	2 047	23,89	11	√	（合数）		0.363 6	2.28
12	4 096	4 095	3,5,273					0.333 3	2.49
13	8 192	8 191	8 191	13	√	素数	5	0.384 6	2.66

注　m 为素数个数；D 为素数个数与序数之比，即 Mersenne 素数在 2^n-1 的数中的密率. D^* 见下文.

定理　在无穷正整数区间，两个无穷的同类无序数集一定间或有部分元素无规律相交.

证明　有无穷正整数的区间，两个无穷的同类无序数集一定有部分元素无规律相交. 否则，它们就是存在有意规避（有规律），违反无序数的性质而矛盾.

命题 Mersenne 素数无穷.

(1)由表1可以看到,2^n-1数的合数是2^n-1数集前面的素因子的多倍数形成的合数. 而2^p-1的数是2^n-1数集的素因子的多倍数不能覆盖的数,它们有可能成为素数. 我们把2^p-1的数称为素位数. 2^p-1素位数的指数p和序数n的关系与素数p和自然数集关系(形成机制)完全相同,且2^p-1的数与素数p一一对应. 因为素数p是无穷的,所以2^p-1的数也是无穷的. 我们可利用筛法近似计算素位数个数D^*,如$D^* = \times\times\times = 0.22857n$(见表1的$D^*$). 显然它是个大于1的单调增函数,预示随着$n$的无限增大,也不断地会出现新的素位数,即素位数是无穷的.

(2)当2^p-1的素位数刚好等于自然数集的某个素数时,就成为 Mersenne 素数. 2^p-1的数集的序列数是$2^2-1, 2^3-1, \cdots, 2^p-1$;而素数集合的序列数是$2, 3, \cdots, p$;它们一一对应,因此它们都是无序数. 同时,$2^n-1$的素数$3, 7, 31, \cdots, p$属于素数集合. 那么,在数轴无穷的正整数区间,根据定理,2^p-1的数必然间或有与自然数的素数相交(相等),那么它就成为2^n-1的素数. 因此,这样的 Mersenne 素数也是无穷的.

§3 结论

Mersenne 素数一定是2^p-1中之数. Mersenne 素

数和自然数集的素数一样无穷,但更加的稀罕.

参考资料

[1]　[英]HARDY G H, WRIGHT E M. 数论导引[M]. 张明尧,张凡,译. 北京:人民邮电出版社,2007:14-16.

[2]　周从尧,余未. 有趣的数论名题[M]. 长沙:湖南大学出版社,2012:24-35.

[3]　潘承洞,潘承彪. 初等数论[M]. 北京:北京大学出版社,2003:1-13.

第十六编

广义 Mersenne 素数

广义 Mersenne 数的几个性质[①]

第 58 章

安徽师范大学数学系的周维义教授 2008 年讨论了广义 Mersenne 数

$$M(a,p)=\frac{a^p-1}{a-1}$$

(a 是大于 1 的正整数,p 是奇素数)的几个性质,并由此提出了搜寻这种形式素数的一个算法,给出了所有满足 $2\leqslant a\leqslant 101$,$p\leqslant 101$ 的素数和强概素数.

§1 引言

形如 2^n-1 的数称为 Mersenne 数,若同时为素数,则称其为 Mersenne 素数. Mersenne 素数在数论及相关领域有着重要的理论意义和广泛的应用价值[1]. 近年来,Mersenne 数得到了相当深入的研究[2],

① 本章摘自《广西民族大学学报(自然科学版)》,2008 年,第 14 卷,第 2 期.

对于 Mersenne 数,有如下性质($M_p=2^p-1$,p 是奇素数)[3]:

(ⅰ)若 $q\mid M_p$,则

$$q\equiv 1 \pmod{2p}$$

(ⅱ)若 $q\mid M_p$,$q=2kp+1$,则 $k\equiv 0,-p \pmod 4$.

(ⅲ)若 $p\equiv 3 \pmod 4$,且 $q=2p+1$ 也是素数,则$q\mid M_p$.

(ⅳ)若 $p\equiv 1 \pmod 4$,且 $q=6p+1$ 也是素数,则 $q\mid M_p \Leftrightarrow q=a^2+27b^2$,$a,b\in\mathbf{Z}$.

乐茂华在文献[4]中将形如$\frac{a^p-1}{a-1}$的数称为广义 Mersenne 数,其中 a 是大于 1 的正整数,p 是奇素数,并研究了它的素因数,得到以下结果:

设 $q=2p+1$,如果 q 是素数,$\left(\frac{a}{q}\right)=1$ 且 $q\nmid a-1$,其中$\left(\frac{a}{q}\right)=1$ 是 Legendre 符号,则 $q\left|\frac{a^p-1}{a-1}\right.$. 它是性质(ⅲ)的推广. 为简便计,以下将$\frac{a^p-1}{a-1}$记为 $M(a,p)$. 若一个广义 Mersenne 数同时也是素数,则称其为广义 Mersenne 素数.

易知,$M(a,p)$ 是正奇数,而且 $M(2,p)$ 即为 Mersenne 数. 当 $a=10$ 时

$$M(a,p)=\frac{10^p-1}{9}$$

这样的数称为循环整数[5],已知当 $p=2,19,23,317,1\ 031,49\ 081$ 时,它均为素数.

本章主要是进一步讨论广义 Mersenne 数的另外几个性质，其中定理1（ⅰ）及定理2（ⅰ）分别是 Mersenne 数 M_p 性质（ⅰ）和（ⅳ）在其上的推广；并在此基础上提出了一个搜寻广义 Mersenne 素数的算法，给出了所有满足 $2\leqslant a\leqslant 101, p\leqslant 101$ 的素数和强概素数.

§2　定义和引理

定义1[6]　若 $N_\pi\neq 3$，定义 α 模 π 的三次剩余特征 $\left(\frac{\alpha}{\pi}\right)_3$ 如下：

(a) $\left(\frac{\alpha}{\pi}\right)_3=0$，若 $\pi\mid\alpha$.

(b) $\alpha^{\frac{N_\pi-1}{3}}\equiv\left(\frac{\alpha}{\pi}\right)_3 \pmod p$，$\left(\frac{\alpha}{\pi}\right)_3=1,w,w^2$，$N_\pi$ 表示 π 的范数.

定义2[7]（Miller 测试）　设奇数 $n\in\mathbf{Z}_+$，$n-1=2^sq$. 若 n 是素数，则对任意 $b\in\mathbf{Z}_+$，$\gcd(n,b)=1$，有

$$b^q\equiv(\bmod n)\text{或 } b^{2^r}\equiv -1(\bmod n)\ ,r=0,1,\cdots,s-1 \tag{1}$$

给定正整数 n，若存在 b 使式(1)不成立，则 n 一定是合数；反之，就称 n 通过关于基 b 的 Miller 测试. 若 n 通过基为 b 的 Miller 测试，则称 n 为关于基 b 的强概素数，记为 sprp(b)；若 n 为合数，则称为强伪素

数,记为 spsp(b).

引理 1[6] $a^{\frac{p-1}{2}}\equiv\left(\frac{a}{p}\right)\pmod p$. 其中$\left(\frac{a}{p}\right)$是 Legendre 符号.

引理 2[6] (i) $\alpha^{\frac{N_\pi-1}{3}}\equiv\left(\frac{\alpha}{\pi}\right)_3\pmod p$.

(ii) $\left(\frac{\alpha}{\pi}\right)_3=1\Leftrightarrow x^3\equiv\alpha\pmod \pi$ 有解.

引理 3[6] 若 $p\equiv 1\pmod 3$, p 是素数,则 $x^3\equiv 2\pmod p$ 有解$\Leftrightarrow$存在整数 C 和 D 使得

$$p=C^2+27D^2$$

引理 4[6] 若 $m\in\mathbf{Z}_+$ 有原根,且 $\gcd(a,m)=1$,则 $x^n\equiv a\pmod m$ 有解的充要条件是

$$a^{\frac{\phi(m)}{d}}\equiv 1\pmod m,d=\gcd(n,\phi(m))$$

若有解,则有 d 个解.

引理 5[8] 设 $n-1=FR$,其中 F 是 $n-1$ 中已完全分解部分, $F=\prod_{i=1}^{k}p_i^{a_i}$,其中 p_i 为素数,$a_i\in\mathbf{Z}$,且 $\gcd(F,R)=1$,若对于每个 p_i 都存在 b_i 使得

$$b_i^{n-1}\equiv 1\pmod n$$

且

$$\gcd(b_i^{\frac{n-1}{p_i}}-1,n)=1$$

则对于 $F>R$ 有,n 是素数.

§3　$M(a,p)$的主要性质及证明

下面讨论$M(a,p)$的基本性质,以下p,q均表示奇素数.

定理1　(i)若$q\mid M(a,p)$,$q\nmid a-1$,则$q\equiv 1\pmod{2p}$.

(ii)若$q\mid M(a,p)$,$q=2kp+1$,则

$$\left(\frac{a}{q}\right)=1,x^k\equiv a\pmod q$$

有解且有k个解.

(iii)若$a=b^2$;$b\in\mathbf{Z}_+$,则$M(a,p)$必为合数.

证明　(i)若$q\mid M(a,p)$,则$q\mid a^p-1$,于是$a^p\equiv 1\pmod q$.

易知$q\nmid a$,若不然,由$q\mid M(a,p)$知$q\mid 1$,此不可能. 由 Fermat 小定理知

$$a^{q-1}\equiv 1\pmod q$$

所以$p\mid q-1$,又因$\gcd(2,p)=1$,且$2\mid q-1$,于是$2p\mid q-1$,故

$$q\equiv 1\pmod{2p}$$

(ii)$q\mid M(a,p)\Rightarrow q\left|\frac{a^p-1}{a-1}\right.\Rightarrow q\mid a^p-1\Rightarrow a^p\equiv 1\pmod q\Rightarrow a^{2p}\equiv 1\pmod q$,$a^{kp}\equiv 1\pmod q$,由引理1及引理4即可得证.

(iii)因为$a=b^2$,所以

$$M(a,p)=\frac{b^{2p}-1}{b^2-1}=\frac{(b^p+1)(b^p-1)}{(b+1)(b-1)}$$

而

$$b+1\mid b^p+1,b-1\mid b^p-1$$

所以 $M(a,p)$ 为合数.

由定理 1(i)容易得到 M_p 的性质(i),即:

推论 1 若 $q\mid M_p$,则

$$q\equiv 1(\bmod 2p)$$

定理 2 (i)若 $q=6p+1,q\nmid a-1$,则

$$q\mid M(a,p)\Leftrightarrow\left(\frac{a}{q}\right)^3=1,\left(\frac{a}{q}\right)=1$$

(ii)若 $q\nmid a-1$,则

$$q\mid M(a,p)\Leftrightarrow \mathrm{ord}_q a=p$$

($\mathrm{ord}_q a$ 表示 a 对模 q 的指数).

证明 (i)必要性. 若 $q\mid M(a,p)$,则

$$q\mid a^p-1\Rightarrow a^p\equiv 1(\bmod q)$$

进一步我们有

$$a^{2p}\equiv 1(\bmod q),a^{3p}\equiv 1(\bmod q)$$

而

$$N_q=q^2=(6p+1)^2$$

所以

$$a^{\frac{N_q-1}{3}}=a^{4p(3p+1)}\equiv 1(\bmod q)$$

由引理 1 及引理 2(i)得

$$\left(\frac{a}{q}\right)^3=1,\left(\frac{a}{q}\right)=1$$

充分性

$$\left(\frac{a}{q}\right)=1\Rightarrow a^{3p}\equiv 1\pmod q$$

又因$\left(\frac{a}{q}\right)^{3}=1$,由引理 2(ⅰ)知

$$a^{\frac{N_q-1}{3}}=a^{4p(3p+1)}\equiv 1\pmod q$$

由

$$a^{3p}\equiv 1\pmod q$$

知

$$a^{(3p+1)4p}\equiv a^{4p}\equiv a^{p}\pmod q$$

所以我们有

$$a^{p}\equiv 1\pmod q$$

所以 $q\mid a^p-1$,由 $q\nmid a-1$ 可得 $q\mid M(a,p)$.

(ⅱ)必要性. 因为 $q\nmid a-1, q\mid M(a,p)$,所以我们有

$$q\mid a^p-1\Rightarrow \mathrm{ord}_q a=p$$

若不然,即存在正整数 $m<p$,使得 $\mathrm{ord}_q a=m$. 于是 $m\mid p$,此不可能.

故必要性得证.

充分性

$$\mathrm{ord}_q a=p\Rightarrow a^p\equiv 1\pmod q\Rightarrow q\mid a^p-1$$

又因 $q\nmid a-1$,故 $q\mid\frac{a^p-1}{a-1}$,即 $q\mid M(a,p)$.

由定理 2(ⅰ)容易得到 M_p 的性质(ⅳ),即:

推论 2　若 $p\equiv 1\pmod 4$,且 $q=6p+1$ 也是素数,则

$$q\mid 2^p-1\Leftrightarrow q=a^2+27b^2, a,b\in\mathbf{Z}$$

证明 由定理2(ⅰ)及引理3,引理2(ⅱ)即得.

§4 算法及结果

基于上述定理,为了搜寻形如$M(a,p)$的素数,提出如下算法:

(1)取定自然数$a>1$(若a是平方数,则取下一个a),任取自然数$b>1$,对于小于20的p检验

$$b^{M(a,p)-1}\equiv 1(\bmod M(a,p))$$

是否成立,若成立,则$M(a,p)$是以b为底的概素数,将该$M(a,p)$放到集合T_1中;否则$M(a,p)$为合数.

(2)对于大于20的p,先做一个10^6以内的素数表,依次对该素数表中满足$q\nmid a-1$,且$q\equiv 1(\bmod 2p)$的素数q,检验q是否整除$M(a,p)$,若整除,则$M(a,p)$为合数,取下一个p进行检验;反之,若直到取到该素数表的上界仍没有整除$M(a,p)$的素数q,则将该$M(a,p)$放到集合T_2中,如此下去,直到预先指定的p的上界为止.

(3)对下一个a施行上述步骤,直到预先指定的a用完为止.

(4)依次对T_1,T_2中的数作一组10个基的Miller测试,取基为2,3,5,7,11,13,17,19,23,29,若其中有任何一个基不能通过,则此数必为合数;若通过该组测试,再利用引理5进行检验,从而得出全部素数和强

概素数.

利用上述算法,在计算机上用 Delphi 6 程序对 $2 \leqslant a \leqslant 101, p \leqslant 101$ 中的素数和强概素数进行搜索,耗时 23 分钟,结果见表 1.

表 1 形如 $M(a,p)$ $(2 \leqslant a \leqslant 101, p \leqslant 101)$ 的素数和强概素数

a	p(素数)	p(强概素数)	a	p(素数)	p(强概素数)
2	3,5,7,13,17,19,31,61,89		56	7	
3	3,7,13	71	57	3,17	
5	3,7,11,13	47	58		41
6	3,7,29,71		59	3,13	
7	5,13		60	7	11,53
8	3		61	7	37
10	19,23		62	3,5,17	47
11	17	19,73	63	5	
12	3,5,19	97	65	19	29
13	5,7		66	3,7	19
14	3,7,19,31,41		67		19
15	3	43,73	68	5,7	
17	3,5,7,11	47,71	69	3	61
19	19,31	47,59,61	70		29,59
20	3,11	17	71	3	31,41
21	3,11,17	43	72	7,13	
22	5	79,101	73	5,7	
23	5		74	5	
24	3,5,19	53,71	75	3,19	47,73
26	7	43	76		41
27	3		77	3,5,37	
28	5	17	78	3	101

续表 1

a	p(素数)	p(强概素数)	a	p(素数)	p(强概素数)
29	5		79	5	
30	5,11		80	3,7	
31	7,17,31		82		23,31,41
33	3		83	5	
34	13		84	17	
37	13	71	85	5,19	
38	3,7		86	11	43
40	5,7,19	23,29	87	7	17
41	3	83	88		61
43	5,13		89	3,7	43,47,71
44	5	31	90	3,19	97
45	19	53	93	7	
46	7,19	67	94	5,13	37
48	19		95	7	
50	3,5		97	37	17
53	11,31	41	98	13	47
54	3		99	3,5	37,47
55		17,41,47	101	3	

注 1 我们知道,若 n 是合数,那么 n 通过 k 次 Miller 测试的概率小于$\frac{1}{4^k}$. 而表 1 中的强概素数都通过一组 10 个基的测试,所以它是素数的出错概率小于$\frac{1}{4^{10}}$,即基本上可以断定它是

素数.

注 2　算法第(2)步目的是搜寻较大 $M(a,p)$ 的小素因子,若有小素因子存在,则其必为合数,用该方法可以节省部分运行时间.

参考资料

[1] 高全泉. Mersenne 素数研究的若干基本理论及其意义[J]. 数学的实践与认识, 2006, 36(1):232-238.

[2] SLOWINSKI D, GAGE P. The latest Mersenne Prime[J]. The American Mathematical Monthly, 1992,99(4):360.

[3] SHANKS D. Soloved and Unsolved Problems in Number Theory[M]. Washington D. C.: Spart and Books,1962.

[4] 乐茂华. 广义 Mersenne 数的素因数[J]. 广西师范学院学报(自然科学版),2006,23(3):21-22.

[5] GUY R K. Unsolved problems in number theory [M]. 3rd edition. Problem Books in Mathematics. New York: Springer-Verlag, 2004. M R 2076335(2005h:11003)(该书第二版已有中译本,张明尧译,《数论中未解决的问题》,科学出版社,2003).

[6] IRELAND K, ROSEN M. A classical introduction

to modern number theory[M]. 2nd ed. New York: Springer-Verlag, 1990.

[7] MILLER G. Riemann's hypothesis and test for primality [J]. Comput and System Sci, 1976, 13:300-317.

[8] BRILLHART J, LEHMER D H, SELFRIDGE J L. New primality Criteria and Factorization of $2^m \pm 1$[J]. Math, Comp, 1975, 29:620-647.

第59章 广义 Mersenne 数 $f(a,b,p)$ 的一点注记①

§1 引言

在数论中,有两个古老的尚待解决的问题是"完全数问题"与"亲和数问题".其中前者的问题是:"在 **N**(**N** 是指自然数集)中,是否存在无穷多个完全数?";后者的问题是:"在 **N** 中,是否存在无穷多对亲和数?"[1]

定义 $\sigma(n)$ 是正整数 n 的所有正因数的和.正整数 n 为完全数,如果对正整数 n 有 $\sigma(n)=2n$,例如 6,28,496 是最初的 3 个完全数;正整数对 (m,n) 为一亲和数对,其中 m 与 n 是互不相等的正整数,如果有

① 本章摘自《中央民族大学学报(自然科学版)》,2013年,第22卷,第1期.

$$\sigma(m)=\sigma(n)=m+n$$

例如(220,284),(17 296,18 416)都是亲和数对.对于一个正整数 n 是否是完全数与 n 是否与其他正整数构成亲和数的结论众多,如文献[2]~[4].

设 p 是奇素数,定义正整数

$$f(a,b,p)=\frac{a^p-b^p}{a-b}$$

为广义 Mersenne 数 $f(a,b,p)$,其中 a,b 是满足 $a>b$,且 $(a,b)=1$ 的正整数[5].2007 年,李伟勋[4]证明了:Mersenne 数 M_p 不与任何正整数构成亲和数.喀什师范学院数学系的张四保教授 2013 年考虑广义 Mersenne 数 $f(a,b,p)$ 是否与一正整数构成亲和数对的问题,并给出了相应的结论.

§2 引理

引理 1[6] 设 $a=p_1^{\alpha_1}p_2^{\alpha_2}\cdots p_s^{\alpha_s}$ 是正整数 a 的标准分解式,其中 $p_i(i=1,2,\cdots,s)$ 是素数,且满足 $p_1<p_2<\cdots<p_s$,α_i 是正整数,则有

$$\sigma(a)=\frac{p_1^{\alpha_1+1}-1}{p_1-1}\cdots\frac{p_s^{\alpha_s+1}-1}{p_s-1}=\prod_{i=1}^{s}\frac{p_i^{\alpha_i+1}-1}{p_i-1}$$

引理 2[5] 广义 Mersenne 数 $f(a,b,p)$ 的素因数 q 满足

$$q\equiv 1 \pmod{2^p}$$

引理 3[4] 当 $0<x<1$ 时,有

$$\frac{2}{3}x < \ln(1+x) < x$$

引理 4[3]　若自然数 $y \geqslant 3$,则

$$\sigma(y) < \left(1.8\log\log y + \frac{2.6}{\log\log y}\right)y$$

§3　主要结论及其证明

定理　广义 Mersenne 数

$$f(a,b,p) = \frac{a^p - b^p}{a - b}$$

不与任一正整数构成亲和数对,其中 a,b 是满足 $a > b$,且 $(a,b) = 1$ 的正整数.

证明　当 $a=2,b=1$ 时

$$f(2,1,p) = 2^p - 1$$

就是常说的 Mersenne 数 M_p,根据文献[4]可知,此时 $f(2,1,p) = 2^p - 1$ 不与任一正整数构成亲和数对.

当 $b=1$ 时

$$f(a,1,p) = \frac{a^p - 1}{a - 1} = a^{p-1} + \cdots + a + 1$$

是不可约的[6],即此时 $f(a,1,p)$ 是素数,由于素数都是孤立数[4],所以此时 $f(a,1,p)$ 不与任一正整数构成亲和数对.

当 $a \neq 2, b \neq 1$ 时,广义 Mersenne 数 $f(a,b,p)$ 为合数. 此时,设存在正整数 x 使得其与广义 Mersenne 数

$f(a,b,p)$构成亲和数,即有

$$\sigma(f(a,b,p))=\sigma(x)=f(a,b,p)+x \tag{1}$$

设$f(a,b,p)$的标准分解式为

$$f(a,b,p)=q_1^{\delta_1}q_2^{\delta_2}\cdots q_k^{\delta_k}$$

其中 $q_i(i=1,2,\cdots,k)$是满足 $q_1<q_2<\cdots<q_k$ 的素数,$\delta_i(i=1,2,\cdots,k)$是自然数.

根据引理 2 可得

$$q_i\equiv 1(\mathrm{mod}\ 2^p),i=1,2,\cdots,k \tag{2}$$

继而有

$$q_i\geqslant 2^p i+1,i=1,2,\cdots,k$$

则有

$$f(a,b,p)=q_1^{\delta_1}q_2^{\delta_2}\cdots q_k^{\delta_k}\geqslant q_1q_2\cdots q_k>(2^p+1)^k \tag{3}$$

对式(3)两边取自然对数,并结合

$$f(a,b,p)=\frac{a^p-b^p}{a-b}\leqslant a^p-b^p<a^p$$

可得

$$k<\frac{\ln(f(a,b,p))}{\ln(2^p+1)}<\frac{\ln(f(a,b,p))}{\ln(2^p)}$$
$$=\frac{\ln(f(a,b,p))}{p\ln 2}<\frac{\ln a^p}{p\ln 2}=\frac{\ln a}{\ln 2}$$

根据引理 1,$f(a,b,p)$的标准分解式与式(1),可得

$$1+\frac{x}{f(a,b,p)}=\frac{\sigma(f(a,b,p))}{f(a,b,p)}$$
$$=\prod_{i=1}^{k}\left(1+\frac{1}{q_i}+\cdots+\frac{1}{q_i^{\delta_i}}\right)$$
$$<\prod_{i=1}^{k}\left(\sum_{g=0}^{\infty}\frac{1}{q_i^g}\right)$$

$$= \prod_{i=1}^{k}\left(1+\frac{1}{q_i-1}\right) \tag{4}$$

考虑到

$$q_i \geqslant 2^p i+1, i=1,2,\cdots,k$$

以及

$$k<\frac{\ln a}{\ln 2}$$

所以有

$$\begin{aligned}
\ln\left(1+\frac{x}{f(a,b,p)}\right) &< \ln\prod_{i=1}^{k}\left(1+\frac{1}{q_i-1}\right) \\
&= \sum_{i=1}^{k}\ln\left(1+\frac{1}{q_i-1}\right) \\
&< \sum_{i=1}^{k}\frac{1}{q_i-1} \leqslant \sum_{i=1}^{k}\frac{1}{2^p i} \\
&= \frac{1}{2^p}\left(1+\frac{1}{2}+\cdots+\frac{1}{k}\right) \\
&\leqslant \frac{1}{2^p}(1+\ln k) \\
&< \frac{1}{2^p}(1+\ln\ln a-\ln\ln 2)
\end{aligned} \tag{5}$$

而根据文献[5]的结论

$$\ln a>(2^{p-1}-1)\ln p$$

式(5)可简化为

$$\begin{aligned}
&\ln\left(1+\frac{x}{f(a,b,p)}\right) \\
&<\frac{1}{2^p}(1+(p-1)\ln 2+\ln\ln p-\ln\ln 2)
\end{aligned} \tag{6}$$

若 $x \geqslant f(a,b,p)$,则由式(6)有

$$\ln 2 \leqslant \ln\left(1+\frac{x}{f(a,b,p)}\right)$$
$$<\frac{1}{2^p}(1+(p-1)\ln 2+\ln\ln p-\ln\ln 2)$$

由于 p 是奇素数,所以有 $p \geqslant 3$. 构造函数

$$h_1(p)=2^p\ln 2-(1+(p-1)\ln 2+\ln\ln p-\ln\ln 2)$$

有

$$h'_1(p)=2^p\ln 2\ln 2-\ln 2-\frac{1}{p\ln p}$$

当 $p \geqslant 3$ 时,有 $h'_1(p)>0$,则 $h_1(p)$ 在 $p \geqslant 3$ 是单调严格递增的,则当 $p \geqslant 3$ 时,有

$$\ln 2>\frac{1}{2^p}(1+(p-1)\ln 2+\ln\ln p-\ln\ln 2)$$

进而有

$$\left(1+\frac{x}{f(a,b,p)}\right)>\frac{1}{2^p}(1+(p-1)\ln 2+\ln\ln p-\ln\ln 2)$$

这与式(6)相矛盾. $x \geqslant f(a,b,p)$ 不成立,则一定有 $x<f(a,b,p)$.

由引理 3 及式(6),可得

$$\frac{2x}{3f(a,b,p)}<\ln\left(1+\frac{x}{f(a,b,p)}\right)<\frac{1}{2^p}(1+(p-1)\ln 2+\ln\ln p-\ln\ln 2) \tag{7}$$

根据引理4，有

$$\frac{f(a,b,p)}{x}+1=\frac{\sigma(x)}{x}<1.8\ln\ln x+\frac{2.6}{\ln\ln x}$$
$$<1.8\ln\ln f(a,b,p)+\frac{2.6}{\ln\ln f(a,b,p)} \tag{8}$$

当 $a\neq 2,b\neq 1,p$ 是奇素数，且 $(a,b)=1$ 时

$$f(a,b,p)=a^{p-1}+a^{p-2}b+\cdots+ab^{p-2}+b^{p-1}$$

通过计算容易知道

$$f(a,b,p)=f(5,2,3)=39$$

是最小的一个合数，那么有

$$\frac{f(a,b,p)}{x}+1=\frac{\sigma(x)}{x}$$
$$<1.8\ln\ln f(a,b,p)+\frac{2.6}{\ln\ln 39}$$
$$<1.8\ln\ln f(a,b,p)+2.002\ 41 \tag{9}$$

而

$$\ln\ln(f(a,b,p))<\ln\ln a^{p}$$
$$=\ln(p\ln a)=\ln p+\ln\ln a$$

那么式(9)有

$$\frac{f(a,b,p)}{x}+1=\frac{\sigma(x)}{x}$$
$$<1.8(\ln p+\ln\ln a)+2.002\ 41 \tag{10}$$

再由于

$$\ln a>(2^{p-1}-1)\ln p$$

式(10)可化为

Mersenne 素数

$$\frac{f(a,b,p)}{x}+1=\frac{\sigma(x)}{x}<1.8(\ln p+(p-1)\ln 2+\ln\ln p)+2.00241$$

进而有

$$\frac{x}{f(a,b,p)}>\frac{1}{1.8(\ln p+(p-1)\ln 2+\ln\ln p)+1.00241}$$

再由(7)得

$$2^{p+1}<(5.4\times(\ln p+(p-1)\ln 2+\ln\ln p)+3.00723)\cdot(1+(p-1)\ln 2+\ln\ln p-\ln\ln 2) \qquad (11)$$

p 是奇素数,因而 $p\geqslant 3$. 而当 $p\geqslant 3$ 时,式(11)不成立. 所以,不存在正整数 x 使得其与广义 Mersenne 数 $f(a,b,p)$ 构成亲和数.

参考资料

[1] 王世强. 完美数与亲和数问题对 PA 的条件独立性——对一些数论问题的逻辑讨论(Ⅲ)[J]. 北京师范大学学报(自然科学版),2002,38(2):310-312.

[2] 沈忠华. 有关 Fermat 数的一个问题[J]. 杭州师范学院学报(自然科学版),2001,18(4):21-24.

[3] 沈忠华,于秀源. 关于数论函数 $\sigma(n)$ 的一个注

记[J].数学研究与评论,2007,27(1):123-129.

[4] 李伟勋. Mersenne 数 M_p 都是孤立数[J].数学研究与评论,2007,27(4):693-696.

[5] 乐茂华.广义 Mersenne 数中的奇完全数[J].吉首大学学报(自然科学版),2010,31(5):5-7.

[6] 华罗庚.数论导引[M].北京:科学出版社,1975.

第60章 关于不定方程$\frac{x^p-1}{x-1}=qy$①

设 $p,q=2p+1$ 均为奇素数,对不定方程

$$\frac{x^p-1}{x-1}=qy \tag{1}$$

的正整数解的研究是一件很有意义的工作,也是许多专家一直关心的问题.

若令

$$M(x,p)=\frac{x^p-1}{x-1}$$

则对任意的 x 和 p,$M(x,p)$都是正奇数,而且 $M(2,p)$即为通常的 Mersenne 数. 因此 $M(x,p)$称为广义 Mersenne 数. 由于广义 Mersenne 数在数论及其相关领域有着广泛的应用价值,所以人们对此进行了大量的研究[1-4].

文献[5]指出,若素数 $p\equiv 3 \pmod 4$ 且 $q=2p+1$ 为素数,则 $q\mid M(2,p)$. 这说明方程(1)有正整数解

---

① 本章选自《高师理科学刊》,2011 年,第 31 卷,第 5 期.

$$(x,y,p,q)=\left(2,\frac{2^p-1}{2p+1},p,2p+1\right)$$

这里 $p,2p+1$ 均为奇素数. 取 $p=3,11,23$,可得方程(1)的正整数解为

$$(x,y,p,q)=(2,1,3,7),(2,89,11,23),(2,178\ 481,23,47)$$

作为文献[5]中结论的推广,泰州师范高等专科学校数理系的管训贵教授 2011 年运用初等数论的方法给出(1)有正整数解的充分条件.

引理 1(Fermat 小定理)　设 p 为奇素数,a 为整数,且 $p\nmid a$,则 $a^{p-1}\equiv 1\pmod p$.

引理 2　若 p 为奇素数,则 Legendre 符号值

$$\left(\frac{-1}{p}\right)=(-1)^{\frac{p-1}{2}}$$

引理 3　若 p,q 为两个不同的奇素数,则 Legendre 符号值

$$\left(\frac{q}{p}\right)=(-1)^{\frac{p-1}{2}\cdot\frac{q-1}{2}}\left(\frac{p}{q}\right)$$

定理　设 $p,q=2p+1$ 均为奇素数,若 $x\not\equiv 1\pmod q$,Legendre 符号值$\left(\frac{x}{q}\right)=1$,则方程(1)有正整数解.

证明　由 $q=2p+1$ 是素数及$\left(\frac{x}{q}\right)=1$ 可知,$\gcd(x,q)=1$,从而 $q\nmid x$. 由引理 1 可知

$$x^{2p}\equiv x^{q-1}\equiv 1\pmod q$$

即

$$x^p\equiv -1\pmod q\text{ 或 }x^p\equiv 1\pmod q$$

若 $x^p\equiv -1\pmod q$ 成立,则

$$(x^{\frac{p+1}{2}})^2 \equiv -x(\bmod q)$$

即$\left(\frac{-x}{q}\right)=1$. 由于$\left(\frac{x}{q}\right)=1$,所以$\left(\frac{-1}{q}\right)=1$. 由引理 2 可知,$q\equiv 1(\bmod 4)$. 此时 $p\equiv 0(\bmod 2)$,这与 p 为奇素数的约定矛盾. 因此 $x^p\equiv 1(\bmod q)$. 结合 $x\not\equiv 1(\bmod q)$可知,$q\mid M(x,p)$,即方程(1)有正整数解.

证毕.

推论 1 若素数 $p\equiv 5(\bmod 6)$且 $q=2p+1$ 为素数,则方程(1)有正整数解

$$(x,y,p,q)=\left(3,\frac{3^p-1}{2(2p+1)},p,2p+1\right) \tag{2}$$

证明 因为 $p\equiv 5(\bmod 6)$,所以 $q\equiv 11(\bmod 12)$. 根据引理 3 可知

$$\left(\frac{3}{q}\right)=-\left(\frac{q}{3}\right)=-\left(\frac{11}{3}\right)=-\left(\frac{2}{3}\right)=1$$

且

$$3\not\equiv 1(\bmod q)$$

故由定理可知,方程(1)有正整数解(2).

取 $p=5,11,23$,可得方程(1)的正整数解为

$$(x,y,p,q)=(3,11,5,11),(3,3\ 851,11,23),$$
$$(3,1\ 001\ 523\ 179,23,47)$$

推论 2 若素数 $p\equiv 29(\bmod 30)$且 $q=2p+1$ 为素数,则方程(1)有正整数解

$$(x,y,p,q)=\left(5,\frac{5^p-1}{4(2p+1)},p,2p+1\right) \tag{3}$$

证明 因为 $p\equiv 29(\bmod 30)$,所以 $q\equiv 59(\bmod 60)$. 根据引理 3 可知

$$\left(\frac{5}{q}\right)=\left(\frac{q}{5}\right)=\left(\frac{59}{5}\right)=\left(\frac{4}{5}\right)=1$$

且

$$5\not\equiv 1 \pmod q$$

故由定理可知,方程(1)有正整数解(3).

取 $p=29,89$,可得方程(1)的正整数解为

$(x,y,p,q)=(5,789\ 256\ 419\ 165\ 659\ 776,29,59),(5,225\ 640\ 661\ 158\ 188\ 851\ 665\ 867\ 048\ 856\ 133\ 973\ 221\ 811\ 014\ 710\ 795\ 851\ 268\ 096,89,179)$

综上,有理由提出如下猜想.

猜想　对任意奇素数 p,若 $q=2p+1$ 也是素数,则方程(1)必存在无穷多组正整数解(x,y,p,q).

参考资料

[1] Guy R K. Unsolved problems in number theory [M]. New York: Springer-Verlag, 1994.

[2] Yan S Y. Number theory for computing[M]. New York: Springer-Verlag, 2001.

[3] 颜松远. 数论及其应用[J]. 数学的实践与认识,2002,32(3):486-507.

[4] 袁平之. 关于不定方程$\frac{x^m-1}{x-1}=y^n$的一个注记[J]. 数学学报,1996,29(2):184-189.

[5] Schinzel A, Sierpirski W. Surcertaines hypothesis concernant les numbers premiers[J]. Acta Arith,

1958(4):185-208.

[6] Kenneth H R. Elementary number theory and its applications[M]. 4th ed. 北京:中国机械出版社,2004.

第十七编

Mersenne 数与数论变换

卷积与循环卷积

第

61

章

设两个长为 N 的序列 x_n 和 $h_n(n=0,1,2,\cdots,N-1)$,其卷积是指[①]

---

① 通常在数字滤波等应用中,将遇到两个长度不同的序列 $x_n(n=0,1,\cdots,M_1-1)$,$h_n(n=0,1,2,\cdots,M_2-1)$,其卷积

$$y_n=\sum_{k=0}^{M_1-1}x_k h_{n-k}=\sum_{k=0}^{M_2-1}x_{n-k}h_k$$
$$n=0,1,\cdots,M_1+M_2-2$$
$$x_n=h_n=0,n<0$$

但这种卷积可以通过补零变成长度相同(长度均为 M_1+M_2-2)的卷积(1),输出序列 y_n 的长度亦为 M_1+M_2-2,例如,$x_n(n=0,1)$,$h_n(n=0,1,2,3)$,其卷积 y_n 的长度应为4,即

$$\begin{bmatrix}y_0\\y_1\\y_2\\y_3\end{bmatrix}=\begin{bmatrix}h_0&0\\h_1&h_0\\h_2&h_1\\h_3&h_2\end{bmatrix}\begin{bmatrix}x_0\\x_1\end{bmatrix}\tag{a}$$

在所给序列 x_n 和 h_n 的后面补零而成为长度为4的序列 $(x_0,x_1,0,0)$,(h_0,h_1,h_2,h_3),作它们的如下卷积

$$\begin{bmatrix}y_0\\y_1\\y_2\\y_3\end{bmatrix}=\begin{bmatrix}h_0&&&\\h_1&h_0&&0\\h_2&h_1&h_0&\\h_3&h_2&h_1&h_0\end{bmatrix}\begin{bmatrix}x_0\\x_1\\0\\0\end{bmatrix}\tag{b}$$

由计算,式(a)和式(b)所得结果相同.

由于上述原因,只需研究如正文式(1)那样序列长度相同、卷积序列长度亦相同的卷积.

$$y_n = \sum_{k=0}^{N-1} x_k h_{n-k} = \sum_{k=0}^{N-1} x_{n-k} h_k, n = 0,1,\cdots,N-1 \tag{1}$$

其中假定$x_n = h_n = 0(n < 0)$. 这种卷积在用电子计算机进行信息处理时是经常用到的. 式(1) 的矩阵表示是

$$\begin{bmatrix} y_0 \\ y_1 \\ y_2 \\ \vdots \\ y_{N-1} \end{bmatrix} = \begin{bmatrix} h_0 & & & & \\ h_1 & h_0 & & \mathbf{0} & \\ h_2 & h_1 & h_0 & & \\ \vdots & \vdots & \vdots & & \\ h_{N-1} & h_{N-2} & h_{N-3} & \cdots & h_0 \end{bmatrix} \begin{bmatrix} x_0 \\ x_1 \\ x_2 \\ \vdots \\ x_{N-1} \end{bmatrix} \tag{1'}$$

通常用列矢量来表示序列 x_n 和 $y_n(n=0,1,\cdots,N-1)$. 例如要求下列两序列的卷积

$$(x) = \begin{bmatrix} 1 \\ 2 \\ 0 \\ -2 \\ 1 \end{bmatrix}, \quad (h) = \begin{bmatrix} 1 \\ -2 \\ 1 \\ 0 \\ 1 \end{bmatrix}$$

按照式(1)或式(1′),我们有

$$\begin{bmatrix} y_0 \\ y_1 \\ y_2 \\ y_3 \\ y_4 \end{bmatrix} = \begin{bmatrix} 1 & & & & \\ -2 & 1 & & \mathbf{0} & \\ 1 & -2 & 1 & & \\ 0 & 1 & -2 & 1 & \\ 1 & 0 & 1 & -2 & 1 \end{bmatrix} \begin{bmatrix} 1 \\ 2 \\ 0 \\ -2 \\ 1 \end{bmatrix} \begin{bmatrix} 1 \\ 0 \\ -3 \\ 0 \\ 6 \end{bmatrix}$$

直接计算式(1),大约需要 N^2 次乘法和 N^2 次加

法，当 N 很大时，其计算量是超大的，实际上难以完成且很浪费时间. 因此，寻求快速算法以节省时间就是一件有意义的工作.

通常，通过循环卷积来计算(1). 所谓两个序列 x_n $(n=0,1,\cdots,N-1)$ 和 $h_n(n=0,1,\cdots,N-1)$ 的循环卷积是指

$$y_n = \sum_{k=0}^{N-1} x_k h_{\langle n-k\rangle_N} = \sum_{k=0}^{N-1} x_{\langle n-k\rangle_N} h_k$$
$$n = 0,1,\cdots,N-1 \tag{2}$$

即

$$\begin{bmatrix} y_0 \\ y_1 \\ y_2 \\ \vdots \\ y_{N-1} \end{bmatrix} = \begin{bmatrix} h_0 & h_{N-1} & h_{N-2} & \cdots & h_1 \\ h_1 & h_0 & h_{N-1} & \cdots & h_2 \\ h_2 & h_1 & h_0 & \cdots & h_3 \\ \vdots & \vdots & \vdots & & \vdots \\ h_{N-1} & h_{N-2} & h_{N-3} & \cdots & h_0 \end{bmatrix} \begin{bmatrix} x_0 \\ x_1 \\ x_2 \\ \vdots \\ x_{N-1} \end{bmatrix} \tag{2'}$$

式(2)中的符号 $\langle k\rangle_N$ 表示整数 k 模 N 的最小非负剩余，也就是整数 k 被正整数 N 除所余的非负整数，例如

$$\langle 7\rangle_4 = 3, \langle -7\rangle_4 = 1$$

从卷积与循环卷积的定义(式(1)和式(2))可知，它们是不同的. 比如上例中两个序列的循环卷积就是

$$\begin{bmatrix} y_0 \\ y_1 \\ y_2 \\ y_3 \\ y_4 \end{bmatrix} = \begin{bmatrix} 1 & 1 & 0 & 1 & -2 \\ -2 & 1 & 1 & 0 & 1 \\ 1 & -2 & 1 & 1 & 0 \\ 0 & 1 & -2 & 1 & 1 \\ 1 & 0 & 1 & -2 & 1 \end{bmatrix} \begin{bmatrix} 1 \\ 2 \\ 0 \\ -2 \\ 1 \end{bmatrix} = \begin{bmatrix} -1 \\ 1 \\ -5 \\ 1 \\ 6 \end{bmatrix}.$$

下面的引理说明如何用循环卷积来计算卷积.

引理 1　两个长为 N 的序列 x_n 和 h_n，其卷积(1)可通过如下的两个长为 $2N$ 的序列 $\widehat{x}(n=0,1,\cdots,2N-1)$ 和 $\widehat{h}_n(n=0,1,\cdots,2N-1)$ 的循环卷积来计算.

设

$$\widehat{x}_n = \begin{cases} x_n, n=0,1,\cdots,N-1 \\ 0, 其他 \end{cases} \tag{3}$$

$$\widehat{h}_n = \begin{cases} h_n, n=0,1,\cdots,N-1 \\ 0, 其他 \end{cases} \tag{4}$$

$\widehat{x}_n$ 和 $\widehat{h}_n$ 的循环卷积记为 $\widehat{y}_n$，即

$$\widehat{y}_n = \sum_{k=0}^{2N-1} \widehat{x}_k \widehat{h}_{\langle n-k \rangle_{2N}}, n = 0,1,\cdots,2N-1$$

则

$$y_n = \widehat{y}_n, n=0,1,\cdots,N-1 \tag{5}$$

证明　由 $\widehat{x}_n$ 的定义(3)知，当 $n=0,1,2,\cdots,N-1$ 时，有

$$\widehat{y}_n = \sum_{k=0}^{2N-1} \widehat{x}_k \widehat{h}_{\langle n-k \rangle_{2N}} = \sum_{k=0}^{N-1} x_k \widehat{h}_{\langle x-k \rangle_{2N}}$$

当 $n,k=0,1,\cdots,N-1$ 时，有

$$-(N-1) \leqslant n-k \leqslant N-1$$

由定义(4)知

$$\widehat{h}_{\langle n-k\rangle_{2N}}=\begin{cases}h_{n-k},0\leqslant n-k\leqslant N-1\\0,-(N-1)\leqslant n-k<0\end{cases}$$

故

$$\widehat{y}_n=\sum_{\substack{k=0\\0\leqslant n-k\leqslant N-1}}^{N-1}x_kh_{n-k}$$

由假设,当 $n<0$ 时,$h_n=0$,故

$$\widehat{y}_n=\sum_{k=0}^{N-1}x_kh_{n-k}=y_n$$

证毕.

读者如果用矩阵形式写出序列 $\widehat{x}_n$ 和 $\widehat{h}_n$ 的循环卷积 $\widehat{y}_n(n=0,1,\cdots,2N-1)$,则可明显地看出 $\widehat{y}_n$ 的前面 N 个值恰是 x_n 和 h_n 的卷积 $y_n(n=0,1,\cdots,N-1)$ 的值.

在实际应用中,还可能遇到一种有别于式(1)的卷积和式(2)的循环卷积,称为恒定对角卷积

$$y_n=\sum_{k=0}^{N-1}x_kh_{n-k},n=0,1,\cdots,N-1\qquad(6)$$

式中下标出现负值时,不再如式(1)那样有 $h_n=0$,也不如式(2)那样是周期的($h_n=h_{N+n}$). 式(6)的矩阵形式是

$$\begin{bmatrix}y_0\\y_1\\y_2\\\vdots\\y_{N-1}\end{bmatrix}=\begin{bmatrix}h_0&h_{-1}&h_{-2}&\cdots&h_{-(N-1)}\\h_1&h_0&h_{-1}&\cdots&h_{-(N-2)}\\h_2&h_1&h_0&\cdots&h_{-(N-3)}\\\vdots&\vdots&\vdots&&\vdots\\h_{N-1}&h_{N-2}&h_{N-3}&\cdots&h_0\end{bmatrix}\begin{bmatrix}x_0\\x_1\\x_2\\\vdots\\x_{N-1}\end{bmatrix}\qquad(7)$$

卷积(1)和循环卷积(2)都是这种卷积的特殊情况. 式(6)可看作两个序列$(x_0,x_1,x_2,\cdots,x_{N-1})$和$(h_{-(N-1)},h_{-(N-2)},h_{-(N-3)},\cdots,h_0,\cdots,h_{N-1})$之间的一种卷积.

引理2 设两个序列$x_n(n=0,1,\cdots,N-1)$和$h_n(n=-N+1,-N+2,\cdots,0,\cdots,N-1)$,其恒定对角卷积(6)可通过如下的两个长为$2N$的序列$\widehat{x_n}$和$\widehat{h_n}$的循环卷积来计算.

设

$$\widehat{x_n}=\begin{cases}x_n,n=0,1,\cdots,N-1\\0,\text{其他}\end{cases}\tag{8}$$

$$\widehat{h_n}=\begin{cases}0,n=0\\h_{-N+n},n=1,2,\cdots,2N-1\end{cases}\tag{9}$$

$\widehat{x_n}$和$\widehat{h_n}$的循环卷积记为$\widehat{y_n}$,即

$$\widehat{y_n}=\sum_{k=0}^{2N-1}\widehat{x_k}\widehat{h}_{\langle n-k\rangle_{2N}},n=0,1,\cdots,2N-1$$

则

$$\widehat{y}_{n+N}=y_n,n=0,1,\cdots,N-1\tag{10}$$

证明 当$n=0,1,\cdots,N-1$时,由式(8)知

$$\widehat{y}_{n+N}=\sum_{k=0}^{2N-1}\widehat{x_k}\widehat{h}_{\langle n+N-k\rangle_{2N}}=\sum_{k=0}^{N-1}x_k\widehat{h}_{\langle n+N-k\rangle_{2N}}$$

由于当$n,k=0,1,\cdots,N-1$时,有

$$1\leqslant n+N-k\leqslant 2N-1$$

故由式(9)知

$$\widehat{h}_{\langle n+N-k\rangle_{2N}}=\widehat{h}_{n+N-k}=h_{n-k}$$

于是

$$\widehat{y}_{n+N}=\sum_{k=0}^{N-1}x_kh_{n-k}=y_n$$

证毕.

这个引理中的 $\widehat{x}_n$ 和 $\widehat{h}_n(n=0,1,\cdots,2N-1)$ 是由 x_n 和 h_n 通过补零和适当移位形成的. 读者仍可用循环卷积的矩阵形式(式(2′))来表示 $\widehat{x}_n$ 和 $\widehat{y}_n$ 的循环卷积 $\widehat{y}_n(n=0,1,\cdots,2N-1)$,利用矩阵的分块相乘法,不难看出 $\widehat{y}_n$ 的后面 N 个值就是 x_n 和 h_n 的恒定对角卷积 $y_n(n=0,1,\cdots,N-1)$ 的值.

引理 1 和引理 2 分别将式(1)和式(6)化作循环卷积. 循环卷积可用变换法计算. 一般常用的变换为离散 Fourier 变换(DFT).

DFT 的定义如下:设序列 $x_n(n=0,1,\cdots,N-1)$,变换

$$X_k = \sum_{n=0}^{N-1} x_n W_N^{nk}, k = 0,1,\cdots,N-1 \qquad (11)$$

称为 DFT,其逆变换(IDFT)为

$$x_n = \frac{1}{N}\sum_{k=0}^{N-1} X_k W_N^{-nk}, n = 0,1,\cdots,N-1 \qquad (12)$$

其中 $W_N = \mathrm{e}^{-j\frac{2\pi}{N}}$.

利用复数域上 N 阶单位根的性质

$$\frac{1}{N}\sum_{n=0}^{N-1} W_N^{pn} = \begin{cases}1, p \equiv 0(\mathrm{mod}\ N)\\0, p \not\equiv 0(\mathrm{mod}\ N)\end{cases} \qquad (13)$$

不难证明(11)和(12)确是一对互逆变换. 事实上,将式(12)代入式(11),得

$$\sum_{n=0}^{N-1}\left(\frac{1}{N}\sum_{m=0}^{N-1} X_m W_N^{-nm}\right) W_N^{nk}$$

$$= \frac{1}{N}\sum_{m=0}^{N-1} X_m\left(\sum_{n=0}^{N-1} W_N^{n(k-m)}\right), k = 0,1,\cdots,N-1$$

利用式(13),可知上式右端为 X_k.

式(11)和式(12)可写作如下矩阵形式

$$(X)=\boldsymbol{T}_N(x) \tag{11'}$$

$$(x)=\boldsymbol{T}_N^{-1}(X) \tag{12'}$$

其中

$$(x)=\begin{bmatrix} x_0 \\ x_1 \\ x_2 \\ \vdots \\ x_{N-1} \end{bmatrix},\quad (X)=\begin{bmatrix} X_0 \\ X_1 \\ X_2 \\ \vdots \\ X_{N-1} \end{bmatrix}$$

$$\boldsymbol{T}_N=\begin{bmatrix} 1 & 1 & 1 & \cdots & 1 \\ 1 & W_N & W_N^2 & \cdots & W_N^{N-1} \\ 1 & W_N^2 & W_N^4 & \cdots & W_N^{2(N-1)} \\ \vdots & \vdots & \vdots & & \vdots \\ 1 & W_N^{N-1} & W_N^{2(N-1)} & \cdots & W_N^{(N-1)^2} \end{bmatrix}$$

$$\boldsymbol{T}_N^{-1}=\frac{1}{N}\begin{bmatrix} 1 & 1 & \cdots & 1 \\ 1 & W_N^{-1} & \cdots & W_N^{-(N-1)} \\ \vdots & \vdots & \vdots & \vdots \\ 1 & W_N^{-(N-1)} & \cdots & W_N^{-(N-1)^2} \end{bmatrix}$$

DFT 最重要的性质是循环卷积特性,即两个序列 x_n 和 h_n 的 DFT 的乘积等于其循环卷积 y_n 的 DFT,有

$$Y_k=X_k\cdot H_k,k=0,1,\cdots,N-1$$

或

$$\mathrm{DFT}\{y_n\}=\mathrm{DFT}\{x_n\}\cdot\mathrm{DFT}\{h_n\} \tag{14}$$

这是由于

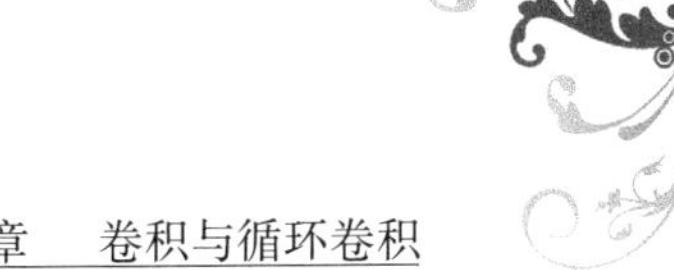

$$Y_k = \sum_{n=0}^{N-1} y_n W_N^{nk} = \sum_{n=0}^{N-1} \left[\sum_{m=0}^{N-1} x_m h_{\langle n-m \rangle_N} \right] W_N^{nk}$$

$$= \sum_{m=0}^{N-1} \sum_{n=0}^{N-1} x_m h_{\langle n-m \rangle_N} W_N^{nk}$$

记 $n-m=l$，则

$$Y_k = \sum_{m=0}^{N-1} x_m \left[\sum_{l=-m}^{N-1-m} h_{\langle l \rangle_N} W_N^{k(l+m)} \right]$$

而

$$\sum_{l=-m}^{N-m-1} h_{\langle l \rangle_N} W_N^{k(l+m)} = \sum_{l=-m}^{-1} h_{\langle l \rangle_N} W_N^{k(l+m)} + \sum_{l=0}^{N-m-1} h_{\langle l \rangle_N} W_N^{k(l+m)}$$

由于

$$h_{\langle l+N \rangle_N} = h_{\langle l \rangle_N}, W_N^{k(l+m+N)} = W_N^{k(l+m)}$$

故

$$\sum_{l=-m}^{-1} h_{\langle l \rangle_N} W_N^{k(l+m)} = \sum_{l=N-m}^{N-1} h_l W_N^{k(l+m)}$$

所以

$$\sum_{l=-m}^{N-m-1} h_{\langle l \rangle_N} W_N^{k(l+m)} = \sum_{l=0}^{N-1} h_l W_N^{k(l+m)}$$

于是

$$Y_k = \sum_{m=0}^{N-1} x_m \left[\sum_{l=0}^{N-1} h_l W_N^{k(l+m)} \right]$$

$$= \sum_{m=0}^{N-1} x_m W_N^{mk} \cdot \sum_{l=0}^{N-1} h_l W_N^{lk}$$

$$= X_k \cdot H_k$$

利用 DFT 的循环卷积特性可以计算两个序列 x_n 和 $h_n(n=0,1,\cdots,N-1)$ 的循环卷积 y_n，这只要分别

计算 x_n 和 h_n 的 DFT,即 X_k,H_k,将它们相乘就得到 y_n 的 DFT,即

$$Y_k=X_k\cdot H_k, k=0,1,\cdots,N-1$$

最后将 Y_k 进行反变换(IDFT),就得到 y_n. 示意图如图 1 所示.

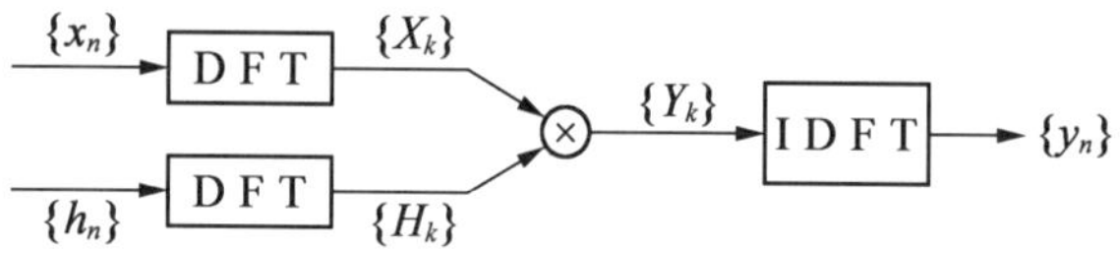

图 1

由上可知,利用 DFT 的循环卷积特性计算长为 N 的序列的循环卷积,需要两次正变换,一次逆变换和 N 次乘法. 一次变换需要 N^2 次乘法,所以共需要 $3N^2+N$ 次乘法. 当 N 较大时,计算量很大,比不用变换法而直接计算循环卷积的计算量大得多. 但是如果 N 是高度复合数,特别当 $N=2^m$(m 为自然数)时,用快速 Fourier 变换(FFT)进行计算,计算量大为减少. 一个 N 点的变换用 FFT 计算约需 $N\log_2N$ 次乘法,降低了两个数量级. 如果$\{h_n\}$的变换预先计算好,那么用 FFT 实现 N 点的循环卷积只需 $2N\log_2N+N$ 次乘法. 正是由于 FFT 的出现,DFT 才成为实用的方法.

以数论为基础的计算循环卷积的方法,在国内外已引起了重视,这种方法叫作数论变换(NTT). 特别引人注目的是 NTT 中有一种 Fermat 数变换(FNT),这种变换只需加法(减法)及移位操作而不用乘法,从而提高了运算速度,这一点已为在通用计算机上的运算结

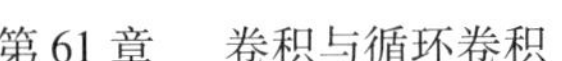

果所证实. 对于实现长度不超过 256 的序列的循环卷积,FNT 比 FFT 缩短了时间达三至五倍. 下表列出了 R. C. Agarwal 与 C. S. Burrus 在 IBM370/155 计算机上实现不同长度序列的循环卷积时,FFT 与 FNT 所需时间的比较:

表 1　实现长度为 N 的实序列的循环卷积计时

N	FFT(ms)	FNT 或 RT(ms)	N	FFT(ms)	FNT 或 RT(ms)
32	16	3.3	256	123	80.0(*)
64	31	7.4	512	245	166.0(*)
128	60	16.6	1 024	530	340.0(*)
256	123	40.0	2 048	1 260	720.0(*)

注　其中,RT 为 FNT 的一种快速算法;(*)是用的二维 RT.

FNT 还消除了 FFT 带来的舍入误差,故能得到高粗度的卷积,并且也不需要基函数的存贮,从而节省了存储器. 但是,FNT 也有缺点,主要是它没有明显的物理意义;序列 $\{x_n\}$ 的变换 $\{X_k\}$ 不再是频谱,因此中间过程不能如 DFT 那样用来测速或测频,同时估计误差有困难;再就是字长很受限制,不够灵活. 但随着数论变换研究的深入及其算法的普及,数论变换将会不断地完善起来.

第62章 具有循环卷积特性的变换结构

考虑一线性非奇异变换 T,其元素记为 $t_{k,m}(k,m=0,1,\cdots,N-1)$[①],有

$$\boldsymbol{T}=\begin{bmatrix} t_{0,0} & t_{0,1} & t_{0,2} & \cdots & t_{0,N-1} \\ t_{1,0} & t_{1,1} & t_{1,2} & \cdots & t_{1,N-1} \\ t_{2,0} & t_{2,1} & t_{2,2} & \cdots & t_{2,N-1} \\ \vdots & \vdots & \vdots & & \vdots \\ t_{N-1,0} & t_{N-1,1} & t_{N-1,2} & \cdots & t_{N-1,N-1} \end{bmatrix} \tag{1}$$

记序列 x_n 和 h_n 的变换各为 X_k,H_k,x_n 和 h_n 的循环卷积 y_n 的变换为 Y_k,即

$$\begin{aligned}(X)&=\boldsymbol{T}(x)\\(H)&=\boldsymbol{T}(h)\\(Y)&=\boldsymbol{T}(y)\end{aligned} \tag{2}$$

定义 如果变换 $\boldsymbol{T}$ 具有如下性质

$$Y_k=X_k\cdot H_k,k=0,1,\cdots,N-1 \tag{3}$$

则称 $\boldsymbol{T}$ 为具有循环卷积特性的变换.

① 如果 k,m 在范围 $0,1,\cdots,N-1$ 之外,则作如下周期延拓

$$t_{k+N,m}=t_{k,m},t_{k,m+N}=t_{k,m}$$

定理 1　变换 $\boldsymbol{T}$ 具有循环卷积特性的充要条件是

$$t_{k,m}=\alpha^{km},k,m=0,1,\cdots,N-1$$

其中 α 为 N 阶单位根. 也就是说, T 必须且只需具有形状

$$\boldsymbol{T}=\begin{bmatrix}1 & 1 & 1 & \cdots & 1\\ 1 & \alpha & \alpha^{2} & \cdots & \alpha^{N-1}\\ 1 & \alpha^{2} & \alpha^{4} & \cdots & \alpha^{2(N-1)}\\ \vdots & \vdots & \vdots & & \vdots\\ 1 & \alpha^{N-1} & \alpha^{2(N-1)} & \cdots & \alpha^{(N-1)^{2}}\end{bmatrix}\tag{4}$$

证明　先证充分性. 设 $\boldsymbol{T}$ 具有(4)的形状. 由于

$$X_k=\sum_{n=0}^{N-1}x_n\alpha^{nk}$$

$$H_k=\sum_{n=0}^{N-1}h_n\alpha^{nk}$$

$$Y_k=\sum_{n=0}^{N-1}y_n\alpha^{nk}$$

故

$$Y_k=\sum_{n=0}^{N-1}y_n\alpha^{nk}=\sum_{n=0}^{N-1}\Big[\sum_{m=0}^{N-1}x_m h_{\langle n-m\rangle_N}\Big]\alpha^{nk}$$

$$=\sum_{m=0}^{N-1}\sum_{n=0}^{N-1}x_m h_{\langle n-m\rangle_N}\alpha^{nk}$$

记 $n-m=l$, 则

$$Y_k=\sum_{m=0}^{N-1}x_m\Big[\sum_{l=-m}^{N-m-1}h_{\langle l\rangle_N}\alpha^{k(m+l)}\Big]$$

$$=\sum_{m=0}^{N-1}\sum_{l=0}^{N-1}x_m h_l\alpha^{km+kl}$$

$$= \sum_{m=0}^{N-1} x_m \alpha^{km} \cdot \sum_{l=0}^{N-1} h_l \alpha^{kl} = X_k \cdot H_k$$

上面第二个等号之所以成立,是因为

$$h_{\langle l+N \rangle_N} = h_{\langle l \rangle_N}, \alpha^{k(m+l+N)} = \alpha^{k(m+l)}$$

的缘故.

再证明必要性. 记

$$Y_k = \sum_{n=0}^{N-1} t_{k,n} y_n = \sum_{n=0}^{N-1} t_{k,n} \left[\sum_{m=0}^{N-1} x_m h_{\langle n-m \rangle_N} \right]$$

$$= \sum_{m=0}^{N-1} \sum_{n=0}^{N-1} x_m h_{\langle n-m \rangle_N} t_{k,n}$$

记 $n - m = l$,由于

$$h_{\langle l+N \rangle_N} = h_{\langle l \rangle_N}, t_{k,m+N} = t_{k,m}$$

故

$$Y_k = \sum_{m=0}^{N-1} x_m \left[\sum_{l=-m}^{N-m-1} h_{\langle l \rangle_N} t_{k,l+m} \right] = \sum_{m=0}^{N-1} \sum_{l=0}^{N-1} x_m h_l t_{k,m+l} \tag{5}$$

而

$$X_k = \sum_{m=0}^{N-1} x_m t_{k,m}$$

$$H_k = \sum_{l=0}^{N-1} h_l t_{k,l} \tag{6}$$

由假设

$$Y_k = X_k H_k, k = 0, 1, \cdots, N-1$$

得到

$$\sum_{m=0}^{N-1} \sum_{l=0}^{N-1} x_m h_l t_{k,m+l} = \sum_{m=0}^{n-1} \sum_{l=0}^{N-1} x_m h_l t_{k,m} t_{k,l}$$

由于序列的任意性,就得到

$$t_{k,m+l} = t_{k,m} \cdot t_{k,l}, k, m, l = 0, 1, \cdots, N-1 \quad (7)$$

在式(7) 中,令 $m = l = 0$,就有

$$t_{k,0} = t_{k,0}^2$$

在复数域中,就有 $t_{k,0}=0$,或者 $t_{k,0}=1$.

在 $t_{k,0}=0$ 时,在式(7)中令 $l=0$,就有

$$t_{k,m}=0, k, m=0,1,\cdots,N-1$$

于是变换矩阵 $\boldsymbol{T}$ 就为奇异矩阵,我们不讨论这种情况.

在 $t_{k,0}=1(k=0,1,\cdots,N-1)$ 时,$\boldsymbol{T}$ 的第一列元素皆为 1. 在式(7)中令 $m=l=1$,就得到

$$t_{k,2}=t_{k,1} \cdot t_{k,1}=t_{k,1}^2$$

令

$$m=2, l=1$$

就得到

$$t_{k,3}=t_{k,2} \cdot t_{k,1}=t_{k,1}^3$$

继续之,一般地就得到

$$t_{k,m}=t_{k,1}^m, m, k=0,1,\cdots,N-1 \quad (8)$$

由于

$$t_{k,N}=t_{k,0}=1, t_{k,N}=t_{k,N-1+1}=t_{k,N-1} \cdot t_{k,1}$$

故有

$$t_{k,N-1} \cdot t_{k,1}=t_{k,1}^{N-1} \cdot k_{k,1}=t_{k,1}^N=1$$

这样,由式(8),就有

$$t_{k,m}^N=(t_{k,1}^m)^N=(t_{k,1}^N)^m=1$$

即

$$t_{k,m}^N=1$$

$$k, m=0,1,\cdots,N-1 \quad (9)$$

这就表明 $t_{k,m}$必须是 N 次单位根.

由于 $\boldsymbol{T}$ 是非奇异的,故 $\boldsymbol{T}$ 的任意两列(或两行)的元素不能相同. 从而 $\boldsymbol{T}$ 的第二列的各元素 $t_{k,1}$的任两个不能相同. 否则,不妨设 $t_{0,1}=t_{1,1}$,这样由式(8),有

$$t_{0,m}=t_{0,1}^{m}, t_{1,m}=t_{1,1}^{m}$$

从而就有

$$t_{0,m}=t_{1,m}, m=0,1,\cdots,N-1$$

这表示 $\boldsymbol{T}$ 的第一行元素和第二行元素相同,$\boldsymbol{T}$ 就是奇异矩阵了. 又由于在复数域中只有 N 个不同的 N 次单位根,如记 α 为 N 阶单位根(即 N 是使 $\alpha^{N}=1$ 成立的最小正整数),其余的 N 次单位根就分别为 $1,\alpha,\alpha^{2},\alpha^{3},\cdots,\alpha^{N-1}$. 不失一般性,可取 $t_{1,1}=\alpha$,从而取

$$t_{k,1}=\alpha^{k}$$
$$k=0,1,\cdots,N-1 \tag{10}$$

这就是 $\boldsymbol{T}$ 的第二列元素.

由(8)和(10),就得到

$$t_{k,m}=t_{k,1}^{m}=\alpha^{mk}$$
$$k,m=0,1,\cdots,N-1 \tag{11}$$

这就证明了,如果 $\boldsymbol{T}$ 具有循环卷积特性,$\boldsymbol{T}$ 必为式(4)所示. 证毕.

定理 2 具有式(4)结构的变换是可逆的.

以

$$\tilde{t}_{k,m}=N^{-1}\alpha^{-km}$$
$$k,m=0,1,\cdots,N-1 \tag{12}$$

为元素的矩阵 $\boldsymbol{U}$ 是 $\boldsymbol{T}$ 的逆矩阵,即 $\boldsymbol{TU}=\boldsymbol{UT}=\boldsymbol{I}$. 其中

$\boldsymbol{I}$ 为单位矩阵.

证明

$$\boldsymbol{U}=\boldsymbol{N}^{-1}\begin{bmatrix}1 & 1 & 1 & \cdots & 1\\ 1 & \alpha^{-1} & \alpha^{-2} & \cdots & \alpha^{-(N-1)}\\ 1 & \alpha^{-2} & \alpha^{-4} & \cdots & \alpha^{-2(N-1)}\\ \vdots & \vdots & \vdots & & \vdots\\ 1 & \alpha^{-(N-1)} & \alpha^{-2(N-1)} & \cdots & \alpha^{-(N-1)^2}\end{bmatrix}$$

欲证明

$$\boldsymbol{TU}=\boldsymbol{UT}=\boldsymbol{I}$$

只需证明

$$\boldsymbol{N}^{-1}\sum_{m=0}^{N-1}\alpha^{mk}\cdot\alpha^{-nm}=\delta_{kn}=\begin{cases}1, k\equiv n(\mathrm{mod}\ N)\\ 0, k\not\equiv n(\mathrm{mod}\ N)\end{cases}$$

在上式中取 $p=k-n$,就成为

$$\boldsymbol{N}^{-1}\sum_{m=0}^{N-1}\alpha^{mp}=\begin{cases}1, p\equiv 0(\mathrm{mod}\ N)\\ 0, p\not\equiv 0(\mathrm{mod}\ N)\end{cases}$$

当 $p\equiv 0(\mathrm{mod}\ N)$ 时,有

$$\alpha^{mkN}=1, m=0,1,\cdots,N-1$$

从而上式第一部分成立. 当 $p\not\equiv 0(\mathrm{mod}\ N)$ 时,设 $p=kN+l(1\leqslant l\leqslant N-1,k$ 为整数),于是

$$N^{-1}\sum_{m=0}^{N-1}\alpha^{mp}=N^{-1}\sum_{m=0}^{N-1}\alpha^{m(kN+l)}=N^{-1}\sum_{m=0}^{N-1}\alpha^{ml}$$

因此,只需证明

$$\sum_{m=0}^{N-1}\alpha^{ml}=0, l=1,2,\cdots,N-1$$

由于

$$(\alpha^{l}-1)\sum_{m=0}^{N-1}\alpha^{ml}=\alpha^{lN}-1=0$$

$$l=1,2,\cdots,N-1$$

又由于

$$\alpha^{l}-1\neq 0,l=1,2,\cdots,N-1$$

故有

$$\sum_{m=0}^{N-1}\alpha^{ml}=0,l=1,2,\cdots,N-1$$

证毕.

推论 1 在复数域中,只有 DFT 才具有循环卷积特性.

由定理 1 和定理 2 知,在复数域中,具有循环卷积特性的变换的唯一结构是

$$\boldsymbol{T}=\begin{bmatrix}1 & 1 & 1 & \cdots & 1\\ 1 & \alpha & \alpha^{2} & \cdots & \alpha^{N-1}\\ 1 & \alpha^{2} & \alpha^{4} & \cdots & \alpha^{2(N-1)}\\ \vdots & \vdots & \vdots & & \vdots\\ 1 & \alpha^{N-1} & \alpha^{2(N-1)} & \cdots & \alpha^{(N-1)^2}\end{bmatrix} \tag{13}$$

$$\boldsymbol{T}^{-1}=N^{-1}\begin{bmatrix}1 & 1 & 1 & \cdots & 1\\ 1 & \alpha^{-1} & \alpha^{-2} & \cdots & \alpha^{-(N-1)}\\ 1 & \alpha^{-2} & \alpha^{-4} & \cdots & \alpha^{-2(N-1)}\\ \vdots & \vdots & \vdots & & \vdots\\ 1 & \alpha^{-(N-1)} & \alpha^{-2(N-1)} & \cdots & \alpha^{-(N-1)^2}\end{bmatrix}$$

其中 α 是复数域上的任一 N 阶单位根,通常取

$$\alpha=\mathrm{e}^{-j\frac{2\pi}{N}}=W_N$$

此即 DFT. 当取其他的 N 阶单位根时,如

$$\alpha=\mathrm{e}^{-j\frac{k2\pi}{N}},(k,N)=1$$

这时的变换矩阵 T' 与 DFT 的 T 仅行的顺序有差别. 因此,如果不计这个差异,则在复数域中,只有 DFT 才具有循环卷积特性.

推论 2　具有式(4)结构的变换是正交变换.

T 的行矢量记作 $\varphi_m(m=0,1,\cdots,N-1)$,那么

$$\begin{cases}\varphi_0=(1,1,1,\cdots,1)\\ \varphi_1=(1,\alpha,\alpha^2,\cdots,\alpha^{N-1})\\ \qquad\vdots\\ \varphi_m=(1,\alpha^m,\alpha^{2m},\cdots,\alpha^{m(N-1)})\\ \qquad\vdots\\ \varphi_{N-1}=(1,\alpha^{N-1},\alpha^{2(N-1)},\cdots,\alpha^{(N-1)^2})\end{cases} \tag{14}$$

称 φ_m 为变换 T 的基函数. 两个基函数 φ_n,φ_m 的内积定义作[①]

$$\langle\varphi_n,\varphi_m\rangle\sum_{k=0}^{N-1}\varphi_n(k)\varphi_m^{-1}(k) \tag{15}$$

根据这个定义及定理 2,有

$$\begin{aligned}\langle\varphi_n,\varphi_m\rangle &= \sum_{k=0}^{N-1}\alpha^{nk}\alpha^{-mk} = \sum_{k=0}^{N-1}\alpha^{k(n-m)}\\ &= \begin{cases}N,m\equiv n(\mathrm{mod}\ N)\\ 0,m\not\equiv n(\mathrm{mod}\ N)\end{cases}\end{aligned}$$

这表示基函数系 $\{\varphi_m(k)\}(m,k=0,1,\cdots,N-1)$ 是正

---

① 两个复矢量

$$V=(V_0,V_1,\cdots,V_{N-1}),U=(U_0,U_1,\cdots,U_{N-1})$$

的内积定义为

$$\langle V,U\rangle=\sum_{k=0}^{N-1}V_k\cdot\overline{U}_k$$

交函数系. 式即(4) 的变换是正交变换.

本节的定理 1 和定理 2 是在复数域上证明的,它说明了 DFT 具有循环卷积特性;反之,具有循环卷积特性的变换必为 DFT(除去行的排列顺序的差异外). 因此,在复数域上,不存在既具有循环卷积特性、基本函数又比 $W_N = e^{-j\frac{2\pi}{N}}$ 简单的变换. 换句话说,基本函数是 $W_N = e^{-j\frac{2\pi}{N}}$ 的 DFT 是复数域中具有循环卷积特性的最简单的变换. 但是

$$W_N = e^{-j\frac{2\pi}{N}} = \cos\frac{2\pi}{N} - j\sin\frac{2\pi}{N}$$

其实部与虚部一般是无理数,由于运算时位数有限,不可避免地会带来误差,与 W_N 及其方幂的乘法也是很麻烦的. 因此,如果想改进由于 DFT 的基本函数太复杂而带来的一系列缺点,首先必须在其他数域或数环中来讨论. 序列 x_n 和 h_n 可以认为是整数序列(在数字信号处理中,输入、输出及匹配滤波器的单位脉冲响应均可当作有界的整数,这只需把最小的单位取作 1),从而想到以正整数 M 为模的剩余类环(域)Z_M. 在整数环(域)Z_M 上能否构造出具有循环卷积特性、基本函数又比 $W_N = e^{-j\frac{2\pi}{N}}$ 简单的变换呢?回答是肯定的.

我们不对一般的具有单位元素的可交换环 R 来讨论具有循环卷积特性的变换的结构,只指出,在 Z_M 上,α 只要满足一定的条件,定理 1 中的变换 $\boldsymbol{T}$ 仍具有循环卷积特性,并且还是可逆的,其逆变换 $\boldsymbol{T}^{-1}$ 就是定理 2 中的 $\boldsymbol{U}$.

第63章 一维数论变换

现在,在以正整数 M 为模的整数环(或域)Z_M 上具体建立具有循环卷积特性的可逆变换.

在 Z_M 上给出两个长为 N 的序列 x_n 和 h_n 及其循环卷积 y_n,有

$$(x)=\begin{bmatrix}x_0\\x_1\\x_2\\\vdots\\x_{N-1}\end{bmatrix},\quad (h)=\begin{bmatrix}h_0\\h_1\\h_2\\\vdots\\h_{N-1}\end{bmatrix}$$

$$y_n=\sum_{k=0}^{N-1}x_k h_{\langle n-k\rangle_N},n=0,1,\cdots,N-1$$

考虑可逆变换 $\boldsymbol{T}$,作变换

$$(X)\equiv\boldsymbol{T}(x)(\bmod M)$$
$$(H)\equiv\boldsymbol{T}(h)(\bmod M)$$
$$(Y)\equiv\boldsymbol{T}(y)(\bmod M)$$

欲使 $\boldsymbol{T}$ 具有循环卷积特性

$$Y_k\equiv X_kH_k(\bmod M),k=0,1,\cdots,N-1$$

只需 $\boldsymbol{T}$ 具有结构

$$\boldsymbol{T}\equiv\begin{bmatrix}1 & 1 & 1 & \cdots & 1\\ 1 & \alpha & \alpha^{2} & \cdots & \alpha^{N-1}\\ 1 & \alpha^{2} & \alpha^{4} & \cdots & \alpha^{2(N-1)}\\ \vdots & \vdots & \vdots & & \vdots\\ 1 & \alpha^{N-1} & \alpha^{2(N-1)} & \cdots & \alpha^{(N-1)^2}\end{bmatrix}(\bmod M)$$

其中 α 取作模 M 的 N 阶本原单位根.

下面我们来证明,当 $M=p_1^{l_1}\cdot p_2^{l_2}\cdot\cdots\cdot p_s^{l_s}$ 时,α 不仅对模 M 的阶数为 N,而且对模 $p_i(i=1,2,\cdots,s)$ 的阶数亦为 N 时,下列一对变换互为逆变换.

设

$$x_n\in Z_M, n=0,1,2,\cdots,N-1$$

则称

$$X_k\equiv\sum_{n=0}^{N-1}x_n\alpha^{nk}(\bmod M), k=0,1,\cdots,N-1 \quad (1)$$

$$x_n\equiv N^{-1}\sum_{k=0}^{N-1}X_k\alpha^{-nk}(\bmod M), n=0,1,\cdots,N-1 \quad (2)$$

为数论变换(NTT). 其中 $\alpha\in Z_M$. 不妨设 $N\geqslant 2$.

定理 1 设 $M=p_1^{l_1}\cdot p_2^{l_2}\cdot\cdots\cdot p_s^{l_s}$,当且仅当:

(i) N^{-1} 在 Z_M 上存在,即 $(N,M)=1$;

(ii) α 对模 M 是 N 阶本原单位根;

(iii) α 对模 $p_i(i=1,2,\cdots,s)$ 的阶数亦为 N 时,(1) 与(2) 为一对互逆变换.

如果 M 是素数,则条件(ii) 包含条件(iii).

证明 欲使(2) 成立,必须 N^{-1} 在 Z_M 上存在,即

$$(N,M)=1$$

将(2) 代入(1),得

$$X_k \equiv \sum_{m=0}^{N-1} X_n \left(N^{-1} \sum_{n=0}^{N-1} \alpha^{n(k-m)}\right) (\bmod M)$$

欲证明(1)与(2)为一对互逆变换，必须且只需有

$$N^{-1} \sum_{n=0}^{N-1} \alpha^{n(k-m)} \equiv \begin{cases} 1, k-m \equiv 0 (\bmod N) \\ 0, k-m \not\equiv 0 (\bmod N) \end{cases} (\bmod M)$$

若记 $j = k - m$，则(1)与(2)为互逆变换的充要条件为

$$N^{-1} \sum_{n=0}^{N-1} \alpha^{nj} \equiv \begin{cases} 1, j \equiv 0 (\bmod N) \\ 0, j = 1, 2, \cdots, N-1 \end{cases} \quad (\bmod M) \tag{3}$$

现设(1)与(2)为一对互逆变换，显然 N^{-1} 在 Z_M 存在，且式(3)成立. 这时必须有

$$\alpha^j \not\equiv 1 (\bmod M), j = 1, 2, \cdots, N-1$$

否则，如对某个 $j(1 \leqslant j \leqslant N-1)$，有

$$\alpha^j \equiv 1 (\bmod M)$$

那么由(3)，就有

$$N \equiv 0 (\bmod M)$$

但这与 $(N, M) = 1$ 矛盾. 另外，在(3)中取 $j = 1$，在式(3)两端乘以 $\alpha - 1 (\neq 0)$，得

$$\alpha^N \equiv 1 (\bmod M)$$

这表示 α 对模 M 为 N 阶本原单位根.

由于式(3)成立，显然有

$$\sum_{n=0}^{N-1} \alpha^{nj} \equiv 0 (\bmod p_i), j = 1, 2, \cdots, N-1$$

同样必须有

$$\alpha^j \not\equiv 1 (\bmod p_i), j = 1, 2, \cdots, N-1$$

否则将得到 $N \equiv 0 (\bmod p_i)$，这与 $(N, M) = 1$ 矛盾. 再在上式中取 $j = 1$，并在两端乘以 $\alpha - 1$，就可得到

$$\alpha^N \equiv 1 (\bmod p_i)$$

这正表示 α 对模 $p_i(i=1,2,\cdots,s)$ 的阶数为 N. 此即必要性.

再证充分性.

由于 α 是对模 $p_i(i=1,2,\cdots,s)$ 的 N 次本原单位根,故

$$p_i \nmid \alpha^j-1, j=1,2,\cdots,N-1; i=1,2,\cdots,s$$

由于 p_i 是素数,所以

$$(p_i,\alpha^j-1)=1, j=1,2,\cdots,N-1; i=1,2,\cdots,s$$

又由于

$$(\alpha^j-1)\sum_{n=0}^{N-1}\alpha^{nj}\equiv\alpha^{jN}-1\equiv 0(\bmod p_i)$$

故有

$$\sum_{n=0}^{N-1}\alpha^{nj}\equiv 0(\bmod p_i)$$

$$j=1,2,\cdots,N-1; i=1,2,\cdots,s$$

因为

$$(p_i,\alpha^j-1)=1$$

故

$$(p_i^{l_i},\alpha^j-1)=1, j=1,2,\cdots,N-1; i=1,2,\cdots,s$$

又由于

$$\alpha^j-1\not\equiv 0(\bmod M), j=1,2,\cdots,N-1$$

所以有

$$(M,\alpha^j-1)=1, j=1,2,\cdots,N-1$$

而

$$(\alpha^j-1)\sum_{n=0}^{N-1}\alpha^{nj}\equiv\alpha^{jN}-1\equiv 0(\bmod M)$$

$$j=1,2,\cdots,N-1$$

从而有

$$\sum_{n=0}^{N-1} \alpha^{nj} \equiv 0 (\bmod M), j = 1, 2, \cdots, N-1$$

再由 N^{-1} 存在以及

$$\alpha^{N} \equiv 1 (\bmod M)$$

故(1) 与(2) 为一对可逆变换.

定理证毕.

定理 1 中的条件(ⅱ) 与(ⅲ) 不能放宽为只剩下(ⅱ). 如果只剩(ⅱ),(1) 与(2) 就可能不是一对互逆变换. 例如

$$M = 15 = 3 \cdot 5, \alpha = 2, N = 4$$

显然,在 Z_{15} 中,4 具有逆元 4,$\alpha = 2$ 对模 15 是 4 阶单位根,但变换矩阵 $\boldsymbol{T}$ 为

$$\boldsymbol{T} \equiv \begin{bmatrix} 1 & 1 & 1 & 1 \\ 1 & 2 & 4 & 8 \\ 1 & 4 & 1 & 4 \\ 1 & 8 & 4 & 2 \end{bmatrix} (\bmod 15)$$

$\boldsymbol{T}$ 是不可逆的($|\boldsymbol{T}| \equiv 3 (\bmod 15)$,3 与 15 不互素,故在 Z_{15} 中,3 的逆元不存在). 这是因为 2 对模 3 不是 4 阶本原单位根,而只是 2 阶单位根,不满足定理 1 的条件(ⅲ) 的缘故. 换句话说,取参数 $M = 15, N = 4, \alpha = 2$ 不能构成可逆的数论变换,也就是说,不能使

$$\sum_{n=0}^{3} 2^{nj} \equiv 0 (j = 1, 2, 3) (\bmod 15)$$

例如,取 $j = 2$,就有

$$\begin{aligned} \sum_{n=0}^{3} 2^{2n} &= 1 + 2^2 + 2^4 + 2^6 \\ &\equiv 1 + 4 + 1 + 4 \equiv 10 \not\equiv 0 (\bmod 15) \end{aligned}$$

因此,定理 1 的条件是缺一不可的.

定理 2　设 $M = p_1^{l_1} \cdot p_2^{l_2} \cdot \cdots \cdot p_s^{l_s}$，当且仅当：

（ⅰ）N^{-1} 在 Z_M 上存在，即 $(N,M) = 1$；

（ⅱ）α 对模 $p_i^{l_i}(i = 1,2,\cdots,s)$ 是 N 阶本原单位根，则(1) 与(2) 为一对互逆变换.

证明　由于 α 对模 $p_i^{l_i}(i = 1,2,\cdots,s)$ 的阶数为 N，故 α 对模 M 的阶也是 N. 其次还可证明，α 对模 p_i $(i = 1,2,\cdots,s)$ 的阶也是 N. 如若不然，设存在一个 j $(1 \leqslant j \leqslant N-1)$ 及某个 p_i，使

$$p_i \mid \alpha^j - 1$$

那么，由于

$$(\alpha^j - 1)\sum_{n=0}^{N-1}\alpha^{nj} \equiv \alpha^{Nj} - 1 \equiv 0 \pmod{p_i^{l_i}} \qquad (*)$$

可得

$$(\alpha^j - 1)\sum_{n=0}^{N-1}\alpha^{nj} \equiv 0 \pmod{p_i}$$

由于假设 N^{-1} 在 Z_M 上存在，即 $(N,M) = 1$，这时必有

$$\sum_{n=0}^{N-1}\alpha^{nj} \not\equiv 0 \pmod{p_i}$$

否则，将 $\alpha^j \equiv 1 \pmod{p_i}$ 代入

$$\sum_{n=0}^{N-1}\alpha^{nj} \equiv 0 \pmod{p_i}$$

就得 $N \equiv 0 \pmod{p_i}$，这与 $(N,M) = 1$ 的假设矛盾. 由于 p_i 为素数，所以

$$\left(p_i, \sum_{n=0}^{N-1}\alpha^{nj}\right) = 1$$

从而有

$$\left(p_i^{l_i}, \sum_{n=0}^{N-1}\alpha^{nj}\right) = 1$$

因此,由上面式(*),便有

$$\alpha^j-1\equiv 0(\bmod p_i^{l_i})$$

但这与N是α对模$p_i^{l_i}$的阶数矛盾.故

$$p_i\nmid\alpha^j-1,j=1,2,\cdots,N-1;i=1,2,\cdots,s$$

又由于

$$\alpha^N\equiv 1(\bmod p_i),i=1,2,\cdots,s$$

所以α对模$p_i(i=1,2,\cdots,s)$的阶为N.再由N^{-1}在Z_M上存在,故由定理1知,(1)与(2)为一对互逆变换.

以上即定理的充分性.至于必要性,基本上和定理1的证明类似.事实上,由于(1)和(2)是一对互逆变换,由定理1知,N^{-1}在Z_M上存在,α不但对模M是N阶本原单位根,同时对模$p_i(i=1,2,\cdots,s)$也是N阶本原单位根.由于

$$(p_i^{l_i},\alpha^j-1)=(p_i,\alpha^j-1)=1$$

$$j=1,2,\cdots,N-1;i=1,2,\cdots,s$$

也就是说,当$p_i\nmid\alpha^j-1$时

$$p_i^{l_i}\nmid\alpha^j-1,j=1,2,\cdots,N-1;i=1,2,\cdots,s$$

又由于$M\mid\alpha^N-1$,故$p_i^{l_i}\mid\alpha^N-1$.这就表示α是模$p_i^{l_i}$的N阶本原单位根.定理证毕.

推论　在定理2的条件下,有

$$(\alpha^j-1,p_i^{l_i})=1$$

$$j=1,2,\cdots,N-1;i=1,2,\cdots,s$$

$$(\alpha^j-1,M)=1,j=1,2,\cdots,N-1$$

在一般情况下,α如对模$p_i^{l_i}$的阶为m,m与M不互素,那么就不一定有

$$(\alpha^j-1,p_i^{l_i})=1,j=1,2,\cdots,m-1$$

例如,$M=p^l=3^2=9$,$\alpha=2$对模9是6阶单位根,但

$(2^2-1,9)\neq 1$. 这是因为$(6,9)=3\neq 1$的缘故.

在定理1的证明中,关键是

$$(\alpha^j-1,M)=1, j=1,2,\cdots,N-1 \tag{4}$$

式(4)意味着,在Z_M上存在$\beta_j(j=1,2,\cdots,N-1)$,使

$$\beta_j(\alpha^j-1)\equiv 1(\bmod M), j=1,2,\cdots,N-1$$

因此有:

定理3 设M为任一自然数,当且仅当:

(ⅰ)N^{-1}在Z_M上存在,即$(N,M)=1$;

(ⅱ)α对模M是N阶本原单位根;

(ⅲ)在Z_M上存在$\beta_j(j=1,2,\cdots,N-1)$,使

$$\beta_j(\alpha^j-1)\equiv 1(\bmod M), j=1,2,\cdots,N-1 \tag{5}$$

时,(1)与(2)为一对互逆变换. 当M为素数时,条件(ⅱ)包含条件(ⅲ).

证明 欲使(2)存在,N^{-1}必须在Z_M上存在. 而

$$\begin{aligned}\sum_{n=0}^{N-1}\alpha^{nj} &\equiv \beta_j(\alpha^j-1)\sum_{n=0}^{N-1}\alpha^{nj}\equiv\beta_j(\alpha^{jN}-1)\\ &\equiv 0(\bmod M), j=1,2,\cdots,N-1\end{aligned}$$

此即充分性①.

反之,当

$$\sum_{n=0}^{N-1}\alpha^{nj}\equiv 0(\bmod M), j=1,2,\cdots,N-1$$

时,有

① 在充分性的证明中,似乎只用到α是Z_M上的N次单位根. 而没有用到是对模M的N阶单位根. 但这是必要的,如果对某个$j(1\leqslant j\leqslant N-1)$,有$\alpha^j\equiv 1(\bmod M)$,则可得到$N\equiv 0(\bmod M)$,这与$(N,M)=1$矛盾.

$$\alpha^{N}-1=(\alpha-1)\sum_{n=0}^{N-1}\alpha^{n}\equiv 0(\bmod M)$$

同时必有

$$\alpha^{j}\not\equiv 1(\bmod M),j=1,2,\cdots,N-1$$

否则将与 N^{-1} 在 Z_M 上存在矛盾. 这表示 α 对模 M 是 N 阶单位根.

又设 p 为 M 的任一素因子,用定理1的证法,可以证明 α 对模 p 的阶数为 N,故

$$(p,\alpha^{j}-1)=1,j=1,2,\cdots,N-1$$

于是

$$(M,\alpha^{j}-1)=1,j=1,2,\cdots,N-1$$

这样,$\alpha^{j}-1$ 在 Z_M 上存在逆元,记为 β_j,从而有

$$\beta_j(\alpha^{j}-1)\equiv 1(\bmod M),j=1,2,\cdots,N-1$$

此即必要性. 定理3证毕.

定理4 设 $M=p_1^{l_1}\cdot p_2^{l_2}\cdot\cdots\cdot p_s^{l_s}$,当且仅当

$$N\mid O(M)=(p_1-1,p_2-1,\cdots,p_s-1)\qquad(6)$$

时,(1)与(2)成为一对互逆变换. 其中

$$O(M)=(p_1-1,p_2-1,\cdots,p_s-1)$$

表示 $p_1-1,p_2-1,\cdots,p_s-1$ 的最大公约数.

证明 如果(1)与(2)为 Z_M 上的一对互逆变换,那么由定理1,α 对模 p_i 的阶为 N,故由 Fermat 定理知

$$N\mid\varphi(p_i)=p_i-1,i=1,2,\cdots,s$$

这表示 N 是 $p_1-1,p_2-1,\cdots,p_s-1$ 的公约数,所以有

$$N\mid O(M)=(p_1-1,p_2-1,\cdots,p_s-1)$$

此即必要性.

反之,如果 $N\mid O(M)$,即

$$N\mid p_i-1,i=1,2,\cdots,N-1$$

这表示 N 与 p_i 互素,从而 N 与 $p_i^{l_i}$ 互素,所以 N 与 M 互

素,即$(N,M)=1$,所以N^{-1}在Z_M中存在.

其次,当模为$p_i^{l_i}$时,有主根存在,记为g_i,即

$$g_i^{\varphi(p_i^{l_i})}\equiv 1(\bmod p_i^{l_i}),i=1,2,\cdots,s$$

记

$$a_i=g_i^{\frac{\varphi(p_i^{l_i})}{N}},i=1,2,\cdots,s$$

那么,α_i对模$p_i^{l_i}$的阶数为N.也就是说,存在对模$p_i^{l_i}$的阶数为N的本原单位根α_i,有

$$\alpha_i^N\equiv 1(\bmod p_i^{l_i}),i=1,2,\cdots,s$$

由孙子定理,可求出如下同余方程组的解

$$\alpha\equiv\alpha_i(\bmod p_i^{l_i}),i=1,2,\cdots,s$$

其解可写作

$$\alpha\equiv\sum_{i=1}^{s}M'_iM_i\alpha_i(\bmod M)$$

其中

$$M'_iM_i\equiv 1(\bmod p_i^{l_i}),i=1,2,\cdots,s$$

由于α_i对模$p_i^{l_i}$的阶数为N,故α对模$p_i^{l_i}$的阶数也为N.于是,由定理2知,这样求出的α与M,N一起便给出Z_M上的一对互逆变换(1)与(2).

定理4证毕.

定理5 在定理1~4的条件下,变换(1)与(2)具有循环卷积特性.

推论 在以正整数M为模的整数环Z_M上,具有循环卷积特性的变换的最大长度是

$$N_{\max}=O(M)$$

定理4极为重要,它使我们能对给定的正整数M具体选取变换长度N,从而确定α,以构成数论变换.

总结起来说,本章讨论了在Z_M上NTT的存在条

件,从上述定理所述条件的充分必要性及其证明,我们实际上得到如下的结论:

设 $M = p_1^{l_1} p_2^{l_2} \cdots p_s^{l_s}, N \in Z_M, \alpha \in Z_M$,则下述诸命题互相等价:

1°(1) 与(2) 是一对可逆变换;

2°$(N,M) = 1, (\alpha,M) = 1$,

$$N^{-1} \sum_{n=0}^{N-1} \alpha^{nj} \equiv \begin{cases} 1, j \equiv 0 \pmod N \\ 0, j \not\equiv 0 \pmod N \end{cases} \pmod M$$

3°$(N,M) = 1$,α 是模 M 的 N 阶本原单位根,α 是模 p_i 的 N 阶本原单位根$(i = 1,2,\cdots,s)$;

4°$(N,M) = 1$,α 是模 $p_i^{l_i}(i = 1,2,\cdots,s)$ 的 N 阶本原单位根;

5°$(N,M) = 1$,α 是模 M 的 N 阶本原单位根,且

$$(\alpha^j - 1, M) = 1, j = 1,2,\cdots,N-1$$

6°$(N,m) = 1$,α 是模 M 的 N 阶本原单位根,且在 Z_M 上存在 β_j,使

$$\beta_j(\alpha^j - 1) \equiv 1 \pmod M, j = 1,2,\cdots,N-1$$

7°$N \mid O(M)$.

从上述命题可知,α 仅是模 M 的 N 阶本原单位根还不够,必须再加上某个适当的条件,才能使(1) 和(2) 构成一对互逆变换.

第64章 数论变换的性质

首先,通过具体的例子说明数论变换的构造.

§1 几种典型序列的数论变换

1. δ - 函数序列的变换

对 $\delta(t)$ 函数进行采样,得到序列

$$(x)=\{x_n\}=\begin{bmatrix}1\\0\\0\\0\end{bmatrix}$$

取 NTT 的参数为 $M=17, N=4, \alpha=4$,以这些参数可以构成数论变换. 这时变换矩阵 $\boldsymbol{T}_4$ 为

$$\boldsymbol{T}_4\equiv\begin{bmatrix}1&1&1&1\\1&\alpha&\alpha^2&\alpha^3\\1&\alpha^2&\alpha^4&\alpha^6\\1&\alpha^3&\alpha^6&\alpha^9\end{bmatrix}$$

$$
=\begin{bmatrix}1 & 1 & 1 & 1\\ 1 & 4 & 4^2 & 4^3\\ 1 & 4^2 & 4^4 & 4^6\\ 1 & 4^3 & 4^6 & 4^9\end{bmatrix}
$$

$$
\equiv\begin{bmatrix}1 & 1 & 1 & 1\\ 1 & 4 & -1 & -4\\ 1 & -1 & 1 & -1\\ 1 & -4 & -1 & 4\end{bmatrix}
$$

$$
\equiv\begin{bmatrix}1 & 1 & 1 & 1\\ 1 & 4 & 16 & 13\\ 1 & 16 & 1 & 16\\ 1 & 13 & 16 & 4\end{bmatrix}\pmod{17}
$$

所以

$$
(X)=\begin{bmatrix}X_0\\ X_1\\ X_2\\ X_3\end{bmatrix}\equiv \boldsymbol{T}_4\begin{bmatrix}x_0\\ x_1\\ x_2\\ x_3\end{bmatrix}
$$

$$
\equiv\begin{bmatrix}1 & 1 & 1 & 1\\ 1 & 4 & 16 & 13\\ 1 & 16 & 1 & 16\\ 1 & 13 & 16 & 4\end{bmatrix}\begin{bmatrix}1\\ 0\\ 0\\ 0\end{bmatrix}\equiv\begin{bmatrix}1\\ 1\\ 1\\ 1\end{bmatrix}\pmod{17}
$$

x_n 和 X_k 表示于图 1 中，和 δ - 函数序列的 DFT 一样，其数论变换序列（或可称为象序列或谱序列）是常数.

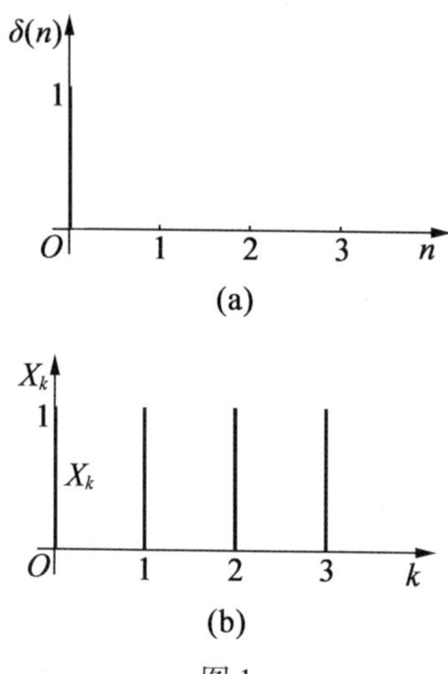

图 1

2. 一个恒定值的采样序列的变换

设一序列(x)为

$$(x)=\begin{bmatrix}x_0\\x_1\\x_2\\\vdots\\x_{N-1}\end{bmatrix}=\begin{bmatrix}1\\1\\1\\\vdots\\1\end{bmatrix}$$

取定 NTT 的参数M,N,α,则

$$(X)=\begin{bmatrix}X_0\\X_1\\X_2\\\vdots\\X_{N-1}\end{bmatrix}\equiv\begin{bmatrix}1&1&\cdots&1\\1&\alpha&\cdots&\alpha^{N-1}\\1&\alpha^2&\cdots&\alpha^{2(N-1)}\\\vdots&\vdots&&\vdots\\1&\alpha^{N-1}&\cdots&\alpha^{(N-1)^2}\end{bmatrix}\begin{bmatrix}1\\1\\1\\\vdots\\1\end{bmatrix}$$

$$\equiv \begin{bmatrix} N \\ 0 \\ 0 \\ \vdots \\ 0 \end{bmatrix} (\bmod M)$$

x_n 与 X_k 表示在图 2 中.

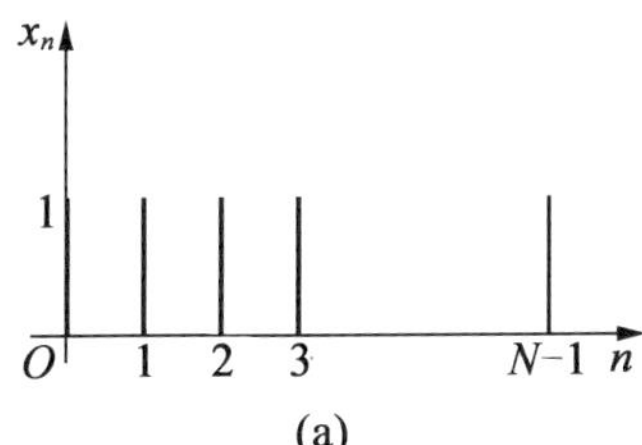

(a)

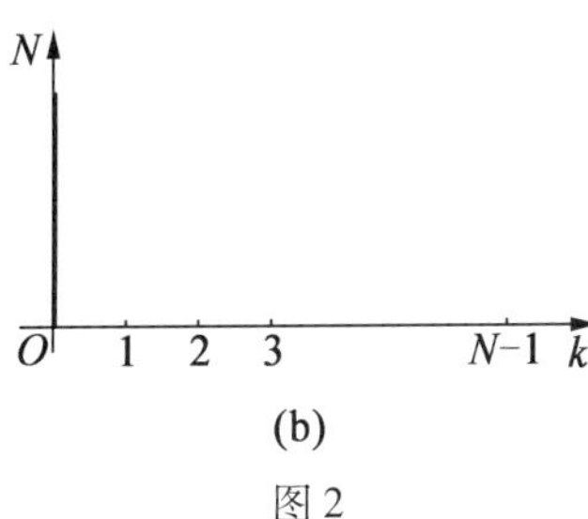

(b)

图 2

3. **正弦波序列的变换**

对正弦波

$$x(t) = \sin wt$$

的一个周期进行采样,所得的序列为

$$(x) = \begin{bmatrix} x_0 \\ x_1 \\ x_2 \\ x_3 \end{bmatrix} = \begin{bmatrix} 0 \\ 1 \\ 0 \\ -1 \end{bmatrix}$$

取 NTT 的参数为

$$M=17, N=4, \alpha=4$$

变换矩阵 $\boldsymbol{T}_4$，则

$$(X)=\begin{bmatrix}X_0\\X_1\\X_2\\X_3\end{bmatrix}\equiv\boldsymbol{T}_4\begin{bmatrix}0\\1\\0\\-1\end{bmatrix}\equiv\begin{bmatrix}1&1&1&1\\1&4&16&13\\1&16&1&16\\1&13&16&4\end{bmatrix}\begin{bmatrix}0\\1\\0\\-1\end{bmatrix}$$

$$\equiv\begin{bmatrix}0\\-9\\0\\9\end{bmatrix}\equiv\begin{bmatrix}0\\8\\0\\-8\end{bmatrix}\pmod{17}$$

x_n 和 X_k 表示在图 3 中. 变换结果 X_k 在 $\left[-\frac{M}{2},\frac{M}{2}\right]$ 中取值.

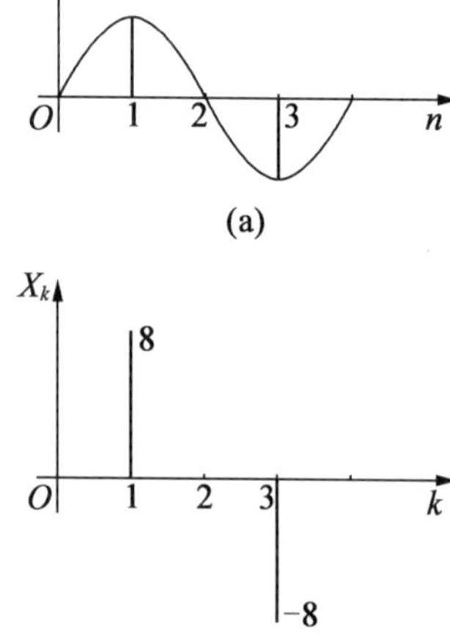

图 3

§2　数论变换的性质

NTT 基本上和 DFT 一样,具有如下性质.

1. 线性

如果

$$\boldsymbol{T}\{x_n\} = X_k, \boldsymbol{T}\{y_n\} = Y_k$$

那么

$$\boldsymbol{T}\{ax_n + by_n\} = a\boldsymbol{T}\{x_n\} + b\boldsymbol{T}\{y_n\} = aX_k + bY_k \tag{1}$$

其中 a,b 为常数. $\boldsymbol{T}$ 表示 NTT.

2. 正交性

记变换 $\boldsymbol{T}$ 的行矢量为 $\{\boldsymbol{\varphi}_i(n)\}$,称 $\{\boldsymbol{\varphi}_i(n)\}$ 为基函数,即

$$\{\boldsymbol{\varphi}_0(n)\} = (1,1,1,\cdots,1)$$

$$\{\boldsymbol{\varphi}_1(n)\} = (1,\alpha,\alpha^2,\cdots,\alpha^{N-1})$$

$$\vdots$$

$$\{\boldsymbol{\varphi}_i(n)\} = (1,\alpha^i,\alpha^{2i},\cdots,\alpha^{i(N-1)})$$

$$\vdots$$

$$\{\boldsymbol{\varphi}_{N-1}(n)\} = (1,\alpha^{N-1},\alpha^{2(N-1)},\cdots,\alpha^{(N-1)^2})$$

基函数内积的定义是

$$\langle \boldsymbol{\varphi}_i(n), \boldsymbol{\varphi}_k(n)\rangle \equiv \sum_{n=0}^{N-1} \boldsymbol{\varphi}_i(n)\boldsymbol{\varphi}_k^{-1}(n) \pmod M$$

于是有

$$\langle \boldsymbol{\varphi}_i(n), \boldsymbol{\varphi}_k(n) \rangle \equiv \sum_{n=0}^{N-1} \alpha^{ni} \cdot \alpha^{-nk} \equiv \sum_{n=0}^{N-1} \alpha^{n(i-k)}$$

$$\equiv \begin{cases} N, i \equiv k(\bmod N) \\ 0, i \not\equiv k(\bmod N) \end{cases} (\bmod M) \quad (2)$$

这表示 NTT 是一种正交变换.

3. **周期性**

设

$$\boldsymbol{T}\{x_n\} = X_k, \boldsymbol{T}^{-1}\{X_k\} = x_n$$

那么有

$$x_{n+SN} \equiv x_n(\bmod M), X_{k+SN} \equiv X_k(\bmod M) \quad (3)$$

其中,S 为整数,$n,k = 0,1,\cdots,N-1$. 这表示 x_n 和 X_k 均为以 N 为周期的周期序列.

证明 由 NTT 的定义可知,有

$$X_{k+SN} \equiv \sum_{n=0}^{N-1} x_n \alpha^{n(k+SN)} \equiv \sum_{n=0}^{N-1} x_n \alpha^{nk} \alpha^{nSN}$$

$$\equiv \sum_{n=0}^{N-1} x_n \alpha^{nk} \equiv X_k(\bmod M), k = 1, \cdots, N-1$$

同理可证

$$x_{n+SN} \equiv x_n(\bmod M)$$

另外,利用

$$\alpha^N \equiv 1(\bmod M)$$

及 x_n 和 X_k 的周期性,可以证明

$$\begin{cases} \sum_{n=p}^{q} x_n \alpha^{nk} \equiv \sum_{n=0}^{N-1} x_n \alpha^{nk}(\bmod M) \\ N^{-1} \sum_{k=p}^{q} X_k \alpha^{-nk} \equiv N^{-1} \sum_{k=0}^{N-1} X_k \alpha^{-nk}(\bmod M) \end{cases} \quad (4)$$

其中

$$|q-p|=N-1$$

为了证明式(4),不妨设

$$p=SN+r,0\leqslant r<N-1,S\text{ 为整数}$$

$$q=p+N-1$$

于是

$$\begin{aligned}\sum_{n=p}^{q}x_n\alpha^{nk}&=\sum_{n=SN+r}^{SN+r+N-1}x_n\alpha^{nk}\equiv\sum_{l=r}^{r+N-1}x_l\alpha^{lk}\\&=\sum_{l=r}^{N-1}x_l\alpha^{lk}+\sum_{l=N}^{r+N-1}x_l\alpha^{lk}\\&=\sum_{l=r}^{N-1}x_l\alpha^{lk}+\sum_{l=0}^{r-1}x_l\alpha^{lk}\\&=\sum_{l=0}^{N-1}x_l\alpha^{lk}\pmod M\end{aligned}$$

同理可证式(4)的另一式.

4. 对称性[①]

如果序列 x_n 是对称的,即

$$x_n=x_{-n}=x_{N-n}$$

那么其象序列也是对称的,即

$$X_k\equiv X_{-k}\equiv X_{N-k}\pmod M,k=0,1,\cdots,N-1\quad(5)$$

如果序列 x_n 是反对称的,即

$$x_n=-x_{-n}=-x_{N-n}$$

那么其象序列也是反对称的,即

$$X_k\equiv -X_{-k}\equiv -X_{N-k}\pmod M,k=0,1,\cdots,N-1\quad(6)$$

---

① 这里及以后均指周期序列.

证明

$$X_{-k}\equiv\sum_{n=0}^{N-1}x_n\alpha^{-nk}=\sum_{l=0}^{-N+1}x_{-l}\alpha^{lk}=\sum_{l=0}^{N-1}x_{-l}\alpha^{lk}$$

$$=\begin{cases}\sum_{l=0}^{N-1}x_l\alpha^{lk}\equiv X_k,\text{如果 }x_{-l}=x_l\\-\sum_{l=0}^{N-1}x_l\alpha^{lk}\equiv -X_k,\text{如果 }x_{-l}=-x_l\end{cases}\pmod M$$

对称性可叙述作偶序列的象序列为偶序列，奇序列的象序列为奇序列.

5. 位移定理

设 $\boldsymbol{T}\{x_n\}=X_k$，则

$$\boldsymbol{T}\{x_{n+m}\}\equiv X_k\alpha^{-mk}\pmod M \tag{7}$$

其中，m 为任意整数，$k=0,1,\cdots,N-1$.

证明 $\boldsymbol{T}\{x_{n+m}\}\equiv\sum_{n=0}^{N-1}x_{n+m}\alpha^{nk}=\sum_{l=m}^{m+N-1}x_l\alpha^{k(l-m)}$

$$=\alpha^{-mk}\sum_{l=0}^{N-1}x_l\alpha^{kl}\equiv X_k\alpha^{-mk}\pmod M$$

6. 循环卷积特性

设两个长为 N 的序列 x_n 和 h_n，其循环卷积记为 y_n，即

$$y_n=\sum_{k=0}^{N-1}x_kh_{\langle n-k\rangle_N},n=0,1,\cdots,N-1$$

如果记

$$\{X_k\}=T\{x_n\},\{H_k\}=T\{h_n\},\{Y_k\}=T\{y_n\}$$

则

$$Y_k\equiv X_k\cdot H_k\pmod M,k=0,1,\cdots,N-1 \tag{8}$$

7. **相关特性**

设两个以 N 为周期的周期序列 x_n 和 h_n,称

$$y_n = \sum_{m=0}^{N-1} x_m h_{n+m}, n = 0,1,\cdots,N-1$$

为序列 x_n 和 h_n 的互相关序列. 如果 x_n 和 h_n 相等,则称为自相关序列.

设

$$X_k = T\{x_n\}, H_k = T\{h_n\}, Y_k = T\{y_n\}$$

则

$$Y_k \equiv X_{-k} \cdot H_k \equiv X_{N-k} \cdot H_k (\bmod M)$$
$$k = 0,1,\cdots,N-1 \tag{9}$$

证明

$$Y_k \equiv T\{y_n\} = \sum_{n=0}^{N-1} y_n \alpha^{nk} = \sum_{n=0}^{N-1} \left[\sum_{m=0}^{N-1} x_m h_{n+m} \right] \alpha^{nk}$$

$$= \sum_{m=0}^{N-1} \sum_{n=0}^{N-1} x_m h_{n+m} \alpha^{nk} = \sum_{m=0}^{N-1} x_m \left[\sum_{n=0}^{N-1} h_{n+m} \alpha^{nk} \right]$$

利用位移定理,有

$$Y_k \equiv \sum_{m=0}^{N-1} x_m H_k \alpha^{-mk} \equiv H_k X_{-k} \equiv H_k X_{N-k} (\bmod M)$$

8. Parseval **定理**

设

$$X_k = \boldsymbol{T}\{x_n\}, H_k = \boldsymbol{T}\{h_n\}$$

则

$$N \sum_{n=0}^{N-1} x_n h_n \equiv \sum_{k=0}^{N-1} X_k H_{-k} = \sum_{k=0}^{N-1} X_k H_{N-k} (\bmod M) \tag{10}$$

$$N\sum_{n=0}^{N-1}x_nh_{-n}=N\sum_{n=0}^{N-1}x_nh_{N-n}\equiv\sum_{k=0}^{N-1}X_kH_k\pmod M \tag{11}$$

特别当

$$x_n=h_n,n=0,1,\cdots,N-1$$

时,有

$$N\sum_{n=0}^{N-1}x_n^2\equiv\sum_{k=0}^{N-1}X_k\cdot X_{-k}=\sum_{k=0}^{N-1}X_k\cdot X_{N-k}\pmod M \tag{10'}$$

$$N\sum_{n=0}^{N-1}x_n\cdot x_{-n}=N\sum_{n=0}^{N-1}x_n\cdot x_{N-n}\equiv\sum_{k=0}^{N-1}X_k^2\pmod M \tag{11'}$$

证明　证明式(10),式(11)的证法相同

$$\sum_{k=0}^{N-1}X_k\cdot H_{-k}\equiv\sum_{k=0}^{N-1}\Big[\sum_{n=0}^{N-1}x_n\alpha^{nk}\Big]\Big[\sum_{m=0}^{N-1}h_m\alpha^{-mk}\Big]$$

$$=\sum_{n=0}^{N-1}x_n\sum_{m=0}^{N-1}h_m\sum_{k=0}^{N-1}\alpha^{k(n-m)}\pmod M$$

由于

$$\sum_{k=0}^{N-1}\alpha^{k(n-m)}\equiv\begin{cases}N,n\equiv m\pmod N\\0,n\not\equiv m\pmod N\end{cases}\pmod M$$

故

$$\sum_{k=0}^{N-1}X_kH_{-k}\equiv N\sum_{n=0}^{N-1}x_nh_n\pmod M$$

在复数域中,DFT 的 Parseval 等式为

$$N\sum_{n=0}^{N-1}|x_n|^2=\sum_{k=0}^{N-1}|X_k|^2$$

在现在的情况下,上式不再有意义,因为在 Z_M 上,模值 $|X_n|^2$ 不再有定义.

9. 快速算法

在复数域中,当 N 是高度复合数时,特别是 $N=2^m$ 时,DFT 有快速算法(FFT). NTT 也有快速算法($N=2^m$). 其推导和演算完全和 FFT 相同. 但不同之处有两点,一是以 α 代替 FFT 中的 W_N,由于 α 是一个正整数,不像 FFT 那样要预先贮存基函数 W_N;二是每一步运算过程都要判别一下中间量是否超过 M,如果超过 M,就应取小于 M 的同余值,以防溢出.

下面以矩阵表示法简要地推导快速算法.

设变换参数为 $M,N=8,\alpha;x_n\in Z_M(n=0,1,\cdots,N-1)$,于是

$$\begin{bmatrix}X_0\\X_1\\X_2\\X_3\\X_4\\X_5\\X_6\\X_7\end{bmatrix}\equiv\begin{bmatrix}1&1&1&1&1&1&1&1\\1&\alpha&\alpha^2&\alpha^3&\alpha^4&\alpha^5&\alpha^6&\alpha^7\\1&\alpha^2&\alpha^4&\alpha^6&\alpha^8&\alpha^{10}&\alpha^{12}&\alpha^{14}\\1&\alpha^3&\alpha^6&\alpha^9&\alpha^{12}&\alpha^{15}&\alpha^{18}&\alpha^{21}\\1&\alpha^4&\alpha^8&\alpha^{12}&\alpha^{16}&\alpha^{20}&\alpha^{24}&\alpha^{28}\\1&\alpha^5&\alpha^{10}&\alpha^{15}&\alpha^{20}&\alpha^{25}&\alpha^{30}&\alpha^{35}\\1&\alpha^6&\alpha^{12}&\alpha^{18}&\alpha^{24}&\alpha^{30}&\alpha^{36}&\alpha^{42}\\1&\alpha^7&\alpha^{14}&\alpha^{21}&\alpha^{28}&\alpha^{35}&\alpha^{42}&\alpha^{49}\end{bmatrix}\begin{bmatrix}x_0\\x_1\\x_2\\x_3\\x_4\\x_5\\x_6\\x_7\end{bmatrix}$$

$$\equiv \begin{bmatrix} 1 & 1 & 1 & 1 & 1 & 1 & 1 & 1 \\ 1 & \alpha & \alpha^2 & \alpha^3 & \alpha^4 & \alpha^5 & \alpha^6 & \alpha^7 \\ 1 & \alpha^2 & \alpha^4 & \alpha^6 & 1 & \alpha^2 & \alpha^4 & \alpha^6 \\ 1 & \alpha^3 & \alpha^6 & \alpha & \alpha^4 & \alpha^7 & \alpha^2 & \alpha^5 \\ 1 & \alpha^4 & 1 & \alpha^4 & 1 & \alpha^4 & 1 & \alpha^4 \\ 1 & \alpha^5 & \alpha^2 & \alpha^7 & \alpha^4 & \alpha & \alpha^6 & \alpha^3 \\ 1 & \alpha^6 & \alpha^4 & \alpha^2 & 1 & \alpha^6 & \alpha^4 & \alpha^2 \\ 1 & \alpha^7 & \alpha^6 & \alpha^5 & \alpha^4 & \alpha^3 & \alpha^2 & \alpha \end{bmatrix} \begin{bmatrix} x_0 \\ x_1 \\ x_2 \\ x_3 \\ x_4 \\ x_5 \\ x_6 \\ x_7 \end{bmatrix} (\mathrm{mod}\ M)$$

按如下次序交换矩阵的行

$$\begin{bmatrix} X_0 \\ X_4 \\ X_2 \\ X_6 \\ X_1 \\ X_5 \\ X_3 \\ X_7 \end{bmatrix} \equiv \begin{bmatrix} 1 & 1 & 1 & 1 & 1 & 1 & 1 & 1 \\ 1 & \alpha^4 & 1 & \alpha^4 & 1 & \alpha^4 & 1 & \alpha^4 \\ 1 & \alpha^2 & \alpha^4 & \alpha^6 & 1 & \alpha^2 & \alpha^4 & \alpha^6 \\ 1 & \alpha^6 & \alpha^4 & \alpha^2 & 1 & \alpha^6 & \alpha^4 & \alpha^2 \\ 1 & \alpha & \alpha^2 & \alpha^3 & \alpha^4 & \alpha^5 & \alpha^6 & \alpha^7 \\ 1 & \alpha^5 & \alpha^2 & \alpha^7 & \alpha^4 & \alpha & \alpha^6 & \alpha^3 \\ 1 & \alpha^3 & \alpha^6 & \alpha & \alpha^4 & \alpha^7 & \alpha^2 & \alpha^5 \\ 1 & \alpha^7 & \alpha^6 & \alpha^5 & \alpha^4 & \alpha^3 & \alpha^2 & \alpha \end{bmatrix} \begin{bmatrix} x_0 \\ x_1 \\ x_2 \\ x_3 \\ x_4 \\ x_5 \\ x_6 \\ x_7 \end{bmatrix} (\mathrm{mod}\ M)$$

如果注意到

$$\alpha^8 \equiv 1(\mathrm{mod}\ M)$$

$$\alpha^4 \equiv -1(\mathrm{mod}\ M)$$

上述变换矩阵 $\boldsymbol{T}$ 就成为

$$T = \begin{bmatrix} 1 & 1 & 1 & 1 & 1 & 1 & 1 & 1 \\ 1 & -1 & 1 & -1 & 1 & -1 & 1 & -1 \\ 1 & \alpha^2 & -1 & -\alpha^2 & 1 & \alpha^2 & -1 & -\alpha^2 \\ 1 & -\alpha^2 & -1 & \alpha^2 & 1 & -\alpha^2 & -1 & \alpha^2 \\ 1 & \alpha & \alpha^2 & \alpha^3 & -1 & -\alpha & -\alpha^2 & -\alpha^3 \\ 1 & -\alpha & \alpha^2 & -\alpha^3 & -1 & \alpha & -\alpha^2 & \alpha^3 \\ 1 & \alpha^3 & -\alpha^2 & \alpha & -1 & -\alpha^3 & \alpha^2 & -\alpha \\ 1 & -\alpha^3 & -\alpha^2 & -\alpha & -1 & \alpha^3 & \alpha^2 & \alpha \end{bmatrix}$$

这个矩阵左上角与右上角子矩阵相同，左下角与右下角子矩阵只相差一个 -1. 故可将 $\boldsymbol{T}$ 分解为如下两个矩阵之乘积.

$$T = \left[\begin{array}{cccc|cccc} 1 & 1 & 1 & 1 & & & & \\ 1 & -1 & 1 & -1 & & & 0 & \\ 1 & \alpha^2 & -1 & -\alpha^2 & & & & \\ 1 & -\alpha^2 & -1 & \alpha^2 & & & & \\ \hline & & & & 1 & 1 & 1 & 1 \\ & & 0 & & 1 & -1 & 1 & -1 \\ & & & & 1 & \alpha^2 & -1 & -\alpha^2 \\ & & & & 1 & -\alpha^2 & -1 & \alpha^2 \end{array}\right] \cdot$$

$$\left[\begin{array}{cccc|cccc} 1 & & & & 1 & & & \\ & 1 & & & & 1 & & \\ & & 1 & & & & 1 & \\ & & & 1 & & & & 1 \\ \hline 1 & & & & -1 & & & \\ & \alpha & & & & -\alpha & & \\ & & \alpha^2 & & & & -\alpha^2 & \\ & & & \alpha^3 & & & & -\alpha^3 \end{array}\right]$$

又由于

$$\begin{bmatrix}1 & 1 & 1 & 1\\1 & -1 & 1 & -1\\1 & \alpha^2 & -1 & -\alpha^2\\1 & -\alpha^2 & -1 & \alpha^2\end{bmatrix}$$

$$=\begin{bmatrix}1 & 1 & & \\1 & -1 & & \\ & & 1 & 1\\ & & 1 & -1\end{bmatrix}\cdot\begin{bmatrix}1 & & 1 & \\ & 1 & & 1\\1 & & -1 & \\ & \alpha^2 & & -\alpha^2\end{bmatrix}$$

因此有

$$\begin{bmatrix}X_0\\X_4\\X_2\\X_6\\X_1\\X_5\\X_3\\X_7\end{bmatrix}\equiv\left[\begin{array}{cccc|cccc}1 & 1 & & & & & & \\1 & -1 & & & & & & \\ & & 1 & 1 & & & & \\ & & 1 & -1 & & & & \\\hline & & & & 1 & 1 & & \\ & & & & 1 & -1 & & \\ & & & & & & 1 & 1\\ & & & & & & 1 & -1\end{array}\right]\cdot$$

$$\left[\begin{array}{cccc|cccc}1 & & 1 & & & & & \\ & 1 & & 1 & & & & \\1 & & -1 & & & & & \\ & \alpha^2 & & -\alpha^2 & & & & \\\hline & & & & 1 & & 1 & \\ & & & & & 1 & & 1\\ & & & & 1 & & -1 & \\ & & & & & \alpha^2 & & -\alpha^2\end{array}\right]\cdot$$

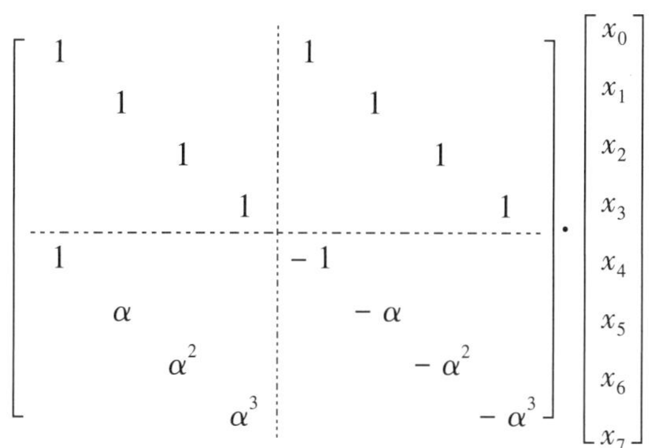

$$\left[\begin{array}{cccc|cccc}1&&&&1&&&\\&1&&&&1&&\\&&1&&&&1&\\&&&1&&&&1\\\hline 1&&&&-1&&&\\&\alpha&&&&-\alpha&&\\&&\alpha^2&&&&-\alpha^2&\\&&&\alpha^3&&&&-\alpha^3\end{array}\right]\cdot\begin{bmatrix}x_0\\x_1\\x_2\\x_3\\x_4\\x_5\\x_6\\x_7\end{bmatrix}$$

由上式,得到快速算法的流程图如下:

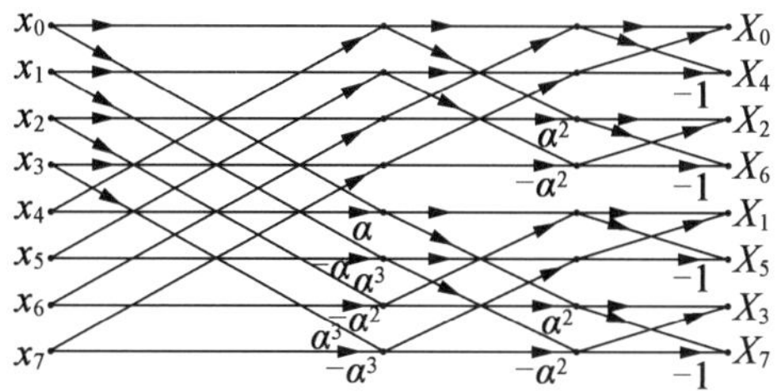

其中 "$x_n \xrightarrow{\alpha^i} y$, $x_m \xrightarrow{\alpha^j} y$" 或 "$x_n \xrightarrow{\alpha^i} y$, $x_m \xrightarrow{\alpha^j} y$" 均表示

$$y = x_n\alpha^i + x_m\alpha^j$$

这相当于 FFT 的按频率抽取的算法. 同样可用按时间抽取的算法.

用上述快速算法可将原来所需的 N^2 个乘法降为 $N\log_2 N$ 次乘法. 如果 α 是 2 或 2 的幂,就只需 $N\log_2 N$ 次移位操作.

10. **抽样性质**

这一性质研究如果将序列 x_n 按某种规律重排,其象序列按何种规律排列的问题.

设 p 和 N 互素,即 $(N,p) = 1$,那么序列

$$y_n = x_{\langle pn\rangle_N}, n = 0,1,\cdots,N-1 \tag{12}$$

是序列 $x_n(n = 0,1,\cdots,N-1)$ 的一个重排①. y_n 的变换为

$$Y_k \equiv \boldsymbol{T}\{y_n\} = \sum_{n=0}^{N-1} y_n \alpha^{nk} = \sum_{n=0}^{N-1} x_{\langle pn\rangle_N} \alpha^{nk} \pmod M$$

由于 $(p,N) = 1$,故 p 在 Z_n 中存在逆元 p^{-1},并且 p^{-1} 与 N 互素,即 $(p^{-1},N) = 1$. 从而 $\langle mp^{-1}\rangle_N(m = 0,1,\cdots,N-1)$ 也是 $0,1,2,\cdots,N-1$ 的一个重排. 在 Y_k 的式子中作置换

$$m = \langle pn\rangle_N, n = 0,1,\cdots,N-1$$

则得到

$$\begin{aligned} Y_k &\equiv \sum_{m=0}^{N-1} x_m \alpha^{\langle p^{-1}m\rangle_N k} \equiv \sum_{m=0}^{N-1} x_m \alpha^{\langle p^{-1}k\rangle_N m} \\ &= X_{\langle kp^{-1}\rangle_N} \pmod M \end{aligned}$$

即

$$Y_k \equiv X_{\langle kp^{-1}\rangle_N} \pmod M, k = 0,1,2,\cdots,N-1 \tag{13}$$

---

① 为了证明(12)中的 y_n 是 x_n 的一个重排,只需证明 $\langle pn\rangle_N(n = 0,1,\cdots,N-1)$ 与 $0,1,\cdots,N-1$ 一一对应即可. 由于有 $0 \leqslant \langle pn\rangle_N \leqslant N-1$,故只需证明当 $n_1 \neq n_2(n_1,n_2 = 0,1,\cdots,N-1)$ 时,有

$$pn_1 \not\equiv pn_2 \pmod N$$

即可. 这是显然的. 如果不然,存在 n_1,n_2,且 $n_1 \neq n_2$,使

$$pn_1 \equiv pn_2 \pmod N$$

即

$$N \mid p(n_1 - n_2)$$

由于 $N \nmid p$,故 $N \mid n_1 - n_2$,又因为 $|n_1 - n_2| < N$,故必有 $n_1 = n_2$,但这与 $n_1 \neq n_2$ 矛盾.

此即欲证者. 等式(13) 说明,如果序列的重排对应于

$$n \to \langle pn \rangle_N, n = 0,1,\cdots,N-1$$

那么,象序列的重排对应于

$$k \to \langle p^{-1}k \rangle_N, k = 0,1,\cdots,N-1$$

其中

$$(p,N) = 1, p^{-1}p \equiv 1 \pmod N$$

例 1　取 $N = 5, p = 2$,显然$(2,5) = 1$,在 Z_5 中 2 的逆元 $2^{-1} = 3$. 如记

$$y_n = x_{\langle 2n \rangle_5}, n = 0,1,2,3,4$$

即

$$\begin{bmatrix} y_0 \\ y_1 \\ y_2 \\ y_3 \\ y_4 \end{bmatrix} = \begin{bmatrix} x_0 \\ x_2 \\ x_4 \\ x_1 \\ x_3 \end{bmatrix}$$

由式(13),得到

$$Y_k = X_{\langle 3k \rangle_5}, k = 0,1,2,3,4$$

即

$$\begin{bmatrix} Y_0 \\ Y_1 \\ Y_2 \\ Y_3 \\ Y_4 \end{bmatrix} = \begin{bmatrix} X_0 \\ X_3 \\ X_1 \\ X_4 \\ X_2 \end{bmatrix}$$

特别地,取 $p = N-1$,那么在 Z_N 中,$p^{-1} = N-1$.

由式(12)及式(13),就得到

$$X_{-k}=T\{x_{-n}\}$$

亦即

$$X_{N-k}=T\{x_{N-n}\}$$

此即式(5)及式(6).

11. **延伸性质**

这性质研究将长为 N 的序列 x_n 延伸成长为 rN 的序列的变换问题.

设 x_n 为长为 N 的序列,作长为 rN 的序列 y_n,有

$$y_n=\begin{cases}x_n,n=0,1,\cdots,N-1\\0,n=N,N+1,\cdots,rN-1\end{cases}\quad (r\text{ 为正整数})$$

我们要研究 $Y_k=\boldsymbol{T}\{y_n\}$ 与 $X_k=\boldsymbol{T}\{x_n\}$ 的关系.

设 α 对模 M 的阶数为 rN,那么 α^r 对模 M 的阶数为 N. 于是

$$Y_k\equiv\sum_{n=0}^{rN-1}y_n\alpha^{nk}\equiv\sum_{n=0}^{N-1}x_n(\alpha^r)^{\frac{k}{r}n}(\bmod M)$$

$$k=0,1,\cdots,rN-1 \tag{14}$$

故得到

$$Y_k\equiv\begin{cases}X_{\frac{k}{r}},\dfrac{k}{r}\text{ 为正整数时}\\\sum\limits_{n=0}^{N-1}x_n\alpha^{nk},\text{其他}\end{cases}\quad(\bmod M) \tag{15}$$

例 2 对矩形波进行采样,得到

$$\{x_n\}=(1,2,1,0)$$

于是

$$N=4,\{x_n\}=(1,2,1,0)$$

$$N=8,\{y_n\}=(1,2,1,0,0,0,0,0)$$

$$N=16,\{z_n\}=(1,2,1,0,0,0,0,0,0,0,0,0,0,0,0,0)$$

取 NTT,参数为

$$M=17,N=4,\alpha=4$$

对$\{x_n\}$进行变换,得到

$$\{X_k\}\equiv(4,8,0,-8)\pmod{17}$$

根据式(15),有

$$\begin{cases}Y_0=X_0=4\\Y_2=X_1=8\\Y_4=X_2=0\\Y_6=X_3=-8\end{cases}$$

$$\begin{cases}Z_0=X_0=4\\Z_4=X_1=8\\Z_8=X_2=0\\Z_{12}=X_3=-8\end{cases}$$

如果取参数

$$M=17,N=8,\alpha=2$$

的 NTT,对$\{y_n\}$进行变换,得到

$$\{Y_k\}\equiv(4,-8,8,-4,0,1,-8,-2)\pmod{17}$$

如果取参数

$$M=17,N=16,\alpha\equiv6$$

的 NTT,对$\{z_n\}$进行变换,得到

$$\{Z_k\}\equiv(4,-2,-8,-1,8,-4,-4,4,0,8,1,2,-8,2,-2,-1)\pmod{17}$$

由此知,当补零将序列长度增加时,变换点数增加,但

在$\frac{k}{r}$为整数处，数值不变. 如图 4 所示.

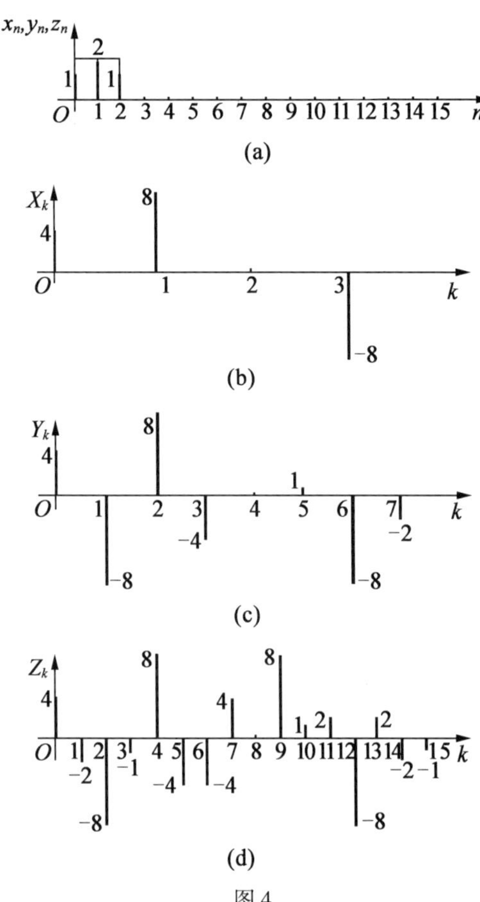

图 4

另一种延伸是将序列$x_n(n=0,1,\cdots,N-1)$周期重复，即作如下一长为rN(r为正整数)的序列

$$y_n = x_{\langle n\rangle_N}, n = 0,1,2,\cdots,rN-1 \qquad (16)$$

假设α对模M的阶数为rN，那么α^r对模M的阶数

为 N. 于是

$$Y_k \equiv \sum_{n=0}^{rN-1} y_n \alpha^{nk} = \sum_{n=0}^{rN-1} x_{\langle n \rangle_N} \alpha^{nk} = \sum_{n=0}^{N-1} x_n \sum_{l=0}^{r-1} (\alpha^r)^{\frac{k(n+lN)}{r}}$$

$$= \sum_{n=0}^{N-1} x_n (\alpha^r)^{\frac{kn}{r}} \sum_{l=0}^{r-1} (\alpha^r)^{\frac{k}{r}lN} = \sum_{n=0}^{N-1} x_n (\alpha^r)^{\frac{kn}{r}} \sum_{l=0}^{r-1} q^{lN}$$

$$(\bmod M), k = 0,1,\cdots,rN-1$$

其中 $q = (\alpha^r)^{\frac{k}{r}}$. 由于

$$\sum_{l=0}^{r-1} q^{lN} \equiv \begin{cases} r, \dfrac{k}{r} \text{ 为正整数} \\ 0, \text{其他} \end{cases} \quad (\bmod M)$$

故

$$Y_k \equiv \begin{cases} rX_{\frac{k}{r}}, \dfrac{k}{r} \text{ 为正整数} \\ 0, \text{其他} \end{cases} \quad (\bmod M)$$

$$k = 0,1,\cdots,rN-1 \tag{17}$$

这就是所求的结果.

例 3　将例 2 的序列作周期重复：

$$N = 4, \{x_n\} = (1,2,1,0)$$

$$N = 8, \{y_n\} = (1,2,1,0,1,2,1,0)$$

$$N = 16, \{z_n\} = (1,2,1,0,1,2,1,0,1,2,1,0,1,2,1,0)$$

取 NTT 的参数为

$$M = 17, N = 4, \alpha = 4$$

将 $\{x_n\}$ 变换,得

$$\{X_k\} \equiv (4,8,0,-8)(\bmod 17)$$

由式(17),得到

$$\{Y_k\} \equiv (8,0,16,0,0,0,-16,0)$$
$$\equiv (8,0,-1,0,0,0,1,0) \pmod{17}$$
$$\{Z_k\} \equiv (-1,0,0,0,-2,0,0,0,0,0,0,0,2,0,0,$$
$$0) \pmod{17}$$

$\{x_n\}$, $\{X_k\}$, $\{y_n\}$, $\{Y_k\}$ 表示于图 5 中.

如果取参数

$$M = 17, N = 8, \alpha = 2$$

的 NTT 对 $\{y_n\}$ 进行变换,以及取参数

$$M = 17, N = 16, \alpha = 6$$

的 NTT 对 $\{z_n\}$ 进行变换,将得到与上面相同的结果.读者可自行推导.

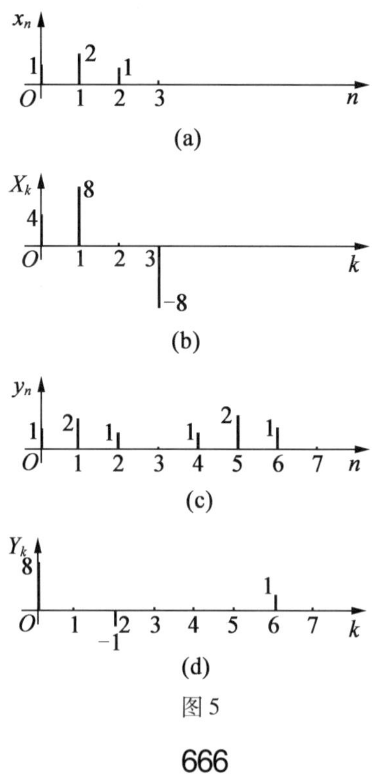

图 5

第 65 章 在整数环 Z_M 上 N 阶本原单位根的计算方法

我们在前面详细地讨论了 Z_M 上存在具有循环卷积特性的一对可逆变换的条件，α 是一个整数，显然它要比 DFT 中的 W_N 简单得多，这样 NTT 就克服了 DFT. 由于基本函数复杂而带来的一系列缺点，在前面，我们详细讨论了 NTT 的性质，读者已经看到，NTT 的性质和 DFT 的性质类似. NTT 和 DFT 一样是一种线性正交变换，并且具有 DFT 一样的快速算法，做一次快速数论变换（$N = r_1 \cdot r_2 \cdot \cdots \cdot r_n$），大约需要 $N \cdot (r_1 + r_2 + \cdots + r_n)$ 次算术运算. 如果 $\alpha = 2$ 或 2 的幂，那么在二进制计算机上作变换时就可以不用乘法，仅为移位操作.

现在我们讨论，给定 $M = p_1^{l_1} p_2^{l_2} \cdots p_s^{l_s}$ 和 $N(N | O(M))$ 后（从下一章可以知道，M 和 N 的选择将根据我们所计算问题的性质），具体地来计算适合 NTT 的 α.

α 必须同时是模 M 及模 $p_i(i=1,2,\cdots,s)$ 的 N 阶本原单位根. 结果我们可以知道,共有 $\varphi^s(N)$ 个 α 适合我们的需要,从 $\varphi^s(N)$ 个 α 中任意选择一个,就可以和给定的 M,N 一起组成 NTT. 这里给出计算 α 的两种方法.

设 $M=p_1^{l_1}p_2^{l_2}\cdots p_s^{l_s}$,$N$ 是 $O(M)$ 的一个约数.

§1 算法 1

这种方法分为三步:第一步对模 p_i 求出 N 阶本原单位根 $\beta_i(i=1,2,\cdots,s)$;第二步对模 $p_i^{l_i}$ 求出 N 阶本原单位根 $\alpha_i(i=1,2,\cdots,s)$;第三步对模 M 求出 N 阶本原单位根 α.

第一步:由于 p_i 为奇素数(如果 M 为偶数,那么 2 是它的一个因子,只能给出长度 $N=1$ 的变换,这没有什么意思,所以 M 必须为奇数,从而知 p_i 为奇素数),故在 Z_{p_i} 上存在主根,记为 g_i. 取 $\beta_i=g_i^{\frac{p_i-1}{N}}$,此 β_i 即为对模 p_i 的 N 阶本原单位根.

第二步:由于 $p_i\mid\beta_i^N-1$,故设 $p_i^{t_i}\mid\beta_i^N-1$,而 $p_i^{t_i+1}\nmid\beta_i^N-1(t_i\geqslant1)$($p_i^{t_i}\mid\beta_i^N-1$,但 $p_i^{t_i+1}\nmid\beta_i^N-1$,简记为 $p_i^{t_i}\parallel\beta_i^N-1$),如果 $t_i\geqslant l_i$,那么此 β_i 即为对模 $p_i^{l_i}$ 的 N 阶单位根. 若 $t_i<l_i$(这里设 $l_i>1$),记

$$\beta_i^{(2)}=\beta_i+d_ip_i^{t_i}$$

可如下法那样,逐步求出 d_i,使 $\beta_i^{(2)}$ 为对模 $p_i^{l_i}$ 的 N 阶单位根.

首先选取 d_i,使

$$p_i^{t_i+1} \mid [\beta_i^{(2)}]^N - 1$$

即使

$$p_i^{t_i+1} \mid (\beta_i + d_i p_i^{t_i})^N - 1$$

亦即使

$$(\beta_i + d_i p_i^{t_i})^N - 1 \equiv 0 \pmod{p_i^{t_i+1}}$$

将上式左端用二项式定理展开,得

$$\beta_i^N - 1 + N\beta_i^{N-1} d_i p_i^{t_i} + \binom{N}{2}\beta_i^{N-1} d_i^2 p_i^{2t_i} + \cdots \equiv 0 \pmod{p_i^{t_i+1}}$$

记

$$\beta_i^N - 1 = l_i p_i^{t_i}$$

其中,l_i 为一整数,并且 $p_i \nmid l_i$. 于是上式便有

$$l_i p_i^{t_i} + N\beta_i^{N-1} d_i p_i^{t_i} = p_i^{t_i}(l_i + N\beta_i^{N-1} d_i) \equiv 0 \pmod{p_i^{t_i+1}}$$

故

$$l_i + N\beta_i^{N-1} d_i \equiv 0 \pmod{p_i}$$

由于 β_i 是模 p_i 的 N 阶单位根,而 $N \mid O(M)$,所以 $p_i \nmid N\beta_i^{N-1}$,又由于 p_i 是素数,故 $N\beta_i^{N-1}$ 与 p_i 互素,从而 $N\beta_i^{N-1}$ 在环 Z_p 中存在逆元,记为 $(N\beta_i^{N-1})^{-1}$. 这样,解上同余方程,得

$$d_i \equiv -(N\beta_i^{N-1})^{-1} l_i \pmod{p_i}$$

这样求出的 d_i,代入 $\beta_i^{(2)}$ 的式子后,便有

$$[\beta_i^{(2)}]^N \equiv 1 \pmod{p_i^{t_i+1}}$$

如果说 $t_i + 1 = l_i$,那么 $\beta_i^{(2)}$ 是模 $p_i^{l_i}$ 的 N 阶单位根,$\beta_i^{(2)}$ 就是所要求的. 如果 $t_i + 1 < l_i$,再令

$$\beta_i^{(3)} = \beta_i^{(2)} + d'_i p_i^{t_i+1}$$

重复上述步骤,确定 d'_i,便得

$$[\beta_i^{(3)}]^N \equiv 1 \pmod{p_i^{t_i+2}}$$

继续有限步后,便可求出 $\alpha_i=\beta_i^{(m)}$,使 α_i 对模 $p_i^{l_i}$ 的阶数为 N.

对每一个 $i(i=1,2,\cdots,s)$,都求出 α_i.

第三步:由第二步已求得模 $p_i^{l_i}(i=1,2,\cdots,s)$ 的 N 阶单位根 α_i,用孙子定理求联立同余方程组

$$\alpha\equiv\alpha_i(\bmod p_i^{l_i}),i=1,2,\cdots,s$$

的解,其解为

$$\alpha\equiv\sum_{i=1}^{s}M'_iM_i\alpha_i(\bmod M)$$

其中

$$M'_iM_i\equiv1(\bmod p_i^{l_i}),i=1,2,\cdots,s$$

此 α 即为所求.

例 1 设 $M=5^2\cdot13^2,N=4$,求 α.

解 第一步:先求 β_1,β_2. β_1 是模 5 的 4 阶单位根,β_2 是模 13 的 4 阶单位根,求得为

$$\beta_1=2,3;\beta_2=5,8$$

(这一步可查表求主根,然后求 β_i).

第二步:当 $\beta_1=2$ 时

$$2^4-1=15=3\cdot5$$

不含有 5^2,故令

$$\beta_1^{(2)}=2+d_1\cdot5$$

确定 d_1,使 $\beta_1^{(2)}$ 为 Z_{5^2} 中的 4 阶单位根

$$\begin{aligned}[\beta_1^{(2)}]^4-1&=(2+5d_1)^4-1\\&=15+4\cdot8\cdot5d_1\equiv0(\bmod 5^2)\end{aligned}$$

即

$$3+32d_1\equiv0\quad(\bmod 5)$$

解此同余方程,得 $d_1=1$,故

$$\beta_1^{(2)}=7$$

可以验证,7 对模 25 的阶数为 4,故取 $\alpha_1=7$.

当 $\beta_1=3$ 时

$$3^4-1=80=5\cdot 16$$

不含 5^2,故令

$$\beta_1^{(2)}=3+5d'_1$$

确定 d'_1,使

$$[\beta_1^{(2)}]^4-1\equiv 0(\bmod 5^2)$$

得到 $d'_1=3$,故 $\beta_1^{(2)}=18$. 不难验证,18 对模 25 的阶数为 4,故又可取 $\alpha_1=18$.

在 Z_{5^2} 中,有两个 4 阶单位根 7,18.

同样可求出在 Z_{13^2} 中有两个 4 阶单位根 70,99.

第三步:在 Z_M 中求出相应的 4 阶单位根. 这可从如下四组联立同余方程中去找

$$\begin{cases}\alpha\equiv 7(\bmod 5^2)\\ \alpha\equiv 70(\bmod 13^2)\end{cases},\begin{cases}\alpha\equiv 7(\bmod 5^2)\\ \alpha\equiv 99(\bmod 13^2)\end{cases}$$

$$\begin{cases}\alpha\equiv 18(\bmod 5^2)\\ \alpha\equiv 70(\bmod 13^2)\end{cases},\begin{cases}\alpha\equiv 18(\bmod 5^2)\\ \alpha\equiv 99(\bmod 13^2)\end{cases}$$

应用孙子定理,求出的四个 α 为 268,1 282,2 943,3 957. 用这四个 α 的任一个,均可与

$$M=5^2\cdot 13^2,N=4$$

一起构成 NTT.

§2　算法 2

这种算法与算法 1 一样,分为三步,第一、三步相

同,只是第二步不同.

第一步:求出 Z_{p_i} 中的 N 阶单位根 $\beta_i(i=1,2,\cdots,s)$.

第二步:令

$$\alpha_i=\beta_i^{p_i^{l_i-1}}$$

可以证明,α_i 是对模 $p_i^{l_i}$ 的 N 阶单位根.

证明 由于

$$\beta_i^N\equiv 1(\bmod p_i)$$

故可写作

$$\beta_i^N=1+q_ip_i,q_i\text{ 为整数}$$

于是

$$\begin{aligned}\alpha_i^N&=[\beta_i^{p_i^{l_i-1}}]^N=[\beta_i^N]^{p_i^{l_i-1}}=(1+q_ip_i)^{p_i^{l_i-1}}\\&=1+\sum_{k=1}^{p_i^{l_i-1}}\binom{p_i^{l_i-1}}{k}(q_ip_i)^k\end{aligned}$$

设 $p_i^{b_k}$ 是上式第 k 项所含 p_i 的最高幂,即设

$$p_i^{b_k}\left\|\binom{p_i^{l_i-1}}{k}(q_ip_i)^k\right.,k=1,2,\cdots,p_i^{l_i-1}$$

由于

$$\binom{p_i^{l_i-1}}{k}(q_ip_i)^k=\frac{p_i^{l_i-1}(p_i^{l_i-1}-1)\cdots(p_i^{l_i-1}-k+1)}{1\cdot 2\cdot\cdots\cdot k}q_i^kp_i^k$$

所以,显然

$$b_k\geqslant l_i-1+k-\sum_{\lambda=1}^{\infty}\left[\frac{k}{p_i^{\lambda}}\right]$$

其中 $\sum_{\lambda=1}^{\infty}\left[\frac{k}{p_i^{\lambda}}\right]$ 是

$$k!=1\cdot 2\cdot\cdots\cdot k$$

中所含 p_i 的次数. 由于

$$\left[\frac{k}{p_i^{\lambda}}\right] \leqslant \frac{k}{p_i^{\lambda}}$$

故

$$b_k \geqslant l_i - 1 + k - \sum_{\lambda=1}^{\infty} \frac{k}{p_i^{\lambda}} = l_i - 1 + k - k \cdot \frac{\frac{1}{p_i}}{1 - \frac{1}{p_i}}$$

$$= l_i - 1 + k - \frac{k}{p_i - 1} = l_i - 1 + k \cdot \frac{p_i - 2}{p_i - 1} > l_i - 1$$

这表示

$$p_i^{l_i} \mid \alpha_i^N - 1$$

从而有

$$\alpha_i^N \equiv 1 (\bmod p_i^{l_i})$$

下面再证明 α_i 对模 $p_i^{l_i}$ 的阶数是 N. 令 d 为 α_i 对模 $p_i^{l_i}$ 的阶数,则

$$d \mid N$$

显然,这时也有

$$\alpha_i^d \equiv 1 (\bmod p_i)$$

但由 Fermat 定理,有

$$\beta_i^{p_i - 1} \equiv 1 (\bmod p_i)$$

即

$$\beta_i^{p_i} \equiv \beta_i (\bmod p_i)$$

从而有

$$\beta_i^{p_i^2} \equiv \beta_i^{p_i} \equiv \beta_i (\bmod p_i)$$

$$\vdots$$

$$\beta_i^{l_i - 1} \equiv \beta_i (\bmod p_i)$$

即

$$\alpha_i \equiv \beta_i (\bmod p_i)$$

这样就有

$$\beta_i^d \equiv 1 (\bmod p_i)$$

由于 β_i 对模 p_i 的阶数为 N,故 $N|d$. 这就表示 $d=N$.

第三步:用孙子定理求 α,同算法 1.

例 2 设 $M=5^2\cdot 13^2$,$N=4$,求 α.

解 第一步:同例 1,得到:

在 Z_5 中 4 阶单位根为 2,3;在 Z_{13} 中 4 阶单位根为 5,8.

第二步:由 $\alpha_i=\beta_i^{l_i-1}$ 得到

$\alpha_1=2^5\equiv 7(\bmod 25)$,$\alpha_2=5^{13}\equiv 70(\bmod 13^2)$

$\alpha_1=3^5\equiv 18(\bmod 25)$,$\alpha_2=8^{13}\equiv 99(\bmod 13^2)$

第三步:用孙子定理,便得到与例 1 相同的结果.

由以上两种算法,可得如下定理:

定理 设 $M=p_1^{l_1}\cdot p_2^{l_2}\cdot\cdots\cdot p_s^{l_s}$,$N|O(M)$,则共有 $\varphi^s(N)$ 个 α 适合 NTT 的需要.

从算法 1 和算法 2 中可以看出,不同的 β_i 得到不同的 α_i,对每个 p_i 来说,共有 $\varphi(N)$ 个 β_i,从而有 $\varphi(N)$ 个 α_i,配成联立同余方程组,共有 $\varphi^s(N)$ 组,每组有且只有一个解 α,从而有 $\varphi^s(N)$ 个 α. 这 $\varphi^s(N)$ 个 α 中的任意一个均可与 M,N 一起作成 NTT.

M,N,A 的选择

第 66 章

前面详细地讨论了数论变换的原理及构成数论变换的参数 M,N,α 所应满足的条件,又讨论了 Z_M 中的所有可能的数论变换. 从本章开始,将从实用的观点出发,讨论几种特殊的数论变换. 首先从 M, N,α 的选择开始.

§1 对 M,N,A 的一般要求

为了使 NTT 具有快速演算的效果,通常对 M,N,α 的要求是:

(i)变换长度 N 必须适合 FFT 类型的快速演算,因而要求 N 是高度复合的数. 当 $N=2^m$ 时,就能满足这样的要求. 同时,由于 N 表示输入信号采样点的个数,所以不能过小.

(ii)数论变换的一个特点是用一个整数 α 代替 DFT 中的 $W_N=e^{-j\frac{2\pi}{N}}$,FFT 需要大量的复乘,而 NTT 只需作 α 的方幂的

乘法. 如果能选择 α,使得乘 α 的幂是一种简单运算,那么就能起到节省运算的目的. 当 α 的方幂的二进制表示位数很小时,就能起到这样的效果. 如果 α 能取作 2 或 2 的幂,是最好的情况,这时在二进制计算机上作 2 的方幂的乘法时,仅为移位操作.

(iii)为了便于模 M 的运算,当用二进制表示 M 时,其位数(一般称为字长)越小越好,但 M 的值不能过小,以防溢出.

§2 对 M 的选择

变换长度 N 与模 M 的关系是 $N|O(M)$. 因此:

(i)当 M 是偶数时,2 是 M 的一个因子,因此,N 只能取作 1,这没有什么意义. 因此,M 不能是偶数.

(ii)M 取作大于 2 的素数. 这时 M 是一奇数. 由于$(2,M)=1$,故根据 Fermat 定理,有

$$2^{M-1}\equiv 1(\bmod M)$$

因此,N 可取 $M-1$ 的任何因子,这时 $\alpha=2$ 或 2 的幂,$N_{\max}=M-1$. 例如,$M=17$,$N|16$,可取 4,8,16,相应的 α 值为 $4,2,\sqrt{2}$. 虽然 M 取作奇素数时可以适合 NTT 的要求,主要问题是 N 未必是高度复合数,更未必有 2^m 的形式.

(iii)M 取作 Mersenne 数.

设

$$M=2^k-1,k\text{ 为自然数}$$

显然 M 是一个奇整数. 令 $k=pq$(p 为素数),那么

$$2^k-1=2^{pq}-1=(2^p)^q-1\equiv 0(\bmod 2^p-1)$$

所以 2^p-1 是 2^k-1 的一个因子,从而最大可能变换长度决定于 2^p-1. 如果取

$$M=2^p-1,p \text{ 为素数}$$

这样的数称为 Mersenne 数. 取 Mersenne 数作为模 M,是适合 NTT 的要求的. 以 Mersenne 数为模的数论变换,叫作 Mersenne 数变换,简记为 MNT. 对于 MNT,$\alpha=2,N=p$ 或者 $\alpha=-2,N=2p$,这将在下一章介绍.

(ⅳ)M 取作 Fermat 数.

设

$$M=2^k+1,k \text{ 为自然数}$$

M 也是一个奇整数. 当 k 为奇数时,设 $k=2t+1$,由于

$$\begin{aligned}2^k+1=2^{2t+1}+1&=(2+1)(2^{2t}-2^{2t-1}+\cdots-2+1)\\&=3(2^{2t}-2^{2t-1}+\cdots-2+1)\end{aligned}$$

故

$$3\mid 2^k+1$$

这时 $N_{\max}=2$,显然不合实际需要.

当 $k=s\cdot 2^t$(s 为奇整数,$t=1,2,3\cdots$)时

$$M=2^{s\cdot 2t}+1$$

由于

$$2^{s\cdot 2^t}+1=(2^{2^t})^s+1\equiv(-1)^s+1=0(\bmod 2^{2^t}+1)$$

即

$$2^{2^t}+1\mid 2^{s\cdot 2^t}+1$$

所以变换长度决定于 $2^{2^t}+1$. 取 $F_t=2^{2^t}+1$ 为模 M 有

$$M=F_t=2^b+1,b=2^t,t=0,1,2,\cdots$$

这样的数叫作 Fermat 数. 以 Fermat 数 F_t 作为模 M 的数论变换叫作 Fermat 数变换,记作 FNT. 对于 FNT,有

$$N=2b=2^{t+1},\alpha=2$$

$$N=4b=2^{t+2},\alpha=\sqrt{2}$$

均能满足要求.

综上所述,模 M 取作 Fermat 数是目前找到的较合适的模数.

§3 M 选取的另一个考虑

如果我们用 NTT 的循环卷积特性来计算数字循环卷积

$$y_n=\sum_{k=0}^{N-1}x_k h_{\langle n-k\rangle_N},n=0,1,\cdots,N-1 \tag{1}$$

由于 NTT 所用的运算是模运算,因此,这样求得的卷积值 y_n 乃是模 M 的同余值,亦即

$$\sum_{k=0}^{N-1}x_k h_{\langle n-k\rangle_N}\equiv y_n(\bmod M)$$

y_n 所属的剩余类中的每一个数 y_n+rM(r 为整数)均满足上式. 到底哪一个值才是(1)的真值呢? 这个问题可用选择模 M 得到解决.

在数字滤波的多数情况下,(1)中的$\{h_n\}$表示单位脉冲响应,$\{x_n\}$表示输入信号,$|h_n|_{\max}$和$|x_n|_{\max}$通常是已知的. 因此,能够选择模 M 使得下式成立

$$|y_n|\leqslant\min\left\{|x_n|_{\max}\sum_{k=0}^{N-1}|h_k|,\right.$$

$$\left.|h_n|_{\max}\sum_{k=0}^{N-1}|x_k|\right\}<\frac{M}{2}$$

$$n = 0,1,\cdots,N-1 \qquad (2)$$

由于当 $-\frac{M}{2} < \alpha < \frac{M}{2}$ 时，$a = r_a$（a 为整数），其中 $|r_a| < \frac{M}{2}$，r_a 为 a 模 M 的绝对最小剩余. 因此，在用 NTT 计算(1) 时，由于有(2) 存在，也就是说，有

$$\left|\sum_{k=0}^{N-1} x_k h_{\langle n-k\rangle_N}\right| < \frac{M}{2}, n = 0,1,\cdots,N-1$$

成立，因此，只需在计算结果中取绝对最小剩余，就得到(1) 的真值.

所以模 M 必须这样选择，即满足

$$\min\left\{|x_n|_{\max}\sum_{k=0}^{N-1}|h_k|, |h_n|_{\max}\sum_{k=0}^{N-1}|x_k|\right\} < \frac{M}{2}$$

$$n = 0,1,\cdots,N-1 \qquad (2')$$

Mersenne 数变换(MNT)

第 67 章

以 Mersenne 数 M_p 为模 M 的数论变换为 Mersenne 数变换

$$M=M_p=2^p-1, p \text{ 为素数}$$

M_p 可能是素数,如

$$M_2=2^2-1=3$$

$$M_3=2^3-1=7$$

$$M_5=2^5-1=31$$

$$M_7=2^7-1=127$$

但也可能是复合数,如

$$M_{11}=2^{11}-1=2\ 047=23\times 89$$

§1 两个引理

引理 1 当 M_p 为素数时,p 必为素数.

证明 如果不然,设 $p=ab(a>1,b>1$ 为整数$)$,那么

$$2^p=2^{ab}-1=(2^a)^b-1\equiv 0(\bmod 2^a-1)$$

这表示

$$2^a-1\mid 2^{ab}-1$$

故 2^p-1 为非素数. 引理得证.

引理 2　当 p 为奇素数时,2^p-1 的每一个素因子均具有 $2pk+1$ 的形式,其中 k 为正整数.

证明　设 2^p-1 的任一素因子为 q,于是

$$2^p\equiv 1(\bmod q)$$

设 d 为 2 对模 q 的阶数,于是 $d\mid p$. 由于 p 是素数,故 $p=d$. 又由于 2^p-1 是奇数,q 也是奇数,从而 $(2,q)=1$. 于是由 Fermat 定理,有

$$2^{q-1}\equiv 1(\bmod q)$$

因此 $p\mid q-1$. 但因 $q-1$ 是偶数,故

$$q-1=2kp$$

亦即

$$q=2kp+1$$

k 为正整数. 证毕.

§2　Mersenne 数变换

取 Mersenne 数为模

$$M=M_p=2^p-1,p\text{ 为素数}$$

可以证明 N,α 可取如下值(表 1):

表 1

α	N	N^{-1}
2	p	$M_p - \frac{M_p - 1}{p}$
-2	$2p$	$M_p - \frac{M_p - 1}{2p}$

1. $N=p,\alpha=2$ **的情况**

首先证明 $p \mid M_p - 1$,即证明 $M_p - \frac{M_p - 1}{p}$是一个整数. 由于$(2,p)=1$,故由 Fermat 定理

$$2^{p-1} \equiv 1 \pmod{p}$$

故

$$2^p - 2 \equiv 0 \pmod{p}$$

即 $p \mid M_p - 1$. 又

$$NN^{-1} = p\left(M_p - \frac{M_p - 1}{p}\right) \equiv 1 \pmod{M_p}$$

由于

$$2^p \equiv 1 \pmod{M_p},p \text{ 为素数}$$

故 2 对模 M_p 的阶是 p. 再设 q 是 M_p 的任一素因子,由引理 2 的证明可知,2 对模 q 的阶数也是 p,故知如下变换成立:

设 $x_n \in Z_M(n=0,1,\cdots,p-1)$,$M=M_p=2^p-1$,$p$ 为素数,则

$$X_k \equiv \sum_{n=0}^{p-1} x_n 2^{nk} \pmod{M_p},k=0,1,\cdots,p-1 \quad (1)$$

$$x_n \equiv p^{-1}\sum_{k=0}^{p-1} X_k 2^{-nk} \pmod{M_p}, n = 0,1,\cdots,p-1 \tag{2}$$

2. $N = 2p, \alpha = -2$ 的情况

取

$$M = M_p = 2^p - 1, p \text{ 为素数}$$

由引理 2, M_p 的任一素因子为

$$q = 2kp + 1$$

故 N 可取 $q-1$ 的任一因子,特别可取 $N = 2p$.

由于

$$(-2)^N = (-2)^{2p} = 2^{2p} = (2^p)^2 \equiv 1 \pmod{M_p}$$

$$(-2)^{\frac{N}{2}} = (-2)^p = -(2^p) \equiv -1 \pmod{M_p}$$

所以 $\alpha = -2$ 对模 M_p 的阶数是 $N = 2p$. 又设 q 是 M_p 的任一素因子,并设 $\alpha = -2$ 对模 q 的阶为 d,由于

$$(-2)^{2p} \equiv 1 \pmod{q}$$

故 $d \mid 2p$. 但由于 p 是素数,所以只能有

$$d = 2p, d = 2, d = p$$

但后两种情况不能发生,否则将与

$$(-2)^p \equiv -1 \pmod{q}$$

矛盾. 所以 $d = 2p$. 这就证明了 $\alpha = -2$ 对 M_p 的任一素因子 q 的阶是 $2p$. 故知 $\{N = 2p, \alpha = -2\}$ 满足 NTT 的条件. 另外,显然可证

$$N^{-1} = M_p - \frac{M_p - 1}{2p}$$

是 N 在 Z_{M_p} 中的逆元$\left(\frac{M_p - 1}{2p}\right.$ 是整数,这由 $2^p \equiv 2 \pmod{2p}$

可知). 因此如下变换成立:

设 $x_n \in Z_{Mp}, M = M_p = 2^p - 1, p$ 是素数,则

$$X_k \equiv \sum_{n=0}^{N-1} x_n(-2)^{nk} (\bmod M_p)$$

$$k = 0,1,\cdots,N-1 \tag{3}$$

$$x_n \equiv N^{-1} \sum_{k=0}^{N-1} X_k(-2)^{-nk} (\bmod M_p)$$

$$n = 0,1,\cdots,N-1 \tag{4}$$

其中

$$N = 2p, N^{-1} = M_p - \frac{M_p - 1}{2p}$$

例 1　试用 Mersenne 数变换计算如下两个序列

$$\{x_5\} = \begin{bmatrix} 1 \\ 2 \\ 0 \\ -2 \\ 1 \end{bmatrix}, \{h_5\} = \begin{bmatrix} 1 \\ -2 \\ 1 \\ 0 \\ 1 \end{bmatrix}$$

的循环卷积

$$y_n = \sum_{k=0}^{4} x_k h_{\langle n-k \rangle_5}, n = 0,1,2,3,4$$

解　先取 M,有

$$|x_n|_{\max} \sum_{k=0}^{4} |h_k| = 2 \cdot 5 = 10, n = 0,1,2,3,4$$

取 M,使 $10 < \frac{M}{2}$,故可取

$$M = M_5 = 2^5 - 1 = 31, \alpha = 2, N = p = 5$$

这时

$$N^{-1}=p^{-1}=M_p-\frac{M_p-1}{5}=25$$

于是

$$\boldsymbol{T}_5=\begin{bmatrix}1&1&1&1&1\\1&\alpha&\alpha^2&\alpha^3&\alpha^4\\1&\alpha^2&\alpha^4&\alpha^6&\alpha^8\\1&\alpha^3&\alpha^6&\alpha^9&\alpha^{12}\\1&\alpha^4&\alpha^8&\alpha^{12}&\alpha^{16}\end{bmatrix}=\begin{bmatrix}1&1&1&1&1\\1&2&2^2&2^3&2^4\\1&2^2&2^4&2^6&2^8\\1&2^3&2^6&2^9&2^{12}\\1&2^4&2^8&2^{12}&2^{16}\end{bmatrix}$$

$$\equiv\begin{bmatrix}1&1&1&1&1\\1&2&4&8&16\\1&4&16&2&8\\1&8&2&16&4\\1&16&8&4&2\end{bmatrix}(\bmod 31)$$

因为

$$\alpha^{-1}=2^{-1}\equiv 16(\bmod 31),N^{-1}=25$$

故

$$\boldsymbol{T}_5^{-1}\equiv N^{-1}\begin{bmatrix}1&1&1&1&1\\1&\alpha^{-1}&\alpha^{-2}&\alpha^{-3}&\alpha^{-4}\\1&\alpha^{-2}&\alpha^{-4}&\alpha^{-6}&\alpha^{-8}\\1&\alpha^{-3}&\alpha^{-6}&\alpha^{-9}&\alpha^{-12}\\1&\alpha^{-4}&\alpha^{-8}&\alpha^{-12}&\alpha^{-16}\end{bmatrix}$$

$$\equiv 25\begin{bmatrix}1 & 1 & 1 & 1 & 1\\ 1 & 2^{-1} & 2^{-2} & 2^{-3} & 2^{-4}\\ 1 & 2^{-2} & 2^{-4} & 2^{-6} & 2^{-8}\\ 1 & 2^{-3} & 2^{-6} & 2^{-9} & 2^{-12}\\ 1 & 2^{-4} & 2^{-8} & 2^{-12} & 2^{-16}\end{bmatrix}$$

$$\equiv 25\begin{bmatrix}1 & 1 & 1 & 1 & 1\\ 1 & 2^{4} & 2^{8} & 2^{12} & 2^{16}\\ 1 & 2^{8} & 2^{16} & 2^{24} & 2^{32}\\ 1 & 2^{12} & 2^{24} & 2^{36} & 2^{48}\\ 1 & 2^{16} & 2^{32} & 2^{48} & 2^{64}\end{bmatrix}$$

$$\equiv 25\begin{bmatrix}1 & 1 & 1 & 1 & 1\\ 1 & 16 & 8 & 4 & 2\\ 1 & 8 & 2 & 16 & 4\\ 1 & 4 & 16 & 2 & 8\\ 1 & 2 & 4 & 8 & 16\end{bmatrix}\pmod{31}$$

因此

$$\begin{bmatrix}X_0\\ X_1\\ X_2\\ X_3\\ X_4\end{bmatrix}\equiv \boldsymbol{T}_5\begin{bmatrix}x_0\\ x_1\\ x_2\\ x_3\\ x_4\end{bmatrix}\equiv\begin{bmatrix}1 & 1 & 1 & 1 & 1\\ 1 & 2 & 4 & 8 & 16\\ 1 & 4 & 16 & 2 & 8\\ 1 & 8 & 2 & 16 & 4\\ 1 & 16 & 8 & 4 & 2\end{bmatrix}\begin{bmatrix}1\\ 2\\ 0\\ -2\\ 1\end{bmatrix}$$

$$\equiv\begin{bmatrix}2\\5\\13\\-11\\-4\end{bmatrix}\pmod{31}$$

同理,可算得

$$\begin{bmatrix}H_0\\H_1\\H_2\\H_3\\H_4\end{bmatrix}\equiv T_5\begin{bmatrix}h_0\\h_1\\h_2\\h_3\\h_4\end{bmatrix}\equiv\begin{bmatrix}1\\-14\\-14\\-9\\10\end{bmatrix}\pmod{31}$$

利用循环卷积特性

$$Y_k = X_k\cdot H_k, k = 0,1,2,3,4$$

有

$$\begin{bmatrix}Y_0\\Y_1\\Y_2\\Y_3\\Y_4\end{bmatrix}\equiv\begin{bmatrix}2\\-70\\-182\\99\\-40\end{bmatrix}\equiv\begin{bmatrix}2\\-8\\4\\6\\-9\end{bmatrix}\pmod{31}$$

再利用逆变换,得

$$\begin{bmatrix} y_0 \\ y_1 \\ y_2 \\ y_3 \\ y_4 \end{bmatrix} \equiv T_5^{-1}\begin{bmatrix} Y_0 \\ Y_1 \\ Y_2 \\ Y_3 \\ Y_4 \end{bmatrix} \equiv 25\begin{bmatrix} 1 & 1 & 1 & 1 & 1 \\ 1 & 16 & 8 & 4 & 2 \\ 1 & 8 & 2 & 16 & 4 \\ 1 & 4 & 16 & 2 & 8 \\ 1 & 2 & 4 & 8 & 16 \end{bmatrix}\begin{bmatrix} 2 \\ -8 \\ 4 \\ 6 \\ -9 \end{bmatrix}$$

$$\equiv 25\begin{bmatrix} -5 \\ -88 \\ 6 \\ -26 \\ -94 \end{bmatrix} \equiv \begin{bmatrix} 30 \\ -30 \\ -36 \\ -30 \\ 6 \end{bmatrix} \pmod{31}$$

取其绝对最小剩余,得到

$$\begin{bmatrix} y_0 \\ y_1 \\ y_2 \\ y_3 \\ y_4 \end{bmatrix} = \begin{bmatrix} -1 \\ 1 \\ -5 \\ 1 \\ 6 \end{bmatrix}$$

这就是所求卷积的真值. 不难用循环卷积的定义验证.

对于 Mersenne 数变换,$\alpha = 2$ 或 -2,这满足对根 α 的要求,对 α 的方幂的乘法仅是移位操作. 其变换长度为 $N = p$ 或 $2p$. 这一般适合于短卷积的计算. 但是 $N = p$ 是素数,$N = 2p$ 虽是复合数,但非高度复合数,特别不是 2^m 形式的数,因此,MNT 没有 FFT 类型的快速算法,这是 MNT 的主要缺点.

从上面用 MNT 计算循环卷积的例子可知,要用

NTT 计算整数序列 x_n 和 h_n 的循环卷积,其步骤如下:

(ⅰ)根据下式选取模 M

$$\min\left\{|x_n|_{\max}\sum_{k=0}^{N-1}|h_k|,|h_n|_{\max}\sum_{k=0}^{N-1}|x_k|\right\}<\frac{M}{2}$$

$$n=0,1,\cdots,N-1$$

(ⅱ)将整数序列 x_n 和 h_n 以 M 为模表示成 Z_M 中的元素;至于 N,它可能与其他因素有关(如在数字信号处理中,由采样定理决定 N 的最小值),但必须 $N\mid O(M)$. 然后由 M,N 决定 α 以构成 NTT;

(ⅲ)在 Z_M 中,求 x_n 和 h_n 的循环卷积按下图进行:

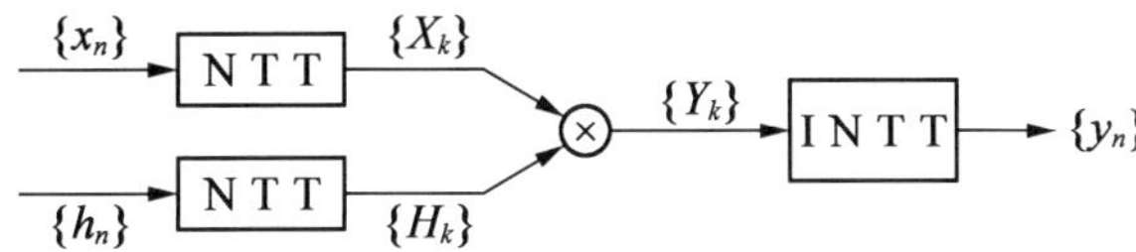

(ⅳ)最后,将上面得到的序列 y_n 按模 M 取绝对最小剩余,就得到 x_n 和 h_n 的循环卷积的真值.

读者可能发现,(ⅰ)与(ⅱ)有矛盾. 由(ⅰ),M 与 N 有关,而由(ⅱ),N 又决定于 M. 对此,只能和其他工程问题一样,要经过数次反复衡量才能确定 M,N. 不过,好在 M,N 有相当大的选择范围(如(ⅰ)中只确定 M 的最小值,采样定理也只确定 N 的最小值),我们总能够确定出合适的 M,N.

第68章 一种快速 Mersenne 数变换算法①

§1 引言

Mersenne 数变换(MNT)[1]具有模运算简单、变换中的乘法只需采用移位操作的优点. 它能计算卷积和相关,在速度和精度等方面均比离散 Fourier 变换方法优越. 但 MNT 的变换长度为 p 或 $2p$(p 为素数),缺少快速算法[2]. 提出将 MNT 转化为卷积并采用硬件实现,但不适于通用计算机. 对于 $2p$ 点的 MNT,可采用类似混合基 FFT 算法[3];或是利用下标映射[4]化为 $2\times p$ 的二维 MNT 来计算,即素因子算法[5];还可以采用 Winograd 数论变换(WNTA)算法[6]. 其中,以 WNTA 的运算次数较少,但由于 WNTA 仅有 $p=3,5,7$ 点的优化算法,其余只能直接计算,因此

① 本章摘自《信号处理》,1989 年,第 5 卷,第 2 期.

WNTA 和素因子方法和运算量基本相同,并需要复杂地排序. 这些方法对不同的 p 值都需要采用不同的计算步骤,缺少像基 FFT 算法那样的统一形式. 在通用计算机上,特别是微型机,其乘法时间比加法要长,减少变换中的乘法次数,可以加快变换处理速度. 对于 $2p\times 2p$ 点的二维 MNT,采用这些算法按行列计算,由于运算量大,变换速度受影响.

华中理工大学的王殊教授 1989 年提出一种 $2p$ 点 MNT 快速算法. 它的基本结构简单,类似基 2FFT 形式,不需存贮各种素数点的基本算法,其总的运算量与素因子 MNT 算法相同,但将 $(p-1)^2$ 次乘法运算转化为原位的加法运算,适合在通用计算机上实现. 它可以推广到 $2p$ 个多项式和多项式变换(PT)[7] 的计算,利用 PT 来计算 $2p\times 2p$ 点的二维 MNT,乘法运算进一步减少.

§2　一维 $2p$ 点 MNT 的快速算法

长度为 $2p$ 的一维 Mersenne 数变换可以用式(1)表示

$$X_k = \sum_{n=0}^{2p-1} x_n \alpha^{n_k} (\bmod M), k = 0,1,\cdots,2p-1 \quad (1)$$

p 为素数,$\alpha=-2$ 为模 M 的 $2p$ 次单位根,$M=2^p-1$,将式(1)中长度 $2p$ 补 0 扩展到 $2p+2$(这只是为了叙述的方便,不增加任何运算,不影响 MNT 的存在条件),

则式(1) 可由式(2) 描述.

$$
\begin{aligned}
X_k &= \sum_{n=0}^{p} (x_n\alpha^{nk} + x_{n+p+1}\alpha^{(n+p+1)k}) \bmod M \\
&= \sum_{n=0}^{p} \alpha^{nk}(x_n + x_{n+p+1}\alpha^{pk}\alpha^{k}) \bmod M \qquad (2)
\end{aligned}
$$

设 $k' = 0,1,\cdots,\frac{p-1}{2}$,则有

$$
x_n + x_{n+p+1}\alpha^{pk}\alpha^{k} = x_n + x_{n+p+1}\alpha^{2k'}
$$

$$
k = 2k' \text{ 或 } k = 2k' + p
$$

此时有

$$
\alpha^{nk} = \begin{cases} \alpha^{2nk'}, k = 2k' \\ (-1)^n\alpha^{2nk'}, k = 2k' + p \end{cases}
$$

而

$$
x_n + x_{n+p+1}\alpha^{pk}\alpha^{k} = x_n - x_{n+p+1}\alpha^{2k'+1}
$$

$$
k = 2k' + 1 \text{ 或 } k = 2k' + 1 + p
$$

则有

$$
\alpha^{nk} = \begin{cases} \alpha^{n(2k'+1)}, k = 2k' + 1 \\ (-1)^n\alpha^{h(2k'+1)}, k = 2k' + 1 + p \end{cases}
$$

设

$$
x_n + x_{n+p+1}\alpha^{2k'} = A_n, x_n - x_{n+p+1}\alpha^{2k'+1} = B_n
$$

则有

$$
X_k = \sum_{u=0}^{p} \alpha^{2nk'}A_n \quad \bmod M, k = 2k' \qquad (3)
$$

$$
X_k = \sum_{n=0}^{p} (-1)^n\alpha^{2nk'}A_n \quad \bmod M, k = 2k' + p \qquad (4)
$$

$$
X_k = \sum_{n=0}^{p} \alpha^{n(2k'+1)}B_n \quad \bmod M, k = 2k' + 1 \qquad (5)
$$

$$X_k = \sum_{n=0}^{p} (-1)^n \alpha^{n(2k'+1)} B_n \quad \bmod M, k = 2k' + 1 + p \tag{6}$$

由于 $n = 0,1,\cdots,p$ 共有 $p+1$ 个数,分为

$$p + 1 = N + R, N = 2^i$$

即 N 取小于 $p+1$ 但最接近 $p+1$ 的2的幂,余数为 R.设

$$A'_n = \begin{cases} A_n + A_{n+N}\alpha^{2N_{k'}}, n = 0,1,\cdots,R-1 \\ A_n, n = R, R+1,\cdots N-1 \end{cases}$$

则式(3)～(6)可表示为

$$X_k = \sum_{n=0}^{N-1} A'_n \alpha^{2nk'} \quad \bmod M, k = 2k' \tag{7}$$

$$X_k = \sum_{n=0}^{N-1} (-1)^n A'_n \alpha^{2nk'} \quad \bmod M, k = 2k' + p \tag{8}$$

$$X_k = \sum_{n=0}^{N-1} B'_n \alpha^{n(2k'+1)} \quad \bmod M, k = 2k' + 1 \tag{9}$$

$$X_k = \sum_{n=0}^{N-1} (-1)^n B'_n \alpha^{n(2k'+1)} \quad \bmod M \quad k = 2k' + 1 + p \tag{10}$$

由于式(7)～(10)长度均为2的幂,可以采用基2FFT的蝶形算法,但是这里 $\alpha^{2k'}$ 和 $\alpha^{(2k'+1)}$ 均不能构成 N 点变换,可以把这些乘法放在输入端后面各级只进行半个蝶形的加法运算.注意到式(8)和(10)中 $(-1)^n$ 在 n 为偶数时分别与式(7)和(9)运算相同,n 为奇数时,为减法运算,最后一级蝶形就是完整的,这样一次就可以算出式(7)和(8)两个 X_k. A'_n 和 B'_n 中 $n = 0$,

$1, \cdots, R-1$ 的运算也可各用半个蝶形得出，A_n 和 B_n 可用 $p-1$ 个全蝶形算出. 每一个 k' 可以利用 $t+2(N=2^t)$ 级蝶形完成式(3) ~ (6) 的计算. 前后两级蝶形是完整的，中间七级只有加法运算. 当 k' 取 $1,2,\cdots,\frac{p-1}{2}$，就可以算出 $2p-2$ 个 X_k，而 X_0 和 X_p 的运算不需要乘法，可利用这种形式（不计算乘法和 B_n）来完成.

若 X_k 的计算按 $k'=0,1,\cdots,\frac{p-1}{2}$ 顺序进行，且先计算 B_n 再算 A_n，则 B_n 和 A_n 中的 X_{n+p+1} 就顺序原位乘以 α，而 $\alpha=-2$，可以将其化为原位加法. 例如

$$X_{p+1}\alpha=-X_{p+1}-X_{p+1}$$

$$X_{p+1}\alpha^2=(X_{p+1}\alpha)\alpha=-(X_{p+1}\alpha)-(X_{p+1}\alpha)$$

于是共有

$$2(p-1)\cdot\frac{p-1}{2}=(p-1)^2$$

次乘法转为 $(p-1)^2$ 次加法，这对乘法时间比加法长很多的微型计算机很有利.

对每个 k'，(3) 和(4) 两式共需 $p+1$ 次加法（不计 A_n 和 B_n 内部运算），则式(3) ~ (6) 共需 $2(p+1)$ 次加法. 全部 A_n 和 B_n 的计算需 $2(p-1)$ 次加法，X_0 和 X_p 需 $2p$ 次加法，还有 $(p-1)^2$ 次由乘法转化的加法，总的加法次数为

$$A_d=2p^2+(p-1)^2=3p^2-2p+1 \qquad (11)$$

每个 k' 需 $2(p+1)$ 次乘法，总的乘法次数为

$$M_u=2(p+1)\cdot\frac{p-1}{2}=p^2-1 \qquad (12)$$

这种算法总的运算次数和素因子、WNTA 算法相同($p=3,5,7$ 除外),但乘法次数却减少了 33% ~ 50%,而且没有复杂的排序.

这种算法已在IBM PC/XT微型机上用FORTRAN语言实现,其$p=5\sim29$的$2p$点MNT运行时间和混合基MNT的比较见表1. 可以看到新算法的执行时间缩短了50%以上. 新算法总的程序规模虽然比混合基方法要大,但比 WNTA 算法要小,而且占用计算机内存比这些方法要少$\frac{1}{3}$.

表1

$2p$	混合基算法/s	新算法/s	节省时间/%
10	0.108	0.048	55.6
14	0.213	0.094	55.9
22	0.557	0.272	51.2
26	0.82	0.39	52.4
34	1.748	0.786	55
38	2.39	1.01	57.7
46	3.49	1.701	51.3
58	5.535	2.706	51.1

§3 二维 $2p\times2p$ MNT 的多项式变换算法

多项式变换(PT)[7]应用于二维MNT中能显著减

少乘法次数. 这里给出 $2p\times 2p$ 的二维 MNT 的 PT 算法, $2p\times 2p$ MNT 可表示为

$$X_{K_1,K_2}=\sum_{n_1=0}^{2p-1}\sum_{n_2=0}^{2p-1}x_{n_1,n_2}\alpha^{n_1K_1}\alpha^{K_2n_2}\quad \bmod M$$
$$K_1,K_2=0,1,\cdots,2p-1$$

其中 $M=2^p-1,\alpha=-2$ 为模 M 的 $2p$ 次单位根, 式(13) 用多项式表示

$$X_{n_1}(z)=\sum_{n_2=0}^{2p-1}x_{n_1,n_2}zn_2 \tag{14}$$

$$X_{K_1}(z)\equiv\sum_{n_1=0}^{2p-1}X_{n_1}(z)\alpha^{n_1K_1}\quad \bmod(z^{2p}-1)\quad \bmod M \tag{15}$$

$$X_{K_1,K_2}\equiv X_{K_1}(z)\quad \bmod(z-\alpha kz)\quad \bmod M$$
$$K_1,K_2=0,1,\cdots,2p-1 \tag{16}$$

而

$$z^{2p}-1=(z^p+1)(z^p-1)$$
$$z^p+1=\prod_{K_2=\text{奇数}}(z-\alpha kz)$$
$$z^p-1=\prod_{K_2=\text{偶数}}(z-\alpha^{K2})$$

式(14) 可以分解为

$$X_{n_1}^1(z)\equiv\sum_{n_2=0}^{p-1}(x_{n_1,n_2}-x_{n_1,n_2+p})zn_2\equiv x_{n_1}(z)\quad \bmod(z^p+1) \tag{17}$$

于是有

$$X_{K_1}^1(z)\equiv\sum_{n_1=0}^{2p-1}X_{n_1}^1(z)\alpha^{n_1K_1}\bmod(z^p+1)\bmod M \tag{18}$$

$$X_{K_1,K_2} \equiv X^1_{K_1}(z) \quad \mathrm{mod}(z-\alpha^{K_2}) \quad \mathrm{mod}\ M$$

$$K_2 \text{ 为奇数} \tag{19}$$

K_2 为奇数与 $2p$ 互素($K_2=p$ 除外),因此 $K_2K_1 \bmod 2p$ 构成 K_1 的一个置换,式(18)成为

$$X_{K_2K_1}(z) \equiv \sum_{n_1=0}^{2p-1} X^1_{n_1}(z)\alpha^{n_1K_2K_1} \mathrm{mod}(z^p+1) \mathrm{mod}\ M \tag{20}$$

式(20)中 α^{K_2} 可以合并到式(19),式(20)成为

$$X^1_{K_2K_1}(z) \equiv \sum_{n_1=0}^{2p-1} X^1_{n_1}(z) z^{n_1K_1} \mathrm{mod}(z^p+1) \mathrm{mod}\ M$$

$$K_1 \text{ 为奇数}, K_2 \neq p \tag{21}$$

式(21)的计算可以采用上一节所述的算法,只是输入为 $2p$ 个多项式,每个多项式有 p 项,而乘以 α 的运算由多项式系数代替,没有实际乘法运算.

当 K_2 为偶数时,可以采用[7]的交换 K_1 和 K_2 继续分解的方法,为了简化处理过程,这里采用修正环上的 PT[7]

$$X^2_{n_1}(z) = \sum_{n_2=0}^{p-1} (x_{n_1,n_2} + x_{n_1,n_2+p})\alpha^{-n_2} z^{n_2} \tag{22}$$

$$X^2_{(K_2+1)K_1}(z) \equiv \sum_{n_1=0}^{p-1} X^2_{n_1}(z) z^{n_1K_1} \mathrm{mod}(z^p+1) \mathrm{mod}\ M \tag{23}$$

$$X_{(K_2+1)K_1,K_2} \equiv X^2_{(K_2+1)K_1}(z) \mathrm{mod}(z-\alpha^{K_2+1}) \mathrm{mod}\ M$$

$$K_2 \text{ 为偶数}, K_2 \neq p-1 \tag{24}$$

式(19)和(24)的计算(即简化 MNT,类似奇 FFT[7])仅需输出 $2p$ 个 K 中的奇数点 X_{K_2} 采用混合基 MNT 算法,略去 p 个 2 点的蝶形,仅计算一个 p 点 MNT,就可得

出奇 X_K 值. 而 X_{K_1p} 和 $X_{K_1,p-1}$,可以直接计算. 全部的加法次数有式(17)和(22)的 $4p^2$ 次约化、(19)和(24)式的奇 MNT 的 $4p(p-1)^2$ 次加法和(21)(23)两式的 $4p^3$ 次加法以及 $X_{K_1,p}$ 和 $X_{K_1,p-1}$ 的 $4p(p-1)$ 次加法

$$A_d = 2p^2 + 4p(p-1)^2 + 4p^3 + 4p(p-1) = 8p^3 \tag{25}$$

由于式(19)(22)和(24)的计算才有乘法,次数为

$$M_u = 2p^2 + 2 \times 2p \times p^2 = 2p^2(2p+1) \tag{26}$$

若采用行列素因子 MNT 算法计算,所需加法与(25)式相同,乘法为 $8p^2(p-1)$. 当 $p \geqslant 5$ 时,PT 算法比行列法减少 30% 以上的乘法运算.

§4 结束语

本章提出了一种长度为 $2p$ 的 MNT 的快速算法. 它具有结构简单、乘法较少的优点,适合在乘法时间较长的微型计算机上使用. 在 IBMPC/XT 微型机上实际比较表明,新算法在使用 FORTRAN 程序时的处理时间比混合基 MNT 算法减少 50% 以上. 素因子和 WNTA 算法虽然比混合基算法减少了 p 次乘法(当 $p=3,5,7$ 时减少更多),但由于总的程序规模较大和大多数素数没有优化算法,还需额外的排序工作,在长度为 $2p$ 时,这两种算法不比混合基方法优越多少,经计算其处理时间略有减少(平均约 2%),因此新算法比

这三种算法都要快.

新算法可以应用到 $2p$ 个多项式的多项式变换的计算. 利用 PT 计算二维 MNT. 使乘法比行列法减少 $2p^2(2p-5)$ 次.

参考资料

[1] C. M. Rader. Discrete convolutions via Mersenne transforms, IEEE Trans. Comput., Vol. C – 21, 1972, 1269-1273.

[2] W. C. Siu, A. G. Constantinides. Approach to the hardware implementation of digital signal processors using Mersenne number transforms, IEEE Proc. Vol. 131 pt. E. 1984, 10-17.

[3] A. V. Oppenheim, R. W. Schafer. Digital signal processing: Englewood Cliffs. New Jersey, 1975, 307-315.

[4] C. S. Burrus. Index mappings for multidimensional formulation of the DFT & convolution, IEEE Trans. Vol. ASSP – 25, 1977, 239-242.

[5] D. P. Kolba, T. W. Parks. A Prime factor FFT algorithm using highspeed convolution, ibid., 1977, 281-294.

[6] D. Eailey. Winograd's algorithm applied to

number theoretic transforms, Electron. Lett. Vol. 13,1977,548-549.

[7] H. J. Nussbaumer. Fast Fourier transform & convolution algorithm, New York:Springer-Verlag, 1981,181-210.

[8] 王殊,葛果行. 快速多项行式变换的硬件实现,第二届全国信号处理学术会议论文集,1986,549-552.

世界超级计算机之父:Seymour Cray

附录

Seymour · Cray(图1)是美国电子计算机工程师、计算机体系结构设计家和超级计算机研制者,他曾建造出一系列世界上最快的计算机,引领全球风潮数十年,也曾创办了Cray研究公司等国际著名超级计算机企业,被公认为是"世界超级计算机之父".

图1　Seymour Cray

超级计算机(Supercomputer),概括起来讲,是指在当时的生产工艺条件下,采用最先进的技术、工艺设计生产出来的功能最强、运算速度最快、存储容量最大、面向科学与工程的最高档次的电子计算机系统. 超级计算机通常由多个甚至成百上千个处理器(机)组成,具有巨大的数值计算能力和数据处理能力,能计算普通个人计算机和服务器不能完成的大型复杂课题. 超级计算机广泛应用于科技、工业、军事等的最尖端领域,超级计算机的研制能力已成为国际上衡量一个国家综合国力和科技水平的最重要标志之一. 世界上谁最早提出了超级计算机的概念已经无法考证,但是从真正意义上说,第一个研发出符合超级计算机定义产品的人是 Seymour Roger Cray (1925—1996),他研制的以 Cray - 1 亿次超级计算机为代表的"Cray"系列世界最快超级计算机,引领国际超级计算机发展潮流数十年,他无可争议地被人们尊称为"世界超级计算机之父"[1].

1. 才华初显

Seymour · Cray 于 1925 年 9 月 28 日出生在美国威斯康星州的切彼瓦镇. 他的父亲也叫 Seymour R. Cray,毕业于明尼苏达大学,早年在北方州立电力公司(Northern States Power)做土木工程师. 那时候当地的电力供应主要来自水电. 切彼瓦河流经威斯康星和明尼苏达,在南边汇入密西西比河. 北方州立电力公司在该河上建造了四五个水坝,以获取绝大部分电力. Cray 的父亲被派往威斯康星,为建设水坝服务,确定水坝蓄水处理等工程问题. 他十分钟爱这项工作,出色地完成了任务,被当地官员任命为切彼瓦镇的工程师,从此留下来继续工作.

父亲对科学技术的执着和追求完美的精神,对小 Cray 产生潜移默化的影响,使他从小就对电气着迷. 早在十岁的时候,Cray 就能够制作电码信号穿孔纸带,并在家里的地下室建立了一个"小实验室",摆弄各种类型的电气设备. 在切彼瓦镇读初中时,他把家中自己的房间和妹妹 Carol R. Cray 的房间架设了电线,以便两人可以在每晚十点熄灯后互发莫尔斯电报

玩. Cray 高中时,那时还没有发明电子计算机,作为电气设备业余爱好者,他经常花许多时间呆在学校的电气实验室,钻研无线电、电动机和电气线路等. 电学课老师一有生病请假之时,总是请 Cray“代班”为同学们讲课,切彼瓦瀑布高中的年鉴记载,Cray 的一个同学莫尼克曾在毕业时留言道:“随着科学的日益重要,许多同学将会投身于此. Cray 已经先行一步了,整个高中生涯他都痴迷于科学. 如果有人要预测他的未来,我敢说他将来一定会在科学领域有所作为. ”[2]

1943 年正值第二次世界大战,Cray 高中毕业后加入了美国陆军,担任步兵通信排无线电操作员. 经历了短暂的欧洲作战任务后,他被派往菲律宾,在那里参加了破译日本海军通信密码的行动. 与此同时,电子计算机正是在第二次世界大战迫切的军事需求推动下开始研制的. 当时美国军方非常需要一种高性能工具来计算及时准确的弹道火力表,在此背景下,世界上首台可以持续运行的计算机“电子数字积分计算机”ENIAC(Electronic Numerical Integrator and Computer)于 1946 年在美国费城宾夕法尼亚大学的摩尔电气工程学院研制成功,发明人是以 John William Mauchly 和 John Presper Eckert Jr 为首的研制小组,著名科学家 John von Neumann 带着原子弹研制过程中的计算问题也加入其中. 而此时即将退役回国的 Cray,并不知道自己今后将与这一改变他一生的发明联系在一起.

1947 年,Cray 与从小青梅竹马的妻子在老家举行了婚礼,婚后不久他们就一起赴威斯康星大学就读. 一年后,两人为追求更好的专业学习又来到了明尼苏达大学.在这所他父亲曾经就读的母校,年轻的 Cray 于 1950 年获得电气工程学士学位,1951 年又拿到了应用数学硕士学位.在大学里,他专心于数学,当时他对电子计算机并不了解,只知道那是一种具有两种状态的基本电路,但是他已意识到未来将是一个电子数字计算的世界.当临近大学毕业时,Cray 比较茫然,经常在校园里走来走去,问自己:"下一步该怎么走?"幸运的是,有一次学校一位资深教授从路边窗口探出头冲他喊道:"如果我是你,就不会呆在市井街区,而会到工程研究协会 ERA(Engineering Research Associates),那里才是你施展才华的好地方."([2],p. 45) ERA 由美国一个海军实验室发展而成,是美国首批采用数字电路的计算设备单位之一,当时正在给军方制造密码设备[1]. Cray 听从这位老师给予的建议,马上就赶去了 ERA.

1951 年,当他入职 ERA 的一家当地公司时,公司刚成立一年多,这里原来是位于明尼苏达圣保罗的一家老式滑翔机厂,曾为诺曼底登陆制造了大量木质滑翔机,战后为美国海军建造了专门的加密设备. Cray 开始从事各种计算机技术,从真空管和磁放大器到晶体管,然后在 1100 系列计算机上工作,该机成为后来的知名产品 UNIVAC. 由于公司刚成立,Cray 也不懂设备,他花了很多时间在图书馆阅读资料,研究计算机是怎样的工作原理,有机会他也去参加 ERA 的学术活动,聆听 John von Neumann 这样的大师演讲. 然而他很快发现,对于研究计算机没多少参考资料,他想自己进行实践与创新. 为避免娱乐又使工作不被打扰,Cray

经常利用晚上时间工作,这成为他一生的习惯. 研究中,Cray十分注意收集和听取各方面信息,从其他计算机设计师那里了解经验教训.

就在这家小公司,Cray 设计了他的第一台计算机——ERA 1103. 这是一台电子管计算机,属于最早采用磁芯存储器的机器之一,存储容量为 4 ~ 12K,字长二进制 36 位,加法操作时间为 44μs[3].

两三年后,ERA 被 Remington Rand 公司所收购,不久 Sperry 兼并了公司业务,接着由 Burroughs 收购,后来又由 Unisys 兼并,但人员和产品并没有随所有权的改变而改变,Cray 的工作也没受到影响. 然而,当公司高层将产品重点转向商用小型计算机时,Cray 带他的科学大型计算机梦想离开公司,和好友 Bill Norris 等人于 1957 年创建了控制数据公司 CDC(Control Data Corporation).

在 CDC,Cray 是技术专家,兼任公司副董事长. 他的目标是研制第一流的、比任何当时可用的计算机更快的科学计算机. 他劝服了其他高层,并在公司资金困难时拿出自己的 5 000 美元全部家当购买了公司股票. 于是,CDC 公司和 Cray 开始建造大型科学计算机. 他们很快从 ERA 那里夺走市场,获利达 60 万美元.

当 CDC 公司规模扩大后,Cray 发现那里的职员精神涣散,于是他搬出市区,回到切彼瓦镇,在那里建立了一个研究和开发部门,为 CDC 公司建造 1604 计算机,这是 Cray 的第一个工程项目,其目标是以最低的价格尽快地制造出一台大型计算机. 当时晶体管还是较新的电子器件,Cray 决定采用这种器件来建造 1604

机. 他发现在明尼阿波利斯的本地零售商店卖出的晶体管有次品,其价钱比从工厂买便宜得多. 于是,他买到了所需的全部晶体管. Cray 认真地利用这种次品晶体管设计高度容错的电路并取得成功,证明了那些低于标准的器件通过精心设计,可以达到研制计算机的预期目标. 他说:"我用生产收音机的次品晶体管,建造了第一流的计算机."([2],p. 70)1604 机是第一台全晶体管化大型科学计算机,在科学计算机市场上打败了它的竞争对手——基于穿孔卡片的 IBM 计算机.

Cray 希望尽快建造规模更大、功能更强、速度更高的科学计算机,这便是 CDC6600. CDC6600 是根据美国原子能委员会的秘密订货,于 1957 年开始研制,1964 年一经推出便成为当时世界上速度最快的科学计算机,在计算机发展史上具有重大影响. 因为它首次达到了 1MFLOPS(百万次浮点运算每秒)以上的处理能力,故被工业界普遍认为是第一台真正意义上的超级计算机[4]. 它在技术上有很多创新,主要有:指令系统简洁;操作面向寄存器有 8 个字长各 60 位的指令缓冲器,可存放 16 ~ 32 条指令,其中包含循环指令段,可不必访问主存而快速执行;有 10 个操作部件和一个采用"记分牌"的先行控制部件,从而实现并行操作;由具有 4K 字的 32 个模块组成的磁芯存储器,可以交叉访问;还具有 10 台独立的外围处理机,组成输入或输出控制系统等([3],p. 86). CDC6600 的性能大约为 1961 年 IBM 推出的大型计算机"斯屈莱奇"(Stretch)的 3 倍,而售价却比斯屈莱奇低,因而深受市场的欢迎[5]. CDC6600 的设计、研制和生产取得了巨大成功,

不仅许多机器安装在美国国家实验室等科学研究单位,发挥了巨大的计算机能力,极大地推动了科学技术的进步,而且对于计算机技术本身的发展也起到了显著的促进作用,特别是在计算机体系结构方面,为以后超级计算技术、精简指令集计算机技术(RISC)和超标量技术的产生和发展提供了宝贵经验.

不久,Cray 在 CDC6600 体系结构的基础上,采用了门级延时为 1. 5ns 的高速电路,又研制成功运算速度达每秒 1 500 万次的更强科学计算机 CDC7600,于 1969 年 1 月面世,成为 20 世纪 60 年代末、70 年代初全球性能最高的计算机.

像美国洛斯阿拉莫斯国家实验室、劳伦斯利弗莫国家实验室等从事核武器研究的单位,对于这样功能强、性能高的超级计算机是迫切需要的. 但对一般用户来说,机器的性能太高了,而且价格昂贵,在财力上难以承受,所以超级计算机的应用领域较窄,销量受到一定限制. 1972 年,大型科学计算机的市场变小了,CDC 公司打算中止在这个领域的努力,而 Cray 认为市场还会兴旺起来,于是,Cray 选择离开 CDC 公司,开辟自己的事业,创办了 Cray 研究公司 CRI(Cray Research Inc.).

2. 闻名于世

20 世纪七八十年代迎来超级计算机的腾飞时期.

冷战期间,为了赢得与苏联的军备竞赛,美国大力发展战略核武器、航空航天等高精尖技术,这些都涉及海量复杂的科学与工程计算问题. 虽然 IBM、UNIVAC 和 CDC 等计算机公司提供了一些超级计算机,但仍无法满足美国政府和军方的需要[6]. 美国国防部高级研究计划局(Defense Advanced Research Projects Agency)批准,由伊里诺伊大学负责研究设计,由宝来(Burroughs)公司承包制造了一台超级计算机 ILLIAC－IV,于 1972 年完成,标量速度每秒运算最高达到了惊人的 1.5 亿次. 美国得克萨斯仪器公司(TI)和 CDC 公司也先后推出每秒运算速度 1 亿次以上的超级计算机 TI－ASC 和 STAR－100. 但这三台机器的共同缺点是系统规模庞大笨重、高速度不可持续运行、实际效率低下、功耗巨大,使用起来十分不方便. 例如 ILLIAC－IV 在交付美国国家航空航天局(NASA)使用后很长一段时期工作不稳定. 1975 年不得不进行停机大检查,花了十个月,从逻辑设计到工艺制造,找出来上千个故障与隐患,11 万颗系统电阻全部更换[7].

此时,Cray 也瞄准了新一代超级计算机的研发,他把 Cray 研究公司建在了切彼瓦的福尔斯区(Chippewa Falls),开始既无厂房,又无工人,第一台机器还是由当地电子设备承包商制造的. 公司 12 个创始人中有 7 个来自 CDC,Cray 担任董事长,公司只生产超级计算机. 为了解决资金问题,支持 Cray 的一些商界老板们联名给华尔街送去一份提案,结果大获成功,使得 Cray 研究公司在没有销售、没有营业额,甚至连一个项目都还没有,赤字 240 万美元,只有 8 个潜在用户的情况下强行上市,最初的 6 000 股立马筹集到了 1 000万美元,为研制新机器打下物质基础.

CDC 公司等竞争对手利用多处理机系统构建超级计算机,就是把多台标量处理机互联起来共同解决

一个问题,但是多台处理机的高度和同步等是一个棘手难题. Cray 对此另辟蹊径,他考虑到使用超级计算机的数值气象预报、航天飞行器设计和核物理研究问题中存在大量向量运算的特点,采用了向量处理的方法,它是利用多个独立的部件实现的并行操作,转化为把它们组成向量模式的流,再结合流水线结构实现操作的高度并行性. 1972 年开始,他亲手设计和研制一台向量超级计算机,用自己的名字命名,叫作 Cray - 1.

Cray - 1 发展了 CDC6600 和 CDC7600 机的成功之处是采用了一系列创新的技术,如向量数据类型和向量运算、ECL 高速集成电路、向量寄存器、向量链接技术、高密度组装技术和高效的冷却技术等,并改变以往超级计算机机柜为立方形的传统形式,大胆采用圆柱形的结构,规模精简,美观大方. Cray - 1 于 1975 年研制成功,在美国洛斯阿拉莫斯国家实验室进行了长时间的严格测试,于 1976 年正式推出.

Cray - 1 是首次采用集成电路的超级计算机,全机只有 4 种 ECL 集成电路,它们是延迟时间为 0. 5 ~ 1ns 的高速 5/4 与非门、低速 5/4 与非门、读写时间为 6ns 的 16X4 位双极型寄存器芯片、1024X1 位双极型存储芯片;共有 8 个字长 64 位的向量寄存器以及后援寄存器 B、T 等,主存容量为 2 ~ 8 兆字节,共 12 个全流水线化的功能部件,可以高度并行地进行面向寄存器的向量运算和标量运算;指令格式规整,只有 16 位和 32 位两种,有 4 页指令缓冲站,可存放 256 条短指令或 128 条长指令,这样一般循环程序指令或常用子程序可以存放在指令缓冲站中,而不必重复访问主存储器,确保程序的高速运行. 此外,几条相关的向量运算指令可使流水线链接运行,从而大大提高向量运算的并行度. 除硬件外,还装配了 FORTRAN 语言、COS 操作系统和实用程序等,后续还开发了库软件.

Cray-1 有几个特点十分新颖:向量运算,例如能把两个 64 对操作数的集合叠加在一起,产生 64 个结果,这些都可看作只执行了一条指令的结果. 流水线处理,就是计算机的功能部件均分成站,使指令能分布执行,例如 64 个加法并不同时进行,而是流水线式地完成的,按机器的每时钟周期一个结果的速度流出,直到 64 个结果流完为止. 圆柱形机柜结构,共有 12 个楔形机架,排成 270°的圆弧柱,整体上像一个巨大的字母“C”(Cray 名字的首字母),这样可使圆柱内部地板上的互联导线达到最短,确保 80MHz 的时钟频率(当时世界上计算机最高的时钟频率)得以实现,并且占地面积仅有 $8m^2$ 左右,为 TI-ASC 和 STAR-100 的二十分之一. 氟利昂液态冷却技术,这是 Cray-1 的专利,在装电路板的铝架中间,设有很多蛇形冷却管道,与地下的巨大氟利昂液态装置连接起来,用以解决因如此高密度组装的超级计算机的散热问题[8].

Cray-1 的性能高,峰值向量运算速度达每秒2.4 亿次浮点操作,标量运算速度也可达每秒 5 000 万次,显著优于当时已有的亿次超级计算机 ILLIAC-IV、TI-ASC、Star-100,在科学计算方面的解题能力相当于 40 台 IBM370 大型通用计算机,而售价却与后者一样为 500~800 万美元,因此受到了计算机界和超级计算机用户的高度赞扬和广泛欢迎,赢得了科学计算和

特大规模数据处理的市场,到 1979 年为止,出厂的 Cray－1 已有 16 部之多. Cray－1 体系结构的简洁性和新颖性事实上也成为国际向量计算机的标准模式,后来许多国家研制和生产的向量计算机都是以Cray－1 为蓝本的. 1978 年开始研制的中国第一台亿次巨型计算机“银河－I”的体系结构就是主要借鉴了 Cray－1 的设计思想[9].

接下来,Cray 又设计和研制了性能更高的 Cray－2、Cray－3、Cray－4 等系列超级计算机.

Cray－2 为四向量处理机系统,单处理机基本上保留 Cray－1 的结构,采用门级延时为 0. 3 ~0. 5ns 的 16 门阵列芯片,始终周期为 4. 1ns,主存储器容量为 2 048兆字节,指令缓冲站比 Cray－1 扩大了一倍,增为 8 页,另增加一个容量为 128 字节的局部存储器. 这台机器于 1985 年研制成功,当主存储器采用动态存储器芯片时,系统峰值处理速度为每秒 18 亿次浮点操作,当采用静态存储器芯片时,则达每秒 22. 5 ~25. 0 亿次浮点操作,比 Cray－1 快 10 倍之多,首次安装在美国的宇航局,用来模拟航天飞机的超大型风洞实验. Cray－2 研制成功的 1980 年代中期,Cray 研究公司的超级计算机竟一度占到全球 70%的市场份额.

1988 年诞生的 Cray－3 为八向量处理机系统,采用 ECL 和集成度为每芯片 300 ~500 门的砷化镓逻辑芯片以及 1K 位砷化镓静态存储芯片(用于寄存器),使 Cray－3 的时钟频率高达 500MHz,峰值性能高达每秒 60 ~100 亿次浮点运算. 该机虽然研制成功,但因此时 Cray 研究公司在商业上出现了问题,从未出售过.

1989 年,由于管理层意见分歧,Cray 离开了自己创建的 Cray 研究公司,在科罗拉多又开办了一家叫作 Cray 计算机的 CCC 公司(Cray Computer Corporation),开始全力投入他的 Cray - 4 研制项目,时钟频率又比 Cray - 3 提高一倍,全部采用砷化镓电路,预计速度突破每秒 1 000 亿次以上. 但令人遗憾的是,Cray - 4 并没有最终完成[10].

冷战的结束意味着政府预算的削减,加之个人电脑市场逐渐火热,使得超级计算机销售一落千丈. 1995 年,CCC 公司迫于资金压力宣布破产. 1996 年,古稀之年的 Cray 不甘心,再次发起挑战,创办 SRC 公司(Seymour Roger Cray),开始了新一代大规模超级并行计算机的研发工作[11]. 然而此时厄运突然降临:1996 年 9 月 22 日下午 3 点,Cray 驾驶汽车离开科罗拉多,在驶向 I - 25 公路时,后面有两辆车发生冲突,其中一辆为了躲闪,急速撞到 Cray 的车,使汽车几经翻滚,倒在路边. Cray 的颈部、肋骨和头部都严重受伤,立即被送往医院进行手术抢救[12]. 最终,因伤势过重,10 月 5 日凌晨 3 时左右,Cray 的心脏永远停止了跳动,享年 71 岁.

3. Cray **的科学思想与精神**

在研制超级计算机方面,Cray 从不觉得自己是先驱. 他说,自己是“书呆子”,只想做一个工程师[13]. 成功的关键着实在于他的科学思想与精神,概括起来主要有以下几点:

第一,敢于冒险,勇于创新,始终追求建造世界第一流的超级计算机.

Cray一生的几次创业都不简单,这与他研制世界第一超级计算机的人生理想密切相关.在ERA时,Cray创新采用磁芯存储器设计了他的第一台计算机ERA1103,成为电子管计算机中的佼佼者.当公司的发展和自己研制超级计算机的目标渐行渐远时,他冒着失业的风险离开ERA,创办了CDC,研制的CDC1604计算机是当时世界上独一无二的全晶体管化计算机,也成为当时世界上最好的商业计算机.1604机成功后,Cray向计算机界的巨头IBM发起挑战,抢在IBM雄心勃勃的"360计划"(IBM360实现全球最快计算机计划)之前,出人意料地宣布研制成功世界上第一台超级计算机CDC6600.IBM公司董事局主席J. Watson Jr.曾在备忘录中写道:"IBM为什么不能在超级电脑方面领先一步?要知道,CDC的研制班子才34人,其中还包括一个看门人."[14]当CDC高层满足于CDC6600以及改进型7600独霸市场不思前进时,Cray为继续建造更快的超级计算机再次离开,冒着可能失败的最大风险又创办了CRI公司.那个时候,刚刚发明集成电路的仙童公司(Fairchild)还不清楚这个到底有什么用,Cray就大胆地把集成电路技术首次应用在Cray-1上,使之成为世界上第一台可持续实现亿次超级计算的机器.尽管Cray-2之后的Cray-3、Cray-4基本都失败了,后来创立的CCC公司破产、SRC公司被收购了,自己出车祸去世,但Cray"永争第一"的精神却不断激励后来人.

第二,坚持超级计算机系统结构简洁性的设计思想.

计算机体系结构的简洁性是 Cray 一贯秉持的重要设计思想,在他研制的各代计算机产品中都得到了充分体现. Cray 认为,"(在计算机界)大多数人都能设计出好的 CPU,但极少数人才能打造出好的体系结构."([2],p. 153)最初的 1103 机就是他在这一思想的指导下实现的,他异常简约,不含任何不必要的东西. 在商业竞争中,Cray 始终坚持简洁性原则,甚至在 20 世纪 80 年代才风靡全球的精简指令集计算机设计思想 RISC(Reduced Instruction Set Computer)产生之前,他就提出并采用了类似 RISC 的设计理念 Simple is beauty(简即是美). 他曾说:"我的指导思想是简洁性,不要把任何多余的东西放进不必须的地方,这样就可以尽量简单的设计计算机""我想我在任何时刻,都是一个 RISC 人,甚至在我都还不知道 IBM 创出这个名词的时候""回到最基本,使机器尽可能高效、精简""我设计电子计算机就像设计帆船,尽力使它简单"[15]. Cray 系列超级计算机把 Cray 的简洁思想发挥到了极致,他一个人就独立设计完成了全部的硬件与操作系统.

第三,创造新型超级计算机的方法学.

Cray 有自己的创造新型计算机方法学. 他说:"洞察力来自于顾客……过去三四十年来,我的许多创新都来自用户. 他们会告诉我哪里有问题. 在下一代产品中我就改善这些问题,这种方法极具革命性. 基本上从我设计的第一天起,就有了这种继承性."[16]他从使用过早先机器的顾客那里取得反馈信息,研究他们的抱怨和要求,从这些意见中,总结出经验教训和提

出一些创新的思想,并考虑如何用在他的下一个设计中. 对 Cray 来说,一个工程项目计划的设计过程是非常重要的. 设计的基本概念是他自己提出的,但是需要支持者实现他的理想,Cray 认为这是有效而正确地完成各项任务的仅有方法. 一旦一项任务完成了,而且被得到肯定,那么另一项新的计划就该开始了. 在设计新计算机的基本部分时,他的方法是首先提出一些问题,例如“计算机的指令系统是什么?”“存储器的存储容量多大?”“存储器是用什么做的?”等,一旦这些问题确定了,他认为就可以开始建造计算机了.

第四,排除一切干扰,专注自己喜爱的超级计算机研究工作.

Cray 从小就常常醉心于自己感兴趣的电气设备上. 在回顾中学时期因不怎么接触外界而饱受老师同学们诟病时,Cray 曾自嘲道:“那时我把所有的时间都花在电气工程实验室,真的没有足够精力再参加交际活动.”[17]研制 CDC6600 时,Cray 带领 30 多人隐入威斯康星州的密林深处,四年多没有出来参加任何社会活动,埋头研制机器,连国际学术机构为他颁奖,Cray 也不愿抛头露脸前去出席. 作为公司的二把手,Cray 一年只去总部看几次,而公司的首席执行官只能在有预约的情况下一年见他两次. 也有些时候,非常重要的高层会亲自赶往密林中的红嘴鸥瀑布下听 Cray 讲座. 会后,他们到当地的小吃店喝酒聚餐,Cray 总是匆匆吃完一个热狗面包就赶回去工作. 为此,Cray 获得了“丛林隐士”的绰号.[18]在开发 Cray－1 时,Cray 和他的助手每天午后数小时都扎在实验室干活,下午四点回家小憩,晚上他又独自一人回到公司工作到次日凌晨. Cray－1 成功后,Cray 觉得与日俱增的声望不是什么好事,过多的行政事务与社会活动使他不能专心于他的目标. Cray 干脆将董事长的位子让给公司总裁,自己只保留董事会成员的身份,并成为公司唯一的研究与开发承包人,他又可以集中精力了. Cray 总是谢绝各种科学商业团体的邀约讲演活动. 1976—1981 年整整五年期间,他都没有接见一个记者. Cray 也很少让公司的职员去拜访他,每天下午他都不会接听电话. 用 Cray 的话说,他可以专注于计算机“物的”部分,而非“人的”部分了([2],p. 162～165).

Cray 一生为超级计算机技术的发展做出了不可磨灭的突出贡献,社会各界对他的评价都很高. 1968 年,Cray 就被国际计算机信息处理协会美国基金会授予 W. W. 麦克道威尔奖. 1976 年,取得了很大的成功的 Cray－1 首先被美国军方科研部门用于研制增强安全性能的战略核弹头,美国国防部官员称 Cray 为“美国的智多星”([7],p. 56). 在他去世十多年后的 2009 年,Cray 研究公司研制的超级计算机“美洲虎”(Jaguar)以每秒 1. 759 千万亿次的浮点计算能力,在第 34 届超级计算机世界 500 强中排名第一.

参考资料

[1] IEEE. Computer Society. Tribute to Seymour Cray [EB/OL]. https://www. computer. org/web/a-

wards/about-cray. 2010-8-24.

[2] CHARLES J M. The Supermen: The Story of Seymour Cray and the Technical Wizards Behind the Supercomputer[M]. Cambridge: John Wiley & Sons, 1997.

[3] 胡守仁. 计算机技术发展史[M]. 长沙:国防科技大学出版社,2016.

[4] National Academy of Engineering. Making a World of Difference: Engineering Ideas into Reality[R]. National Academies Press. 2014,6.

[5] 陈厚云、王行刚. 电脑的成长:六十年代计算机发展史[J]. 自然辩证法通讯, 1980, 2(6): 59-60.

[6] 司宏伟、冯立昇. 世界超级计算机创新发展研究[J]. 科学管理研究,2017,35(4):118.

[7] 王行刚、陈厚云. 七十年代计算机发展史[J]. 自然辩证法通讯,1982,4(4):55.

[8] 陈元兴. Cray－1 巨型计算机系统综述[Z]. 国防科技大学计算机学院档案室,档号:KTYH－1012/6,1978,9-10.

[9] 司宏伟、冯立昇. 中国第一台亿次巨型计算机“银河－I”研制历程及启示[J]. 自然科学史研究,2017,36(4):566.

[10] CHARLES W, BRECKENRIDGE A. Tribute to Seymour Cray[EB/OL]. http://www.cgl.ucsf.edu/home/tef/cray/tribute.html. 1996-11-19.

[11] MARKOFF J. Computer Whiz Seymour Cray[N].

New York Times, 1996-10- 6(2).

[12] Computer Pioneer Cray Hurt[N]. The Journal Times(Colorado Springs). 1996-9-23(4).

[13] HOWARD T. Seymour Cray: An Appreciation[J]. Personal Computer World magazine, 1997, 20(2):1.

[14] GORDON B. A Seymour Cray Perspective[EB/OL]. http://www.si.edu/resource/tours/comphist/cray.htm. 1997-9-10.

[15] WILLIAM D M. Midwest Computer Architect Struggles with Speed of Light[J]. Science, 1978,199(1):404- 409.

[16] 方兴东,王俊秀. IT 史记 2[M]. 北京:中信出版社,2004,155.

[17] Seymour Cray Oral History[EB/OL]. https://www.cray.com/company/history/seymour-cray,1996.

[18] 白瑞雪. 巅峰决战[M]. 长沙:湖南科学技术出版社,2014.